U0319247

西北内陆河流域生态补偿机制研究

——以石羊河为例

张　惠　尚海洋　张志强　编著

科学出版社

北　京

内 容 简 介

本书在系统梳理生态补偿传统理论基础和理论发展之后，开展流域生态补偿的生态工人机制设计与分析，探讨该创新补偿机制的可行性及对当前生态补偿理论研究体系的补充与完善作用，分析生态工人创新机制的理论必要性；以石羊河流域为例，揭示流域居民对生态工人机制的接受意愿，分析影响生态工人机制接受、推广的主要因素；设计典型的生态工人岗位，确定流域住民对生态岗位的选择，估算生态工人岗位工资水平，分析生态工人创新机制实践的可行性。

本书可供地球科学、资源环境科学领域特别是流域生态补偿机制、环境管理研究领域的研究人员、管理人员和研究生阅读。

图书在版编目（CIP）数据

西北内陆河流域生态补偿机制研究：以石羊河为例/张惠，尚海洋，张志强编著. —北京：科学出版社，2017.7
ISBN 978-7-03-053233-6

Ⅰ.①西… Ⅱ.①张… ②尚… ③张… Ⅲ. ①内陆水域–河流–生态环境–补偿机制–研究–西北地区 Ⅳ. ①X522

中国版本图书馆 CIP 数据核字(2017)第 128426 号

责任编辑：朱海燕 丁传标 / 责任校对：王晓茜
责任印制：张 伟 / 封面设计：图阅社

科 学 出 版 社 出版
北京东黄城根北街 16 号
邮政编码：100717
http://www.sciencep.com

北京厚诚则铭印刷科技有限公司 印刷
科学出版社发行 各地新华书店经销
*
2017 年 7 月第 一 版 开本：787×1092 1/16
2019 年 5 月第三次印刷 印张：18 1/2 插页：8
字数：436 000

定价：138.00元

(如有印装质量问题，我社负责调换)

前　言

随着人口增长和经济社会的快速发展，生态系统破坏和保护间的矛盾博弈日益突出。传统的行政命令式的生态保护方式已不适应市场经济体制的发展要求，而生态补偿方式是市场经济条件下有效保护重要生态系统的理念创新和全新的制度设计。当前，对于生态补偿概念的理解存在“事后补偿”“惩罚性”“短效性”“搭便车”“激励无效”等误区。着眼生态环境的未来，比对环境问题的事后补偿更重要；市场激励比政策强制更高效；共享生态补偿红利更能彰显正义。事实上，生态补偿制度与机制设计、实施的初衷既是为了对现存环境问题的“事后补偿”，也包括了对未来生态环境保护与维护的长期生态投资，包括政策的“强制”，也包括市场的“激励”，是对补偿区域内外相关利益方住民的环境收益与经济利益的协调，是生态经济发展与生态文明建设的“双赢”。

自 20 世纪 80 年代起，中央和地方探索开展生态补偿的途径和措施，通过颁布、修改相关法律法规，出台各种政策，将生态补偿提到一个新的高度。例如，党的十七大报告中提出“实行有利于科学发展的财税制度，建立健全资源有偿使用制度和生态环境补偿机制”。党的十八大报告明确要求建立反映市场供求和资源稀缺程度、体现生态价值和代际补偿的资源有偿使用制度和生态补偿制度。2015 年 4 月，中共中央、国务院印发《关于加快推进生态文明建设的意见》，明确提出“健全生态保护补偿机制”，科学界定生态保护者与受益者权利义务，形成生态损害者赔偿、受益者付费、保护者得到合理补偿的运行机制，建立地区间横向生态保护补偿机制。生态补偿能够促进自然资源的合理开发利用，实现生态系统的良性运行循环，既是生态环境得以保护和修复的必要措施，也是维护国家生态安全的重要手段，对实现我国可持续发展战略有重要意义。2016 年 5 月 13 日由国务院办公厅发布的《关于健全生态保护补偿机制的意见》指出，实施生态保护补偿是调动各方积极性、保护好生态环境的重要手段，是生态文明制度建设的重要内容。

石羊河流域处于自然生态环境的脆弱带和气候的敏感区。它起源于祁连山南部北麓的冷龙岭，消失于巴丹吉林和腾格里沙漠之间的民勤盆地北部，流域总面积 4.16 万 km^2，水资源总量约为 17 亿 m^3，总人口 220 万人。随着石羊河流域的不断开发、人口急剧增加以及自然气候因素的变化，特别是受水资源的制约，石羊河流域生态环境日趋恶化：整个流域呈现出沙漠向绿洲推进，农区向牧区推进，牧区向林区推进，冰川、雪线向山顶推进的趋势，森林、草原面积日渐缩减，水源涵养能力下降，河川径流逐年减少，地下水位持续下降，水质恶化，生物资源减少，部分野生动物绝迹或濒临绝迹，沙尘暴肆虐。特别是水资源不断减少，给整个流域可持续发展带来了严重危机。2007 年甘肃省委、省政府组织相关专家编制《石羊河流域重点治理规划》（以下简称《规划》）并获国务院批准实施。《规划》中确定了“以全面建设节水型社会为主线，以生态环境保护为根本，以水资源的合理配置、节约和保护为核心，以经济社会可持续发展为目标，按照下游抢救民勤绿洲、中游修复生态环境、上游保护水源”的总体思路，对石羊河流域进行重点治理。

生态补偿机制研究中，补偿标准与补偿对象的确定是核心问题。现有研究工作中，更多的是将两者分开研究，只强调两个核心问题之一。本书在确定补偿标准时，引入利用农户机会成本（补偿标准参照）与环境收益（补偿标准参照）的比值，来确定补偿对象的优先性，综合补偿标准与补偿对象优先性的确定，完善了现有的生态补偿机制的理论研究，提高了生态补偿实践的科学性、可操作性。同时，提出了生态工人补偿机制。生态工人机制的引入，一方面有助于提高环境保护与维护工程、项目的实施效果；另一方面也为直接参与生态保护和维护的从业人员提供了一定的经济报酬，特别是对于生态环境脆弱地区因环境保护工程（如实施生态补偿退耕/牧还林/草）而造成收入、生计下降的居民来讲，在提高保护意识、参与保护实践的同时，增强了主动性与参与性。生态工人机制是对当前生态补偿理论与实践的补充和完善。

本书在对生态系统服务概念的提出与发展、生态补偿与流域生态补偿研究成果的梳理之后，以石羊河流域为例开展相关工作。全书分为两部分：第一部分（第 1～3 章）介绍了生态系统、生态补偿、流域生态补偿的相关概念、理论基础和研究进展；第二部分（第 4～10 章）以石羊河流域为典型区域，介绍了流域概况和流域目前的生态补偿工程进展，明确石羊河流域补偿的标准，提出生态工人补偿机制，并对机制运行的方式和方法做了详细说明。

本书第 1～3 章、第 8 章、第 10 章由兰州财经大学尚海洋博士负责撰写，第 4～7 章、第 9 章由兰州文理学院张惠博士负责撰写。中国科学院成都文献情报中心主任张志强研究员负责整体研究思路策划、研究内容和研究方法指导、全书书稿文字修改和内容审定等工作。

本书是张志强研究员负责的国家自然科学基金项目“西北内陆河流域生态补偿机制研究——以石羊河流域为例”（编号：41171116）的研究成果，以及得到甘肃省高等学校科研项目“石羊河流域生态补偿创新机制研究”（编号：2016B-125）的资助。同时，还得到了熊永兰、范少萍、李延梅、王雪梅、郑军卫、王勤花、李可立等很多同仁的帮助。

如果本书能在生态补偿领域发挥些许作用，与读者引起些许共鸣，那真是与有荣焉！鉴于我们有限的能力和知识水平，书中难免存在不足，希望读者不吝指教，共同商量探讨。

目　　录

前言
第 1 章　概论……1
1.1　生态补偿研究的重要意义……1
1.1.1　生态补偿研究的缘起……1
1.1.2　生态补偿研究的意义……2
1.2　生态补偿的简要历史……5
1.2.1　国内外生态补偿研究进展……5
1.2.2　国内外生态补偿实践进展……7
1.3　我国生态补偿问题的认识……14
1.3.1　已有法律法规中关于生态补偿的规定……14
1.3.2　有关政策文件中的规定……16
1.4　生态补偿研究的焦点问题……19
1.4.1　补偿主客体界定……19
1.4.2　补偿原则……20
1.4.3　补偿机制的时效性……20
1.4.4　系统理论分析框架……21
1.4.5　生态补偿实施效果的评价……21
1.4.6　流域横向转移支付的生态补偿较少……22
1.4.7　生态补偿标准……22
1.4.8　生态补偿的专项立法……22
1.4.9　生态补偿管理机构……23
1.4.10　政府与市场的作用与关系……24
1.4.11　生态补偿资金筹措机制……25
1.5　生态补偿研究进展文献计量……26
1.5.1　数据获取与处理……26
1.5.2　相关论文总体特征分析……26
1.5.3　生态补偿相关论文机构合作网络分析……30
1.5.4　生态补偿相关论文的研究主题分析……31
1.5.5　国内生态补偿研究文献计量分析……33
1.6　生态补偿研究的主要方法……35
1.6.1　生态保护补偿的标准核算……35

1.6.2 资源开发生态补偿的标准核算……36
1.6.3 通过博弈——协商确定补偿标准……36
第 2 章 生态补偿的理论基础……38
2.1 相关概念与内涵……38
2.1.1 生态环境……38
2.1.2 生态系统和生态功能……40
2.1.3 生态效益与生态价值……41
2.1.4 生态系统服务……42
2.1.5 生态环境服务付费……49
2.1.6 自然资本与生态资本……51
2.1.7 生态补偿……57
2.1.8 生态补偿的类型……62
2.2 生态补偿的相关理论基础……67
2.2.1 生态补偿的一般性理论基础……67
2.2.2 生态补偿的新增理论基础……77
2.3 生态补偿要素分析……84
2.3.1 生态补偿原则……84
2.3.2 生态补偿主体……86
2.3.3 生态补偿客体……89
2.3.4 生态补偿对象……91
2.3.5 生态补偿方式……95
2.3.6 生态补偿标准……98
第 3 章 流域生态补偿研究评述……105
3.1 流域及流域水资源……105
3.1.1 流域及特点……105
3.1.2 流域水资源……106
3.1.3 流域水资源的经济学属性……107
3.1.4 流域水资源的类型划分……107
3.2 流域生态补偿……108
3.2.1 流域生态服务功能及其分类……108
3.2.2 流域生态补偿概念及其内涵……110
3.2.3 流域生态补偿的理论基础……112
3.2.4 流域生态补偿的分析框架与核心内容……119
3.3 流域生态补偿研究进展……124
3.3.1 国外流域生态补偿研究进展……124
3.3.2 国内流域生态补偿研究进展……131

3.4 流域生态补偿机制……140
3.4.1 流域生态补偿机制的内涵……140
3.4.2 流域生态补偿机制的基本任务……141
3.4.3 建立流域生态补偿机制遵循的原则……142
3.5 流域生态补偿新机制及经验……144
3.5.1 全球生态系统服务可持续基金体系……144
3.5.2 共储资源的可持续管理……144
3.5.3 厄瓜多尔国家环境保护奖励计划……145
3.5.4 从商业吸引生态补偿投资……146
3.5.5 生态补偿的备选框架……146
第4章 石羊河流域社会经济发展与生态环境协同演进……149
4.1 石羊河流域生态系统现状……149
4.1.1 自然现状……149
4.1.2 生态系统现状……152
4.1.3 生态系统危机……154
4.2 石羊河流域生态环境历史演变……158
4.2.1 石羊河流域生态环境的历史演变……158
4.2.2 石羊河流域水资源的历史演变……160
4.3 石羊河流域社会经济发展研究……161
4.3.1 石羊河流域社会经济发展现状……161
4.3.2 石羊河流域存在的突出问题……164
4.4 石羊河流域社会经济发展与生态环境关系研究……165
4.4.1 流域城镇化与环境协调关系——以民勤县为例……165
4.4.2 流域居民的消费、就业与生态环境的关系……174
第5章 石羊河流域生态补偿现状分析与体系设计……184
5.1 石羊河流域生态补偿现状分析……184
5.1.1 石羊河流域生态补偿理论研究进展……184
5.1.2 石羊河流域生态补偿现状……185
5.2 石羊河流域生态补偿机制体系设计……194
5.2.1 生态补偿标准的确定……194
5.2.2 生态系统服务价值评估的意义……195
5.2.3 条件价值法……196
5.2.4 石羊河流域生态补偿机制体系设计……198
第6章 石羊河流域生态系统服务价值评估……200
6.1 石羊河流域土地利用类型变化分析……200
6.1.1 流域土地利用类型总体变化……200

6.1.2 土地利用类型转移分析……203
6.2 石羊河流域生态系统服务价值评估……204
6.2.1 评估方法……204
6.2.2 评估结果与分析……205
6.2.3 生态系统服务价值空间分布变化……207
6.3 土地利用类型转移的生态服务价值评估……208
6.4 生态系统服务价值空间格局和变化分析方法……210
6.4.1 生态系统服务价值方向变化模型……210
6.4.2 生态系统服务价值空间计量分析模型……211
6.4.3 结果与分析……211
6.4.4 石羊河流域 ESV 空间自相关分析……213
6.4.5 石羊河流域 ESV 时空变化的主导因素分析……214
6.5 小结……215
第 7 章 基于 CVM 法的流域生态补偿受偿意愿分析……216
7.1 CVM 问卷设计与分析方法介绍……216
7.1.1 CVM 问卷设计与抽样调查……216
7.1.2 石羊河流域居民生态补偿调查问卷设计……216
7.2 调查数据分析方法……218
7.3 石羊河流域 CVM 调查与数据分析……220
7.3.1 问卷调查样本特征分析……220
7.3.2 影响受偿意愿因素分析……221
7.4 流域居民受偿意愿分析……223
7.4.1 受偿意愿估算……223
7.4.2 影响受偿意愿的因素分析……223
7.5 CVM 偏差分析……225
7.6 小结……225
第 8 章 石羊河流域生态补偿标准的阈值空间……226
8.1 补偿标准的阈值空间……226
8.1.1 生态补偿标准的参照……226
8.1.2 流域生态补偿标准的阈值空间……227
8.2 环境收益与机会成本的阈值空间比较……231
8.3 CVM 与 ESV 估值的阈值空间比较……236
8.4 石羊河流域生态补偿标准的选择与确定……241
第 9 章 一种新型的流域生态补偿机制——生态工人……243
9.1 生态补偿的“利益三方”问题……243
9.2 内陆河流域可持续发展的核心问题——水资源……244

9.2.1　流域可持续的未来——水战略……244
9.2.2　“绿化的”职业……246
9.3　水资源战略的绿色职业到生态补偿中的生态工人……248
9.4　石羊河流域生态工人机制调查与分析……249
9.4.1　生态工人机制可行性调查问卷设计……249
9.4.2　对生态工人机制的整体认识……250
9.4.3　影响农户成为生态工人的因素分析……250
9.4.4　对于绿色职业岗位的认知……253
9.5　绿化职业的工资水平分析……256
9.5.1　绿化职业工资调查……256
9.5.2　生态工人机制工资意愿估算与分析……257
9.6　影响接受生态工人机制的意愿因素分析……258
9.6.1　样本社会特征的影响……258
9.6.2　影响生态工人机制的原因调查与分析……259
9.7　生态工人机制的研究方向……262
第10章　结论……263
10.1　主要结论……263
10.2　生态补偿研究展望……268
10.2.1　生态补偿……268
10.2.2　流域生态补偿……270
10.2.3　石羊河流域生态补偿……272
参考文献……275
附图　石羊河流域野外调研景观
彩图

第1章 概 论

1.1 生态补偿研究的重要意义

1.1.1 生态补偿研究的缘起

系统化的生态补偿研究和实践兴起于20世纪90年代。生态补偿的发展主要由于以下四种原因。

一是缘于环境问题的压力：20世纪下半叶以来环境污染、生态恶化、人口爆炸、能源危机等日益威胁着人类发展，这反映在当时及后来一些相关学科的著作里，如《寂静的春天》（Carson，1962）、《经济增长的代价》（Mishan，1967）、《公地悲剧》（Hardin，1968）、《耗散结构理论》（Prigogine，1969）、《世界动态》（Forresters，1971）、《增长的极限》（Meadows et al.，1972）、《熵：一种新的世界观》（Rifkin and Howard，1981）等。根据联合国千年生态系统评估（Millennium Ecosystem Assessment，MEA）测算，1960～2005年，翻了一番的世界人口和增长超过6倍的全球经济对生态环境服务产生了巨大的需求，而同时近2/3生态系统的服务能力却在下降。显然，地球建设的伟大成就是以自然资产的加速减少为代价的，人类不得不开始探索解决环境问题的出路。

二是缘于减缓贫困（poverty reduction）的需要：与环境恶化几乎同样备受关注的是全球范围内、尤其是广大发展中国家的贫困现象，这聚焦为当时热议的“南北问题”。加之贫困国家或地区大都面临着更加严重的环境脆弱和生态恶化问题，由此人们越来越倾向于把环保与减贫、环境与发展联系起来考虑，希望找到同时解决这两个问题的方案。

三是缘于市场化趋势的影响：信息技术革命引发了国际性的市场化浪潮，推动着资源的市场化配置，促使人们思考自然资源和生态环境的市场化配置模式。

四是缘于全球化大潮下联合国等国际组织的着力推动：20世纪后期不断加剧的全球化也反映到环境发展领域，以至联合国将可持续发展纳入《我们共同的未来》（1987年）、《21世纪议程》（1992年）等重要国际文件。尤其是自1992年里约热内卢环境发展大会以来，联合国及一些相关国际组织逐步启动PES（Payment for Environmental Services）实验，包括联合国开发计划署干旱地区发展中心（The United Nations Development Program’s Drought Zone Development Center，UNDPDDC）主持的旱地PES项目、世界混农林业中心（ICRAF）利用国际农业发展基金（International Fund for Agricultural Development，IFAD）开展的山地PES减贫行动项目、国际环境与发展学会（International Institute for Environment and Development，IIED）利用英国国际发展部（Department for International Development of the United Kingdom，DFID）投入进行的流域PES减贫行动项目等。

专栏 1-1　公地悲剧

公地悲剧是由美国经济学家 Hardin 提出的。他认为，作为理性人，每个牧羊者都希望自己的收益最大化。在公共草地上，每增加一只羊会有两种结果：一是获得增加一只羊的收入；二是加重草地的负担，并有可能使草地过度放牧。经过思考，牧羊者决定不顾草地的承受能力而增加羊群数量。于是他便会因羊只的增加而收益增多。看到有利可图，许多牧羊者也纷纷加入这一行列。由于羊群的进入不受限制，所以牧场被过度使用，草地状况迅速恶化，悲剧就这样发生了。

公地作为一项资源或财产有许多拥有者，他们中的每一个都有使用权，但没有权力阻止其他人使用，从而造成资源过度使用和枯竭。过度砍伐的森林、过度捕捞的渔业资源及污染严重的河流和空气，都是“公地悲剧”的典型例子。之所以称为悲剧，是因为每个当事人都知道资源将由于过度使用而枯竭，但每个人对阻止事态的继续恶化都感到无能为力。而且都抱着“及时捞一把”的心态加剧事态的恶化。公共物品因产权难以界定（界定产权的交易成本太高）而被竞争性地过度使用或侵占是必然的结果。

1.1.2　生态补偿研究的意义

生态补偿是一种将生态系统服务的非市场、外部价值转化为激励人们提供生态系统服务的财政机制。传统的环境保护活动（环境税、污染收费等）强调减少环境的负外部性，这确实有助于减少人们对环境的破坏，但不能促使人们主动保护生态环境。而生态补偿不但注意到环境破坏的负外部性，强调破坏者或使用者付费，同时更注重内生环境的正外部性，让环境保护者受益，这种环境保护的激励措施更能得到民众的支持和配合。

环境保护与经济发展往往是存在着多多少少、大大小小的分歧。而在生态保护及其相关污染问题的背后，也同样有一个共同的利益关系规律在发生着作用。即由于环境利益及其相关的经济利益在保护者、破坏者、受益者和受害者之间的不公平分配，导致了受益者无偿占有环境利益，保护者得不到应有的经济回报，保护缺乏激励，破坏者未能承担破坏环境的责任和成本，受害者得不到应有的经济赔偿，责任人丧失保护的经济压力。这种环境及其经济利益关系的扭曲，不仅使中国的生态保护面临很大的困难，而且也威胁着地区间和不同人群间的和谐发展。实行生态补偿有助于化解这种社会矛盾、维护社会公平正义，保障生态环境的维护、实现资源价值的最大化，最终促进社会经济的和谐、可持续发展。

1. 直接意义：化解社会矛盾、实现社会和谐的助推器

经济发展和环境保护的矛盾是一对现实存在的尖锐矛盾，我国的现实状况是，东部的经济水平较中、西部发达，而这些在一定程度上是以我国中、西部的自然资源被无偿占有或低价取得为代价的。这些地区由于不合理的粗放型开发模式，导致了自然资源的枯竭以及生态环境的不断恶化，发达地区获得了经济水平提高的同时却将污染扩大到了不发达地区。而他们为此减少经济发展机会而保护环境的行为却没有得到补偿。随着时间的推移以及贫富差距的越来越大，这种区域发展不公平所引发的社会矛盾也凸显出来。

以东江源区生态环境保护为例，东江发源于江西省赣州市，流经广东省汇入珠江。东江源区包括江西省赣州市的 3 个县（寻乌、安远、定南）。为了向下游提供优质水源，3 个县采取了一系列生态环境保护措施，如实施天然林保护工程、珠江防护林工程和退耕还林工程，控制水土流失、实施生态移民安置工程，解决核心区生产生活与生态环境保护间的尖锐矛盾。截至 2004 年年底，东江源区的安远县、寻乌县已从水源保护核心区搬迁居民 2000 人。总之，东江源区 3 个县为保证向下游稳定输送优质水源，在生态环境保护方面做出了巨大努力。与相关政策对周边地区的要求相比，这种努力有一部分是额外的，东江源区 3 个县为此牺牲了一定的经济发展机会和经济利益。据初步估算，“十五”期间，东江源区 3 个县生态环境保护投入约 1.2 亿元，由于产业发展方向与方式的限制等原因造成的经济损失约 3 亿元。自 2000 年以来，为保护资源生态环境，源区采取了拒绝污染严重、资源消耗量大的企业，关闭矿点，限禁森林砍伐等措施，年均直接经济损失约 4.84 亿元（未计入直接投资损失）。应该说，东江源区为下游乃至整个社会的经济发展做出了巨大的贡献。然而，东江源区自身的经济发展却举步维艰。东江源区 3 个县贫困人口占总人口的 42%，经济和社会发展长期处于江西省和赣州市的末端位置，安远县和寻乌县是国家级贫困县，定南县是省级贫困县。而与之毗邻受惠于东江水的广东则是富甲一方，特别是珠江三角洲一带，灵活的经济政策给这个地区带来了飞跃的经济发展，如东莞、中山已成为全国数一数二的富庶地区。在这样的一种发展水平的对比下，特别是与周边和下游地区发展存在巨大反差的情况下，源区干部群众思想落差开始变大，开发本地资源的愿望变得更加强烈，与下游地区的矛盾逐渐呈现。

通过生态补偿制度的实施，调整相关利益主体环境利益及其经济利益的分配关系，实施激励生态保护行为的措施，使“受益者补偿”原则得以真正落到实处并发挥应有的作用，从而实现社会的和谐发展。

2. 间接意义：保护生态，实现资源价值最大化和经济社会的和谐发展

生态环境保护有其自身的难点和特点，体现在保护者和受益者不是同一群体。资源的受益者在客观上给予遭到资源破坏的地区一定的补偿，将对环境受损地区摆脱生态失调、环境退化、资源枯竭带来的灾害起到积极的作用。生态补偿制度通过发挥它的经济手段功能，公平分配环境成本和费用，从法律上保证他们实现环境和经济利益的公平性，在一定程度上维护了社会的和谐与稳定。通过实施生态补偿，激发人们维护生态环境的积极性，为恢复和重建生态系统的生态价值和生态效益、维护生态系统的平衡做出了巨大的贡献。通过对那些生态环境做出贡献者以及经济利益受到损失者实行生态补偿，抑制那些破坏生态环境的行为，抑制资源和环境的过度使用，使资源、环境朝着适度、合理的方向开发和建设，从而可以保护生态，促进资源价值的最大化应用，实现经济发展与生态保护的可持续发展。

实行生态补偿的直接意义和间接意义二者之间不是割裂开来的，而是相互关联的，二者大抵相当于手段和目的的关系。通过对生态利益做出“特别牺牲者”进行补偿，不但维护了社会公平，还化解了社会矛盾，促进人与自然的和谐发展。而最终通过生态补偿的应用，抑制了资源和环境的过度使用，维护了生态系统的生态价值和生态效益，促进了资源价值的最大化应用，从而从根本上实现了经济社会可持续发展的目的。

3. 生态补偿的事后性决定了它只是环境保护的其中一个手段，而非全部

一般认为，生态补偿具有以下几个要件：它以无义务的特定人所受的特别损失为要件，以损失的实际存在为基础，并且损失的发生与环境主体合法的行为有因果关系。这就决定了生态补偿永远是在损失发生后才产生补偿，也就是生态补偿的事后性问题。

然而，生态损害不同于一般的损害。所谓生态损害，是指人们生产、生活实践中未遵循生态规律，开发、利用环境资源时超出了环境容载力，导致生态系统的组成、结构或功能发生严重不利变化的事实。对于生态损害，我们无法对其进行事后补救，这是由生态损害自身的特点决定的。首先，生态损害不易预见，生态损害后果的显现具有缓发性。由于生态系统自身具有应对一定程度的外界影响的张力，导致大多数生态损害都不是及时显现的，而是经由相当长时间的不断积累和相当广范围的物质循环与流动的积聚，才最终导致生态损害。再加上人类科学技术以及人类认识本身的局限性，有些生态损害已经在某个局部发生但人们还不能及时发现，导致这种长时性和广泛性更加明显，使生态损害后果的显现具有缓发性。其次，生态损害本身具有难以恢复性，甚至是不可逆转性。生态损害后果一旦显现，往往就难以消除和恢复，甚至是不可逆转性的。例如，物种的灭失、臭氧层空洞的出现等都是不可逆转的生态损害，重金属造成的污染及地下水的被污染等也都是难以消除和恢复的。最后，生态损害的客体即人类的生态利益具有价值上的不可量化性。生态利益是人类一切利益存在的基础和源泉，是人类生存、发展并走向文明的必不可少的根基，如果人类失去了生态利益，人类也就失去了立命之本，更不用提发展与文明了，其他所有的利益对人类也将失去任何意义，人类也会处在崩溃与灭亡的边缘。生态损害的内容，无论是自然的资源价值损害、生态价值损害、精神价值损害还是生物多样性的减少和丧失以及残忍对待动物，哪一项都无法用金钱来衡量，再多的金钱也无法表示人类生态利益的损害。很典型的例子就是全球臭氧层空洞的出现可以折算为多少数量的金钱，一个生物物种的灭绝又能用多少金钱来表示。这些都说明生态损害是不能够采取事后补偿的途径加以救济的，事后补偿的救济不能够保护生态系统结构的完整性和功能的健康稳定性。事后补偿的救济是以损害结果的存在为前提，要求被救济的损害可以量化，并且最重要的是被救济的损害可以通过补偿救济得以恢复到无害的程度。这些很明显都与生态损害的无法量化性和难以恢复性、甚至不可逆转性相矛盾。通过事后的补偿救济去保护生态环境，犹如缘木求鱼，无果而终，最后只能导致生态环境进一步恶化。作为我国几十年环境保护结果总结的“局部好转、整体不断恶化”也充分说明了这个道理。

要想保护好生态环境，决不能依靠事后的补偿救济，不能走事后救济的道路，必须在生态损害发生前进行预防，预防的道路才是生态保护的唯一正确的基本路径。立法上所要求的对环境危害的预防无法绝对避免环境危害的发生，所以，我们提到的预防原则并不拒绝治理，而是需要把预防和治理结合起来。环境污染或破坏造成的危害往往十分复杂，大多是经过多种因素的综合最终形成的。预防固然可以对各种可能发生的环境污染或破坏起到防患于未然的作用，但以人类目前的科技水平，即使预防机制再完善，恐怕也无法完全避免环境污染、生态破坏、资源耗竭等环境问题的发生。对于通常发生的环境污染或破坏还必须对其加以治理，方能确保人体健康，防止环境恶化。因此，预防理当优先，但防治也不可或缺，只有根据各种具体情况应用各种手段和措施，对环境进行综合整治，才能达到保护和改善环境的目的。此时，生态补偿作为一种事后的弥补与补救制度就成为防治工作的一个重要手段。值得注意的是，生态保护还有其他很多种手段，生态补偿是一项系统的工程，涉及复杂的利益关系，需要行政手段、经济手段以及社会手段的综合运用。例如，环境行政责任和环境刑事责任等制裁性的调整方法，政府鼓励公众参与、鼓励环保科技创新、技术推广及国际合作等促进性调整手段都是生态补偿中的重要手段。生态补偿仅仅是环境保护的其中一项手段，而不是全部。

1.2　生态补偿的简要历史

1.2.1　国内外生态补偿研究进展

1. 国外生态补偿研究

（1）从研究方向来看，由于在内涵上的较少争议，国外对生态补偿基础理论的研究较少（源自新古典主义环境经济学的外部性理论和公共物品理论是被公认最主要的生态补偿理论基础），而对实践方面的研究较为深入。但近年来，也有一些学者从政治学的视角对生态补偿提出质疑。例如，Van Hecken 和 Bastiaensen（2010）从政治学的角度分析了生态补偿是否合理。Corbera 等（2007）则从政治经济学的视角，结合 PES 项目效率与公平的相关性，抨击了主流的 PES 概念。

（2）从研究视角来看，国外的一些生态补偿研究比较全面，不仅注重宏观层面的政府主导作用，研究如何制定法律规范和制度、提供政策和资金支持，如 Jack 等（2008）从生态、经济和政策设计三个方面明确了激励型生态补偿机制的主要内容；Engel 等（2008）认为生态补偿机制有其局限性，并针对性的进行了全面构建。而且随着实践的发展和研究的深入，还十分重视利用统计学和经济学等数学工具进行微观研究、利用市场机制采取各种不同经济手段来解决资源耗竭和生态破坏的问题，关注生态补偿中微观主体的行为与选择问题。例如，美国学者 Larson 和 Mazzarese（1994）在 19 世纪末首次提出了应用于生态补偿的湿地快速评价模型；德国的 Drechsle 和 Johst（2002）以跨学科的生态经济模拟程序提出生态补偿方案，旨在对生物多样性进行保护。从文献分析看，生态补偿的评价和效应分析也成为近年来研究的热点。

（3）从研究方法来看，国外学者往往依据实际案例进行符合需要的分析与研究，构建固定的、成体系的机制或框架的研究较为少见。大多学者采用多学科综合研究的方法，特别是应用经济学分析方法。

2. 国内生态补偿研究

我国的生态补偿理论和研究则是伴随生态补偿的实践而逐步发展的，在不同的阶段，研究的范围和侧重各有不同。随着2005年12月的《国务院关于落实科学发展观加强环境保护的决定》和2006年的《中华人民共和国国民经济和社会发展第十一个五年规划纲要》的颁布，建立生态补偿机制正式被提到议事日程，这个时期的生态补偿研究也日趋热化，研究的广度与深度不断加强。

在生态补偿机制设计方面，曹明德提出生态补偿机制是自然资源有偿使用原则的具体体现，他从流域生态补偿、森林资源生态补偿等领域论述了流域上下游之间的利益冲突及对此项制度的不同立场，并对我国关于生态补偿机制的立法及缺陷提出了一些建设性意见（曹明德，2005）。吴晓青等（2002）在研究生态补偿除筹集资金外，围绕补偿主体、补偿依据、补偿数量、补偿形式、补偿征收、补偿使用、补偿监管等生态补偿的有关环节问题进行研究，为建立保护区生态补偿机制提供一定的借鉴意义。陈丹红（2005）从可持续发展的角度重点研究了生态补偿机制的模式，包括财政转移型生态补偿机制、反哺式生态补偿机制、异地开发生态补偿机制、公益性生态补偿机制及生态补偿机制的配套机制。刑丽（2005a）认为财政手段是我国生态补偿的主要方式，并结合生态税费政策的现状分析认为，调整资源税费、完善生态税费和生态补偿费是我国生态补偿应采取的主要方式。洪尚群等（2001）认为补偿途径和方式多样化是生态补偿的基础和保障。何国梅（2005）认为必须建立西部全方位的生态补偿机制，包括中央财政转移支付的西部生态补偿基金、地方财政的环境政策体系、开发者补偿与受益者补偿双向调节机制、生态破坏者赔偿与生态保护者获偿的对称机制、对生态破坏受损者与减少生态破坏者双向补偿机制、保护生态环境与消除贫困联系机制和生态补偿监测评估机制等。鲍达明等（2007）对湿地生态效益补偿制度进行了构想，对制度设计的原则、补偿主体、客体、补偿基金的建立和管理、补偿方式、补偿标准、实施程序和监督管理等方面进行具体的制度设计。

在生态补偿标准的研究方面，李文华等（2007）提出应以直接投入、机会成本和森林生态系统服务功能的效益作为生态补偿标准的依据。卢世柱（2007）认为生态补偿量可以用生态系统服务价值、保护成本、生态破坏损失等来拟定，然后用支付意愿和受偿意愿来修正，同时提出用市场方法调节补偿标准，以保证补偿的公平性。李晓光等（2009）应用机会成本法对海南中部山区进行森林保护的机会成本进行了评估，并认为土地权属结合机会成本估算，是确定区域生态补偿的有效方法。杨光梅等（2006）应用条件价值评估法（CVM）研究补偿标准，认为牧民受偿意愿由牧民养羊数量、受教育年限、草地现状以及对禁牧政策的支持程度决定，根据意愿调查法初步估算锡林郭勒草原地区禁牧措施实施后牧民的补偿意愿，牧民家庭对禁牧政策的平均受偿意愿为每户2.8万元/a，人均受偿意愿为8399元，平均草地受偿意愿为86.0元/hm^2。熊鹰等（2004）探讨洞庭湖湿地恢复的生态补偿标准，主要依据移民农户生产性土地的丧失以及湿地恢复后其生态服务功能的增加而产生的价值作为补偿的额度标准，经计算补偿的上限为10560.1元/户，下限为853.2元/户，综合考虑各种社会因素并结合农民补偿意愿，确定补偿值在6084.6元/户左右较合理。

1.2.2 国内外生态补偿实践进展

1. 国外生态补偿实践

从世界范围来看，生态补偿的理论研究远远滞后于实践的发展。国外早在 20 世纪 20 年代就出现了生态补偿案例，目前的生态补偿实践与相关研究已涵盖森林、湿地、农田、水资源、流域、矿产资源等多个领域。

1）森林生态补偿

森林生态补偿一直是国际社会关注的焦点，其实践既强调政府的积极参与，也强调市场机制的重要作用，它不但保护了森林资源，也使得流域与栖息地得到保护，社会效益得以提升。爱尔兰在 20 世纪初开始实施“森林奖励政策”，为植树造林者提供补助，爱尔兰的造林水平在此措施刺激下得以不断提高。Mcharty 对爱尔兰刺激政策的研究表明：为了获得较好的激励效果，有必要提高造林的预付补助金来平衡农业补贴政策。1995～1999 年，哥斯达黎加通过了 10 多个旨在增加碳储存的项目，建立国家林业发展基金，森林资源开发者需付费以取得其所需资源的利用权力，这些举措旨在森林资源、水源、景观的保护。2003 年，墨西哥政府成立了用于补偿森林生态服务的基金，补偿标准是：重要生态区 40 美元/（$hm^2·a$），其他地区 30 美元/（$hm^2·a$）。《联合国防治荒漠化公约》《生物多样性公约》《京都议定书》等全球环境公约都明确了森林生态补偿的意义和措施。2007 年的联合国气候变化大会提出要通过经济激励与市场机制保护森林生态系统。森林趋势组织和 Katoomba 工作组认为森林的碳汇服务、水文服务、生物多样性服务以及森林景观服务存在较大的市场化潜力，并对森林生态服务市场开发与建立所需的法律与制度环境以及开发这一市场面临的关键问题与步骤等进行了深入研究。

2）农业生态补偿

在农业生态补偿方面，欧美众多国家都以立法的形式，明确了退耕、休耕可以获得相应的补偿，从而使该国的农业生态环境得到保护。美国在 20 世纪初推出了保护性退耕计划，对农户为开展生态保护而放弃耕作所承担的机会成本，按照市场机制和遵循农户自愿的原则进行补偿。20 世纪 80 年代，保护性储备计划（conservation reserve program，CRP）在美国施行，其同样由政府资助、农户自愿参加、长期实施。该计划取得了惊人的效果：至 2002 年，1360 万 hm^2 农业用地得到转换，其中，60%转为草地，16%转为林地，5%转为湿地。瑞士推行了“生态补偿区域计划”，目的在于将保护生态环境与提高农业生产力相结合，以保持农业生产的可持续能力。德国建立了一套比较完善的法律和政策体系，通过政府与农户达成协议实施具有一定延续性的项目，补偿与实质性的环保措施挂钩，如对在农业生产中采取有利于环境保护的行为给予补贴。欧盟委员会 1992 年 6 月通过的新农业政策把环境保护作为共同农业政策的内容之一，明确了降低环境污染是农业支持的重要考量，各国需以财政转移支付方式补偿那些改善生态环境的行为主体。

保护性储备计划政策引起了学界的高度关注，美国学者对此进行了大量的研究，如Hamdar（1999）等关注农民退耕地的成本，并通过退耕成本与机会成本的比较测算理想的补助水平；Cooper（2003）等建立数学模型探索农民参与保护性储备计划意愿的影响因素；Junjie 和 Bruce（1999）追求生态保护资金的使用效率，从而针对生态补偿金的区域分配问题进行研究，结果表明生态功能的累计效果及各功能之间的相互作用与联系都直接影响到生态补偿资金的分配；通过分析不同补偿标准下的退耕意愿，Plantinga 等借助供给曲线预测退耕土地规模和补偿水平。

3）流域生态补偿

国际上流域生态服务付费的生态服务类型主要是水源涵养和水土调节。德国在流域生态补偿实践方面开展较早，易北河生态补偿实践是一成功案例。1990 年起，德国和捷克在协议框架下共同整治易北河水质下降问题，一方面，7 个国家公园和 200 个自然保护区在德国易北河流域建立；另一方面，德国资助捷克建设了城市污水处理厂。在双方长期努力下，易北河上游的水质得到了明显的改善，被作为饮用水源使用。美国、法国则更多应用市场交易解决流域生态补偿问题，如纽约加税和发行公债等渠道获得补偿资金，通过贴补方式引导上游地区农场优化生态环保的生产方式，由此与上游特拉华州达成清洁供水交易；法国一些瓶装水公司通过补偿上游农户，使其减少农业生产、增加植树的形式对上游生态服务进行购买，如公司与农户协商减少水土流失和杀虫剂的使用，在合约期限内为农户提供技术支持并承担新农业设备费用。南非的做法是将扶贫与流域生态补偿相结合，有偿招募贫困人员参与到流域生态环境的保护工作中，尽管每年此笔开销近 1.7 亿美元，但有效改善了水质、优化了水资源供给，同时当地居民也获得了直接经济收益。哥斯达黎加由政府和私人共同参与的流域生态补偿模式也值得推广：为使河流年径流量均匀增加，减少水库的泥沙沉积，水电公司以一定的标准向国家林业基金提交资金，政府配套相应的金额，以现金补偿的方式鼓励上游土地所有者在自身土地上造林（如私营水电公司 Energia Globa 按每公顷土地 18 美元向国家林业基金提交资金，政府基金再配套 30 美元/hm^2）。除了以上方式，自发的众筹生态补偿方式也得以出现。20 世纪末，哥斯达黎加采用税费附加方式，每年从首都圣何塞 2 万多户用水者筹集资金，用于支付上游同意保留森林资源的农民，哥伦比亚第 2 大城市卡利市的考卡流域遭受旱涝威胁，当地农民自愿将水费中的增加部分作为建立流域生态补偿基金的来源，致力于改善流域的生态环境，以消除旱涝对农业耕作的影响。

4）矿产生态补偿

欧美国家较早关注矿业生产对环境的影响，并在生态补偿方面进行了开创性的实践工作。以立法的形式实施新老矿区生态补偿的不同政策。对于立法前就已经存在的老矿区的历史遗留问题，突出政府的补偿主体责任。美国在国库和州账册中设立了“废弃矿恢复治理（复垦）基金”，主要包含了恢复治理费、土地征收的使用费、捐款。德国中央政府和地方政府则共同筹集矿业生态补偿资金，两者筹资比率分别为 75%和 25%。一旦出现了生态环境的破坏，开发过程中和结束后的生态治理和恢复都有开发企业负责。为对开采企业的补偿行为进行约束，大多数国家都实行了自然资源开采许可证制度、矿产资源开发复垦抵押金或保证金制度。其中，德国相关的规定较为具体，矿业开发的审批需要提交矿区的复垦方案，同时要求企业提留年利润的3%成立复垦方案实施的基金；除此之外，因为矿业生产而破坏的森林和草地等土地，企业需按相同面积进行异地补偿。

5）生物多样性生态补偿

生物多样性的补偿往往与保护地生态补偿紧密相关。由于生物多样性具有明显的公共物品特征，受到了政府层面的高度重视，公共支付或政府购买是主要的补偿方式。例如，巴西将25%的销售税返还给建立保护地和实行可持续发展政策的州政府，各地获得的税收数量由保护地面积、保护水平和质量等因素决定。美国通过地役权保护，即通过签订地役权协议，直接购买具有较高生态价值的栖息地，或对出于保护目的而划出全部或部分土地的所有者进行税费减免等方面的补偿。随着生态补偿意识的提高，一些国家为弥补政府投资的不足，还利用公众支付或捐赠的方式对生物多样性或保护地支付生态补偿金，如Montgomery和Helvoigttl（2006）以及Bandara和Tisdell（2005）等利用意愿调查法了解公众对保护地生态恢复和环境保护的支付意愿，以制定恰当的政策鼓励公众积极参与到保护地的生态补偿中来。生态产品认证也是国外对生物多样性或保护地进行生态补偿会用到的方式。通过生态产品（也称生物多样性友好产品）认证计划，消费者可以指定补偿那些经过认证的生态友好产品。例如，在保护地产品上标注是否木材制品，将其销售给支持保护地管理的消费者。此外，使用物种或栖息地（如科研、狩猎、生态旅游等）的补偿、限额交易（可交易的湿地平衡资金信用额度、可交易的生物多样性信用额度等）等市场化的补偿方式在国外生物多样性或保护地生态补偿中也有使用。

6）保护地生态补偿

从保护地类型来看，国外保护地生态补偿的研究多以国家公园为研究对象。研究内容可分为对正外部性的补偿和对负外部性的补偿两个方面。

对正外部性的补偿：由于森林是国外最为成熟的生态补偿领域，对国家公园生态补偿的研究也不可避免地涉及森林生态补偿。例如，Petherarm 和 Campbell（2010）以CatTien National Park核心区和缓冲区的两个村子正在实施的森林生态服务付费为例，研究穷人接受和坚持 PES 计划的影响因素，为 PES 的设计提供了指导。Hegde 和 Gary（2011）以Gorongosa National Park缓冲区内的社区为例，评价了莫桑比克乡村地区一个小规模森林碳汇PES项目对参与农户的影响。Kachele和Delamater（2002）述及勃兰登堡市农业部门在Lower Odra ValleyNational Park管理的两个生态保护项目，农民在退耕还草项目中，每公顷可以得到150欧元的补偿；在另一个项目中，农民为保护在地面孵卵的鸟类而延迟收割时间可得到每公顷50～150欧元的补偿。这些研究在本质上与国家公园的特性无直接关系。

对负外部性的补偿：主要围绕社区与国家公园保护政策之间的冲突给社区带来的负外部性展开，其中尤以社区与野生动物之间的冲突研究为多。为补偿野生动物对社区庄稼、牲畜及人身安全等造成的损害，很多国家都对受影响居民给予资金补偿。虽然支付补偿金可以增加当地农民对野生动物的容忍水平，但补偿往往不足以弥补野生动物造成的损失，且补偿程序复杂、耗时、成本高，使得这一措施受到很多批评，Schroeder（2008）认为直接补偿是“一种经济强制措施而不是解决资源管理冲突的合理方式”。研究者也对补偿方式进行了调研分析，如 Catrina A 和 Mac Kenzie（2011）对 Kibale National Park 周边村庄的庄稼遭受损害成本进行调查时发现，一些农民提出把分享公园收入作为直接补偿的替代措施，但补偿金应该以现金形式还是社区项目形式（人们担心这种形式会使真正受到庄稼损害的人无法受益）实施还存在争论。Sitati 等学者认为补偿起不到作用，而建议将资金直接用于防卫措施，以免受动物侵害、减少损失。

除了社区与野生动物的冲突之外，国家公园实施负外部性补偿的原因还有社区传统生产生活方式与公园保护政策之间的冲突。国家公园的建立给原本已经非常贫困的社区居民带来了较高的生活成本，Priya 等（1996）使用接受意愿法（WTA）评估了禁止进入雨林（不能再从事农业活动、获取林产品）对 Mantadia National Park 周边社区农户的损失约为 312 331 美元，进而理解社区对热带雨林的使用与保护雨林的制度措施之间的经济联系。Trakolis（2001）对 Prespes Lanes 国家公园社区居民对规划与管理感知的问卷调查结果显示，如果现有农业生产活动对公园湿地造成破坏，人们愿意改用环境友好型的农业生产方式，但要有经济激励措施，如对每年的收入损失进行补偿，或通过参与公园旅游工作来获取经济上的补贴。旅游通常被保护机构认为能够有效缓和人与野生动物之间的冲突，乌干达已经通过立法规定了公园门票收入的 20%与地方政府共享，目标在于平衡保护地周边社区居民受到的限制与保护行为之间的关系。

7）国外生态补偿实践的特点

补偿政策制度化、系统化。一方面，生态补偿制度已经得到了许多国家的立法支持，很多生态补偿做法均通过立法或政策予以固定，法律依据明确且执法严格。例如，荷兰早在 19 世纪 60 年代就把绿色税收引入税制，美国纽约州专门针对森林植被恢复设立了《休伊特法案》，美国国会在 1985 年的 Farm Bill 和 Food Security Act 中确立了 CRP（Capacity Requirements Planning）计划。另一方面，国外基本建立了生态补偿的政策体系，形成了较为完整的生态补偿框架体系。

政府与市场作用有效互补。从补偿方式来看，除了财政转移支付形式的公共补偿、慈善补偿（捐赠）外，其他补偿方式都有不同程度的市场化成分加入。值得一提的是，政府购买与政府财政转移支付有着较大区别，财政转移支付遵循层级制行政体制，从中央到地方各级政府提留管理费，雁过拔毛，最后落到农民手中的补偿费将大大缩水，这也是目前我国保护地生态补偿中存在的一大问题。而政府购买则不同，政府购买意味着国家被纳入生态补偿市场机制框架，政府作为生态服务的购买者与生态服务提供者或其代表之间是一对一的关系，能大大减少中间环节和交易成本，提高效率。政府购买是世界各国支付生态补偿的主要方式，但各国实践表明，市场竞争机制依然在生态补偿中发挥了重要作用，市场手段和经济激励政策能同时被用来改善生态效益。

补偿主体多元化。不同的生态补偿方式决定了不同的补偿主体，国外补偿主体除了政府之外，也可以是个体、企业或者区域。政府支付和购买一般为对国家具有重要意义的生态区域或生态系统，个体、企业或者区域一般以签署合作协议的方式为所享受的环境服务付费。

2. 国内生态补偿实践

我国生态补偿的实践始于20世纪80年代，经过30年的发展，生态补偿由最初的消极被动的对生态破坏行为进行单纯的罚款，转向积极主动地对生态环境保护和建设行为进行激励与协调，补偿的领域涉及森林、耕地、自然保护区、流域、矿产资源开发等（李文华等，2006）。然而，目前我国国家层面的生态补偿法律和制度体系还没有完全建立起来，现有的生态补偿集中体现在一些部门性的政策或地方性的实践中，多以国家生态建设工程、国家财政转移支付、区域间的财政转移支付、生态补偿税费等形式实现，唯一从国家层面上以生态补偿形式确立的仅有“森林生态效益补偿基金制度”。

我国的生态补偿起步时间较晚，其实践工作主要集中于以下一些领域。

1）资源开发中的生态补偿

资源是经济社会发展的重要保障，但其开发利用过程中所导致的一系列生态环境问题，以及区域之间生态、环境和经济利益的失衡，成为可持续发展的重大障碍。为此，资源开发中的生态补偿是我国开展最早，实践工作较为丰富的一个实践领域。

2）生态环境治理工程中的生态补偿

为修复受损的生态环境，实现可持续发展，自20世纪90年代后半期以来，针对特定区域特定的生态环境问题，国家先后开展了大范围、多层次的生态治理工程项目，成为我国生态建设和环境保护实践中的重要内容。通过这些生态治理工程项目的实施，取得了一定的效果，项目区的总体生态环境有所改善，生态服务功能得到恢复，水土流失、土地沙化、退化等形势好转，地表林草的覆盖度有较大提高，在一定程度上遏制了我国生态环境不断恶化的趋势。

退耕还林（草）工程、风沙治理工程和水土流失（小流域）治理工程等是我国从20世纪90年代后期开始，实施的规模较大、影响范围较广的生态环境治理工程。这些典型的生态环境治理工程所采取的主要生态补偿措施、补偿领域和方式主要集中在以下四个方面。

（1）对项目实施过程中生产经营和生活方式发生改变的，或是经济利益受到损失的主体的直接经济补偿。通常以其原有生产经营收入作为补偿标准的参考，以现金或实物的形式在一定期限内给予补助，同时对转变过程中所需的生产或生活资料，及其所牵扯的产权问题进行适当的安排。

（2）对地方财政收入的补偿。在项目实施过程中，由于限制了一些地区与生态环境不相协调的经济活动，使得这些地区的财政收入相应减少。在工程中往往以财政转移支付的形式对其减少的部分给予补偿。

（3）以科技投入形式进行补偿。在工程实施阶段，国家以科技投入的形式所给予的补偿，用以扶持和鼓励项目区域内亟须的科学技术的创新和推广。

（4）对生态移民的补偿。对因工程需要必须迁出原居住地的居民（生态移民）给予的现金或实物形式的补偿。

从人地关系上看，生态环境治理工程本身就是一种“增益”型的生态补偿，是将物质资本转化为生态资本的过程，但在“人”的系统内部，这一过程中存在着事实上的“生态获益”系统和“经济受损”系统，而这两个系统之间的补偿才是问题的核心所在。

在实践中，中央政府大都承担了“经济获益”系统的角色，并为生态工程提供资金、政策，包括行政强制力上的保障，因此就会出现补偿标准过低、补偿方式单一等问题。以京津风沙治理工程为例，项目计划安置生态移民18万人，而对每户生态移民，国家只给予5000元的补贴，远远不能满足移民户异地安置和转变生产经营方式的需要，从而导致生态移民被异地安置后出现收入水平降低和生活困难等情况。这类生态补偿的一个突出问题是缺少受益地区的参与，上级政府作为单一补偿主体的能力和目标都是有限的。

3）流域生态补偿

流域生态补偿是我国生态补偿实践中的一项重要内容。

根据《中华人民共和国宪法》和《中华人民共和国水法》，水资源属国家所有，国家对水资源享有占有、使用、收益和处分的权利；流域内的居民对水资源享有使用权，包括占有、使用、取得经济收益和处分的权利。流域内任何一个居民享有水资源的权利是平等的，即同一流域内上、下游地区的居民，具有同等的水资源使用权。

法律上的平等权利是一般性的，抽象意义上的平等，由于受自然要素运动规律的影响，流域内不同区段的居民，在行使其水资源使用权来获得经济收益的同时，会影响到流域内其他区段的居民行使其同样的权利，也就是经济学中的“外部性”问题，这是矛盾产生的根本原因。

为协调流域内上、下游地区之间环境、生态和经济利益失衡的矛盾，在国家和地方层面上开展了一系列流域生态补偿的实践。国家层面的“西部江河源生态建设工程”，浙江省东阳和义乌之间的水资源交易，福建省闽江、晋江、九龙江等流域生态补偿机制的实践以及江西、广东境内东江流域的尝试、辽宁对“大伙房水库输水工程”源头区域的补偿等，这些实践案例为我国不断完善流域内的生态补偿机制提供了宝贵的经验。

总体上看，我国流域生态补偿的实践，主要是在已经出台的法律法规的指导下完成的，主要有《中华人民共和国宪法》《中华人民共和国环境保护法》《中华人民共和国水土保持法》《中华人民共和国森林法》等。在这些法律法规的框架下，主要存在两类补偿方式：一是政府主导的交易；二是市场主导的交易。其中政府主导的交易又可分为两类：第一类是强调行政行为，而忽视利益引导；第二类是强调利益的引导。应当指出的是，我国目前缺少具体的和具有可操作性的流域生态补偿法律法规，相关利益主体的参与缺位，受益方与受损方的补偿支付机制还没有完全建立。

专栏 1-2　我国生态补偿的实践

	生态补偿类型	补偿方式
国家财政转移支付	重点公益林生态补偿基金 退耕还林（草）工程 天然林保护工程 耕地占补平衡制度 退田还湖工程	主要由中央财政出资负担，对具有重大意义和生态功能的资源和环境进行恢复和补偿，尤以森林生态补偿最为完善
地方政府主导	北京密云水库库区补偿 江西东江源区生态补偿 福建闽江、九龙江流域上下游之间的补偿 浙江金磐“异地开发”扶贫补偿	补偿资金来源于省、市地方政府的财政转移支付或补贴，多是通过流域下游富裕地区对上游库区或水源区的区域转移支付实现
流域间自发交易	小寨子河的流域生态补偿——金鸡村和罗寨村的水购买协议 保山苏帕河流域生态补偿——水电公司支付模式 浙江省德清县生态补偿长效机制	在具有明确受益者和资源环境提供者的情况下，通过协商和协议等方式对生态系统服务进行购买
水权交易模式	黑河流域水权证 东阳、义乌水权交易 漳河流域跨省际调水	以市场为主导，地方政府和流域管理机构作为中介方进行谈判，制定相应的规则对水资源使用权进行交易
生态税费制度	矿产资源生态补偿费 水资源排污费 耕地占用税 城镇土地使用税	通过税费等市场经济手段调节经济主体资源利用行为，抑制经济活动中的外部性，筹集资金反哺于生态环境保护

我国水资源的时空分布十分不均衡，总体上呈现“南多北少”的地域格局。随着近年来经济社会的高速发展，以及人们生活水平的提高，对水资源的需求也逐年增大，这就使得一些相对缺水地区的资源保障能力出现危机。为缓解这种供需矛盾。各级政府不得不经常从有水地区向缺水地区实施长距离的应急水量调度以缓解缺水地区紧张局势。

一段时期以来，以“南水北调”工程为标志，我国开工建设了一大批跨流域调水工程，同时还有大量的调水项目处于设计、规划和酝酿阶段。跨流域调水给缺水地区带来了巨大的社会、经济和环境效益，但同时也给被调水地区造成了一定的损失。无偿的调水不仅违背水资源配置的公平性原则，也不利于资源的高效利用。因此，调水不仅需要先进的工程技术，还需要建立相应的经济补偿制度，从而消除跨流域调水工程带来的负面影响。

跨流域调水是通过人为的工程手段，改变水资源的原有空间格局，从而达到水资源的丰裕度与社会经济发展格局相匹配的目的，调水工程的实施必然会带来环境、生态、经济和管理等各方面的问题。跨流域调水的生态补偿在我国尚处于探索和起步阶段，理论研究较多，而较为成熟的实践范例却很少。由于各类难点和限制性因素的存在，使得我国跨流域调水生态补偿的实践还不很丰富，缺少比较成熟的案例，一些大型跨流域调水工程的生态补偿政策尚处于探索、规划和论证阶段。

1.3 我国生态补偿问题的认识

我国对生态补偿问题研究始于 20 世纪 80 年代，从 1992 年巴西里约热内卢召开的联合国环境与发展会议至 1998 年，主要以理论研究为主，1998 年长江、松花江、嫩江流域的水灾及进入 21 世纪后沙尘天气频率增多等生态恶化的事实，国家加大了对生态保护的力度与投入（如实施的六大生态工程），生态补偿进入理论和实践相结合的阶段，并成为社会各界关注的焦点。目前，我国有关资源与环境方面的法律已基本形成体系，相关的政策也在不断完善。国家虽然没有出台针对生态补偿的法规，但在现行的有关法律和政策文件中，对生态补偿均有涉及，并有相关规定的内容。

1.3.1 已有法律法规中关于生态补偿的规定

我国现行《宪法》第九条规定：“矿藏、水流、森林、山岭、草原、荒地、滩涂等自然资源，都属于国家所有，即全民所有；由法律规定属于集体所有的山岭、草原、荒地、滩涂除外。国家保障自然资源的合理利用，保护珍贵的动物和植物。禁止任何组织和个人用任何手段侵占或者破坏自然资源”。该条规定了自然资源的产权归国家或者集体所有，并规定了国家保障对自然资源的合理利用。《宪法》第十条第五款规定：“一切使用土地的组织和个人必须合理地利用土地”，这是关于保护土地的总括性规定。《宪法》第二十二条第二款规定：“国家保护名胜古迹，珍贵文物和其他重要历史文化遗产”。《宪法》第二十六条规定：“国家保护和改善生活环境和生态环境，防止污染和其他公害。国家组织和鼓励植树造林，保护林木”。我国《宪法》的上述规定，以国家根本大法的形式确立了环境资源保护、防止污染这一基本国策，并为建立和完善生态补偿制度奠定了法律基石，对生态补偿及生态法律制度各种规范的适用和解释具有重大的指导意义。

国家颁布实施的《中华人民共和国环境保护法》《中华人民共和国水法》《中华人民共和国水污染防治法》《中华人民共和国水土保持法》《中华人民共和国森林法》（以下分别简称《环境保护法》《水法》《水污染防治法》《水土保持法》《森林法》），以及《取水许可和水资源费征收管理条例》《退耕还林条例》《排污费征收使用管理条例》等有关法律法规，均从不同的角度对水资源的有偿使用、排污总量控制和排污收费、水环境保护补偿和生态建设补偿等制度做出了相应规定，为我国建立生态补偿机制奠定了法学基础。

于 2014 年 4 月 24 日修订通过的《环境保护法》中第三章第三十一条规定：“国家

应建立、健全生态保护补偿制度。加大对生态保护地区的财政转移支付力度。有关地方人民政府应当落实生态保护补偿资金，确保其用于生态保护补偿。国家指导受益地区和生态保护地区人民政府通过协商或者按照市场规则进行生态保护补偿。”

《水法》第九条规定：“国家保护水资源，采取有效措施，保护植被，植树种草，涵养水源，防治水土流失和水土污染，改善生态环境”；第四十八条：“直接从江河、湖泊或者地下取用水资源的单位和个人，应当按照国家取水许可制度和水资源有偿使用制度的规定，向水行政主管部门或者流域管理机构申请领取取水许可证，并缴纳水资源费，取得取水权”；第五十五条：“使用水工程供应的水，应当按照规定向供水单位缴纳水费”；“对城市中直接从地下取水的单位，征收水资源费；其他直接从地下或者江河、湖泊取水的，可以由省、自治区、直辖市人民政府决定征收水资源费。”

2008 年修订的《水污染防治法》首次以法律形式对水环境生态保护补偿机制做出了明确规定。该法第七条规定：“国家通过财政转移支付等方式，建立健全对位于饮用水水源保护区区域和江河、湖泊、水库上游地区的水环境生态保护补偿机制”；第十八条规定：“国家对重点水污染物排放实施总量控制制度”；第二十条规定：“国家实施排污许可制度”；第二十四条规定：“直接向水体排放污染物的企业事业单位和个体工商户，应当按照排放水污染物的种类、数量和排污费征收标准缴纳排污费”；第五十六条规定：“国家建立饮用水水源保护区制度。饮用水水源保护区分为一级保护区和二级保护区；必要时，可以在饮用水水源保护区外围划定一定的区域作为准保护区。”

《水土保持法》第二十三条规定：“国家鼓励水土流失地区的农业集体经济组织和农民对水土流失进行治理，并在资金、能源、粮食、税收等方面实施扶贫政策”。

1998 年 7 月 1 日修改的《森林法》第八条规定：“国家建立森林生态效益补偿基金，用于提供生态效益的防护林和特种用途林的森林资源、林木的营造、抚育、保护和管理。”2000 年，国家又发布《森林法实施条例》规定：“防护林、特种用途林的经营者有获得森林生态效益补偿的权利”，这项生态效益补偿基金由国家财政预算直接拨款的方式建立。

《退耕还林条例》第三十五条规定：“国家按照核定的退耕还林实际面积，向土地承包经营权人提供补助粮食、种苗造林补助费和生活补助费。

我国在矿产领域也建立了生态补偿制度，如 1984 年《中华人民共和国资源税条例（草案）》，1994 年《矿产资源补偿费征收管理规定》以及 1995 年《矿产资源勘查区块登记管理办法》《矿产资源开采登记管理办法》《探矿权开采权转让管理办法》，均体现出资源生态补偿的性质。

一些地方政府也制定了政府规章。例如，广东省政府 1998 年 10 月 26 日颁布了《广东省生态公益林建设管理和效益补偿办法》，明确了由政府对生态公益林经营者的经济损失给予补偿，其中省财政对省核定的生态公益林按 375 元/（hm^2·a）给予补偿，不足部分由市、县政府给予补偿。该办法明确了补偿主体、补偿标准、补偿对象以及生态公益林建设、保护和管理的资金来源，是林业管理体制的一大创新，对我国森林生态补偿具有重要的借鉴价值。

1.3.2 有关政策文件中的规定

国家政策曾多处提到生态补偿和建立生态补偿机制的概念，而对于建立流域生态补偿机制则很少提及。

党的十七大报告中提出“实行有利于科学发展的财税制度，建立健全资源有偿使用制度和生态环境补偿机制”。

《中华人民共和国国民经济和社会发展第十一个五年规划纲要》提出：“要增加对限制开发区域、禁止开发区域用于公共服务和生态环境补偿的财政转移支付，逐步使当地居民享有均等化的基本公共服务”。“按照‘谁开发、谁保护，谁受益、谁补偿’的原则，建立生态补偿机制”。“各地区要切实承担对所辖地区环境质量的责任，建立跨省界河流断面水质考核制度，运用经济手段加快污染治理市场化进程。”

《中华人民共和国国民经济和社会发展第十二个五年规划纲要》提出：“‘谁开发、谁保护，谁受益、谁补偿’的原则，加快建立生态补偿机制。加大对重点生态功能区的均衡性转移支付力度，研究设立国家生态补偿专项资金。推行资源型企业可持续发展准备金制度。鼓励、引导和探索实施下游地区对上游地区、开发地区对保护地区、生态受益地区对生态保护地区的生态补偿。积极探索市场化生态补偿机制。加快制定实施生态补偿条例。”

《国家环境保护“十一五”规划》提出：“落实流域治理目标责任制和省界断面水质考核制度，加快建立生态补偿机制”。“启动重点生态功能保护区工作。明确重点生态功能保护区的范围、主导功能和发展方向，按照限制开发区的要求，探索建立生态功能保护区的评价指标体系、管理机制、绩效评估机制和生态补偿机制”。

《国家环境保护“十二五”规划》提出：“探索建立国家生态补偿专项资金。研究制定实施生态补偿条例。建立流域、重点生态功能区等生态补偿机制。推行资源型企业可持续发展准备金制度”。

《国务院关于落实科学发展观加强环境保护的决定》提出：“建立跨省界河流断面水质考核制度，省级人民政府应当确保出境水质达到考核目标。国家加强跨省界环境执法及污染纠纷的协调，上游省份排污对下游省份造成污染事故的，上游省份人民政府应当承担赔付补偿责任，并依法追究相关单位和人员的责任。”“要完善生态补偿政策，尽快建立生态补偿机制。中央和地方财政转移支付应考虑生态补偿因素，国家和地方可分别开展生态补偿试点”。

国务院《关于印发节能减排工作方案的通知》指出：“各级人民政府在财政预算中安排一定资金，采用补助、奖励等方式，支持节能减排重点工程、高效节能产品和节能新机制推广、节能管理能力建设及污染减排监管体系建设等。进一步加大财政基本建设投资向节能环保项目的倾斜力度。健全矿产资源有偿使用制度，改进和完善资源开发生态补偿机制。开展跨流域生态补偿试点工作”。

国家环保总局《关于开展生态补偿试点工作的指导意见》指出：“生态补偿机制是以保护生态环境、促进人与自然和谐为目的，根据生态系统服务价值、生态保护成本、发展机会成本，综合运用行政和市场手段，调整生态环境保护和建设相关各方之间利益关系的环境经济政策”。“谁开发、谁保护，谁破坏、谁恢复，谁受益、谁补偿，谁污染、谁付费。要明确生态补偿责任主体，确定生态补偿的对象、范围。环境和自然资源的开发利用者要承担环境外部成本，履行生态环境恢复责任，赔偿相关损失，支付占用环境容量的费用；生态保护的受益者有责任向生态保护者支付适当的补偿费用。”

党的十八大报告明确要求建立反映市场供求和资源稀缺程度、体现生态价值和代际补偿的资源有偿使用制度和生态补偿制度。

专栏1-3 分领域重点任务

森林。健全国家和地方公益林补偿标准动态调整机制。完善以政府购买服务为主的公益林管护机制。合理安排停止天然林商业性采伐补助奖励资金。（国家林业局、财政部、国家发展和改革委员会（以下简称“国家发改委”）负责）

草原。扩大退牧还草工程实施范围，适时研究提高补助标准，逐步加大对人工饲草地和牲畜棚圈建设的支持力度。实施新一轮草原生态保护补助奖励政策，根据牧区发展和中央财力状况，合理提高禁牧补助和草畜平衡奖励标准。充实草原管护公益岗位。（农业部、财政部、国家发改委负责）

湿地。稳步推进退耕还湿试点，适时扩大试点范围。探索建立湿地生态效益补偿制度，率先在国家级湿地自然保护区、国际重要湿地、国家重要湿地开展补偿试点。（国家林业局、农业部、水利部、国家海洋局、环境保护部、住房城乡建设部、财政部、国家发改委负责）

荒漠。开展沙化土地封禁保护试点，将生态保护补偿作为试点重要内容。加强沙区资源和生态系统保护，完善以政府购买服务为主的管护机制。研究制定鼓励社会力量参与防沙治沙的政策措施，切实保障相关权益。（国家林业局、农业部、财政部、国家发改委负责）

海洋。完善捕捞渔民转产转业补助政策，提高转产转业补助标准。继续执行海洋伏季休渔渔民低保制度。健全增殖放流和水产养殖生态环境修复补助政策。研究建立国家级海洋自然保护区、海洋特别保护区生态保护补偿制度。（农业部、国家海洋局、水利部、环境保护部、财政部、国家发改委负责）

水流。在江河源头区、集中式饮用水水源地、重要河流敏感河段和水生态修复治理区、水产种质资源保护区、水土流失重点预防区和重点治理区、大江大河重要蓄滞洪区以及具有重要饮用水源或重要生态功能的湖泊，全面开展生态保护补偿，适当提高补偿标准。加大水土保持生态效益补偿资金筹集力度。（水利部、环境保护部、住房和城乡建设部、农业部、财政部、国家发改委负责）

耕地。完善耕地保护补偿制度。建立以绿色生态为导向的农业生态治理补贴制度，对在地下水漏斗区、重金属污染区、生态严重退化地区实施耕地轮作休耕的农民给予资金补助。扩大新一轮退耕还林还草规模，逐步将25°以上陡坡地退出基本农田，纳入退耕还林还草补助范围。研究制定鼓励引导农民施用有机肥料和低毒生物农药的补助政策。（国土资源部、农业部、环境保护部、水利部、国家林业局、住房和城乡建设部、财政部、国家发改委负责）

2015 年 4 月，中共中央、国务院印发《关于加快推进生态文明建设的意见》，明确提出“健全生态保护补偿机制”，科学界定生态保护者与受益者权利义务，形成生态损害者赔偿、受益者付费、保护者得到合理补偿的运行机制，建立地区间横向生态保护补偿机制。生态补偿是为了调整人与自然环境的关系而实施的一项复杂的社会系统工程，是保护生态环境、推进生态文明建设，实现生态平衡的一项环境经济政策。生态补偿能够促进自然资源的合理开发利用，实现生态系统的良性运行循环，既是生态环境得以保护和修复的必要措施，也是维护国家生态安全的重要手段，对实现我国可持续发展战略有重要意义。

2015 年中共中央发布的“十三五”规划建议，明确提出了创新、协调、绿色、开放、共享五大发展理念，进一步确立了生态文明建设在中国特色社会主义“五位一体”中的战略地位。建议提出，推动京津冀、长江三角洲、珠江三角洲等优化开发区域产业结构向高端高效发展，防治“城市病”，逐年减少建设用地增量。推动重点开发区域提高产业和人口集聚度。重点生态功能区实行产业准入负面清单。加大对农产品主产区和重点生态功能区的转移支付力度，强化激励性补偿，建立横向和流域生态补偿机制。整合设立一批国家公园。2016 年 05 月 13 日由国务院办公厅发布的《关于健全生态保护补偿机制的意见》指出，实施生态保护补偿是调动各方积极性、保护好生态环境的重要手段，是生态文明制度建设的重要内容。近年来，各地区、各有关部门有序推进生态保护补偿机制建设，取得了阶段性进展。但总体看，生态保护补偿的范围仍然偏小、标准偏低，保护者和受益者良性互动的体制机制尚不完善，一定程度上影响了生态环境保护措施行动的成效。要坚持“权责统一、合理补偿；政府主导、社会参与；统筹兼顾、转型发展；试点先行、稳步实施”的基本原则，实现“到 2020 年，森林、草原、湿地、荒漠、海洋、水流、耕地等重点领域和禁止开发区域、重点生态功能区等重要区域生态保护补偿全覆盖，补偿水平与经济社会发展状况相适应，跨地区、跨流域补偿试点示范取得明显进展，多元化补偿机制初步建立，基本建立符合我国国情的生态保护补偿制度体系，促进形成绿色生产方式和生活方式”的目标任务。

此外，部分省份地方政府也相继出台了生态补偿的相关政策，并开展了具体实践。例如，广东省政府 1998 年 10 月 26 日颁布了《广东省生态公益林建设管理和效益补偿办法》，明确了由政府对生态公益林经营者的经济损失给予补偿，其中省财政对省核定的生态公益林按 375 元/（$hm^2 \cdot a$）给予补偿，不足部分由市、县政府给予补偿。该办法明确了补偿主体、补偿标准、补偿对象以及生态公益林建设、保护和管理的资金来源，是林业管理体制的一大创新，对我国森林生态补偿具有重要的借鉴价值。浙江省作为全国第一个全面推进生态补偿实践的省份，省人民政府在 2005 年 8 月就发布了《关于进一步完善生态补偿机制的若干意见》（浙政发[2005]44 号），提出了在省域范围内实施生态补偿的框架和思路。辽宁省制定了《跨行政区域河流出市断面水质目标考核及补偿办法》，探索了流域上下游间水环境污染的赔偿标准。山东、河北、江苏、福建等省也出台了流域水环境补偿的有关法规和政策文件。2011 年以来，陕西沿渭县市区实施了大规模的渭河综合治理，同时出台《渭河流域水污染防治及巩固提高行动方案》，建成生态湿地及水面景观等 15 万亩①。

专栏 1-4 陕西朱鹮与湿地

朱鹮是与人亲近的鸟类，有人的地方才有朱鹮，依靠水田、池塘等才能生存下来。陕西洋县曾经是朱鹮最后的栖息地，全世界仅剩下 7 只在这里生存，但在社会进步和经济发展的同时，为了灭虫增收，农民一度大范围喷洒高浓度农药，到了冬季，稻田干涸杂草丛生，导致大面积湿地污染严重甚至弃耕荒废，湿地面积不断萎缩，对朱鹮的生存环境产生了严重影响。为了保护朱鹮的觅食安全，省林业部门与农户协商，提供资金补贴，补偿农户不打农药带来的减产损失。同时帮助当地大力发展种植无公害“有机水稻”“有机蔬果”，结果大大提高了农作物的商品价值，增加了农民的收入。大自然的生态效益完全展现，人类与朱鹮的生存实现了“和谐”相处。

随着近些年陕西加大对生态的保护力度，恢复湿地资源，终于使朱鹮在陕西得以重生，更构建了人与自然和谐共存的生态家园。

1.4 生态补偿研究的焦点问题

迄今，国内生态补偿研究包括流域生态补偿机制，在理论与实践上取得一定进展，积累了相当多的重要的实践案例。例如，建立三江源国家级自然保护区，实行退耕还林、退耕还湖，征收水资源费、排污费等，取得了一定的成效。但生态补偿研究特别是流域生态补偿机制研究中，存在着以下需要深入探讨的问题。

1.4.1 补偿主客体界定

根据“谁受益、谁补偿”原则，生态补偿的主体在理论上应是生态环境保护的受益者。由于环境的公共产品特性，所有人都可能成为环境保护行为的受益者，但并非所有的生态受益者都是生态补偿的主体，因此在实践中不能将补偿主体界定得过于宽泛，否则会使该制度丧失可操作性。本书将生态补偿的主体定义为：依照生态补偿法律规定有补偿权利能力和行为能力，负有生态环境和自然资源保护职责或义务，且依照法律规定或合同约定应当向他人提供生态补偿费用、技术、物资甚至劳动服务的政府机构、社会组织和个人。生态补偿的客体是主体间权利义务共同指向的对象，具体到生态补偿法律关系中，是指围绕生态利益的建设而进行的补偿活动。

① 1 亩≈666.7m^2

在流域生态中，流域的上、中游地区为保护流域整体的生态资源环境一定程度上牺牲本区段内的社会经济发展的机会，影响了本区段的社会发展进程（相反，为实现区段内的社会经济发展而对流域整体生态环境无约束地造成损害），下游地区则从间接中获得了社会经济利益（相反的，遭受巨大的损失）。这种生态环境保护同经济利益间的扭曲对立，不但使得流域生态环境保护的现实面临很大的困难，而且将会外延影响到流域内各区段之间以及各利益相关者之间的和谐局面。在流域生态补偿的实施实践中，必须首先明确界定补偿的主客体。而当前在流域生态补偿实践中存在的主要难题之一就是补偿主客体的界定问题。

1.4.2 补 偿 原 则

确立生态补偿的基本原则应当以生态利益为中心，以生态公平与正义为准绳，补偿要兼顾当代人和后代人的生态利益，增进代内公平、代际公平与自然公平；区分不同情境执行污染者付费原则（PPP）、使用者付费原则（UPP）和受益者付费原则（BPP），同时要执行生态保护的效率原则，即生态保护投入向边际效率高的区域或领域转移的原则。

有效解决流域生态环境问题的核心，是在明确界定补偿的主客体各方的基础上，对流域内部生态问题的各受损方与受益方之间进行公平、合理、有效的调控。而现实中，常常在流域内部的上中游区段坚持“谁受益谁补偿”的原则，而流域内的下游区段则坚持“谁污染谁治理”的原则，难以达成一致。立法基本原则是生态补偿制度指导思想的体现，对生态补偿机制的具体实施起着指导作用，贯穿于生态补偿的全过程。但是，我国目前生态补偿制度的立法原则问题还留有很大的空白，应该遵循统一的指导思想，形成统一的立法原则。2015 年 1 月 1 日实施的新《环境保护法》中明确规定了建立生态补偿法律制度，但是由于我国还没有专门的生态补偿制度立法，生态补偿制度指导思想不统一，散见于一些自然资源单行法中，很难形成科学合理系统的生态补偿制度。学者们提出的可持续发展原则，充分补偿和适当补偿相结合原则，生态环境保护和脱贫致富相结合原则，受益者补偿原则，权利平等保护原则等。对生态补偿的原则进行了系统探讨，但是学界尚未对生态补偿制度原则达成统一的共识，这将不利于流域生态补偿机制的形成，其实践指导性也不高。

1.4.3 补偿机制的时效性

当前生态补偿机制，特别是国内实践中多数由政府代理以短期工程项目的形式投入资金、实物或技术等短效的生态补偿机制（如石羊河流域生态治理工程、中国退耕还林工程等中的现金、粮食补贴），而缺少具有长期性、可操作性的、经济生产性等特征的生态补偿机制设计，没有形成固定的流域生态补偿制度体系设置。更为重要的是，在补偿资金投入的来源上，仍是政府财政转移为主，完全市场化运行的补偿机制尚未真正形成与发挥效用，而多投资主体、灵活的市场手段应用仍处于初级阶段，以政府代理购买生态服务的方式由于存在政策资金预算的约束（政府财政转移），补偿实践的效果非常有限。

1.4.4 系统理论分析框架

当前仍然基本上处于理论和方法探讨阶段和案例积累阶段，没有形成有关同类型生态系统服务（如，流域生态系统）补偿的系统理论分析框架和制度机制体系，能相应成为国家应用政策的就更少。生态补偿研究仍处于理论和实践应用探索的阶段，生态补偿的理论创新和实践应用发展仍然任重道远。

此外，对生态补偿机制的认识有如下误区：①“事后补偿”，即对已经出现的生态环境问题进行补救，补偿方就已经造成的破坏危害向受偿方付费；②“惩罚性”，即是对补偿方的破坏行为的惩罚；③“短效性”，即补偿方与受偿方在短期内无法统一对补偿后的生态环境改善的认识；④“搭便车”与“侧滑”，即补偿区域外的住民免费享受了生态补偿实施的效果，而补偿区域内住民的耕作/复耕、放牧/偷牧可能会从参与项目地区转移到未参与项目地区；⑤“激励无效”，如收入下降、生计无着落、补偿额过低、补偿机制不完善、补偿政策不稳定等因素影响参与生态补偿的主动性与积极性等，对生态补偿机制切实有效发挥作用仍有较大的影响。

1.4.5 生态补偿实施效果的评价

由于我国生态补偿实践起步较晚，对生态补偿的研究主要集中在基础理论、补偿机制、补偿方法等方面，对生态补偿效果评价的研究相对比较少，因此在实践过程中就往往很难及时有效来评估生态补偿机制的运行状况和实施效率，同时也很难为日后生态补偿工作的开展提供新方向。由此可见，生态补偿效果评价是生态补偿工作中一个极其重要的环节，评估的关键在于及时了解机制运行情况及实施的效果，从而为进一步完善补偿机制提供参考，为相关指标的动态调整提供依据。

近年来，虽然我国开展了流域生态补偿工作，取得了一定的成果。但只看到了生态补偿政策的实施结果，对生态补偿实施的实施程度及真实状况无法清楚了解，相关利益群体对生态补偿政策实施的反应及态度，在每个实施阶段预定目标达到与否，生态补偿政策的具体运作效果等一系列问题，都没有一个科学合理的评价标准与制度。生态补偿的一个关键问题是补偿资金，但缺乏对补偿资金是否合理使用的有力监督依据，另外，需要一个实施评价标准评价非资金补偿形式是否到位，补偿的程度如何。生态补偿作为解决资源利用问题和资源利益平衡问题的重要经济手段，如果缺乏制度实施的评估与评价，会导致制度实施没有约束机制，不利于相关部门进行政策改进，降低制度实施实效。对于实现社会公平及产生积极的生态效益来说，目前我国流域生态补偿制度还不完善，需要制定相应的评价标准，找到问题出现的原因及阶段，及时加以纠正和改进，起到信息反馈的作用，缺乏对生态补偿的实施评价就等于缺少了一个有力的依据。

1.4.6 流域横向转移支付的生态补偿较少

政府间横向转移支付，是指两个平级的政府为了实现某一目标，在财政资金上实现的横向转移。跨省界的中型流域、城市饮用水源地和辖区内小流域的生态补偿，实际上最终都要体现为生态效应受益地政府与生态效应生产地政府间的财力的横向转移支付。与纵向财政转移支付的补偿含义不同，受益地地方政府对保护地地方政府的横向财政转移支付应该同时包含生态建设和保护的额外投资成本和由此牺牲的发展机会成本、当然，若由其他手段如经济合作实现了对保护地地方政府牺牲的发展机会成本的补偿，则横向转移支付可以只补偿保护地地方政府生态建设和保护的额外投资成本；当其他手段只是发挥辅助和强化作用时，则横向转移支付仍需包含上述两方面的补偿内容。

现阶段我国流域生态补偿实践中多为政府主导的上下级政府间纵向转移支付的生态补偿，上下游同级政府间横向转移支付的生态补偿较少。由于流域经济社会发展过程中对水资源环境的需求逐渐增加，“跨区域”的利益协调较难进行。从自然资源要素的视角看，因我国行政区划体制的因素，河流被人为地分割在了不同的行政辖区内，不同行政区分别为同级或上下级的行政隶属关系，将流域利益分割成不同的“地方利益”，这种责任限定在了明确的地理边界。出于发展地方经济的考虑，对行政边界外，地方政府缺乏主动补偿的动力（郭少青，2013）。

1.4.7 生态补偿标准

我国生态补偿标准较为笼统，各地方生态补偿的标准不一，主要考虑可操作性较高的补偿标准，某些标准的制定有悖于社会公平与环境正义，使得生态补偿制度形同虚设，造成执行结果有些地区存在“过度补偿”问题或“低补偿”“无补偿”问题，无法实现社会公平。部分流域生态补偿实践中，没有考虑地区间财政状况以及经济环境条件的差异，导致财政支付对于落后地区无法承受，由于地区差异及资源禀赋的差别，部分地区生态保护的成本要高，实施统一的补偿标准显然不合理（郭少青，2013）。另外，生态补偿中主要考虑水资源的经济价值，忽视了自然资源的生态价值，这显然不合理，应该在生态补偿标准制定中予以考虑。再者，我国生态补偿实践中，多考虑流域水量的补偿，部分生态补偿没有将水质治理和水生态保护考虑在内，缺乏优化水资源结构的激励机制，导致了水资源环境、水生态系统的维护缺乏积极性。生态补偿标准是确定补多少的问题，生态补偿标准不合理，致使区域公平和正义难以实现，从而影响生态补偿的效率。

1.4.8 生态补偿的专项立法

我国已经初步建立起了由国家立法和地方立法共同构成的环境法律体系。虽然各地根据国家有关法规，制定并颁布了一些相应的实施办法、细则及地方性法规，但由于现有生态环境立法比较零散、不全面、适用性不强，缺乏系统而明确的基本原则、法律制度、法律措施规定，甚至各自的规定发生冲突矛盾。立法落后于生态保护和建设的发展，对新的生态问题和生态保护方式缺乏有效的法律支持。一些重要法规对生态保护和补偿的规范不到位。此外，建立全面的生态补偿机制在生态产权和生态价值的确定方面也面临着管理体制、法律制度等多方面的困难。目前没有形成统一、规范的法律体系，无法满足新形势下生态建设、环境保护的实际需要。

生态补偿有关规定中对各利益相关者的权利、义务、责任界定及对补偿内容、方式和标准规定不明确，环境资源产权制度缺失。补偿是多个利益主体（利益相关者）之间的一种权利、义务、责任的重新平衡过程，实施补偿首先要明确各利益主体之间的身份和角色，并明确其相应的权利、义务和责任内容。目前涉及生态保护和生态建设的法律法规，都没有对利益主体做出明确的界定和规定，对其在生态环境方面具体拥有的权利和必须承担的责任仅限于原则性的规定，强制性补偿要求少而自愿补偿要求多，导致各利益相关者无法根据法律界定自己在生态环境保护方面的责、权、利关系，致使生态环境保护陷入“公共悲剧”的陷阱之中。

责任界定不明晰、部门规章法律地位不高、执法力度不够等问题较为普遍，对生态环境保护行为缺乏应有的激励和奖惩机制，在实际中，往往出现“违法成本低，守法成本高”的现象。

我国流域水资源生态补偿缺乏国家法律和地方法规的支撑。流域水资源管理法制、体制和机制不完善，管理体系条块分割，水资源生态保护和生态补偿难以形成明确的责任机制。目前我国专门的生态补偿法律法规缺位，导致各流域水资源利用生态补偿实践存在法律依据不足的问题，无法用法律法规来约束和指导类型不同和层次不同的生态补偿。虽然在 2008 年新颁布的《水污染防治法》中提到国家通过财政转移支付等形式建立健全饮水源和上游地区水环境生态保护补偿机制，但是规定得比较笼统，没有规范流域生态补偿中的责任分工、补偿对象、补偿主客体和补偿标准等问题。流域各省进行的生态补偿试点行政色彩浓厚，存在确立的补偿标准不科学、补偿不及时等问题。

生态科学发展日新月异，新的生态问题、管理模式和经营理念也层出不穷，有些很快就成为生态保护与建设的重点内容或发展方向，应该尽快纳入国家管理范畴。而法律法规则由于立法过程旷日持久、问题考虑面面俱到而远远落后于生态问题的出现和生态管理的发展速度。目前涉及生态保护和生态建设的法律法规，都没有对利益主体做出明确的界定和规定，对其在生态环境方面具体拥有的那些权利和必须承担那些责任仅限于原则性的规定，强制性的补偿要求少而自愿补偿要求多，导致各利益相关者无从根据法律界定自己在生态环境保护方面的责、权、利关系。

1.4.9 生态补偿管理机构

生态补偿机制建立过程中，利益相关者的参与度不够，由于缺乏统一的归口管理，造成管理上的混乱。例如，我国各级政府的管理权限是以严格行政区域划分的，即某一级政府的环境保护主管部门对一定区域内的某一特定方面的环境保护、生态补偿进行管理，这样造成的结果是补偿行为在横向和纵向的分割。横向体现在各主管部门间环境保护侧重点的彼此对立，纵向则体现在各个不同行政区域内对同一资源与环境保护的割裂。然而，现实活动中，各种自然资源间是相互影响与渗透的。

中国目前还没有有效地跨行政区流域环境协调的管理机构，像长江水利委员会、黄河水利委员会、辽河水利委员会等机构更多的是水利部下属的治水以及主管水资源分配的机构，并没有环境协调、监督、执法等相关的权力。另外水资源管理部门是农业部，地表水开发与洪水防治是公共和市政部门管理，地下水开采是地质采矿部门管理，污染控制是卫生或环保部门管理，管理太分散，这样人为地将水资源生态系统条块分割，增加了水污染治理的难度。所以，中国实施流域水资源生态补偿应该遵循流域水资源生态系统的整体性和关联性，以自然水系流域为单位建立能够对流域进行统一集中管理的行政部门，同时也要妥善处理流域管理机构和地方各部门、各利益主体的关系，对支流与地方适当分权，注重将流域管理机构与国家职能部门和地方政府的监督、协调相结合，注重部门之间以及区域之间的合作与协调，集权与分权相结合，以切实落实流域治理的相关职责。

1.4.10 政府与市场的作用与关系

目前，我国生态补偿主要有政府主导型和市场调节型两种类型。然而，在补偿过程中，政府很难有效确定生态环境资源相对于人类需求的稀缺程度，即使要确定的话，相对于其他资源的相对价格等情况，信息搜集的成本也将非常昂贵，并且存在着一定的时滞性。不合理的价格补贴政策往往引发更大规模的生态破坏。对于生态保护和治理来说，最缺的并不一定是钱。明确产权，落实投资建设、补偿的主体，才是最关键的，否则，大的投资很可能是大的浪费。生态环境属于“公共产品”，但在具体的实施中，充分引进市场机制，发挥利益的引导作用是很有必要的。生态补偿和建设看似纯公益行为，但其中同样蕴藏着不少商机。适当加大生态补偿制度中市场补偿的比例，将有助于收集信息、制定政策、提高补偿的效率。

根据过去我国开展的不同形式的水资源利用生态补偿实践，政府在建立和推动流域水资源，利用生态补偿实施方面发挥了主导性作用，通过财政支付实施生态建设或生态补偿工程，抑或是通过税收政策来提高破坏生态的成本。但是，由于政府责任不明了、横向管理体制不健全、补偿方式单一，严重制约我国流域水资源生态补偿工作的进展程度，需要建立流域水资源生态补偿制度绩效评估体系。

专栏 1-5　澳大利亚墨累—达令流域：水权交易

澳大利亚墨累—达令流域是澳大利亚最重要，却也是污染最严重的流域。流域用水量大，水质污染较严重。此外，水浇地盐碱化与内涝；土壤结构与肥力下降；风蚀与水蚀；土壤酸化；旱地盐碱化；有害动植物入侵；过度放牧等造成土地退化等环境问题。自然植被砍伐、湿地与河岸带退化、流域季节格局变化等，都对流域环境造成一定程度的影响。

为应对干旱挑战，解决流域水资源利用的诸多问题，墨累—达令流域州际政府与联邦政府达成流域管理协议，以流域为单位进行管理。从澳大利亚水改革框架方案实施后，就开始建立水市场，制定水价，进行水权交易等。墨累—达令流域的市场化管理就是建立在国家长期水市场管理的基础上。市场化管理的封顶和水权交易制度等都是为了实现总量控制的目标。其总量控制措施就是要通过建立一个在全流域内共享水资源的“新框架”，来确保水资源的有效和可持续利用。

水权的市场交易使拥有水权的公司或农牧场主可以买进水权或卖出多余的水权。由水权管理机构批准，办理有关手续，交付相应费用并变更水权。水权管理机构控制水权交易量，使水的利用尽量接近水源地供水目标，并使水资源向利用效率和使用价值高的用途转移。它改变了供水工程建设管理的投、融资方式，使用水户更直接地参与供水管理。国家通过立法来保障水权交易，规范交易行为，为投、融资提供政策支持，控制水的开发利用和环境保护。墨累—达令流域作为重要的农业灌溉区，是水权交易实施的重要区域，通过“封顶”和水权交易等手段，使各流域管理主体更注重水资源的使用成本和价值，有利于实现流域水资源的合理配置。

1.4.11　生态补偿资金筹措机制

目前生态补偿投资主要是依赖政府财政资金。资金渠道以中央财政转移支付为主，补偿的重点为西部地区，而且以重大生态保护和建设工程及其配套措施为主要形式；投入主要以国家为主，地方投入较少；有限的资金主要以毛毛雨的形式，分散用于各个地区，造成资金的低效使用和浪费。在 2001 年全国六大林业重点工程资金来源中，国家预算内资金占 85.6%。西部大开发战略实施 3 年以来（到 2005 年），国家通过财政性建设资金、国债资金、转移支付等给西部筹措了 500 亿元生态建设资金，占西部重大生态建设工程投资的大部分。

目前流域水资源生态补偿都是以政府为主导，并主要依靠上级政府财政转移支付。因此，在行政运行中，下级政府也会对上级政府产生一种惯性的依赖，遇到跨区域需要协调的问题，地方政府和政府部门首先想到的就是请求共同的上级政府来解决，而不是试图通过横向间的沟通来达成一致。从现在已实行的生态补偿来看，上级政府在这中间确实起到了关键的作用，但是面对流域水资源生态补偿这一系统工程时，这种单一的机制，显然是不足的。政府的财政转移支付有赖于政府的财政能力，这种补偿方式在补偿金额上明显不足。只有拓宽多种补偿方式，引入市场机制，让水资源生态服务的受益方参与进来，才能筹集更多的补偿资金，完善补偿机制。

1.5　生态补偿研究进展文献计量

文献计量作为一种文献情报定量研究的分析工具，在科学史、学科态势、专利分析等研究领域中被应用广泛。经过三四十年的发展，我国的文献计量方面的研究基本上形成了涵盖研究、教育和实践综合应用系统全面的良好发展局面，近年来不断取得新的进展，增强了该研究的国际影响，并逐步成为图书情报与科学评价领域中非常重要的分支学科（梁国强，2013）。利用文献计量方法可以很方便、快捷地、可视化地了解所关注的研究领域成果的时空特征、热点集聚和重点分布、核心科学家和关键研究机构等，既是对以往研究工作的归纳和总结，也可为今后开展的研究提供系统、全面、宏观、趋势的认识（宁宝英等，2013）。本书利用 Web of Science 数据库获取生态补偿近年发表研究论文，分析当前对生态补偿研究历史和研究成果做全面的梳理。

1.5.1　数据获取与处理

2014 年 2 月 25 日利用 TS=（ecological or environmental and compensation）or（ecological or environmental）and（pay or payment）在 Web of Science 核心合集中进行检索，索引=SCI-EXPANDED，SSCI，CPCI-S，CCR-EXPANDED，IC，时间跨度为所有年份，共检索到 5302 篇论文。根据 Web of Science 的主题类别，通过逐类阅读题名和摘要（必要时浏览全文）进行人工判读后，共得到 4042 篇。该 4042 篇文章中，2966 篇文献类型为 article，522 篇为 proceedings paper，可见，生态补偿及其机制这一主题也是相关会议的主要议题。

1.5.2　相关论文总体特征分析

1. 论文数量的年度变化趋势

由于 2014 年数据还不够全面，不能反映总体趋势，因而本节剔除 2014 年的 24 篇相关论文。得到年代分布数据如表 1-1 所示。可以看出，生态补偿相关论文数量基本呈逐年上升趋势，这与人们越来越重视生态环境是息息相关的；从相关论文的发文量来看，1997 年是具有“里程碑”意义的年份，此年后有关生态补偿的研究论文迅速升温，年发文量突破 100 篇；而在 2007 年突破 200 篇，2009 年突破 300 篇。年发文量突破 100 篇，用了 36 年，突破 200 篇，用了 10 年，突破 300 篇，只有 3 年，足见生态补偿研究的热度上升之快。

表 1-1　生态补偿论文数量的年份分布表（基于 SCI-E 数据库）

年份	论文数量/篇	年份	论文数量/篇
1962	1	1979	3
1973	1	1981	1
1978	1	1982	3

续表

年份	论文数量/篇	年份	论文数量/篇
1985	1	2000	129
1986	2	2001	121
1987	3	2002	107
1988	1	2003	152
1990	10	2004	137
1991	45	2005	166
1992	45	2006	198
1993	60	2007	241
1994	49	2008	233
1995	69	2009	357
1996	93	2010	328
1997	106	2011	374
1998	105	2012	388
1999	96	2013	392

2. 主要国家分析

选择发文量大于等于100篇的前13个国家，共发文2986篇，占总发文量的73.87%。其中，美国发文数量占绝对优势，占总发文量的26.32%，这说明美国在生态补偿方面的研究较多，社会关注度较大。从图1-1可以看出，这13个国家中，欧洲国家占大部分（61.54%），这与欧洲国家发展较早，是工业革命的发祥地，全球首先遇到生态环境方面的问题有关。同时，应注意到中国的发文量仅次于美国，排名第二位，这与我国区别于发达国家跨过工业革命的积累的特殊国情，及国家对环境问题的重视，学术界研究紧跟科技发达国家，正确的科研导向密不可分。

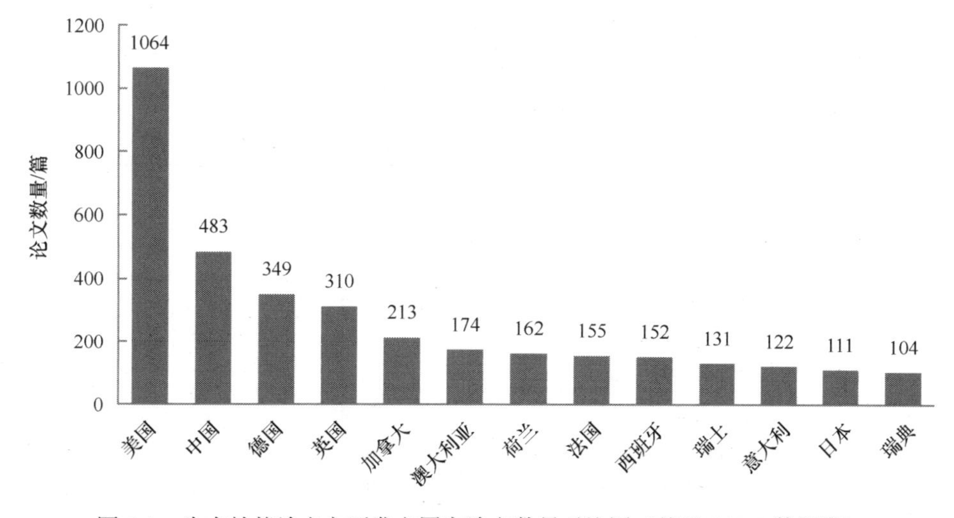

图1-1　生态补偿论文主要发文国家论文数量对比图（基于SCI-E数据库）

由于 1962～1999 年生态补偿研究的相关论文数量较少，因此本节分析了 1990～2009 年以 10 年为一个阶段，上述 13 个国家发文量随时间变化的趋势，如表 1-2 所示。从表 1-2 中可以看出，美国、西班牙、瑞士、日本 4 国在 2000 年初有关生态补偿的相关文章数量有所减少，中国、意大利、澳大利亚 3 国 2000 年初该方面论文数量增加较快，这 14 年平均年增长率中，中国、意大利、澳大利亚也是增长最快的；2005～2009 年各国论文数量都呈平稳增长趋势，该时期是生态补偿主题研究发展的快速增长期；2010～2013 年，各国论文增长速度有所放缓，这可能与研究发展的成熟程度有关，该主题发展应该进入平稳增长期。

表 1-2　2000～2013 年生态补偿论文前 13 个国家发文量随时间变化表（基于 SCI-E 数据库）　（%）

国家	2000～2004 年年均增长率	2005～2009 年年均增长率	2010～2013 年年均增长率	平均年增长率
美国	–3.28	17.23	0.73	4.89
中国	62.66	53.53	1.02	39.07
德国	1.74	2.67	14.47	6.29
英国	2.99	30.60	7.43	13.67
加拿大	18.92	31.61	16.26	22.26
澳大利亚	25.74	34.27	19.17	26.39
荷兰	7.46	2.41	–3.64	2.08
法国	15.02	10.67	1.82	9.17
西班牙	–9.64	24.47	10.06	8.30
瑞士	–8.07	6.21	10.89	3.01
意大利	73.21	10.67	28.92	37.60
日本	–24.02	28.78	25.99	10.25
瑞典	7.46	18.92	8.37	11.58

3. 主要研究机构分析

利用 TDA 自带的机构字典对得到的所有机构数据进行清洗发现，该 4042 篇生态补偿方面的论文来自于 2951 个机构。其中，论文数量大于等于 20 篇的机构共有 22 家，本节主要对发文量排名前 22 家机构进行分析，机构数据如表 1-3 所示。

表 1-3　生态补偿研究前 22 家机构发文量对比（基于 SCI-E 数据库）

序号	机构名称	所属国家	论文数/篇	百分比/%
1	中国科学院	中国	109	2.70
2	亥姆霍兹环境研究中心	德国	33	0.82
3	英属哥伦比亚大学	英国	31	0.77
4	华盛顿大学	美国	28	0.69
5	法国科学研究中心	法国	27	0.67
6	法国农业科学研究院	法国	27	0.67
7	瓦格宁根大学	荷兰	27	0.67
8	北京师范大学	中国	26	0.64
9	威斯康星大学	美国	26	0.64
10	牛津大学	英国	25	0.62

续表

序号	机构名称	所属国家	论文数/篇	百分比/%
11	俄罗斯科学院	俄罗斯	23	0.57
12	加州大学伯克利分校	美国	23	0.57
13	剑桥大学	英国	23	0.57
14	美国环保局	美国	23	0.57
15	佛罗里达大学	美国	22	0.54
16	哥廷根大学	德国	22	0.54
17	兰德大学	瑞典	21	0.52
18	科罗拉多州立大学	美国	20	0.49
19	康奈尔大学	美国	20	0.49
20	哈佛大学	美国	20	0.49
21	密歇根州立大学	美国	20	0.49
22	加州大学洛杉矶分校	美国	20	0.49

在前22家机构中，中国科学院以109篇论文数量的绝对优势居第一位，其余21家机构发文量相差较小。这是由于中国科学院下属较多研究所，其中，地理科学与资源研究所、城市环境研究所、新疆生态与地理研究所、南京地理与湖泊研究所等均有生态补偿方面的相关研究，从而使得中国科学院总体发文量最多。从这些机构所属国家来看，美国（10个）、英国（3个），两国数量较多，中国（2篇）、法国（2篇）、德国（2篇），三国均有两个机构在生态补偿方面有所研究。

4. 主要研究人员分析

利用TDA自带的作者姓名字典对得到的所有作者数据进行清洗发现，该4042篇生态补偿方面的论文共由11 423位作者完成。其中，发文量最高的前20位作者分别来自德国、西班牙、美国、英国、苏格兰、中国、法国等16个研究机构，如表1-4所示。

表1-4　生态补偿研究前20位作者发文量对比（基于SCI-E数据库）

排名	发文量/篇	作者姓名	所属机构	所属国家
1	18	Drechsler Martin	亥姆霍兹环境研究中心	德国
2	12	Hanley Nick	斯特林大学	英国
3	12	Waetzold Frank	恩斯特-莫里茨-阿恩特格赖夫斯瓦尔德大学	德国
4	11	Herzog Felix	瑞士联邦农业与农业生态研究所	瑞士
5	10	Johst Karin	莱比锡哈勒有限公司	德国
6	10	Martin-Lopez Berta	马德里自治大学	西班牙
7	9	Lange Otto L	维尔茨堡大学	德国
8	8	Milner-Gulland Eleanor J	伦敦大学科学技术与医学帝国学院	英国
9	8	Montes Carlos	马德里自治大学	西班牙
10	7	Aronson James	法国科学研究中心	法国
11	7	Garcia-Llorente Marina	马德里自治大学	西班牙

续表

排名	发文量/篇	作者姓名	所属机构	所属国家
12	7	Walter Thomas	瑞士联邦农业与农业生态研究所	瑞士
13	7	Wang Jing	中国农业大学	中国
14	6	Johnston Robert J	康涅狄克大学	美国
15	6	Lerner Richard M	塔夫茨大学	美国
16	6	Martin-Ortega Julia	麦考土地利用研究所	苏格兰
17	6	Meyer Axel	维尔茨堡大学	德国
18	6	Ruoff Peter	斯塔万格大学	挪威
19	6	Schuepbach Beatrice	ART 研究所	瑞士
20	6	Watzold Frank	亥姆霍兹环境研究中心	德国

前 20 位研究者中德国作者数量最多，共 6 位。这 6 位研究人员共完成 61 篇文章，其中，会议论文 3 篇，论文发表时间在 1991～2012 年间，时间跨度较大，且有 29 篇是多位合作完成。61 篇文章共被引 697 次，篇均被引频次为 21.12 次。18 篇文章的第一作者是亥姆霍兹环境研究中心的 Drechsler Martin 博士，且这 18 篇文章发表于 2006～2011 年，可见，以 Drechsler，Martin 为首的研究团队在 2006～2011 年间对生态补偿研究较多，表现突出，但团队研究的连续性较差，近两年相关研究较少。

作者数量第二多的是来自西班牙马德里自治大学的三位研究人员，共有 25 篇文章，发表于 2007～2014 年间，且均为合作完成，合作机构为阿尔梅里亚大学、巴塞罗那自治大学、瓦格宁根大学等，合作不仅倾向于国家内部合作，也向国际延伸。

1.5.3 生态补偿相关论文机构合作网络分析

在文献计量学领域研究合作情况时，通常以作者间合作网络分析作为主要的分析对象。另外，作者合作研究只能以人为主，无法深入研究机构间乃至国家间的合作情况。随着科学技术的进步，信息的进一步开放获取，越来越多的合作更倾向于不同机构之间、国家间的合作。考虑到国家间的合作网络较小，研究的规模和持续性有限，因此，本节选择机构间的合作为研究对象，对其进行网络分析，从而发现机构合作网络中的“小团体”“边缘人”“结构洞”等。综合考虑到发文量比较多的机构数量与机构合作网络的规模，本节选取发文量大于等于 28 篇的前 4 个机构（此处是指包含某机构的论文数量为 28 篇，而不考虑是否为第一作者机构及其合作机构，共 216 个）作为机构合作网络的节点。

1. 机构合作网络整体分析

1）机构合作网络的密度

经过计算，该网络的密度为 0.0248，标准差为 0.1555。说明该网络中实际存在的合作关系占理论上可能合作关系的约 2%。由此看出，生态补偿领域的机构合作网络密度较小，机构间联系较少，合作还不够广泛。

2）机构合作网络的距离

经计算，该网络的平均距离为 3.471。说明在生态补偿领域的机构合作网络中联系紧密，每个机构大约经过 4 个机构就能和网络中其他机构建立联系。虽然该网络的合作较少，但相互间开展合作的便利性较高。

3）结构洞分析

在机构合作网络中，通过结构洞的计算，可以发现起中介作用的重要机构。机构合作网络的结构洞计算结果如表 1-5 所示。可以看出，中国科学院的有效规模高达 101.272。假设每篇学术文献表达的是一种新知识，那么中国科学院与其他机构之间传播、交流信息与知识的途径达到约 102 条。同时，该点的效率最高 0.983，说明其在生态补偿研究领域非常活跃，不仅与其他机构建立了广泛的交流渠道，而且新知识的交流途径占总交流途径的 90%以上。此外，亥姆霍兹环境研究中心、英属哥伦比亚大学、华盛顿大学在该领域表现也相当活跃，这与前文机构分析结果相一致。因此，无论从发文量来看，还是从机构间的合作现象来看，中国科学院、亥姆霍兹环境研究中心、英属哥伦比亚大学、华盛顿大学都是生态补偿研究领域的核心机构。位于美国俄勒冈州的决策研究所的总限制度最高，说明该机构与其他直接或间接相连的机构联系紧密，在合作过程中受其他机构影响大。等级度最高的是北京师范大学和中国农业大学（0.110），说明这两个机构与其他机构的信息交流途径较为脆弱。

2. 凝聚子群分析

本节应用凝聚子群的一种类型——派系（cliques）进行机构合作网络中小团体的分析。

经计算，生态补偿研究的机构合作网络中，共存在 12 个派系。中国科学院活跃在 9 个派系中，其在这些派系的沟通交流中起到重要的桥梁作用。同时，由于与其联系紧密的小团体机构中的其他成员分属于具有不同知识机构的多个派系，因此，它在与其他机构合作、交流过程中更容易获得新知识，这也解释了结构洞分析中中国科学院新知识的交流途径占总交流途径的 90%以上。

派系 11、12 形成了以德国亥姆霍兹环境研究中心为代表的欧洲机构群。分析这两个派系中的机构，大部分与前 10 个派系无任何交集。这说明，生态补偿相关研究的机构群分化成以中国科学院为代表的较为广泛的国际合作群和以亥姆霍兹环境研究中心为代表的欧洲机构群两大派别。

1.5.4　生态补偿相关论文的研究主题分析

本节中，使用 CiteSpace 对生态补偿论文的关键词进行分析，以发现该领域研究主题的特点。

1. 研究主题聚类分析

通过论文数量年度变化分析可以看出，生态补偿主题论文从 1990 年起每年发文量超过10篇，1990年之前每年的论文篇数较少，涉及的关键词较少。由于2014年数据不全，不能展现本年度的研究全貌，因此，将主题分析的时间区间设定为“1990～2013年”。以2年为一个时间段，利用关键路径算法（pathfinder）选择每个时间段内“Top 50”的作者关键词进行聚类分析。合并后的网络中，共有264个节点，663条连线。类内关键词大于等于10个的前7类聚类结果如表1-5所示。

表1-5中，节点个数代表每个聚类中包含的节点（即关键词）个数，剪影值用来衡量聚类的好坏，剪影值越大，聚类结果越好。可以看出，除聚类号6外，其余类别剪影值均大于0.85，聚类结果良好。CiteSpace的输出结果中分别用TFIDF、LLR、MI三种算法对每类中的关键词进行了排序，而以TFIDF算法排序命名聚类名称，因此，表1-5仅展示了TFIDF的结果。其中聚类号12类的主要关键词有新陈代谢、种植、碳循环、西班牙、生理生态学等，聚类号6的主要关键词有环境服务、生态系统服务、离子调节等。

表1-5　1990～2013年生态补偿研究作者关键词聚类前7类结果表（基于SCI-E数据库）

序号	聚类号	节点个数	剪影值	关键词（TFIDF）
1	12	112	0.867	（11.46）metabolism； （11.46）seedling； （10.86）carbon metabolism； （10.15）Spain； （10.15）physiological ecology
2	6	53	0.113	（11.46）environmental service； （10.25）ecosystem service； （10.15）ion regulation
3	11	14	0.986	（8.19）mortality； （8.16）nonsmoking underground uranium miner； （7.49）cancer； （6.59）assessing concentration； （6.59）lung cancer
4	13	13	0.967	（5.61）level； （5.32）accumulation； （4.53）performance； （4.23）response
5	14	11	0.987	（6.59）environmental value； （6.59）opportunity cost； （6.59）ownership； （5.67）area； （5.61）cost
6	17	11	0.987	（6.59）agricultural sprayer； （6.59）blood； （6.59）asbestosis
7	18	10	0.999	（13.56）environmental material； （13.56）analytical characteristic； （13.56）high efficiency ion transmission interface； （13.56）element determination； （13.56）plasma mass spectrometer

2. 研究主题随时间演化分析

图1-2（彩图1-2）展示了生态补偿研究主题随时间演化的趋势。从图1-2的时区图中可以看到不同时间段内生态补偿相关研究的热点研究主题，也可以区分出近年来较活跃的研究主题。

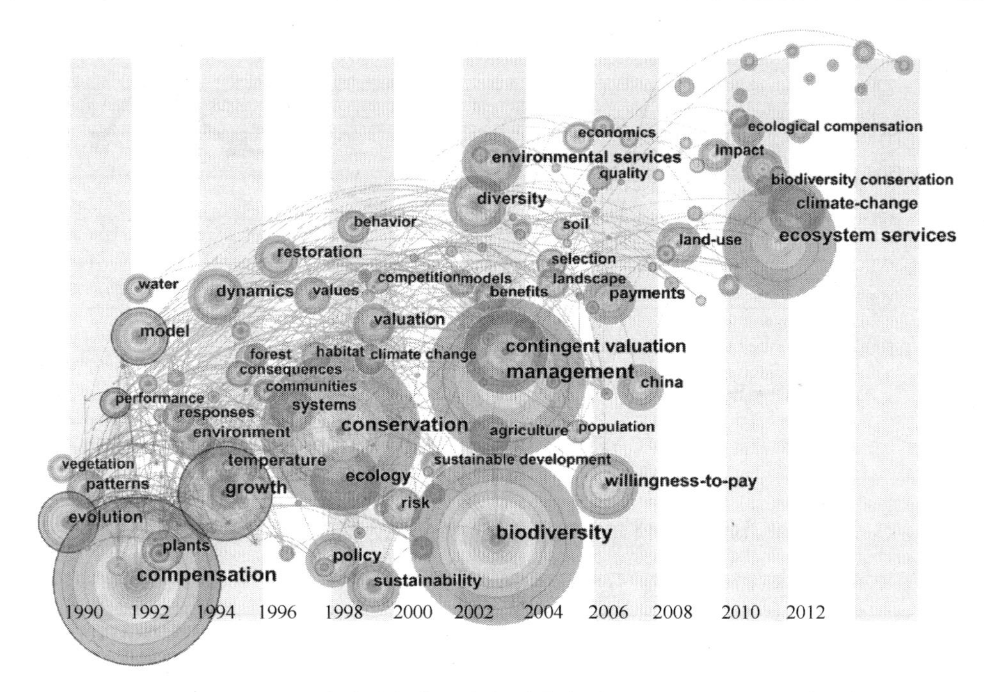

图 1-2 1990～2013 年生态补偿研究主题演化时区图（基于 SCI-E 数据库）

可以看出，20 世纪 90 年代初，领域内对该主题的研究主要集中在补偿、碳排放、水资源相关方面的研究；1995～1999 年主要研究主题演化为可持续发展、相关政策制定以及危险评估等；进入 21 世纪，网络技术的发展、各种新技术的应用以及交流合作机会的加深加强，该主题的研究也日益多元化。除了主要的可持续发展、政策机制研究、政府职能、生态环境等经典主题外，生物多样性、生态社区、人口、农业环境模式、生态付费等逐渐进入该研究领域，使得该领域研究更加丰富多样。同时，应当注意到 21 世纪后研究主题虽不再如之前集中与明显，一方面充分说明了学科交叉融合对生态补偿研究发展带来新的契机；另一方面也说明生态补偿研究在各领域得到了广泛的渗透，在研究深度积累之后得以在研究广度上进一步扩散。

1.5.5 国内生态补偿研究文献计量分析

同样，我们检索中文数字期刊网近年来发表的生态补偿相关的研究中，检索数据库为万方数据服务平台，以检索主题词为“生态补偿”进行普通检索，时间从 1998 年至 2014 年 11 月已入库全文期刊论文，共得到论文 4671 篇。从发文的时间分布来看，2005 年的年发文量突破 100 篇，2006 年之后年发文量突破 200 篇，2007 年年发文量突破 300 篇，而年发文量在 2013 年最多为 730 篇（图 1-3）。对比国际生态补偿研究发展趋势，基本一致，而年发文量突破 200 篇的时间更短，年发文量增长速度更快。

表 1-6 是 1999～2014 年发表的与生态补偿主题相关的中文文献中的热词统计。从统计的结果来看，2006 年之前历年文献中出现的热词较为分散，与生态补偿直接相关的热词较少；2006 年之后历年热词分布较为集中，排名靠前的几个热词分别为“生

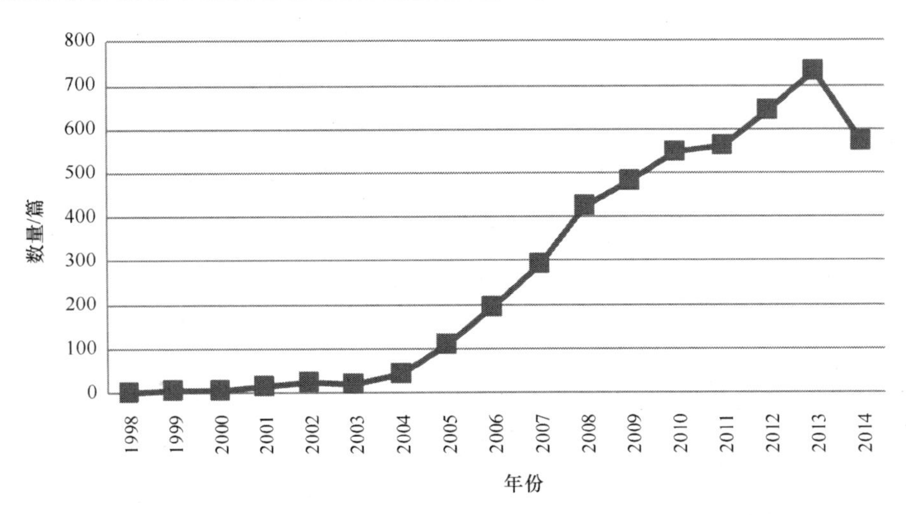

图 1-3 1998～2014 年与生态补偿相关的中文期刊年发文量分布

表 1-6 与生态补偿相关中文热词分析

年份	热词	次数	年份	热词	次数	年份	热词	次数
	山岳型风景区	1		可持续发展	6		机制	19
	生态复合	1		生态保护	3		流域	13
1999	环境建设	1	2005	法律制度	3	2010	外部性	13
	森林生态效益	1		生态环境	2		矿产资源	11
	楚雄州	1		制度	2		补偿标准	9
	水源涵养林	1		流域	5		生态补偿	18
	经济分析	1		生态建设	4		机制	17
2001	流域公益林	1	2006	机制	4	2011	补偿机制	9
	补偿办法	1		外部性	4		补偿标准	8
	长江中上游	1		矿产资源	3		水资源	8
	补偿的利益相关方	1		可持续发展	10		生态补偿	30
	生态服务功能	1		机制	7		机制	15
2002	生态服务功能价值	1	2007	生态补偿机制	5	2012	流域	12
	森林效益	1		法律制度	5		补偿标准	11
	公益林	1		森林	4		生态环境	8
	洞庭湖区	2		机制	18		生态补偿	31
	生态服务功能	2		水土保持	12		机制	12
2003	森林分类经营	1	2008	流域	11	2013	流域	11
	区划（规划）	1		环境保护	6		生态环境	10
	管理模式	1		生态环境	6		可持续发展	10
	城市设计	2		机制	9		生态补偿	14
	控制要素	2		流域	9		机制	7
2004	湿地恢复	1	2009	生态补偿	9	2014	法律制度	5
	生态服务功能价值	1		可持续发展	8		生态补偿	4
	影响	1		外部性	8		跨流域调水	4

注：2000 年资料暂缺。

态补偿”“补偿机制”“补偿标准”“流域”“森林”“矿产”“水土保持”“外部性”“可持续发展”等，涵盖了生态补偿研究的核心问题；同时，如“生态服务”“生态功能”“生态服务价值评估”等关键词的热度下降，这也在一定程度上说明了当前的生态补偿研究的重点已经由最初的概念、理论层面上的广泛探讨，向生态补偿的核心、具体问题深入分析转移，从早期侧重于宏观尺度上的评估，转为侧重于补偿机制的创新与优化。

从表 1-7 生态补偿论文刊发的期刊来看，前 10 名的期刊基本上是环境科学类、地理科学类、生态经济学类杂志，而对比按所涉及学科发文量前 10 名的分类结果，主要集中在经济学、环境科学、安全科学、农业、政治与法律、工业技术等学科，这与生态补偿的概念、内涵及主要理论基础有着密不可分的关系，同时与前文中关于生态系统服务的产生与发展历程总结也相符合。

表 1-7　刊发论文前 10 名的中文期刊与涉及学科

中文期刊名称	数量/篇	学科分类	数量/篇
生态经济	143	经济	1801
环境保护	94	环境科学、安全科学	1077
安徽农业科学	89	农业科学	532
中国人口・资源与环境	85	政治、法律	483
中国水土保持	53	工业技术	312
生态学报	46	生物科学	68
资源科学	46	天文学、地球科学	67
城市建设理论研究	42	社会科学总论	66
环境经济	40	文化、科学、教育	34

1.6　生态补偿研究的主要方法

确定生态补偿标准主要有两种方法，一是核算法，二是协商法。核算法是以生态环境治理成本（生态环境保护投入）和生态环境损失（生态服务功能价值）评估核算为基础来确定生态补偿标准的方法；协商法则是利益相关者就一定的生态补偿范围协商同意而确定生态补偿标准的方法。

1.6.1　生态保护补偿的标准核算

基于核算法确定生态补偿标准需要针对外部行为正和外部行为负两种不同的情况展开。特别是当有关责任主体对生态环境进行保护而其他主体受益，却没有得到补偿时，核算补偿标准有两个思路：一是生态环境服务功能价值评估；二是机会成本的核算。生态环境服务功能价值评估主要是针对生态保护或者环境友好型的生产经营方式所产生的水土保持、水源涵养、气候调节、生物多样性保护、景观美化等服务功能价值进行综合评价与核算。国内外已经对相关评估方法进行了大量的研究，估算的成果与当地的 GDP 往往存在数量级的差别，难以直接作为补偿依据。而对机会成本的损失进行核算的思路则相对可以接受，这种补偿是相对于损失而言的。一些大型的生态建设项目和开发建设行为会使项目区居民的生产和生活受到很大的影响，必然会造成机会成本的损失，如退耕还林还草工程直接造成农民粮食收成的减少、部分生产工具的闲置、劳动力的剩余等，同时，开展生态公益林保护则必须放弃森林砍伐或者种植经济林的收益。

依据机会成本计算出的生态补偿标准明显低于通过生态价值评估得到的数值。随着生态价值理论和方法研究的逐渐深入，更多的人强调生态与环境的巨大价值，倡议通过生态价值评估来确定生态补偿标准。而事实上，通过机会成本来确定生态补偿标准才是合理的选择。要保护并维持生态与环境正外部性的连续发挥，生态补偿的标准应该基于成本因素，即只有把生态保护和建设的直接经营成本，以及部分或者全部机会成本补偿给经营者，经营者才可以获得足够的动力参与生态保护和建设，进而能够使全社会享受到生态系统所提供的服务。

1.6.2 资源开发生态补偿的标准核算

资源开发活动的外部成本补偿标准的核算方法：一是生态价值的核算；二是环境治理和生态恢复的成本的核算。从理论上来说，确定生态补偿标准的基本准则应该是低于生态价值或服务功能并且高于或者等于机会成本或恢复治理成本。资源开发活动会造成一定范围内的植被破坏、水土流失、水资源破坏、环境污染、土壤损失等，直接影响到区域性的水源涵养、水土保持、景观资源、气候调节等生态服务功能。环境治理与生态恢复作为一项工程措施，具有投入产出上的效益，生态补偿的最低标准应该是等于或大于环境治理与生态恢复的成本。例如，对山西省煤炭开采对水的永久性破坏、水土流失、人畜缺水、房屋建筑破坏等 15 项损失进行核算，得出 1978 年以来造成的环境污染与生态破坏损失为 3988 亿元，相当于每吨煤 60 元。如果要恢复到原来的生态环境，则需要投资 1089 亿元，相当于每吨煤 17 元（王金南等，2004）。

1.6.3 通过博弈——协商确定补偿标准

生态环境价值核算与机会成本核算都有较多的计算方法，但由于不同的方法计算得出的结果差别较大，进而难以得到利益相关者的一致认同。在实践中，以核算为基础，通过协商达成一致来确定补偿标准往往是一种更为行之有效的标准确定方式。自由协商的实质也就是受益方和保护方之间的经济博弈过程。在一次博弈中，生态保护实施者与受益者的策略组合是一个纳什均衡，即“不补偿，不保护”。诚然，如果采取“不补偿，不保护”会提高整个社会的福利水平，并切实有效率，但它不是一种纳什均衡，因这个策略组合会使得生态保护者受到利益损失，而其所提供的公共物品则被受益者获得效用。“补偿，保护”通过生态补偿将受益者的部分收益转移到保护者一方，这种重新分配使得整个社会的福利水平得到提高，它相对于组合策略“不补偿，不保护”是一个帕累托改进。只是由于它不是纳什均衡，不具备制度效力，因而这种改进不会在一次博弈中实现。同样，“不补偿，不保护”策略组合在有限次重复博弈中仍然是纳什均衡，而不改变单阶博弈的结果。如果引入一个“冷酷策略”，则在无穷次重复博弈中，那么任何短期机会主义行为的所得都是很小的，故而存在帕累托改进，进而形成纳什均衡（毛显强和杨岚，2006）。由于自由协商往往难以达成保护补偿协议，所以需要国家层面在法规和政策方面提供协商和仲裁机制，促进利益相关者通过有限次的协商来形成补偿协议。

第 2 章　生态补偿的理论基础

2.1　相关概念与内涵

在分析生态补偿的理论之前，必须先透彻分析生态补偿的概念，而要理解生态补偿概念的内涵，必须对与生态补偿有关的概念进行分析探讨。

2.1.1　生 态 环 境

1. 生态环境的内涵

生态环境又称自然环境，是地球上可以影响到人类生活、生产的一切自然形成的物质、能量的总体。构成生态环境的物质种类很多，主要是空气、水、土壤、植物、动物、岩石矿物、太阳辐射等，这是人类赖以生存的物质基础。这些物质在地球上的分布是有规律的，在不同的地域、空间，各种物质在数量上有一定的比例，它们之间相互影响和互相制约，构成不同的生态系统。

生态环境本身就是可供人类利用的资源，同时也是各种资源要素的综合体。环境资源主要由两部分组成：即提供环境服务功能的资源和具有环境承载能力的资源，如空气、水、森林、绿地等。环境资源的提供可以帮助增加环境容量，而环境资源的破坏可以降低环境承载力。例如，增加造林可以帮助吸收大气中的二氧化碳，增强大气平流层对温室气体的容纳能力。而乱砍滥伐则会更多的释放二氧化碳，降低大气对温室气体的容纳能力。因此，可以通过增加环境资源的提供和其本身的自净能力，增强整个环境的容纳能力。

专栏 2-1　国内外对于生态环境的理解

生态环境是“生态”和“环境”的合成词，目前有不同的理解和使用。德国科学家黑格尔（Ernst Hiickel）于 1866 年在其著述《有机体普通形态学》中最早给生态和生态学（ecology）加以定义，生态就是生物与其赖以生存的环境在一定空间范围内的有机统一，生态学就是研究生物有机体与无机环境之间相互关系的科学。对于生态，一般语义理解为在一定的自然环境下生存和发展的状态，也指生物的生理特征。生态与环境在概念上是有区别的。概括而言，生态的范围具有广泛性和相对性的特点，生态主要是指某一生物（系统）与其环境或其他生物之间的相对状态或相互关系，生态强调客体与主体之间的关系。对于环境，一般语意理解为周围的地方或周围的情况和条件。环境是以人类为主体，与人类密切相关的外部世界，包括自然环境和社会环境两大部分，主要指独立于某一主体对象以外的所有客体的总和，环境强调客体。因此，生态的涵括范围更广泛于环境。但由于在研究要素中存在着许多共通性，尤其是以人类为主体时，两个词之间存在着替代性。

国内学术界对“生态环境”的概念有不同的理解。我国在 1982 年通过的《中华人民共和国宪法》中第一次正式使用“生态环境”一词。周珂教授将“生态环境”定义为“以整个生物界为中心，可以直接或间接影响人类生活和发展的自然因素和人工因素的环境系统。它由包括各种自然物质、能量和外部空间等生物生存条件组合成的自然环境和经过人类活动改造过的人工环境共同组成”。他指出，生态环境的概念有三个基本意义：生态环境的生物中心性、生态环境的系统性和生态环境的可优化性（周珂，2000）。

2. 生态环境的特征

总的来说，生态环境具有以下主要特征。

1）稀缺性

环境资源可获得的数量有限。随着时间的推移，若不对环境资源进行保护、更新或建设，其存量将不可避免地减少或衰退。例如，清洁的空气和水源是人类生活和生产不可或缺的重要环境资源，在农业时代或人口稀少地区，它们是自由取用资源，人们不会感到稀缺的存在，但进入工业时代或人口密集区，这些资源就产生了稀缺性。若不使环境资源成为经济社会发展的障碍，稀缺性特征要求对环境资源必须进行合理、有效、可持续地配置和利用。

2）正外部性

在环境资源生产和消费过程中，往往会产生更多的正外部性。例如，植树造林能够给他人带来多种生态环境效益以及心理享受，但这些效益却反映不到生产者的利润函数中，得不到补偿，正外部性由此产生。经济学认为，具有正外部性的资源往往供给不足。而且，在缺乏制度规范的情形下，经常发生对这类资源（指共有资源）的掠夺性利用。

3）非排他性产权

财产权可分为 4 类，即政府、私人、公共和自由进入。大多数环境资源具有公共产权或自由进入（开放）的产权特征，即使有些环境资源的产权形式上能够做到排他，但实际上，它提供的环境服务功能却很难排他。例如，森林的生物多样性保护服务、碳汇服务以及水文服务等，即使森林所有者明确，但这些服务仍然会被他人无偿地使用。

4）资本属性

环境资源是环境服务功能的载体，增强环境资源提供的环境服务功能是提高环境内生能力的有力保障，环境资源的环境服务价值可以看成是环境资源所产生的租金（预期收入流）。从资源、资产和资本的概念和特征看，资源环境服务价值不能进行有效的有偿让渡和流转，从而使所有者真正获得某种期望的收入流是导致环境资源供给不足的主要原因。因此，赋予环境资源以资本属性非常重要。只有某种环境资源成为能够带来预期收入流的资本，资源所有者或经营者才会产生保护和建设它的动机和激励。因此，是否能够真正赋予环境资源以资本属性，是私人组织是否愿意提供环境服务的重要影响因素。

然而，环境资源资本化是需要条件的。由于外部性和公共产品特征，环境资源即使满足资产条件，也会因为其提供的环境服务难以排他，以致无法实现有偿让渡。因此，对于环境资源的配置应该有别于一般资产。一般资产的资本化过程通常由市场自然促成，而环境资源资本化显然不可能由市场自发促成，它需要制度法律的规范和政府的有效干预。

2.1.2 生态系统和生态功能

“生态系统（ecosystem）”一词由英国植物生态学家 Tansley 于 1935 年首先提出以后，许多生态学家都为这一概念的发展做出了各自的贡献。从现状来看，生态学者还有种种不同的看法，说明生态系统概念还处于活跃的发展阶段，随着时代的发展，还会有相关的新概念、新理论产生。根据学者们对生态系统概念的共识，可将生态系统概括为：生态系统是指在一定空间中共同栖居着的所有生物（即由植物、动物和微生物组成的生物群落）与其环境之间由于不断地进行物质循环和能量流动过程而形成的统一整体。

作为一个生态系统，不论大小和类型，都是由生物（生产者、消费者和分解者）和非生物环境两大要素组成的，具有一定的结构。生态系统通过各要素之间相互联系、相互作用、相互制约并与其外部环境之间的紧密交互联系保持了自身的有序性和恒定性。同时，生态系统还通过反馈功能形成了自我调节能力，保证了生态系统能够达到一定的稳态。作为生物与环境组成的统一整体，生态系统不仅具有一定的结构，而且具有一定的功能。生态系统的主要功能是进行能量流动和物质循环，同时伴随着信息流和价值流。生态系统的生物和非生物成分之间，通过能量流动、物质循环和信息传递而联结，形成一个相互依赖、相互制约、环环紧扣、相生相克的网络状复杂关系的统一体。生态系统的空间尺度变化很大，树洞里一个临时的小水洼，以及辽阔的海洋盆地，都可以被称之为一个生态系统。

生态功能是生态系统功能（ecosystem functions）的简称。它具有与其特定结构相对应的系统功能。生态功能是指生态系统内部能量流动养分循环乃至结构变化这一动态过程所表现出来的种种效果，是生态系统自身所具有的功效性。因此，可以认为生态功能是一个描述性的中性概念，它并不包含人类的任何有关这些功能是有益、还是有害的价值判断，它更多地强调生态过程中的生物、物理以及化学因素。

专栏 2-2　生态系统功能与生态系统服务的关系

生态系统功能与生态系统服务是两个不同的概念，但两者同时又紧密相关。

生态系统功能侧重于反映生态系统的自然属性，因此，即使没有人类的需求，生态系统功能还是会存在；生态系统服务则是基于人类的需要、利用和偏好，反映了人类对生态系统功能的利用，如果没有人类的需求，就无所谓生态系统服务。

进一步来讲，生态系统功能是构建系统内生物有机体生理功能的过程，是维持生态系统服务的基础，其多样性对于持续地提供产品的生产和服务至关重要。可以说，没有生态系统的三大基本功能，就无从谈起生态系统的四大基本服务（支持、调节、提供和文化服务）。生态系统服务是由生态系统功能产生的，是生态系统功能满足人类福利的一种表现。

一般来讲，生态系统服务与生态系统功能有对应的关系，但两者关系不是一一对应。在有些情况下，一种生态系统服务可由两种或两种以上功能共同产生；同时，一种功能又可能会同时参与两种或两种以上的生态系统服务的产生过程。例如，粮食、木材等生态系统服务的产生既需要各种营养物质的循环也需要能量的流动，而碳循环功能在气候调节服务与木材提供服务中都有参与。

生态系统的基本功能包括物质循环、能量流动和信息传递三个方面。生态系统的物质循环功能是指地球上各个库中的生命元素——碳（C）、氧（O）、氮（N）、磷（P）和硫（P）等全球或区域的地球生物化学循环过程；生态系统的能量流动功能是指各种能量在生态系统内部的输入、传递和散失的过程；生态系统的信息传递功能是指构成生态系统的各组分之间（包括生物与非生物）进行物理信息、化学信息、行为信息和营养信息的双向传递过程。其中，物质循环和能量流动是生态系统的基本功能，而信息传递则在能量流动和物质循环中起调节作用，能量和信息依附于一定的物质形态，推动或调节物质运动，三者不可分割。生态系统的不同功能主要通过物种外循环、物种内循环和物种间循环三种途径来实现。

2.1.3　生态效益与生态价值

生态功能是一个描述性的概念，而生态效益则包含了以人类为主体的价值判断的内容。生态服务、环境服务、环境效益等概念也表述了同样的内容。服务或效益，表明了环境、生态功能的有用性。生态系统具有各种各样的功能，但并非所有的功能都对人类有益。米锋（2003）认为：“生态效益代表着人类间接从环境中得到的效用。一般而言，它不表现为直接的市场价值，如生命物质的地化循环和水文循环的维护、生物多样性的保存、自净能力以及大气化学平衡的维持等”。据张涛（2003）的考证，对于生态效益这一概念，国内学者从不同的角度出发给出了许多不同的定义，但到目前为止，仍然没有统一的定论或确切的概念，但是，我国大多数研究者认为：生态效益是指生态系统及其影响范围内对人类社会有益的全部效用。

价值是一个多维度的概念。此处所指的价值是经济学意义上的价值，即价格的同义词。生态、环境或生态环境服务都是指生态系统功能对人类社会有用的效用，所以，生态价值或环境价值是指这种效用的经济价值，它侧重于从.经济学的角度来界定价值的内涵。即对人类社会有用的效用的经济价值。假设存在理想的市场，这种效用的价值就可以由供求双方的讨价还价来实现。因为就像市场上其他类型的服务一样，生态环境服务也是有价的。但是，生态价值的市场化存在着巨大的困难，“理想的市场”的假设不能成立。由于生态环境服务的公共物品性质或太高的市场交易成本，生态环境服务市场在大多数情况下并不能像其他私人物品一样容易形成。

2.1.4 生态系统服务

1. 生态系统服务的概念

“生态系统服务（ecosystem service）”一词，自20世纪70年代以来开始成为一个科学术语，并成为生态学、生态经济学等学科的研究分支，但是在早期没有对生态系统服务做明确的定义，最早是在1997年，Gretchen Daily的著作*Nature's service：Societal Dependence on Natural Ecosystem*中提出了生态系统服务的概念：生态系统服务是指生态系统与生态过程形成的维持人类赖以生存的自然环境条件与效用，即它不仅为人类提供了食物、医药及其他工农业生产的原料，而且维持了人类赖以生存和发展的生态支持系统。Costanza（1997）将生态系统服务定义为：生态系统服务代表人类直接或者间接从生态系统的功能中获得的各种收益。2003年，由联合国组织的“千年生态系统评估”项目中，将生态系统服务定义为：人类从生态系统中获得的各种收益。从以上的定义中可以看出，对生态系统服务的定义可以分为三个方面：第一，生态系统服务是生态系统本身的存在及其过程对人类社会产生的影响。这种影响是间接的，但是对人类社会的影响是非常重要的。第二，生态系统服务是生态系统维持人类生存的过程，这种影响是直接的影响。生态系统作为主体为人类提供服务，而人类作为客体从生态系统中得到服务，这种关系是一种复杂的系统关系，当前生态环境的恶化主要是这种关系的处理过程中出现了问题。第三，生态系统服务与人类社会的福祉密切相关，人类要从生态系统中得到各种收益，这些收益是影响人类社会福祉的重要因素，生态系统能否提供保持人类社会福祉的服务将影响到整个人类社会的发展。

生态系统服务又称生态系统服务功能，是指生态系统与生态系统存在过程中所形成的并以此维持人类社会生存、发展的自然环境条件。生态系统服务中的生态系统既包括自然生态系统也包括经过人类的活动所改造过的生态系统，自然生态系统所提供的是基础的、传统的服务，但是随着人类社会的发展，自然生态系统提供的服务难以满足人类社会的要求，必然将自然生态系统进行改造，经过改造过的自然生态系统对人类社会提供的服务更加能促进人类社会的发展。生态系统提供的服务又有直接的服务和间接的服务的区分。直接的生态系统服务是人类在生存过程中，依靠生态系统提供各种食物、住所等生存条件，同时生态系统在人类的生产生活过程中还创造和维持了地球生命支持系统，形成了人类生存所必需的环境条件，这些就是生态系统提供的直接服务；间接的生态系统服务是人类在生存过程中从生态系统中获得生态系统产品，或者通过改造生态系统而生产自己所需要的产品，这种利用生态系统维持人类自身的生产和发展过程就是生态系统所提供的间接服务。

2. 生态系统服务的发展

生态系统及其服务，作为支撑人类生命系统的基础，引起了全世界学者的广泛的关注。有关生态系统服务的研究可以追溯到 1960 年，始于人类对生态系统的结构与功能服务的关注，主要是生物多样性的话题进入了人们的视野。随后，1980 年之后有关生态系统构成与服务主题的研究论文与出版物迅速出现，特别是在对非市场化的服务功能的经济价值估计方法的发现与引入，极大地吸引了广大公众对该主题的广泛兴趣。生态系统功能与服务的出版物成倍的上升，对生态系统的构成及服务价值估价的研究占据相当大的一部分，其快速的发展对促进生态系统服务的重点关注被纳入政策议程发挥了巨大的贡献。而之后出现的通过市场机制与手段系统保护生态环境与生态服务，如生态补偿方案（生态工程）等，对日后的社会经济发展决策的制定起着较为深远的影响。仅仅 40 年左右的发展，越来越多的生态系统服务与功能被量化为货币价值或其他易被人接受与衡量的单位当量，并迅速、全方面地融入了现代市场经济机制和支付框架体系当中。从这个过程来看，生态系统服务传统概念的广泛使用已经远远超越了学术研究的领域，广泛深入到政府决策制定、非营利机构、私人企业、及金融服务等部门，生态系统服务相关主题，得到了社会的越来越多的关注（尚海洋，2014）。

当前社会，人类活动的强度前所未有的增长，经济发展迅速，近 20 年来世界经济发展表明，一切代际不公平的资源利用的发展，都以环境破坏为代价。原有的全球变暖、森林破坏、土地沙化、水土流失、海洋污染、农药污染、水资源短缺、生物多样性锐减等全球性的环境问题，不但没有缓解，在有些国家和地区变得更加尖锐。

自然收益被人类人为中断的行为，早已被智者察觉。柏拉图描述了公元前 400 年森林砍伐对土壤的侵蚀和泉水干涸的影响：老普林尼在公元 1 世纪的时候就发现了森林砍伐、降雨和山洪发生之间的联系。Mooney 和 Ehrlich（1997）指出马什在 1864 年出版的《人与自然》，可以认为是对生态系统服务认识的起点，而事实上对自然资本和生态系统服务的认识，可以追溯到更久（Gómez-Baggethun et al.，2009）（表 2-1，图 2-1）。

表 2-1 经济学对环境问题认识的演变

时间	经济学派	自然观念	价值-环境的关系
19 世纪	古典经济学	土地作为生产要素提供的租金（收入）	劳动价值（交换）论，作为使用价值的环境收益
20 世纪	新古典经济学	土地从生产函数值除去	土地作为替代/生产资本，可货币化
1960 年起	环境与资源经济学，生态经济学	自然资本替代生产资本、自然资本补充生产资本	环境收益作为货币和交换的服务，环境收益的货币化和商品化的争议

古典经济学家发现，由于自然资源为我们提供的各种服务都是免费的，所以对自然资源的处理方法可以区别对待。除了劳动力这一要素（后来被称为人力资本），土地也

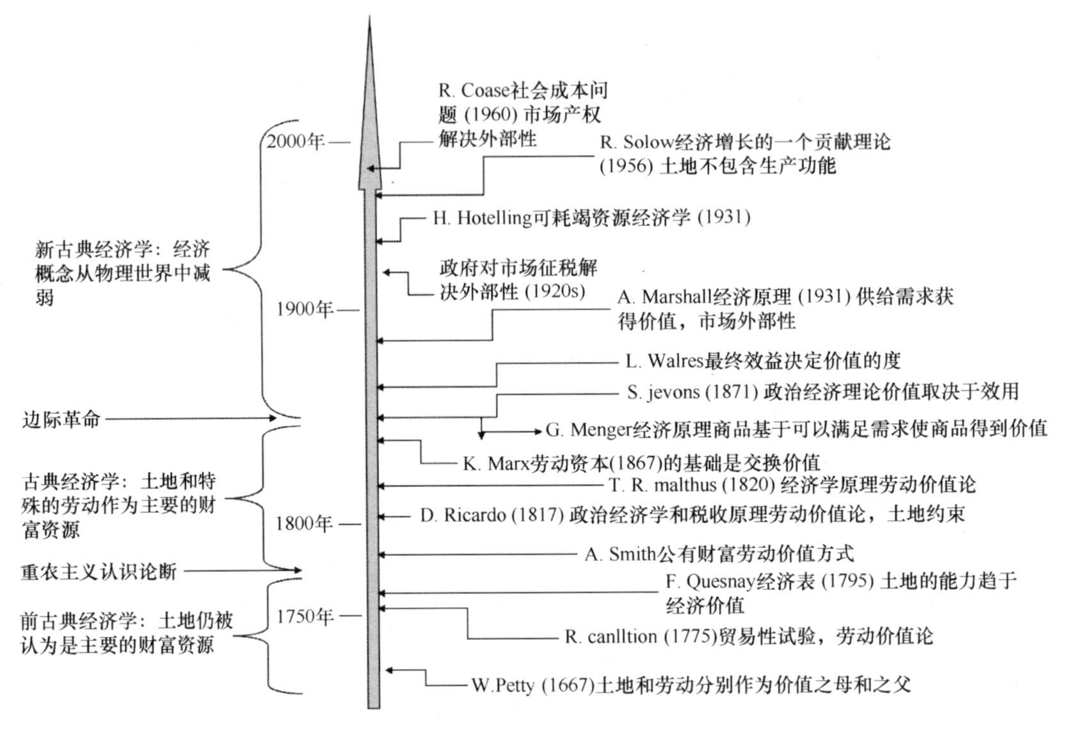

图 2-1 生态系统服务发展（Gomez，2010）

可以作为生产系统中的另一独立要素。它被看成是非物质生产投入要素，在一定程度上解释了为什么古典经济学家都一致强调发展的物质限制。这种现象作为例子用在许多经济学家的研究中，如李嘉图的土地产出最小化法则、马尔萨斯对人口增长因素的研究，以及《生态系统千年评估报告》（MA）预测经济最终将会趋于一种稳态的研究（Ricardo，2001）。

资源与环境经济学（以下简称资源环境经济学）通过发展估价方法和经济学对环境决策内部化的影响，扩展了新古典经济学的分析范围，如成本效益分析决策（霍斯特，2002）。环境经济学基本的观点可以概括：纯粹的新古典经济学在很大程度上忽视自然对经济的贡献，限制了它对生态系统产品和服务承受价格的分析范围。决策中对生态系统功能的低估，弱化了自然资本相对经济资本的作用。从这个角度来看，以货币价值来衡量的非市场化的生态系统服务的正外部性，应纳入经济决策中。20 世纪 60 年代初，环境经济学文献中出现的强调外部环境成本和效益的方法，旨在纠正市场失灵。在 80 年代后期，通过系统生态学家和经济学家对人类-自然交互作用影响的共同关注，形成了我们今天所悉知的现代生态经济学基础。环境经济学和生态经济学到底有什么不同仍然是有争议的。在用具体的技术衡量、评估政策和辅助决策方面，这两个理论是有重合的。在实践中，许多学者拓展新古典微观经济学的分析工作，开展生态经济学工作（Georgescu-Roegen，1971）。然而，这两种方法在其定性分析范畴内，有显著的差异。环境经济学主要是在新古典经济学理论框架下应用，如消费者选择理论，偏好信息和边际生产力分配理论。生态经济学则将经济体系作为生态圈的子系统，与社会、生态系统交换能源、物质和废物（Georgescu-Roegen，1975）。

在过去的 30 年里，可持续发展科学强调了社会系统对自然生态系统的重要依赖，甚至称之为生态系统服务科学（Armsworth，2007）。可以将现代生态系统服务科学分为三阶段：起源和萌芽阶段、主流化阶段、与市场结合阶段。

1）起源和萌芽阶段

生态系统服务的概念，最早出现在凸显生态系统自然功能的社会价值的文献中。在生态学中，传统的生态系统功能通常指特定生态系统中的一系列生态过程，但并不探讨这一过程是否对人类有益。然而，在 20 世纪 60 年代末和 70 年代，一系列的研究成果开始指向生态系统服务功能对人类社会的影响。在 20 世纪 70 年代和 80 年代，为了强调社会经济系统对自然生态系统的依赖性以及提升公众对保护生物多样性的兴趣，越来越多的学者开始用经济学概念构建生态理论。舒马赫可能是第一个使用自然资本概念的学者，不久之后一些学者开始使用“生态系统（或者生态的、环境的、自然的）服务”等概念（何强，2004）。使用生态系统服务概念的源起主要是教学，并且其目的在于说明生物多样性的消失，将如何直接影响到对人类福利的至关重要性（图 2-2）。

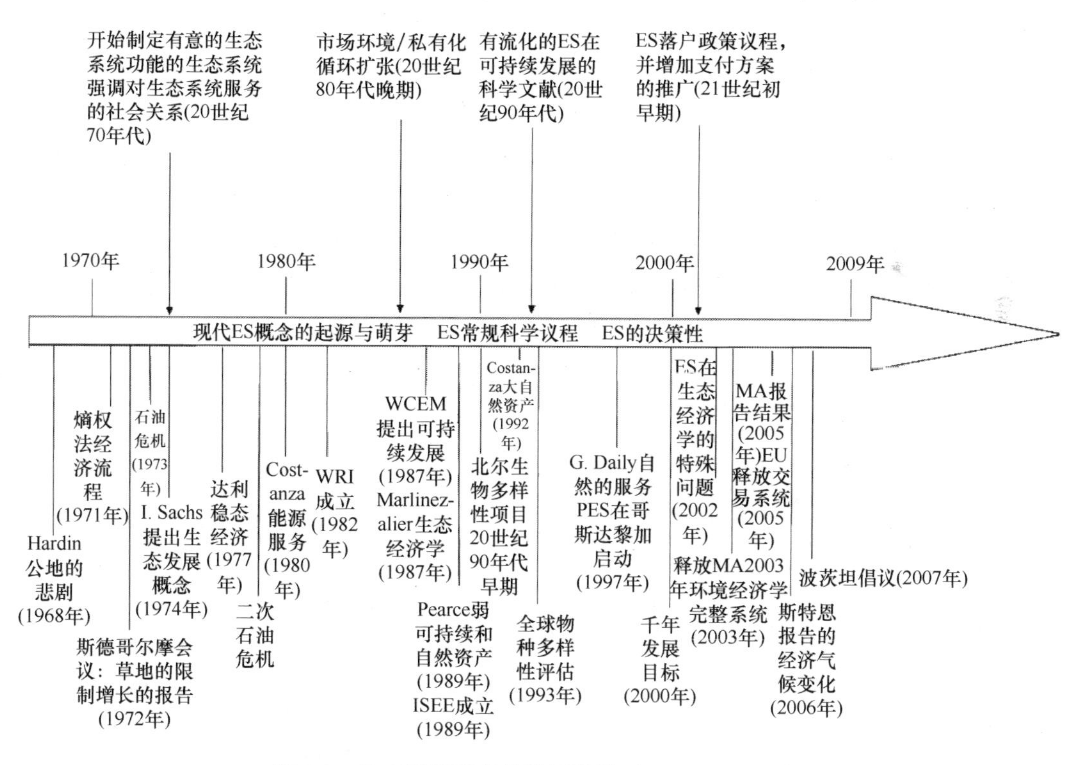

图 2-2　生态系统服务的发展阶段（Gomez，2010）

2）主流化阶段

20 世纪 90 年代初，Beijer 研究所的生物多样性项目刺激了生态系统服务的发展，使之成为了研究重点（Loreau et al.，2002）。Costanza 等（2014）关于全球自然资本和生态系统服务价值的论文是生态系统服务主流化阶段上的里程碑。所提出的货币估值对科学研究和政策制定都造成了很大的影响。在 20 世纪 90 年代末和 21 世纪初，生态系统服务慢慢找到了向政策领域靠近的方法，例如，通过“生态系统方法”（联合国环境署生物多样性公约所采取的方法）和全球生物多样性评估。《千年评估报告》（Millennium Ecosystem Assessment，MA）成为了一个将生态系统服务概念牢固放置在政策议程里的关键里程碑。在强调了人类中心主义的同时，《MA》框架强调人类对于生态系统的依赖，不仅体现在生态系统服务功能上，还体现在生物多样性和生态过程潜在的服务功能对人类福利重要作用。从《MA》发布以来，关于生态系统服务和相关该概念的国际研究计划迅速增加。一些创新学者利用经济学方法分析全球环境问题，开展全球性的成本效益分析。源于这一举措的生态系统和生物多样性经济学项目，旨在评估从无为到遏制全球生物多样性丧失中生态系统服务降低的成本。

3）市场结合阶段

随着对于生态系统服务货币价值研究的增加，设计以市场为基础的措施，利用经济激励强化生态保护，逐渐成为了工作热点。这方面的主要措施包括了生态系统服务市场（MES）和生态环境服务付费（PES）（尚海洋等，2011）。

应当指出，许多生态系统服务已经在市场上交易很长一段时间，虽然它们还不能称作“生态系统服务”，并且市场发生的这种关系往往是间接的。例如，在欧盟，将基于价格的激励机制作为农业政策的一部分（提高环境质量和物种多样性），并且已经应用能源税几十年了，尽管它们没有明显的与固碳联系在一起。就像 PES 授粉服务计划和为了保护水体、土壤和生物多样性的无害化农业措施，已经在欧洲和美国实施了几十年了。然而，作为综合性生态保护措施，以市场为基础的 PES 和 MES 正式、广泛的推广，主要是在过去的 20 年里发展起来的（尚海洋等，2011），如表 2-2。

表 2-2 典型国际 PES 实践案例

机制	生态系统服务的商品化	研究区	参考文献
生态服务市场	温室气体排放交易（大气 CO_2 汇的功能）	欧盟、芝加哥	Barker et al.，2001；Bayon et al.，2007
	二氧化硫排放交易（SO_2 大气汇功能）	美国 1990 年通过的《美国清洁法案》	Stavins et al.，1995
	湿地缓解烘烤	美国	Robertson，2004
生态服务支付	流域保护	美洲中部的厄瓜多尔	Corbera et al.，2007；Wunder and Albán，2008
	固碳	玻利维亚、哥斯达黎加、厄瓜多尔	Nigel. M Asquith et al.，2008；Pagiola et al.，2008；Wunder and Albán，2008
	栖息地的保护/野生动物服务区的生物农业环境措施	玻利维亚、辛巴威、哥斯达黎加、欧盟、美国	Nigel. M Asquith et al.，2008；Bond，2008；Stefano Pagiola et al.，2008；Dobbs and Pretty，2008；Johansson et al.，2008

资料来源：尚海洋等，2011。

PES 机制已被认定为在良好的生态系统服务中，至少一个供给者与一个使用者之间自愿的、有条件的交易。这个市场机制的基本思想是享受服务的受益者应补偿提供者，主要包括的生态系统服务有：①生物或土壤的固碳功能；②提供濒危物种的栖息地；③景观保护；④流域上游住户向下游住户提供的与水资源质量、数量及径流时间相关的生态服务功能。Costa Rica 于 1997 年利用发达国家的正式 PES 机制，率先建立了一个全国范围的方案称为 Pago por Servicios Ambientales （PSA），旨在扭转当时存在的严重的森林砍伐率。在 21 世纪初，越来越多的类似 PES 机制已遍布到其他中美洲和南美洲国家（张志强，2012）。

4）生态系统服务功能的商品化过程

从分析的角度来看，生态系统服务研究的历史，同时反映了生态系统功能商品化的历史。Kosoy 和 Corbera（2010）认为商品化的过程包括三个主要阶段：①构架一个生态功能作为服务；②分配一个单一的交换价值；③这些服务的提供者和使用者在市场中交换（表 2-3）。

表 2-3　生态系统服务商品化历程

试验时期	阶段	概念	行动	价值	具有影响力的出版刊物
1960～1990 年	功利主义	生态系统服务功能	功利主义下的生态系统功能	使用价值	Daily，1997；De Groot et al.，2002；MEA，2003
开始 1960 年，增强于 1990 年	货币化	生态系统服务价值/货币化	对生态系统服务在货币领域的改良方法	交换价值	Costanza et al.，1997；John Podesta et al.，2006；EC，2007
开始 1970 年，增强于 2000 年	专用	生态系统服务的专用性	生态产权的明确定义（如土地所有权）	交换价值	Coase，1960；Hardin，1968
	交换	生态系统服务的交换性	销售/交换制度构造的产生（PES 和 MES）	交换价值	Sven Wunder et al.，2005；Engel et al.，2008

第一个阶段，20 世纪 70 年代和 80 年代，作为生态系统服务的生态功能的有效框架诞生。而此时，越来越多的科学家开始本着务实精神采取实用主义的论点，试图进入经济决策过程。然而，在这个阶段，生态系统服务的概念被主要用作信息工具，剩下的还有经济过程中的估值、分配和交换。尽管生态系统的货币估值自 1960 年以来就一直在使用，由于越来越多的自然科学家公开呼吁对于生态问题的关注有利于经济领域的决策者，这一类型的研究在 1990 年才大大的增加。这方面的评估研究，通常提供反映生态系统服务功能在经济上的重要性或来自损失中产生花费的数字，强调了如何以发展的目的转变自然生态系统，这样可能会适得其反，甚至变成货币成本效益的逻辑。在商品化过程的第三个阶段中，通过生态系统服务分配和交换进行的制度结构的设计和实施，为兑现生态系统服务在实际市场中的价值做了相应的一系列努力。虽然以环境目的的拨款程序在几个世纪前就有，而为无形的生态系统服务拨款要追溯到 1980 年，这个时间正好是新自由主义经济的扩展时期。《公地的悲剧》中，Hardin（1968）警告说缺乏明确的产权制度，资源就很容易受到过度开发。尽管 Hardin 混淆了共同财产与开放式准入制度，他这篇著名的文章对随后的环境政策制定有很大的影响。伴随着 MES 和 PES 的建立，体制结构最终允许服务在市场机制下进行交换，生态系统服务商品交换的过程得以实现。

专栏 2-3 旷世之作——《寂静的春天》

18 世纪以来，人类逐步进入工业社会。一方面，人类享受着科学技术的进步带给我们的巨大物质财富，另一方面，由于人类对自然的肆意破坏，人类也受到了自然界的惩罚。工业社会的快速发展，令人类借助科技的力量不断污染着生态环境，这种情况到了 20 世纪变得更加糟糕。就在此时，一位伟大的女性蕾切尔·卡逊用一部旷世巨著《寂静的春天》引起了人类对环境问题的关注，其中阐释的生态哲学思想更引发了人类关于人与自然关系的思考。

该书共十七章，可划分为三大部分。首先，以寓言开头，向我们描绘了一个美丽村庄的突变。这些突变全部来自于一个词语——杀虫剂。第二章标题为“忍耐的义务”，人们之所以忍耐这样的突变，是因为人们并不知情。其次，卡逊论证了杀虫剂对海洋、土壤、植物、动物甚至是人类造成的严重危害。并指出人类由于自身的无知，付出了惨痛的代价。最后，卡逊指出人类必须舍弃“控制自然”的想法，与其他生物共同分享我们的地球。

《寂静的春天》中卡逊以大量的事实为依据，用严谨的科学态度，生动贴切的语言向世人展示了人类滥用如 DDT、狄氏剂等剧毒杀虫剂对全球造成的严重污染和生态危机。同时，卡逊用其锋利尖锐的笔触直指工业革命以来，人类妄自尊大，想要控制自然、征服自然的错误观念和狂妄态度。是卡逊唤起了人类对环境问题的深切关注，革新了人类的环保理念。可以说，在科技日新月异的今天，人类对物质需求的极度渴望，已经使自然承载了太多的压力，人类必须重新反思人类与自然的关系，寻求可持续发展道路。

3. 生态系统服务的特征

生态系统服务对人类社会的生存与发展具有重要的意义，但是各地的生态系统服务又不完全相同，这主要是因为生态系统服务具有其自身的特征，这些特征主要体现在以下几个方面。

1）空间差异性

由于各地在气候、地形、地貌、资源等自然条件方面存在的差异，使生态系统也呈现明显的差异性，这种差异决定了生态系统服务的差异，在生态系统服务的种类、数量、时间等各个方面都会有明显的差异。由于各地的社会经济条件的差异，人们对生态系统服务的利用方式、强度等方面也存在明显的差异，这也决定了生态系统服务的差异。因此，对生态系统服务的研究，必须建立在生态系统服务空间差异的基础上，然后选择不同的区域对生态系统服务进行研究。

2）动态性

生态系统服务具有动态性，即生态系统服务是随时间的变化而发展变化的。生态系统具有明显的自然演替过程，在自然环境和人类活动的双重影响下演替，特别是在人类活动干扰下，生态系统会出现相应的变化，如乱砍滥伐、过度放牧等人类活动行为，导致生态环境的退化。由于生态系统的这种变化，生态系统服务也会相应地变化。

3）整体性

生态系统服务具有整体性，这是建立在生态系统的整体性基础上的。生态系统具有整体性，当一个生态系统的某一部分发生退化时，那么整体的生态系统也会相应地改变。建立在生态系统的整体性基础上的生态系统服务的整体性必然受其影响，因此，在利用生态系统服务的时候应该注意其整体性，不能单纯利用某一方面的服务而影响其他服务作用的发挥，由此导致整个生态系统服务的退化。

4）持续性

虽然生态系统服务是随着生态系统的自然演替而变化的，但是，这种变化是缓慢的变化过程，在不受外界干扰或者外界干扰较弱的情况下，生态系统服务是可以长期持续利用的。当然，要保持生态系统服务的长期持续利用必须保持生态系统的可持续发展，否则，生态系统服务就会加速退化。

5）多样性

生态系统服务具有多样性，即一个生态系统所提供的服务不是一种，而是多种，多种生态系统服务又是一个有机整体，这些服务功能是密切相关的。这决定了在利用生态系统服务的时候要服从它的多样性，不能过度利用某一方面的服务而影响其他服务作用的发挥。

2.1.5　生态环境服务付费

生态环境服务付费是一种将环境服务非市场的、具有外部性的价值转化为对环境保护者财政激励的方法。生态环境服务付费是一种将外部的、非市场化的环境价值转化为现实的财政激励措施的有效方式，旨在鼓励参与者提供更多的生态系统服务。

1. 环境服务

“环境服务”一词较早使用于关贸总协定（GATS）和联合国重要产品临时分类（CPC）等国际文献，是指污水净化服务、垃圾处置服务、卫生及类似服务等。后来联合国贸易和发展会议（UNCTAD）又将其分解为环保设施服务和环保产业服务。显然这里的 ES 指的是由人类经济活动提供的“直接服务”，跟娱乐、旅游等通常的商业服务没有本质区别，其“付费”亦即“有偿化”问题早已解决。

诺贝尔生物奖得主 Montenegro 教授在联合国可持续发展论坛上曾列出公式：$P/R\approx1$。式中的“P”即 Production 代表地球的生产面（耕地、工矿、交易场所等），由其“频频”生产和提供人类所需的“消费性产品”；“R”即 Respiration 代表地球的呼吸面（植被、雨林、湿地、草原、江河、湖泊、冰川等），由此“缓缓”生产和提供前者与人类所需的“支撑性服务”。P 和 R 必须保持平衡或大致相等的比例，否则就会引发人类生存危机。然而问题是：由于人类的认知错误和短期行为，*P* 正在加速掠占 *R* 的领地。这里由 *R* 提供的“支撑性服务”，应该就是指 ES。联合国开发计划署干旱地区发展中心（UNDPDDC）将 ES 定义为人们从生态系统中获得的好处，包括物质（食物、水、木材、纤维等）供应服务、碳吸收服务、景观服务、支持性（光合、净化、循环等）服务。类似的界定还有 MEA 所称的供应服务、调节服务、文化服务和支持服务，Wunder 的碳吸收和储存、生物多样性保护、流域保护、自然景观服务等。尽管这些服务对人类的生产和生活至关重要，但在日常生活中可以免费获取，导致被滥用及其对经济发展和生态系统的破坏。

尚待解决“付费”亦即“有偿化”问题并引发今天全球讨论的显然是后一种含义的环境服务。至于是称环境服务（environmental services）还是生态系统服务（ecosystem services），Wunder 等（2005）认为二者的差别甚小，基本可以等价使用，统称为 ES。

2. 生态环境服务付费

基于第二种 ES 定义，Pagiola 等认为 PES 就是指环境服务消费者提供付费、环境服务供应者得到付费的经济行为。Wunder 对 PES 概念做出比较系统的阐释：PES 主要包括自愿交易、界定环境服务、购买环境服务、供给者保证提供环境服务等内容；其核心是环境服务受益者对相应的提供者进行直接的、契约性的和有条件的付费，使后者得以“再”采取保护和恢复生态系统的行动。这一定义提出后得到广泛的认可，曾被美国国际开发署、国际林业研究机构联合会等组织和不同学者引用，显示 PES 定义有被统一的迹象。他认为，使用不同的术语其实暗示着不同的目标期望，同时也将引发不同的政策取向，这又反过来影响制度的设计与实施；其中，PES 最具一般性，不易受到各种意识形态的干扰，是环境保护具体行动中的最佳选择。

联合国开发计划署干旱地区发展中心（UNDPDDC）则将 PES 定义为一种激励人们实行可持续生态管理，以不断改善并提供环境服务的机制。由于上游森林净化了水资源环境，那么下游受益者就需向那些上游养护者支付一定的费用，用以维持这种环境服务在未来的可持续流动。对自然生态提供的益处付费是承认其价值并确保其延续给子孙后代的一种方式。

国外的生态环境服务付费是一个比较狭义的概念。国际上比较有影响的对生态环境服务付费的概念界定有两个：一个是国际农业发展基金（IFAD）投入国际混农林业组织（ICRAF）进行的为期 5 年的生态环境服务付费与奖励山地穷人的行动研究项目（RUPES）的界定；另一个是国际林业研究中心（CIFOR）的界定。RUPES 认为具备以下四个条件的生态环境保护经济手段才是生态环境服务付费（PES)。①现实性，即该机制手段是基于某种现实的因果关系（如种树有固碳和减缓温室效应的作用）和基于对机会成本的现实权衡。例如，有研究者提出，在寒温带种树会加剧而不是减缓温室效应，那么，排碳企业为寒温带种树而支付的费用，就不能称为生态环境服务付费。②自愿性，即付费的一方和接受费用的另一方在这个机制中所做的，是充分知情下的自愿行为。③条件性，即付费是有条件的，付费的条件是可监测的。有合同约束，达到什么条件就付多少费。④有利于穷人的，即该机制应是促进资源的公平分配，不致使穷人受损。

国际林业研究中心（CIFOR）界定的生态环境服务付费 PES 应是：①一种自愿的交易行为，不同于传统的命令与控制手段；②购买的对象“生态环境服务”应得到很好的界定；③其中至少有一个生态环境服务的购买者和至少有一个生态环境服务的提供者；④只有提供了界定的生态环境服务才付费。

国际环境与发展研究所（IIED）较早地对全球 65 个国家的 287 个生态环境付费案例进行了总结和归类，发现已有的生态环境服务付费中的生态环境服务可以分成四类：流域生态服务、森林的碳汇、生物多样性和景观（Landell-Mills and Poras，2002）。其中，大部分生态环境服务付费案例都是针对流域生态服务的。

2.1.6 自然资本与生态资本

1. 自然资本的概念与内涵

“自然资本”一词的出现最早可以追溯到 1990 年，Pearce 和 Turner 在《自然资源和环境经济学》中将经济学生产函数中的资本称为人造资本，进而提出了与之相对应的自然资本，从此开启了学术界对于自然资本的研究。1993 年英国伦敦大学环境经济学家 Pearce 在他的著作《世界无末日》中提出用自然资本和另外两种资本来估算可持续发展能力，Turner 也提出了将自然资本作为可持续性评价标准的观点。1994 年世界银行出版了《扩展衡量财富的手段》的研究报告，将资本划分为四个部分：人造资本、人力资本、自然资本和社会资本，提出一个国家的财富应该包括自然资本，并将土地、森林、湿地等作为自然资本的组成部分，对世界各个国家的自然资本的经济价值进行了评估。2000 年，保尔·霍根等出版了题为《自然资本论：关于下一次工业革命》的论著，自然资本一经提出，就引起了世界上知名专家和学者的广泛关注，并逐渐为大多数专家、学者和管理者所接受。2011 年联合国《迈向绿色经济》报告中认可了自然资本的价值，认为自然资本是人类福祉的贡献者，是贫困家庭生计提供者，是全新体面工作的来源。然而到底何为自然资本？目前尚未形成统一的认知，学者们的表述也不尽相同，包括自然资本、生态资本、环境资本等，但本质却基本接近，他们对于自然资本的论述大致从以下三个方面进行。

（1）将自然资本直接等同于自然资源和生态环境。世界银行副行长伊斯梅尔·萨拉丁认为自然资本是指一切自然资源。Serafy（1991）指出生态环境提供环境产品和服务就是自然资本，把自然资本分为可再生的自然资本和不可再生的自然资本。刘思华（1997）认为生态资本主要包括自然资源总量（可更新的和不可更新的）和环境的自净能力、生态潜力、生态环境质量、生态系统作为一个整体的使用价值。Hawken 等（2000）指出自然资本可以被看做支持生命的生态系统的总和。刘鲁君等（2000）认为，生态资产从广义来说是一切生态资源的价值形式；从狭义来说是国家拥有的、能以货币计量的，并能带来直接、间接或潜在经济利益的生态经济资源，从生态资产价值的角度，指出生态资产的构成包括生物资产、基因资产、生态功能资产和环境资产（以生态环境对人类生存的适宜度来度量其价值）四个方面。

（2）将自然资本界定为一种有用的资源和环境存量。Constanza 等（1997）认为“资本”是在一个时间点上存在的物质或信息的存量，每一种资本存量形式自主地或与其他资本存量一起产生一种服务流，这种服务流可以增进人类的福利。Daily（2000）认为自然资本是指能够在现在或未来提供有用的产品流或服务流的自然资源及环境资本的存量。黄兴文和陈百鸣（1999）将生态资产定义为“所有者对其实施生态所有权并且所有者可以从中获得经济利益的生态景观实体”。董捷（2003）指出所谓生态资本是指产出自然资源流的存量，也就是能为未来产生有用商品和服务流的自然资源存量。

（3）将自然资本范围扩大到纯自然资本和人造自然资本。孙冬煜和王震生等（1999）认为自然资本是指自然资源和自然环境的经济价值。其实物形态包括各种自然资源、环境的净化能力、臭氧层以及各种环境和生态功能等。按照是否有人类劳动投入，又可分为纯生态资本和人造生态资本。李萍和张雁（2001）将环境资本分为有形生态资本（或硬环境资本）与无形生态资本（或软生态资本）。有形生态资本主要包括土地、水、矿产等自然生态环境，以及交通、电讯、信息网络等基础设施建设的硬环境；无形生态资本则更多地强调制度（或体制）、机制、观点等因素。武晓明等认为生态资本是指人类花费在生态环境建设方面的开支所形成的资本，其实质就是自然的生态资本存量和人为改造过的生态环境的总称。

虽然国内外学者对于自然资本的研究角度不同，然而关于何为自然资本的结论则有几点共识：其一，自然资本不仅包括自然资源，也包括生态环境质量要素，具备一般资本的特性，即增值性。其二，自然资本都具有价值，无论哪一种观点都认为自然资本的价值是客观存在的，并且是人类生存、生产和生活所必需的。其三，自然资本能够带来生态效益，主要体现在人与自然的和谐关系上。

对自然资本的研究催生了生态资本，自然资本研究的思路启发了生态资本的理论体系的探索；同样，自然资本研究中所用到的各种方法和工具对生态资本的研究也具有很强的借鉴作用。

2. 生态资本的概念

生态资本（ecological capital）是能够带来经济和社会效益的生态资源和生态环境，主要包括自然资源总量、环境质量与自净能力、生态系统的使用价值以及能为未来产出使用价值的潜力等内容。

生态资本是生态系统和经济资本结合的产物。“生态资本/资产”术语在其他研究中也有使用，但基本内涵是指“自然资本”。一般性的“生态资本/资产”术语与这里讨论的生态服务的资本属性问题具有本质的不同。本章在自然资本等概念的基础上对生态资本的概念进行了新的界定：即生态资本是一个边界相对清晰的“生态－经济－社会”复合系统内，相对于其他生态系统具有明显或特殊生态功能和服务功能优势的生态系统，包括环境质量要素存量、结构与过程、信息存量三部分。

生态资本的要素存量包括系统物质组成因素的种类、数量和质量；结构是指丰度、空间和时间分布、相互关系和联系等；过程是指生态资本的系统过程、质能的循环和流动；信息存量则包括体制、文化、意识、风俗、行为方式等因素。生态质量要素提供了各种功能，这些功能总体上分为两种：一是使用该要素为原材料，经加工转化，形成其他产品，因为这种功能依赖于系统的质能输出，称之为“耗用功能”；二是该要素存在于系统中，通过生态系统正常的运转，提供的服务和功能，称之为“共生功能”。共生功能往往不止一种，而是多种功能伴生，通常有两大类：一是生产支持功能；二是生态服务功能。共生功能中因某些功能未得到开发，形成浪费的现象，称之为功能缺位。例如，原始森林不砍伐，则其供应木材的功能就缺位；自然景观无人观赏，其休闲功能就缺位。在功能缺位时，生态系统的综合服务能力不是最高的，一种功能的缺位经常导致系统资源利用效率极低，甚至其他功能也受到影响，如不砍伐的原始森林，固碳能力和吐氧能力都达不到其最大值。根据定义，作为生态资本的自然和社会资源等因素，必须同时满足如下的基本条件：第一，生态环境质量要素。生态资本首先必须是生态环境质量的要素。只有组成、影响或者决定生态系统生态质量的因素，才可能成为生态资本。有些自然资源，如矿物和石油储量，是非常重要的资源和社会经济发展原料，但是它们只是物质基础，不直接与环境质量相关，因此不属于生态资本范畴。第二，能提供生态服务功能。生态资本的价值源于其能够支持生产、提供生态服务和愉悦人类精神等方面的功能和服务。生态服务不仅支撑了本地生命系统的维持和活动，而且对更大区域甚至对整个生物圈的稳定都具有一定的贡献。生态服务功能的大小决定了生态资本价值的高低。如果有些质量因素的存在与整体环境品质成反比，那么这种要素就不是生态资本，如洪水、入侵生物、暴发的蝗虫等。第三，具有稀缺性。稀缺性是资本的基本特性。只有比周围系统具有明显或特殊的优势，即具有稀缺性，生态资本才有转化的可能性。例如，北京市密云县与北京市的其他区县相比，具有显著的环境质量好、水资源丰富等优势特点，这种优势即使在更大的范围内比较，如国内外相比也具有一定的稀缺性。稀缺性是生态资本价值实现转化的前提，只有具备稀缺性，才可经营，实现资本的保值、增值等目标。第四，具有主体性。主体性即边界和所有权。生态资本的所有权必须是清晰明确的。只有边界明确、所有权清晰，资产的价值才具有计量的可能性，其服务价值才能以相对较小的价值成本被经营、控制和管理。

1）国外关于生态资本的概念的论述

近几年，生态学家用自然资本描述自然资源对商品生产的作用。Georescu-Roegen（1971）认为从构成上看，自然资本可以分为三部分地表空间各种非人工生产出的物种，它们组成各种各样的生态系统地壳和大气中储存的物质存量，它们为生产提供原材料，并吸收各种废物。Costanza 等（1991）把生态环境作为资本已不是一个很新的概念。这样的方法和理论可以在重农主义者、古典经济学家、新古典经济学家的著作中发现。但是，直到最近生态经济学原理的出现才开始论述了自然资本对人类的贡献。Ekins 已经把资本储藏分成四种不同类型的资本生产资本，人力资本，社会资本和自然资本（生态资本或环境资本）。每个都产生服务流——作为生产过程的输入品。Serafy（1989，1991）把生态资本分为两种类型。第一种是可再生的生态资本，当给予一定的空间时，可用来产生生态产品和服务流。它的重要特征是在一定太阳能量输入的基础上，它的重要的再生能力。持续的开采如超过自然再生的速度就会把潜在的可再生资源变成不可再生的资源。第二种是不可再生的生态资本。天然燃料和矿藏资源是很好的例子。不可再生的生态资本，它的再生能力为零或接近于零。可再生的生态资本几乎不会贬值，而不可再生的生态资本是需要偿还和清算的。Costanza 和 Daly（1992）更进一步阐述了不可再生的生态资本直到它们被提取，才会产生服务流。

Faucheux 和 O'connor（1998）指出生态资本又称自然资本（natural capital）理论已成为可持续发展研究的中心议题之一。Hawken 等（2000）指出生态资本不是以单个的、奇迹的方式出现的，而是相互作用的成千上万的种属持之以恒工作的产物。虽然科学家能够识别为我们提供诸如食物、药品、香料或纤维的有机物，但没有人完全理解它们对维持生态系统健康所起的作用。土壤，这一地球上最复杂的生态系统，就是最好的例子。生态资本可以被看成支持生命的生态系统的总和。

2）国内关于生态资本概念的论述

1997 年，在中国可持续发展研究会第三次年会上，中国科学院生态环境研究中心的胡聃第一次比较系统地论述了占主流的生态资本理论的发展。他认为生态资本是指人类（以劳务为特征）或生物资源与物理环境资源和经济中介物品相互作用构成的一个协调的适应的进化的，并服务于一定的整体目标的生态实体。

沈大军和刘昌明（1998）认为，生态资本是指生态系统中对经济能够做出贡献的所有生态因素的总和，包括三类：一是自然资源；二是生态环境的自净能力，指的是自然环境对社会经济过程所产生的废弃物的吸收、储存和再循环；三是指生态环境为人类提供的自然服务。

范金和周忠民（2000）认为生态资本是一个综合概念。在现代生态系统中，生态资本主要包括四个方面：①能直接进入当前社会生产与再生产过程的自然资源，即自然资源总量（可更新的和不可更新的）和环境消纳并转化废物的能力（环境的自净能力）；②自然资源（及环境）的质量变化和再生量变化，即生态潜力；③生态环境质量，这里是指生态系统的水环境质量和大气等各种生态因子为人类生命和社会生产消费所必需的环境资源；④生态系统作为一个整体的使用价值，这里是指呈现出来的各环境要素的总体状态对人类社会生存和发展的有用性，如美丽的风景向人们提供美感、娱乐休闲，以满足人类精神文明和道德需求等生态服务功能。

李萍和张雁（2001）论述生态资本一般可分为有形生态资本（硬环境资本）与无形生态资本（软生态资本）。有形生态资本，主要包括土地、水、矿产等自然生态环境，以及交通、电信、信息网络等基础设施建设的硬环境；无形生态资本则更多地强调制度或体制、机制、观点等因素。

孙冬煜和王震生（1999）认为生态资本是指自然资源和自然环境的经济价值。其实物形态包括各种自然资源、环境的净化能力、臭氧层以及各种环境和生态功能等。按照是否有人类劳动投入，又可分为纯生态资本和人造生态资本。

董捷（2003）指出所谓生态资本是指产出自然资源流的存量（大洋中能为市场再生捕鱼流量的鱼量，能再生出伐木流量的现存森林，能产生原油流量的石油储量）。也就是能为未来产生有用商品和服务流的自然资源存量。

生态资本不像传统意义上的生产资料，它是非人造的，它是作为一种“能为未来产生有用商品和服务流的存量”。

20 世纪的最后一年，美国总统科技顾问委员会发表了一份报告——《投资科学，认识和利用美国自然成本》。该报告把生物多样性和生态系统视为“生态资本”，并对其经济价值给出了一些定量评估。

3. 生态资本的外延

进一步理解生态资本概念，要从其范畴、存在形态、组成类别、功能、相对位置关系等五方面来把握。

（1）从范畴上来讲，生态资本既建立在自然资源基础上，也建立在社会资源基础上。生态资本和自然资本以及和社会资本之间都有一定的重合。因为生态环境质量必须要具有物质载体，有了自然资源的基础，才具备生态服务功能；有了社会资源的基础，才具有生态文化影响力。所有满足以上四个基本条件的资源和要素，都是生态资本，也就是说，不仅自然资源可以形成生态资本，社会资源，包括社会意识、观念、机制、制度等也可以形成生态资本。概念的外延范围一定要拓展得这么宽，因为对于生态环境质量这个整体，其构成因子也必须是完整的，才便于分析和管理。

生态资本与自然资本和社会资本的关系如图 2-3 所示。自然资本和社会资本之间相互独立，没有交叉，而生态资本与二者都有交叉，并且与自然资本的重叠部分比与社会资本的重叠部分要大得多。生态资本与自然资本的重叠部分，图中用 A 表示，主要是构成生态环境质量的物质基础，其中包括水、大气、土壤、自然景观等；与社会资本重叠的部分，图中用 B 表示，主要包括人工生态环境和生态文化；在二者之外的部分，图中用 C 表示，主要是生态环境的质量及其变化趋势，包括各个物质组成的品质、流量、变化速度等。

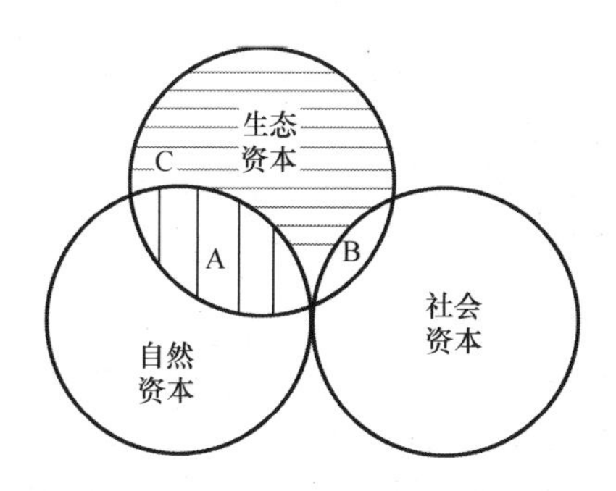

图 2-3　生态资本与自然资本和社会资本之间的关系

（2）从存在形态上来讲，生态资本不仅表现为生态质量要素的资源存量，也表现为生态质量要素的结构和组合，还表现为二者的发展趋势。从个体鉴定的角度讲，生态资本可以是一个整体，如生境；也可以是一个群体，如生态环境的主要优势要素组合，又如充沛的雨水+肥沃的土壤+重组的辐射；还可以是单个因素，如水源丰茂。生态资本是以资源的状态存在的，而不是功能或者货币价值。

（3）从组成类别来看，生态资本主要包括五个层次：①生态环境质量要素，这里是指生态系统的水环境、大气、光、温等各种为生态系统的生命活动、人类生存和社会生产所必需的生态因子的存量；②生态环境质量要素流量；③生态环境质量要素结构，结构是生态环境品质的另一个重要因子；④环境质量变化和再生量变化，即流量和结构动态，表示生态潜力和趋势；⑤生态文化，包括意识、风俗、制度等，这是生态资本的社会基础。

（4）生态资本的功能有：①环境的自净能力，即环境消纳并转化废物的能力；②生态系统的社会生产支持功能；③生态系统对人类生存、生活的服务功能。

（5）从位置关系上来讲，生态资本是相对于人造资本、社会资本、人力资本和自然资本而存在的。提出生态资本概念是对资本概念的拓展和完善，也是人类对社会生产资源价值、支撑条件价值认识的深化。但是，前面已经论述，生态资本不是其他几个概念的补充，而是位置相对比较特殊，意义也比较特殊的一个新概念。

生态资本的思想和概念发端于自然资本，但是又不同于自然资本。自然资本偏重于指示直接或者间接参与人类生产生活的自然物资和信息的存量。此外，与一般自然资本相比，生态资本具有更高价值，因为它不仅具有“量”的基础，更是一种“质”的存在，这一点可以从生态资本的功能和服务价值中体现，也可以从生态资本货币化的效果来体现。生态资本实现货币化时，其产品或服务的市场价格往往比对应的普通价格高出很多，甚至达到数倍、数十倍之剧。

自然资本中的一部分是生态资本，但生态资本不仅包括自然资本的存量，还包括品质和服务能力等其他方面。社会资本中的大多数内容与生态资本没有直接联系，但是生态文明程度是生态质量的一个重要因子，与之相关的内容也属于生态资本。生态资本的组成分为生态环境质量要素的存量和品位、生态潜力和趋势、环境的自净能力、生态系统的社会生产支持功能、生态系统对人类生存、生活的服务价值。质量其实就是数量的积累加科学的结构。要素的存量是质量存在的基础。决定生态环境质量的具体要素，主要是水、大气、土壤、自然景观和人造工程。

专栏 2-4 生态资本价值的计量与评估

国外的 Johan 和 Rudolf 提出估价生态资本的四种方法：

第一，生态资本功能完成的方法。它是建立在生态资本储藏鉴别的基础之上的（VROM，1996）；第二，自然资本指数方法（NCI）。它是建立在空间方法基础上的，它是用来表示生态系统的数量和质量的；第三，保护区域的方法。它不但是保护自然资本，而且是通过选择的标准来鉴别自然资本；第四，空间自然资本。它是对前三种方法的综合，它是在空间的区域来讨论自然资本，包括综合数量和质量比率，功能的完成和区域的大小。

Mitchell 和 Carson（1989）以两个特性为基础（第一个特性是，数据是来自于对现实世界中人们行为的观察，还是来自于人们对假定问题的回答。第二个特性是，该方法是能够直接得出货币化价值，还是必须通过一些以个人行为和选择模型为基础的间接技术推断出货币化价值），把环境和资源价值评估方法分为四类——直接观察、间接观察、直接假定和间接假定。直接观察方法包括使用竞争性的市场价格，以及使用为获知个人价值而特别建立的模拟市场的结果，是以人们的现实选择为基础的。间接观察方法也是以反映效用最大化的现实行为为基础的。直接假定方法是通过创建的假定市场直接询问人们赋予环境服务的价值。间接假定方法是通过人们对假定问题的反应的观察获取数据的。

Constanza 等（1997）综合了国际上已经出版的用各种不同方法对生态系统服务价值的评估研究结果，在世界上最先开展了对全球生物圈生态系统服务价值的估算。其结果表明，目前全球生态系统服务的年度价值为16万亿～54万亿美元，平均价值为33万亿美元，相当于同期全世界国民生产总值（GNP）约18万亿美元的1.8倍。其中，海洋生态系统服务的价值约占63%（20.9万亿美元），陆地生态系统服务的价值约占38%。海洋生态系统服务的价值主要来源于海岸生态系统，陆地生态系统服务的价值主要来源于森林和湿地。就目前的研究而言，有关生态资本价值的计量/估价的方法国内的主要有市场法、成本法、逆算法、影子价格法和边际机会成本法等。其中，边际机会成本（marginal opportunity cost，MOC）理论是目前众多理论中的较为全面的一种。这是因为该理论克服了存在于其他理论中的一个共同缺陷：即没有充分考虑资源开采和使用的外部性（包括资源耗竭和环境损坏）。

张志强（2001）认为依据生态系统服务与生态资本的市场发育程度，可将生态系统服务与生态资本的经济价值的评估研究方法分为以下三类：①实际市场评估技术。对具有实际市场的生态系统产品和服务，以生态系统产品和服务的市场价格作为生态系统服务的经济价值。评估方法主要包括市场价值法、费用支出法。②替代（隐含）市场评估技术。生态系统的某些服务虽然没有直接的市场交易和市场价格，但具有这些服务的替代品的市场和价格，通过估算替代品的花费而代替某些生态服务的经济价值，即以使用技术手段获得与某种生态系统服务相同的结果所需的生产费用为依据间接估算生态系统服务的价值。这种方法以“影子价格”和消费者剩余来估算生态系统服务的经济价值。评估方法较多，包括替代成本法、生产成本法、机会成本法、恢复和防护费用法等。③假想（模拟）市场评估技术。对没有市场交易和实际市场价格的生态系统产品和服务（纯公共物品），只有人为地构造假想市场未衡量生态系统服务和环境资源的价值，其代表性的方法是条件价值法或称意愿调查法（contingent valuation method，CVM）。

2.1.7　生 态 补 偿

从学术发展的角度看，生态补偿（ecological compensation）在主流经济学文献中并未成为一个正式的概念，而是近年来在国内的学术研究中频频出现的一个词语（陈冰波，2009）。

“生态补偿”一词最早源于生态学领域，主要指的是自然生态补偿，强调的是自然生态系统的自我修复功能。张诚谦（1987）从生态学意义上对生态补偿进行定义，“生态补偿就是从利用资源所得到的经济收益中提取一部分资金，以物质或能量的方式归还生态系统，以维持生态系统的物质、能量，输入、输出的动态平衡”。强调的是通过人为的干预修复生态系统，以维持其生态平衡。具有代表性的生态学意义上的生态补偿概念还有《环境科学大辞典》1991年提出的定义，即“生态补偿为维护、恢复或改善生态系统服务功能，调整相关利益者的环境利益及其经济利益分配关系，以内化相关活动产生的外部成本为原则的一种具有激励性质的制度”。

毛显强等（2002）认为，生态补偿是指人类对受到其污染破坏的生态环境和自然资源，进行的“减少、治理污染和破坏，使其恢复、维持自净能力、承载能力、生长能力等生态功能”的活动。王钦敏（2004）指出，生态补偿表现为对从事恢复、维持生态功能活动的单位和个人的补偿，即在形式上表现为对人的补偿，主要是人与人的关系；但其根本目标是人对生态环境的补血、补能、补功，即人类对生态环境的补偿，主要是人与自然的关系。生态环境是否得到保护、恢复、治理是衡量生态补偿成功与否的标志。

宋敏等（2008）分析认为，根据环境冲突理论，在没有任何援助和补偿措施下，环境冲突自然演化轨迹是：环境冲突→环境侵权→环境妨碍和环境侵害→环境问题→没有责任主体的环境问题→生态破坏→历史性“生态赤字”。而生态补偿就是要打破这一轨迹，消除外部性对资源配置的扭曲作用，使经济活动外部性内部化，消除传统的不合环境代价的效率分析对生态破坏的刺激、误导和强化作用，准确反映经济活动的各种环境代价和潜在影响，实现在生态保护的实施者和受益者之间的利益重新分配。具体手段应根据“破坏者恢复、受益者补偿”的原则，与市场和经济手段调节相结合，形成“污染者付费、使用者补偿、保护者得到补偿”的局面。

20世纪80年代以来，研究者逐渐开始从经济学角度开展研究和实践。随着生态环境问题逐渐成为全球性研究热点，很多学者开始综合运用现代管理理论及经济学相关分析方法，对环境问题进行重新审视和思考（常亮，2013）。

从经济学的角度讲，在20世纪90年代前期的文献中，生态补偿通常是生态环境加害者进行赔偿的代名词，如污染者付费等（王金南，2006）。生态补偿收费是指对开发或利用生态环境资源的生产者和消费者直接征收相关费用，同时用于补偿或恢复开发和利用过程中造成的自然生态环境破坏（陆新元等，1994）。从理论上认为，征收生态环境补偿费或类似的税种，其目标是试图使经济活动的外部不经济性内在化，也就是生态环境破坏者要为其行动付出成本（章铮，1995）。这一时期生态补偿的主要目的在于提供一种减少生态环境损害的经济刺激手段，从而遏制单纯资源消耗型经济增长，提高生态资源利用率，同时合理保护生态环境，兼为生态环境治理筹集资金（王学军等，1996）。这些概念从征收生态补偿费的目的、对象、内容、手段和保障等环境管理制度方面进行定义，与当时在各地开展的生态环境补偿费征收试点工作相适应（杨光梅等，2007）。

在20世纪90年代后期，生态补偿更多地指对生态环境保护者、建设者的财政转移补偿机制。例如，郑志国（2008）认为生态补偿有双重内涵：第一，某些区域的生态环境因为经济建设而遭到破坏，在当地难以完全恢复，采取适当措施在其他地方加强生态环境保护，对前一地区生态环境起到某种补偿作用，有助于从总体上保持生态平衡。

第二，某些区域为保护生态环境作出了贡献和牺牲，国家通过转移支付等手段对这些地方给予经济补偿。

由于生态建设实践的需求和经济发展的需要，经济学意义的生态补偿的内涵发生了拓展，由单纯针对生态环境破坏者的收费，拓展到对生态环境的保护者进行补偿，同时更加重视地区间发展机会的公平性，以及由于生态建设而导致个体和单位失去发展机会的公平性。生态补偿内涵的变化，也引起了其概念的相应改变，不少学者对生态补偿的概念进行了重新定义（杨光梅等，2007）。

毛显强等（2002）认为生态补偿是指通过对损害（或保护）资源环境的行为进行收费（或补偿），提高该行为的成本（或收益），从而激励损害（或保护）行为的主体减少（或增加）因其行为带来的外部不经济性（或外部经济性），达到保护资源的目的。万军等（2005）则对已有的生态补偿概念进行了总结分类，认为生态补偿至少具有对生态补偿本身的补偿、生态环境补偿费、区域补偿等三个层面的含义。

李文华和刘某承（2010）从经济学、环境经济学和生态经济学角度对生态（效益）补偿概念进行了梳理，并综合大多数学者的意见，提出生态（效益）补偿是用经济的手段达到激励人们对生态系统服务功能进行维护和保育，解决由于市场机制失灵造成的生态效益的外部性问题并保持社会发展的公平性，达到保护生态与获得环境效益的目标。这是首次在概念中提出了生态系统服务（功能）维护和保育的目标，将生态补偿与生态系统服务（功能）联系在一起，与国际上的生态系统服务付费（PES）概念较好地衔接，为生态补偿研究与生态系统服务研究的结合提供了广阔的空间（杨光梅等，2007）。

随着生态补偿研究与实践的进一步展开，生态补偿概念也从经济意义向更广的制度层面扩展。在制度层面，生态补偿常常被解说为生态补偿机制。任勇等（2006）提出，生态补偿机制是为改善、维护和恢复生态系统服务功能，调整相关利益者因保护或破坏生态环境活动产生的环境利益及其经济利益分配关系，以内化相关活动产生的外部成本为原则的一种具有经济激励特征的制度。沈满洪和杨天（2004）认为，生态保护补偿机制就是通过制度创新进行生态保护外部性的内部化，让生态保护成果的“受益者”支付相应的费用；通过制度设计解决好生态产品这一特殊公共产品消费中的“搭便车”现象，激励公共产品的足额提供；通过制度变迁解决好生态投资者的合理回报问题，激励人们从事生态保护投资并使生态资本增值的一种经济制度。

同时，一些学者也从社会学、管理学和法学的角度提出了生态补偿的概念。

宋敏等（2008）从社会学角度探讨了生态补偿所面临的公平与效率问题。他们指出，经济活动带来的外部性问题很有可能进一步激化社会中个体利益与集体利益的矛盾，而由此引发的社会不公平现象将一定程度地威胁社会秩序的稳定。补偿是常用的一种维护公平的手段，而生态补偿作为一种激励型的补偿方式在环保领域颇受人们关注。它不仅可以解决发展引发的不公平现象，同时也可通过补偿逐步提高补偿方的经济效益和被补偿方的生态效益。

王金南等（2004）则从环境管理和公共政策的角度，将生态补偿的基本含义理解为一种以保护生态服务功能、促进人与自然和谐相处为目的，根据生态系统服务价值、生态保护成本、发展机会成本，应用财政、税费、市场等手段，调节生态保护者、受益者和破坏者经济利益关系的制度安排。俞海等（2008）则指出，生态补偿的实质是通过资源的重新配置，调整和改善自然资源开发利用或生态保护领域中的相关生产关系，最终促进自然资源以及社会生产力的发展。

中国环境与发展国际合作委员会（CCICED，简称“国合会”）、中国生态补偿机制与政策课题组也有相似的定义如下。

生态补偿是以保护和可持续利用生态系统服务为目的，以经济手段为主，调节相关者利益关系的制度安排。更详细地说，生态补偿机制是以保护生态环境，促进人与自然和谐发展为目的，根据生态系统服务价值、生态保护成本、发展机会成本，应用政府和市场手段，调节生态保护利益相关者之间利益关系的公共制度。

专栏 2-5　中国环境与发展国际合作委员会

中国环境与发展国际合作委员会（国合会）于 1992 年由中国政府批准成立，是一个由中外环境与发展领域高层人士与专家组成的、非营利的国际性高级咨询机构，主要任务是交流、传播国际环发领域内的成功经验，对中国环发领域内的重大问题进行研究，向中国政府领导层与各级决策者提供前瞻性、战略性、预警性的政策建议，支持促进中国实施可持续发展战略，建设资源节约型、环境友好型社会。自 1992 年成立以来，国合会已历经三届，成功运作 15 年。中国政府批准继续成立第四届国合会（2007～2011 年）。国合会每五年换届一次，每届国合会由约 40～50 名中外委员组成。共计 170 余位中外委员先后参加前三届国合会工作。国合会主席由国务院领导同志担任。

国合会以国际环境与发展趋势为背景，结合中国环境与发展的政策需求，在污染控制、生态补偿、环境执政能力、环境经济政策、能源效率、循环经济、低碳经济与绿色经济以及生态系统管理等领域，先后组建了近百个政策研究项目，完成了 140 余份政策研究报告，提出了 200 多项政策建议，得到了中国政府的高度重视并转化为实际行动，对中国环境与发展领域的政策调整、立法进程产生了重要影响。

法律制度中所指的生态补偿，侧重于从公平、权利和义务的角度对于人类在进行社会生产和生活时超出自然环境系统承载能力的人为干扰如何进行人工处置和控制时所担负的一种支出所做出的要求，以达到减轻自然环境系统压力的目的（李爱年和彭丽娟，2005）。

杜群等（2006）根据法理判断对生态补偿进行定义，即指国家或社会主体之间约定对损害资源环境的行为向资源环境开发利用主体进行收费或向保护资源环境的主体提供利益补偿性措施，并将所征收的费用或补偿性措施的惠益通道约定的某种形式送达到因资源环境开发利用或保护资源环境而自身利益受到损害的主体的过程，达到保护资源的目的。同时从生态补偿的法律构成要素分析，认为上述定义中“国家或社会主体之间约定”是生态补偿法律关系成立的事实和前提。这用具体的主体关系的缔结，要从具体情况出发。按照生态补偿发生的两大典型领域——资源开发和生态功能保护，生态补偿的主体关系可以呈现为两类关系——直接利益相关者补偿和非直接利益相关者补偿。生态补偿从我国的法律政策制定和实践的情况看，直接利益相关者补偿主要有国家补偿、资源利益相关者补偿和自力补偿，非直接利益相关者补偿主要是社会补偿。

李文华等（2006）从环境法学意义上来理解生态补偿，认为狭义的生态补偿是指对由人类的社会经济活动给生态系统和自然资源造成的破坏及对环境造成的污染的补偿、恢复、综合治理一系列活动的总称。广义的生态补偿，还应包括对因环境保护丧失发展机会的区域内的居民进行资金、技术、实物上的补偿和政策上的优惠，以及为增进环境保护意识、提高环境保护水平而进行的科研、教育费用的支出。李爱年和彭丽娟（2005）也有相似的看法，认为生态效益补偿是指为了保存和恢复生态系统的生态功能或生态价值，在一定的生态功能区，针对特定的生态环境服务功能所进行的补偿，包括对生态环境的恢复和综合治理的直接投入，以及对该生态功能区区域内的居民由于生态环境保护政策丧失发展机会而给予的资金、技术、实物上的补偿、政策上的扶植。曹明德（2005）认为，生态补偿包括以下两层含义：①是指在环境利用和自然资源开发过程中，国家通过对开发利用环境资源的行为进行收费以实现所有者的权益，或对保护环境资源的主体进行经济补偿，以达到促进保护环境和资源的目的；②是国家通过对环境污染者或自然资源利用者征收一定数量的费用，用于生态环境的恢复或者用于开发新技术以寻找替代性自然资源，从而实现对自然资源因开采而耗竭的补偿。

通常，生态补偿的内涵主要包括以下内容：①是对生态系统本身的保护或破坏行为直接进行补偿；②是从经济角度考量，通过应用经济手段使外部经济内部化；③是对从事生态系统保护行为的区域、组织或个人，依据其所承担的机会成本进行补偿；④是制定针对性强的法律法规和政策措施，对具有重大生态保护价值的区域或对象进行系统保护。

专栏 2-6　补偿与赔偿、补助、补贴的区别

根据行政法理论，以政府行政部门行为的合法、违法与否作为区分赔偿和补偿的标准，不仅是我国行政法学界的通说，在其他国家的行政法理论上也是如此。合法性作为行政补偿责任的构成要件，主要是为了体现国家行使公权力中的“公共利益”的性质。

“赔偿”是承担民事违约责任的法律概念，补偿则更具单方道义承诺的色彩。从数额来看，“补偿”与“赔偿”相比更具不确定性。

“补助”《辞源》解释为一般的“增益帮助”，带有基于道义和伦理的色彩；“补贴”《辞源》解释为“弥补”，与“补助”相比，带有更多的体现经济公平的色彩。二者更多的是属于道德的范畴，在法律上似更多的是提倡原则，在数额上似很少有特定的强制规范。即“补助”和“补贴”的数额也是具有不确定性。

2.1.8 生态补偿的类型

生态补偿的类型是指根据一定标准对生态补偿进行分类所得的生态补偿的种类，是生态补偿概念的外延。生态补偿类型的划分是建立生态补偿机制以及制定相关政策的基础。研究生态补偿的类型有助于我们进一步理解生态补偿的本质，为生态补偿制度的设计提供依据。

1. 生态补偿类型划分标准

当前，国内学术界对生态补偿的类型划分还没有统一标准，按照不同划分标准和目的有若干不同类型或表述（表 2-4）。

表 2-4 生态补偿的主要类型

分类依据	主要类型	内涵
可持续发展	代内补偿	同代人之间进行的补偿
	代际补偿	当代人对后代人的补偿
补偿的空间范围	国内补偿	国内补偿还可进一步划分为各级别区域之间的补偿
	国家间补偿	污染物通过水、大气等介质在国与国之间传递而发生的补偿，或发达国家对历史上的资源殖民掠夺进行补偿
	国家补偿	国家是补偿的给付主体
补偿的主体	资源型利益相关者补偿	自然资源的开发利用者或下游地区是补偿的给付主体
	自力补偿	对生态保护有觉悟的非利益相关者是补偿的给付主体
	社会补偿	负有生态保护义务的地方政府、资源利用者是补偿的给付主体
补偿对象性质	保护者补偿	对为生态保护做出贡献者给以补偿
	受损者补偿	对在生态破坏中的受损者进行补偿和对减少生态破坏者给以补偿
政府介入程度	强干预补偿	通过政府的转移支付实施生态保护补偿机制
	弱干预补偿	在政府引导下实现生态保护者与生态受益者之间自愿协商的补偿
补偿的效果	输血型补偿	政府或补偿者将筹集起来的补偿资金定期转移给被补偿方
	造血型补偿	补偿的目标是增加落后地区发展能力

（1）按照时间维度的不同，划分为代内补偿和代际补偿。代内补偿指在同代人之间进行的补偿。由于人类分处于不同国家、不同地区，而各地的经济、环境、技术的不同，使人们在资源利用上也存在差别，一些人无偿享受或过量使用环境所带来的效益，使其他人受到损害或增加环境支出，这就要求在同代人之间进行补偿。代际补偿指当代人对后代人的补偿。根据帕累托改进准则，没有任何一项政策或项目会使所有人受益，改进的方法就是进行补偿。因此，如果一项政策会危及后代人的利益，就要对后代人进行补偿，防止当代人获益却把费用强加给后代人。

（2）按照空间维度的不同，划分为国内补偿和国家间补偿。国内补偿是指在一国之内进行的生态补偿。各区域、部门在使用环境资源时可能会使其他地区、部门受益或受损，就需要一个地区或部门向另一个地区或部门进行经济补偿。另外，致力于环境保护的地区，所取得的成效会使其他地区受益，这些都应得到相应的补偿。

国家间补偿是指在国家之间进行的生态补偿。由于环境系统的整体性，一个国家在进行环境活动时，有可能使另一个国家受益，也有可能对另一个国家的环境产生严重损害。因此，在国家之间应进行环境补偿。在各国的发展历程中，发达国家凭借其经济、技术等优势，疯狂掠夺发展中国家的环境资源，对发展中国家造成了严重损害。《21世纪议程》明确规定发达国家每年应拿出其国内生产总值的 0.7%用于官方发展援助，补偿发展中国家的损失，这也是国家间环境补偿的一种。

（3）按照补偿主体的不同，划分为国家补偿、资源型利益相关者补偿、自力补偿和社会补偿。国家补偿是国家（中央政府或国家机构）承诺的对生态建设给予的财政拨款和补贴、政策优惠、技术输入、劳动力职业培训、提供教育和就业等多种方式的补偿。资源型利益相关者补偿是指具有利益关联的生态保护的付出主体（贡献者）与生态保护利益获得者（受益者）之间通过某种给付关系建立起来的物质性补偿关系。主要有自然资源的开发利用者对资源生态恢复和保护者的补偿、下游地区对上游地区的利益相关者的补偿两种形态。

自力补偿是负有生态保护义务的地方政府、资源利用者对当地直接从事生态建设的个人和组织通过生态保护义务者履行生态保护义务而实现的物质性补偿关系。社会补偿是对生态保护有觉悟的非利益相关者通过某种形式的捐助或资金募集，与生态保护义务群体之间建立的惠益关系，包括国际、国内各种组织和个人通过物质性的捐赠和捐助。

国家补偿、资源利益相关者补偿、自力补偿是发生在直接利益相关者之间的生态补偿，具有强制补偿的性质；而社会补偿属于非直接利益关联者补偿，是自愿补偿，属于道德倡议范围，国家可以通过经济杠杆、道德文化等多种形式进行颂扬和拓展。

（4）按照补偿对象的不同，划分为保护者补偿和受损者补偿。保护者补偿是指对生态保护做出贡献者给以补偿。生态建设与环境保护是一种公共性很强的物品，完全按照市场机制就存在生产不足甚至产出为零的可能性，是不可能提供市场所需要的那么多数量的。因此需要另外一种机制来解决，可通过补贴那些提供生态环境建设这种公共物品的经济主体，以激励他们的保护积极性。受损者补偿是指对在生态破坏中的受损者和对减少生态破坏者给以补偿。给生态环境破坏中的受损者以适当的补偿是符合一般的经济原则和伦理原则的。而对减少生态破坏者给以补偿，是因为有些生态破坏确实是迫于生计，越是贫穷，越是依赖有限而可怜的自然资源，对生态环境的破坏就越严重，经济越是得不到发展。在这种情况下，如果没有从外部注入一种资金和机制就不可能改善生态环境。因此对减少生态破坏者应给以适当补偿。

（5）按照政府介入程度的不同，划分为政府的“强干预”补偿和政府“弱干预”补偿。政府的“强干预”补偿，是指由于生态环境服务的公共物品性质，生态问题的外部性、滞后性及社会矛盾复杂和社会关系变异性强等因素，使得政府成为生态环境服务的主要购买者或补偿资金的主要资助者。政府的“弱干预”补偿，是指在政府的引导下实现生态保护者与生态受益者之间自愿协商的补偿。政府提供补偿并不是提高生态效益的唯一途径，政府还可以利用经济激励手段和市场手段来促进生态效益的提高。

（6）按照补偿效果的不同，划分为“输血型”补偿和“造血型”补偿。“输血型”补偿，是指政府或补偿者将筹集起来的补偿资金按期转移给被补偿方。这种支付方式的优点是被补偿方在资金的调配使用上拥有极大的灵活性，缺点是补偿资金可能转化为消费性支出，因而不能从机制上帮助受补偿方真正做到“因保护生态资源而富”。“造血型”补偿，是指政府或补偿者应用“项目支持”的形式，将补偿资金转化为技术项目安排到被补偿方（地区），或者对无污染产业给以补助以发展生态经济产业。这种方式的优点是增加落后地区发展能力，形成造血机能与自我发展机制，使外部补偿转化为自我积累能力和自我发展能力。这种补偿机制通常是与扶贫和地方发展相结合的，优点是可以扶持被补偿方的可持续发展，缺点是被补偿方缺少了灵活支付能力，而且项目投资还得有合适的主体。

（7）其他学者的分类。厉以宁和章铮（1993）根据环境破坏责任者是直接支付给直接受害者，还是由环境破坏责任者付款给政府有关部门然后由政府有关部门给予直接受害者以补偿，把生态补偿分为直接补偿和间接补偿。按照厉以宁的分类标准，前者为直接补偿，后者为间接补偿。谢剑斌等（2008）在研究森林生态效益补偿过程中，把生态补偿类型分为增益补偿和抑损补偿。如果补偿政策主要是为刺激社会成员进行环境保护的积极性，促进生态资源增益而设计，表述为“增益补偿”；如果补偿政策主要是为抑制生态资源过快的受损而设计，则表述为“抑损补偿”。毛显强等（2002）按补偿税费类型将其归纳为生态补偿费与生态补偿税、生态补偿保证金制度、财政补贴制度、优惠信贷、交易体系和国内外基金。支玲等（2004）按行政级别层次从纵向补偿方向将生态补偿分为国家补偿、地区补偿、部门补偿、产业补偿等。万军等（2005）按补偿行为主体将生态补偿分为政府和市场两大类，政府手段包括财政转移支付、专项基金、重大生态建设工程；市场手段包括生态补偿费、排污费、资源费、环境税、排污权交易、水权交易。秦艳红和康慕谊（2007）根据生态保护实施进程将生态补偿分为基础补偿，产业结构调整补偿和生态效益外溢补偿三阶段。赖力等（2008）从地域层次的角度将补偿分为全球性补偿模式、区际补偿模式、地区性补偿模式、项目性补偿模式。何承耕等（2008）从地理学人地关系角度将生态补偿分为人际补偿和人地补偿。

2. 生态补偿类型

“国合会”（CCICED）生态补偿机制与政策课题组以地理尺度为依据，将生态补偿问题首先区分为国际补偿和国内补偿，然后按照不同的地区性质和空间特征，将国内补偿划分为区域补偿、重要生态功能区补偿、流域补偿和生态要素补偿等四种类型。其中，生态要素包括了森林保护、矿产资源开发、水资源开发、土地资源开发等。

1）区域补偿

区域生态补偿（regional eco-compensation）就是将生态保护者、受益者和破坏者等生态补偿机制中的利益主体定位于区域尺度，关注于区域主体、区域产权和区域利益，并根据生态系统服务价值、生态保育的成本，区域发展的机会成本等，通过适当的经济、政策手段或制度安排，调节不同区域之间生态、环境和经济利益的不平衡，从而实现保护生态系统服务功能，提升整体环境质量，促进区域协调发展的目的。概括地讲，区域生态补偿就是通过生态补偿的手段来协调人地关系中的区域关系问题。

区域生态补偿在理论研究和实践当中的关键科学问题有如下三方面。

（1）区域间生态功能格局的识别方法和等级划分。依据不同生态系统、“生态-经济过程”的功能类型和空间格局，识别“生态功能区域”。通过区域外部作用、区域外部性的分析明确不同区域的服务对象，明确生态补偿的主体和客体，揭示区域生态补偿的格局。

（2）区域间的权益配置标准、损益关系及其配置方法。通过科学、可行的方法测算区域之间作用的强度，依据保护生态环境、彰显社会公平、体现经济可行性的原则，研究区域间生态、环境和经济权益的配置标准和损益核算方法。区域产权和区域利益、区域外部性、生态系统服务的价值评估是其中的关键问题，也是理论和实践中的难点所在。

（3）区域生态补偿的实施方案及其效果监测与评价。根据主体的补偿能力和客体的补偿意愿，设计区域生态补偿的实施方案。根据区域主体的特质和区域尺度“生态-经济过程”的格局，分析市场、各级政府和企业在区域生态补偿当中的作用。形成可行的评价方法，评价实施生态补偿在生态环境保护、基本公共服务均等化、协调区域关系等方面的效果。

2）重要生态功能区补偿

重要生态功能区是指在保持流域、区域生态平衡，减轻自然灾害，确保国家和地区生态安全，实现长治久安与可持续发展中具有重要作用的特定保护区域。在我国主要包括江河源头区、重要水源涵养区、水土保持重点保护区和重点监督区、江河洪水调蓄区、防风固沙区和重要渔业水域。例如，三江源水源涵养重要区、太行山地土壤保持重要区、洞庭湖区湿地洪水调蓄重要区、科尔沁沙地防风固沙重要区、浙闽赣交界山地（武夷山）生物多样性保护重要区等都为我国的重要生态功能区，它们在改善我国生态环境、调节水气平衡及保护生物多样性等生态环境保护与建设方面发挥着不可替代的极其重要的作用。

国内外至今还没有一个完整的重要生态功能区生态补偿概念。任何重要生态功能区生态补偿都应包括功能区的自然生态恢复能力补偿，因保护重要生态功能区生态环境而放弃发展机会的行为补偿及对功能区进行生态保护性投入补偿等内容。因此，可将其定义为：重要生态功能区生态补偿是以保护和可持续利用重要生态功能区的生态系统服务为目的，以经济手段为主，调节重要生态功能区内外相关利益关系的制度安排。

3）流域生态补偿

流域生态补偿是生态补偿在流域水资源管理和保护中的表现形式，也是我国开展生态补偿工作的重点领域。目前，对于流域生态补偿还没有形成公认的定义，中国生态补偿机制与政策研究课题组把流域生态补偿定义为："通过一定的政策手段实行流域生态保护外部性的内部化，让流域生态保护成果的受益者支付相应的费用，实现流域生态投资者的合理回报，激励流域上下游的人们从事生态保护投资并使生态资本增值。"由此可见，流域生态补偿可以分为两个方面：一是上游企业和居民等的补偿，即上游企业和居民污染物排放量超过总污染量的控制目标。使下游地区的水环境质量下降，超过了质量控制目标，因此上游地区的企业和居民等对受到污染的下游地区进行补偿，这是水环境污染补偿；二是为了保护下游居民、企业等可以使用清洁水资源，那么就得对上游地区的污染物排放量进行控制，这制约了上游地区的社会经济的发展，因此，下游地区受益的企业和居民等应该对上游地区进行水资源保护补偿，这是水资源的保护补偿。

4）生态要素补偿

生态要素补偿是指根据开发者或破坏者负担原则，由森林、矿产资源、水资源、土地资源等开采者对资源所有者进行的补偿以及对所破坏的生态要素进行修复。

（1）森林生态补偿。对于森林生态补偿的概念，目前主要存在以下两种理解。广义的概念：是对森林生态环境本身的补偿，是对个人或区域保护森林生态环境的行为进行的补偿，是对具有重要生态环境价值的区域或对象的保护性投入。由于对于森林的历史欠账过多，对于林业生态建设和保护的投入在广义范畴内属于一种补偿。广义范畴的森林生态效益补偿，不仅包括公益林生态补偿，而且还包括林业至点工程、森林病虫害防治、森林防火等。狭义的概念：是指目前所推行的森林生态效益补偿基金制度所涵盖的内容。中央生态效益补偿基金是对重点公益林管护者的营造、抚育、保护和管理付出，给予一定补助的专项资金。中央森林生态效益补偿基金制度，结束了我国长期无偿使用森林生态效益的历史，开始进入有偿使用的新阶段，意义非常重大。

（2）矿产资源开发生态补偿。狭义的矿产资源生态补偿是指对矿产资源开发造成的生态破坏进行恢复治理以及对部分直接受害人的赔偿，其包括生态恢复成本和对矿区居民的直接经济赔偿成本，但补偿的主要内容是生态环境的恢复；而广义的生态补偿是指对生态系统的理论价值进行补偿，除了狭义的生态补偿外，还应包括对因环境保护丧失发展机会的区域内的居民进行的资金、技术、实物上的补偿、政策上的优惠，以及对环境污染损失进行得补偿支出。狭义的生态补偿是矿产资源开发的生态补偿的近期目标，围绕其建立的补偿机制在现阶段具有可操作性；广义的生态补偿是矿产资源开发的生态补偿机制的远期目标和最终目标，在近期目标实现后应逐步实现远期目标。

（3）水资源开发生态补偿。水资源是自然界可供利用或有可能被利用的、具有足够数量和可用质量的水源，是维持人类生存与生态平衡的基础资源。与其他资源相比，水资源价值相对比较容易量化，水资源利用与人们的生产生活也密切相关，建立水资源生态补偿机制的效果会比较明显。

水资源是珍贵的自然资源，对以水资源保护为目的的经济补偿，即水资源补偿，本书将其定义为：水资源补偿是以保护水资源和实现水资源可持续利用为目的，以水资源使用者、水资源生产者和开发者及水资源保护受益者为对象，以水资源保护、治理、恢复为主要内容，以法律为保障，以经济调节为手段的一种水资源管理方式，是对水资源价值及其投入的人力、物力、财力以及水资源开发利用引起的外部成本的合理补偿。实施水资源补偿是为了实现水资源保护，可以促进受损水资源自身水量补给与水体功能的恢复，保障水资源可持续利用。总体来讲，现代水资源统一管理需要建立的补偿机制为“谁耗用水量谁补偿；谁污染水质谁补偿”。

（4）土地资源生态补偿。土地资源有广义、狭义之分。狭义的土地资源一般是指被人们加以开发利用的耕地、草地，以及未被人们开发利用的荒地、荒滩、荒山、沙漠、湿地以及地上、地下的各种自然资源；而广义的土地资源一般是指人们赖以生存的地域和空间。

从狭义上看，土地资源生态补偿是指国家通过征收费用、设立基金等一系列经济、法律手段将生态保护的外部性进行内部化，对由人类活动给土地资源造成的破坏进行补偿、恢复、综合治理；对毁坏土地资源的行为进行收费；对因保护土地资源的利益受损者进行资金、技术等补偿，从而达到保护土地资源、实现土地资源可持续利用的目的。在水土流失严重的生态脆弱地区，应对其作广义上的理解，即在狭义的基础上还包括政策优惠，提高土地资源保护水平而进行的科研、教育费用的支出等。

2.2　生态补偿的相关理论基础

2.2.1　生态补偿的一般性理论基础

1. 外部性理论

1）外部性的概念及特征

外部性（externalities，也称外部效应），是指某一经济主体的经济行为对于另一经济主体的福利产生的未能由市场交易或价格体系反映出来的影响或效应。1890年，马歇尔在《经济学原理》一书中，首次提出了“外部经济”（external economies）概念。“我们可把因任何一种货物的生产规模之扩大而发生的经济分为两类：第一是有赖于该工业的一般发达的经济；第二是有赖于从事该工业的个别企业的资源、组织和经营效率的经济。我们可称前者为外部经济，后者为内部经济。”随后庇古在其创立的旧福利经济学中分析边际私人产值与社会产值相背离时提出了外部性概念，并以此确立了外部性理论。

罗杰·珀曼在《自然资源与环境经济学》中强调某项决策的外在影响能否得到补偿：当某一个体的生产和消费决策无意识地影响到其他个体的效用性或生产可能性，并且产生影响的一方又不对被影响的一方进行补偿时，便产生了所谓的外部效应，或简称外部性。

外部性的基本特征如下：第一，外部性是经济活动中的一种溢出效应，在受影响者看来，这种溢出效应不是自愿接受的，而是由对方强加的。例如，西部环境的恶化，带来的中东部沙尘暴的危害，不管你愿意接受与否，都不得不接受。第二，经济活动对他人的影响并没有反映在市场机制的运行过程中，而是在市场运行机制之外。在完全市场竞争机制假定条件下，如果经济主体的活动引起其他经济主体的收益的增减的变化，则通过价格形式反映其收益变化。由于外部性存在，其价格不能反映经济主体的全部成本。第三，外部性不可能完全消除。外部性如此之广，尤其对于开放的生态环境系统而言，其影响之广、范围之大，使人们难以消除外部性。也就是说，在现实生活中，人们不可能实现理想的帕累托最优境界，只能寻求次优。

2）外部性的分类

基于外部性基本特征对其分类也有许多，最基本的就是生产的外部性和消费的外部性、正外部性和负外部性、技术外部性和货币外部性、公共外部性和私人外部性、帕累托相关的外部性和帕累托不相关的外部性、稳定的外部性和不稳定的外部性等。从生态补偿来看，具有重要理论指导意义的外部性分类就是生产外部经济性和不经济性与消费外部经济性和外部不经济性，因此，将这两种分类相结合，从生产的外部经济性、生产的外部不经济性、消费的外部经济性和消费的外部不经济性几个方面来探讨外部性的类型：

（1）生产的外部经济性。生产的外部经济性就是生产者在生产过程中给他人带来有益的影响，而生产者却不能从中得到补偿。也就是说，生产者的边际私人成本大于社会边际成本。生产的外部经济性在生活中的例子很多，在经济学上常用的花园的例子，投资者投资建设一个花园，投资者可以赏花从中得到好处，但是其他人在没有任何的投资的条件下就可以赏花从中得到好处，用 MSC、MPC 和 MEC 分别表示边际社会成本、边际私人成本和边际外部成本，那么 MSC=MPC+MEC，如图 2-4 所示。

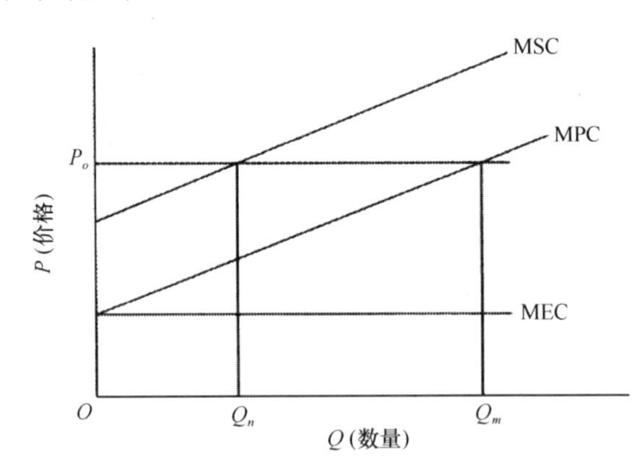

图 2-4 生产的外部经济性

（2）生产的外部不经济性。生产的外部不经济性就是生产者在生产过程中给他人带来了损害而生产者却不给受损者以补偿。也就是说，生产者的边际私人成本小于边际社会成本。生产的外部不经济性的例子也很多，如造纸厂排污水对周边的人们和整个社会造成损失。在不对造纸厂征收任何污染方面的费用的条件下，那么造纸厂的生产就是外部不经济的。同样可以用图 2-5 说明。

（3）消费的外部经济性。当一个消费者在进行某种消费的过程中给他人带来有利的影响，而消费者本人却不能从他人那里得到任何补偿时，便产生了消费的外部经济性。

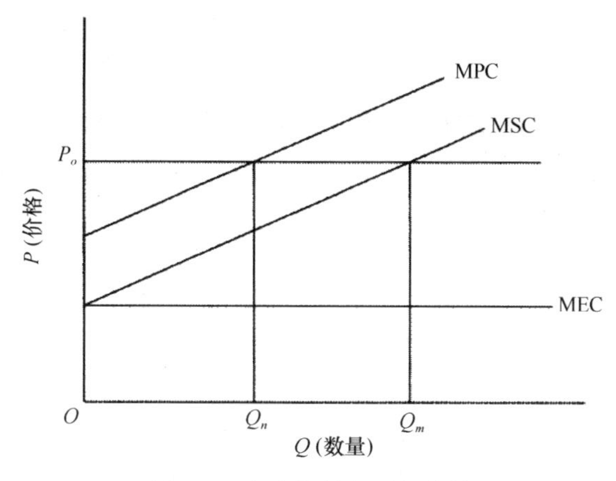

图 2-5　生产的外部不经济性

消费的外部经济性也就是消费者的边际私人成本大于边际社会成本，使得其他人在不付出任何成本的条件下就可以从某个消费者的消费过程中得到好处。

3）外部性的解决

从福利经济学和制度经济学来看，不管是正外部性还是负外部性都导致资源配置不当，正外部性导致资源利用不足，而负外部性导致资源的过度利用，这就促使人们从制度设计、规则安排等角度出发来校正外部性，使外部性内部化。

（1）庇古税或补贴。庇古认为，外部性是市场本身难以克服的缺陷。为了实现帕累托最优，政府就应该通过征税或补贴的办法来解决，对那些制造外部性的企业或个人征收一定的额外税或给予一定的补贴，至于征税或补贴数量的多少，应该是使企业或个人的边际成本与社会边际成本相等。当然这要求有一定的前提条件：即完全竞争的市场、私人边际成本和社会边际成本能准确测算等。虽然庇古税在实际经济活动中很难测算，但是对我们的生态补偿也有重要的指导意义。

（2）产权界定。通过产权界定来解决外部问题是科斯提出的，他首先在交易成本为零和产权界定清晰这两个假设前提下，认为当事人之间的谈判都会导致资源的最优化配置，即市场机制会自动达到帕累托最优。但是，现实世界是一个存在交易成本的世界，因此，他认为存在交易成本的条件下，不同的产权界定会带来不同的资源配置效率，所以，为了优化资源配置，产权界定是必要的。他的这些思想对公共物品的提供和生态补偿机制构建等方面有重要的指导意义。

（3）政府直接干预。在有些外部性问题上，有人认为可以通过政府的直接干预来解决，弥补市场机制的缺陷。政府通过制定标准或者是颁布禁令来实现企业或个人的生产和消费活动能实现私人边际成本和社会边际成本的一致。

（4）诉诸法律。在完善的法律制度条件下，所有社会成员的权利和义务都得到了明确的界定。那么当外部性问题产生时，就可以诉诸法律，依靠法律的权威来解决外部性问题。当然依靠法律的前提条件是法律制度必须完善。

2. 公共物品理论

环境问题是直接影响我国实施可持续发展战略的关键因素，它的严重性、复杂性，突出了环境保护的紧迫性、长期性和艰巨性。作为公共产品的环境保护必须积极行动起来，从自身特点出发，在市场和政府的利益博弈中，找到突破现实困境的新路径，充分发挥生态补偿的积极作用，促进自然和社会生产力的发展。

1）公共物品的概念

公共物品（public goods）一般是和私人产品（private goods）相对而言的。学术界公认的定义是保罗·萨缪尔森（Paul A. Samuelson）等对公共物品下的定义，他指出："每个人对这种产品的消费，都不会导致其他人对该产品消费的减少。"曼瑟尔·奥尔森（Mancur Olson）在《集体行动的逻辑》一书中对公共物品做了如下定义："任何物品，如果一个集团 X_1，…，X_i，…，X_n 中的任何个人 X_i 能够消费它，它就不能不被那一集团中的其他人消费。换句话说，那些没有购买任何公共或集体物品的人不能被排除在对它这种物品的消费之外，而对于非集团物品是能够做到这一点的。"美国学者布坎南在《公共财政》一书中认为，公共物品的显著特征就在于它的不可分性和非排他性。不可分性意味着一个灯塔可以由许多人使用，（而非排他性意味着）排除服务的潜在使用者相对来说要付出很大代价，并且是无效的。

我国学者高鸿业（2004）将公共物品定义为："通常将不具备消费的竞争型的商品称公共物品。例如，国防、道路和电视广播等等。"胡家勇（2002）将公共物品定义为："公共物品是指具有以下特征的物品：①生产具有不可分性；②规模效应特别大；③初始投资特别大；④具有自然垄断性；⑤消费不具有排他性；⑥对消费者收费不易，或收费的成本过高……公共物品的主要特征是，消费的排他性、收费困难、自然垄断性，而且只要具备一个特征就可以称为公共物品。"

2）公共物品的特性

（1）非排他性。排他性是指产权主体对非产权主体的排斥性，或者对产权的垄断性，也就是说，特定客体利益只能由特定产权主体享受，其他人均可被排除在外。排他性的实现必须能明确界定产权。如果产权不明晰那么排他性也就很难实现，即产权界定越清晰，排他性越强。非排他性是指某一物品的存在，不能排斥社会个别或部分消费者消费该产品。这种无法排斥有两层意思：一是无法排斥他人对这一物品的消费，即一个人在消费这类物品时无法排斥他人对这类物品的消费，而且，无论个人是否对这个物品支付了价格，他都能够消费这个物品（如国防）。二是在技术上可以排斥他人但是是不经济的或者是与公众的共同利益相违背的，因此是不允许的。公共物品的非排他性决定了其不能通过市场供求机制来满足。因为，厂商作为公共物品的供给者，那么他要弥补成本就必须把那些不付钱的消费者排斥出去；公共物品如果生产出来那么任何消费者都可以在不付费的条件下消费，即"搭便车"。消费者的这种行为很可能导致厂商难以弥补成本，因此会导致公共物品供给的市场失灵。

（2）非竞争性。竞争性是指消费者人数的增加或原有消费者消费数量的增加就会减少这种物品供他人消费的数量。非竞争性是指消费者或消费数量的增加不会减少其他人对该公共物品的消费，即在公共物品数量一定的前提下，公共物品多分配给一个消费者的边际成本为零。这里所指的是公共物品的边际分配成本为零而不是边际成本为零，公共物品供给的边际成本仍然是正的。因为要提供公共物品就必须相应地耗费资源，因此，其边际成本必定是正的。由此可以看出，公共物品的非竞争性包括两个方面：一是边际分配成本为零。即增加一个消费者或者个别消费者消费数量的增加，公共物品的供给成本不会相应改变。二是边际拥挤成本为零。即在公共物品供给一定的前提下，每个消费者对公共物品的消费都不会对其他消费者对公共物品的消费造成影响。但是，边际拥挤成本为零是具有一定的时间性和空间性，也就是说，这是个相对的概念。例如，清洁空气，在过去清洁空气是典型的公共物品，但是当今由于污染的产生，清洁空气越来越少，因此要呼吸到清洁空气也需要付出一定的成本。

（3）不可分割性。公共物品是向全体社会成员提供的，具有共同受益和联合消费的特点，每个社会成员不管是付费还是不付费都可以享受该物品。由于公共物品是向全体社会成员提供的，所以不能按照“谁付费，谁受益”的原则来分配。同理，不能将不付费的个别社会成员排除在外。公共物品和私人物品不同，私人物品可以根据个人付出的代价的多少来分配，使其消费与其付出代价相应的物品；而公共物品则不同，每个社会成员不管付出多少都可以享受到等量的、相同的消费，各个消费主体之间对公共物品是无法明确划分界限的。因此，不能通过个人或者单个集体供给公共物品。

（4）消费的强制性。公共物品是向全体社会成员提供的，那么个人、家庭或者企业就不能依据个人的喜好来消费公共物品。公共物品一经生产出来，全体社会成员只能被动地接受，没有选择的余地。换句话说，公共物品具有非竞争性，对公共物品的消费不能依据个人、家庭或者企业的个别付出来分配。

3）公共物品的分类

公共物品由于其使用范围和使用性质的不同，一般将公共物品分为纯公共物品和准公共物品。纯公共物品是指在消费上不具有竞争性和排他性，或者具有排他性但是是不经济的。如国防等。准公共物品是介于私人物品和纯公共物品之间的。准公共物品的种类也很多，大体上可以分为以下三类：一是具有竞争性和非排他性的公共物品，如公共牧场；二是具有排他性和非竞争性的公共物品，如城市用水等；三是存在拥挤可能的公共物品，如公路（堵车）。根据产品的非排他性和非竞争性程度，生态产品也可分为纯公共产品、俱乐部产品、公共资源、私人产品。如表 2-5 所示。

表 2-5　生态产品的分类

类型	竞争性	非竞争性
排他性	私人产品，如私家花园	俱乐部产品，如集体草场
非排他性	公共资源，如海洋渔业	纯公共产品，如生态公益林

3. 产权理论

产权理论是政治经济学的核心。产权，即财产权利，也称财产权。它反映了产权主体对客体的权利，包括财产的所有权、占有权、使用权、支配权和收益权等。

产权的基本特征有：排他性、有限性、可分割性和可交易性。现代产权经济学的研究表明，同一种财产制度下产权主体已趋于多元化，各产权主体分别成为产权利益结构中的不同受益者。无论是所有权还是使用权，只要拥有这种产权的时间足够长，就会激励人们去捍卫自己的利益。因此，产权界定的实质是财产权利的配置，不同的产权安排意味着财产权利在不同主体之间的分配，不同的产权界定方式不仅影响经济活动的效率，而且影响财产分配的公平。产权得到明确界定的意义在于，至少能够使给他人带来利益的人能得到受益者的认可和回报，使损害他人利益的人给予受害者一定的补偿。

产权理论的产生源于对经济活动的外部性（externality）问题研究，外部性理论是环境经济学的基础，也是环境经济政策的理论支柱。“庇古税”理论和科斯交易成本理论对于生态补偿具有很强的政策含义。在实际的生态补偿政策路径选择中，不同的政策途径具有不同的适用条件和范围，要根据生态补偿问题所涉及的公共产品的具体属性以及产权的明晰程度来进行细分。如果通过政府调节的边际交易费用低于自愿协商的边际交易费用，宜采用“庇古税”途径，如通过向生态功能的受益者和破坏者征收生态税（费），解决补偿问题；反之，则采取市场交易和自愿协商的方法较为合适；如果两者相等，则两种途径具有等价性。

4. 生态资本论

生态系统提供的生态服务应被视为一种资源、一种基本的生产要素，所以必然离不开有效的管理，而这种生态服务或者说价值的载体便是我们常说的“生态资本”。“生态资本”，又称“自然资本”，该理论已成为可持续发展研究的中心议题之一。

生态资本是指存在于自然界，能够给人类带来持续收益的自然资产。生态资本主要由四个部分组成：一是能直接进入当前社会生产与再生产过程的自然资源，即自然资源总量和环境的自净能力；二是自然资源的质量变化和再生量变化，即生态潜力；三是生态环境质量，是指生态系统的水环境和大气环境质量等各种生态因子，为人类生存和社会生产消费所必需的环境资源；四是生态系统作为一个整体的使用价值，这是呈现出来的各种环境要素的总体状态对人类社会生存和发展的有用性。

生态资本作为参与经济活动的要素之一，同物质资本和人力资本一样，也有二重性：一是具有生态资本的本质属性，具有自然生态功能，遵循自然生态规律，表现为生态资本的使用价值；二是具有资本的共同属性，即以保值增值为目的，遵循市场供求与竞争规律，表现为生态资本的价值。但生态资本又不同于物质资本和人力资本，生态资本具有其他资本所不具备的特征。

（1）整体增值性。资本的目标是价值最大化或利润最大化。但是生态资本受到生态系统整体性的制约，所以生态资本要增值，其前提是要保持生态系统内各因子的平衡协调。只有这样，生态资本才能够实现其价值的最大化。

（2）长期收益性。通过合理利用生态资本，使其在自身的循环系统之内，保持生态系统的协调平衡，生态资本的使用价值与价值将不会永远消失。并且可再生资源还能依靠其自身的累积性，使生态资本自动增值，给社会带来长期的经济效益和生态效益。

（3）开放性与融合性。生态资本既具有生态环境系统的开放性与多样性，又具有一般资本的融合性与扩张性，生态资本的经营可以采用许多方式。例如，产权主体多元化、利益共同体等。

（4）双重竞争性。一方面，生态系统内部各因子之间是在相互制约与相互促进中得到发展的，遵循共生、相生相克等自然生态竞争规律；另一方面，生态资本又与物质资本和人力资本等存在着市场竞争，遵循市场竞争规律。

（5）极值性。生态资本能够承载人类生存与经济发展对生态系统经济功能的需求，但生态资本对人类的需求并不是无限满足的，其承载能力具有一定的极限，如果人类对生态资本的开发和利用超过其极限，将会导致资源环境的退化。这是提倡可持续发展的重要根据。

（6）不动性与逃逸性。生态资本既具有环境资源的空间固定性，又具有一般资本规避风险的逃逸性。例如，低回报率的生态资本会转移地域或变换形态，流动到回报率较高的领域，引起生态资本的资本功能性逃逸。

（7）替代性与转化性。在一定条件下，生态资本、物质资本和人力资本之间能够相互替代或相互转化。

（8）空间分布的不均匀性和严格的区域性。不同区域的生态系统的组合和匹配都不一样。因而要因地制宜地使用每一项生态资本。

生态问题是一个全社会的问题，生态环境保护涉及方方面面的利益调整，需要依靠制度创新、综合运用各种环保手段来促进生态投资。需要强调的是，生态投资绝不意味着简单地增加资金投入，而是要注意依靠科技进步来提高投资的效率。而且，生态投资要遵循的总原则是在使得经济利益最大化的同时，保持生态环境产生长期的功能和保持优良的质量。由于生态资本具有公共性和外部性特征，要鼓励人们从事生态投资活动还必须有健全的生态保护补偿机制，这一机制的建立对进行生态保护的工作者更具有公平性。因此，生态资本理论对建立和完善生态补偿机制具有重要的指导意义。

5. 可持续发展理论

可持续发展目前已成为发达国家和发展中国家正确协调人口、资源、环境与经济间相互关系的共同发展战略。可持续发展理论的提出为人类社会的发展提出了新的思想理念，即当代人的发展不能损害后代人发展的能力。必须正确把握可持续发展的基本原则，并用可持续发展理论指导生态补偿机制在我国的广泛实施。

1）可持续发展的原则

（1）可持续性原则。可持续性原则的核心是指人类社会经济发展不能超越资源与环境的承载能力。一方面，可持续发展要求人们根据可持续性的要求调整自己的生活方式，在生态可能的范围内确定自己的消耗目标；另一方面，人们通过实践活动可以认识和掌握人类与自然和谐共生的规律，通过决策做出理性的选择，从而实现可持续发展。

（2）公平性原则。公平是指机会选择的平等性，可持续发展所追求的公平性包括三层意思：一是本代人的公平。可持续发展要满足全体人民的基本需求和给全体人民机会以满足他们要求较好生活的愿望，贫富悬殊、两极分化的世界不可能实现可持续发展。二是代际间的公平。可持续发展是既能满足当代人需要又不危害后代人满足其需要的能力，既符合局部人口利益又不影响全球其他地区人口利益的发展。三是公平分配有限资源。目前的现实是，占全球人口26%的发达国家消耗的能源占全球的80%以上。

（3）共同性原则。共同性原则有两方面的含义；一是发展目标的共同性，这个目标就是保持地球生态系统的安全，并以最合理的利用方式为整个人类谋福利；二是行动的共同性。因为生态环境方面的许多问题实际上是没有国界的，必须开展全球合作，而全球经济发展不平衡也是全世界的事。

（4）时序性原则。时序性原则强调的是可持续发展的阶段性，发达国家优先利用了地球上的资源，这一长期以来形成的格局，剥夺了应当由发展中国家公平利用的那一部分地球资源来促进经济增长的机会。不仅如此，发达国家利用先发优势控制了世界经济与政治的基本格局，这使发展中国家处于更加不利的地位。因此，发达国家在可持续发展中应负起更多的责任，如在环境保护方面给予更多的关注。而对于发展中国家而言，应当把消除贫困作为最优先的领域，同时重视区域发展的均衡性与公平性，逐步增强可持续发展的能力。

（5）发展原则。人类的需求系统分为三个子系统，即基本需求子系统、环境需求子系统和发展需求子系统。按照人类三种需求全面衡量，不论对发达国家还是发展中国家，发展原则都是非常重要的，只有大力发展生产力才能解决人类需求的一系列问题。

（6）质量原则。可持续发展更强调经济发展的质，而不是经济发展的量。因为经济增长并不代表经济发展，更不代表社会的发展，经济发展比经济增长的内容要丰富得多，而社会发展的含义又远比经济发展丰富，不仅包括了经济发展的所有内容，还包括生态环境的改善、政治制度和社会结构的改善、教育科技的进步、文化的良性融合与交流、社会成员工作机会的增加和收入的提高等。可持续发展充分考虑经济增长中环境质量及整个人类物质和精神生活质量的提高。

2）用可持续发展理论指导生态补偿机制在我国的实施

可持续发展理论认为，发展是硬道理，但发展必须以良性生态平衡能力为基础，不能牺牲资源环境求发展，进而影响到人类自身的生存和发展；发展必须是可持续的，同时也是有限度的，当代人的发展不能影响到后代人的发展。建立和完善生态补偿机制是实施可持续发展战略的具体行动，因此必须用可持续发展理论指导生态补偿机制在我国的广泛实施。在实施生态补偿机制过程中，一定要认清形势，提高认识，以可持续发展理论为指导，促进经济、社会、资源与环境等方面的全面持续发展。

可持续发展给我们带来了新的理念：整个环境都是资源，自然资源、环境容量和生态承载力等，都是有价值的商品；人们恢复已被破坏的生态环境的支出、赔偿环境污染损失的费用以及生态环境补偿等都应当计算在资源价格体系中。必须树立新的资源价值观，重新认识和理解资源价值的重要作用，并通过科学分析和计算，正确反映出它们的真实价值和对国民经济产生的效果。过去由于认识上的不足，国有自然资产被无价或低价使用，生产的外部不经济性使自然资产在数量或质量上下降；自然资产未得到有效配置，造成自然资产的闲置与浪费。必须通过立法变自然资源无偿使用为有偿使用；开展自然资源价格研究，实现自然资源市场化，促进资源的有效配置；建立具有新的资源价值观念的国民经济核算体系，从宏观上掌握自然资产动态，为科学管理和决策提供依据。

环境与每个人息息相关，人人具有享受良好环境的权利和保护环境的义务。必须下大力气加强环境保护的宣传教育，使可持续发展理念扎根于公众的内心深处，使每一个人都意识到他们的责任和义务，都能从对环境本能、自发的关注转变为主动、自觉的参与，自觉地保护生态环境、节约能源资源、防治环境污染和生态破坏，为共创、共建、共享优美环境贡献力量。

6. 地理学人地关系理论

1）理论内涵和研究趋势

人地关系是许多学科的研究对象，地理学主要从地域系统的视角研究人地关系地域系统的优化调控问题。人地关系理论是地理学的基本理论，在此“人”是指人类社会，“地”是指以自然环境为主的地理环境。地理学关于人地关系的学说，大致经历了人类早期的天命论、地理环境决定论、或然论、人类生态学、文化景观论、征服自然论和和谐论，现在“走出人类中心主义”的人地和谐论逐步占据主导地位。毛汉英提出人地关系理论是区域持续发展的理论基础，人类必须自觉地调控自身及系统各要素的发展，使系统总体发展轨迹与资源环境容量的限制作用相适应。人地关系地域系统理论要求特定区域的人口、资源、环境和发展之间要保持经常性动态协调关系，简称为协调发展。吴传钧院士对中国的协调进行了全面的论述。从中可以看出，我国学者对现代人地关系和谐的理解逐渐与可持续发展思想相贴近，故也有学者将其作为可持续发展的理论基础。

史培军等（2006）对当代地理学之人地相互作用研究的主要领域和发展趋势，做了如下阐述：人地系统除具有区域性和综合性特征外，还具有脆弱性、风险性、恢复性与适应性特征。当代地理学从地理要素与格局的综合研究转向现代地理过程的综合研究，从自然地理与人文地理的集成研究转向现代资源与环境的系统研究，从地理环境重建研究转向现代综合灾害风险管理研究，从地理格局与过程的动力学研究转向资源保障与区域安全系统仿真研究，从区域人地系统相互作用机制研究转向全球人地系统相互作用机制研究。

2）人地关系研究范式

范式（paradigm）是一种思维模式，一个总体意义上看问题的方法。库恩认为：“范式具有相对稳定的专业基质，包括科学理论和方法部分、社会-心理部分、形而上学部分。范式不仅留下有待解决的问题，而且提供了解决这些问题的途径，提供了选择问题的标准，即哪些问题值得研究，哪些不值得”。

人地关系在研究论题的层次上包括价值观与伦理层次、社会体制层次和科学技术层次。人地关系研究区域尺度上包括人地关系的全球尺度研究、人地关系的地域系统研究。据约翰斯顿对第二次世界大战后欧美地理学的发展脉络的梳理，第二次世界大战后人地关系研究方法包括经验主义途径、实证主义途径、人本主义途径和结构主义途径。其中人本主义途径和结构主义途径在“数量地理革命”衰落后，发展迅猛，值得关注。

人本主义地理学认识到实证主义方法的局限性，认为诸如福利分配、均衡发展、社会问题、决策等，用数学模型来表达和解释是不真实的。于是，古老的人本主义哲学和方法论在地理学中再次复兴。人本主义地理学的目的不是增进解释和预测能力，而是增进理解。结构主义地理学主张研究社会结构，研究外部环境。强调整体性的研究尤其重要，重点在结构上，即系统中各要素的关系上。这不同于实证方法把现实分解为各个部分。但结构主义地理学也强调通过模型，利用符号使知识形式化。结构主义地理学更强调研究“深层结构”，即研究现象背后的机制，尤其是社会经济机制。

《重新发现地理学——与科学和社会的新关联》一书则认为地理学的独特思维和方法在于注重地方的综合、地方间的相互依存性和尺度间的相互依存性，地理学从地域、空间和尺度的视角对人类社会和环境进行研究的意义和独特价值。

3）与生态补偿关系

所谓人地关系理论，是指人类社会是地球系统的一个组成部分，是生物圈的重要组成。由于人类还具有其独特的社会属性，能以人类社会的独特身份同自然对立起来，因此人类社会对于它所从属的自然环境，有着既对立又依存的辩证统一关系，人类依附于自然，而自然并不依附于人类，但是自然是人类生存发展的基础。地球系统的各个圈层之间通过物理过程、化学过程、生物过程和人类行为过程而发生错综复杂的关系，但相对于自然系统的变化比较稳定而言，人类本身的变化是迅速而巨大的，它是出现全球问题的根源。而生态补偿正是协调人地关系和谐的重要途径。因此，地理学的人地关系理论不仅是生态补偿的理论依据，同时基于地理学的人地关系研究范式的生态补偿研究，对目前主流的生态补偿研究范式价值层面的人际研究来说，提供了新的视角。而通过生态补偿的研究，对于深化地理学人地关系系统的内在机理的理解和定量表达，在实践层面对于不同尺度区域的人地协调都具有重要意义。

7. 区域分异和区域关联理论

1）理论内涵

早在 1905 年，赫特纳就曾指出“地理学关注的现象间的联系，一是同一地方的，一是地方之间的”。因此，地理学不仅要研究区域的个性和独特性即区域差异（分异），而且也强调对区际横向联系、区域关联的研究，即对区域间物质流、能量流和信息流的研究。区域分异是指地球表层大小不等的、内部具有一定相似性的地段之间的相互分化以及由此产生的差异。其中，带有普遍性的地域分异现象和地域有序性就是地域分异规律。它包括自然地带学说，垂直自然带和地方性、隐域性及微域分等内容。

据李春芬（1995）的研究，地理学在 20 世纪前半期，强调研究区域个性或独特性和区域差异或地域分异。第二次世界大战以后（20 世纪 30 年代在德国已见端倪），欧美各国开始从功能角度研究区域地理，从区域相互联系出发，建立另一种区域概念，有别于基于某一特定区域内部组成要素相互联系的概念。前者称为水平联系（horizontal unity），即横向联系；而对区内联系称为垂直联系（vertical unity），即纵向联系。横向联系对组成区域的结构格局及其性质与功能的分异和联系至关重要。

2）区域关联与生态补偿

由于区域之间存在物质流、能量流和信息流的联系，并由此导致区际之间生态服务功能的空间流转。这是生态服务的自然过程和内在机理，也是生态补偿的内在依据。

所谓生态系统服务功能的空间流转是指一些服务功能可能会通过某些途径在空间上转移到系统之外的具备适当条件的地区并产生效能。以森林生态服务功能的空间流转为例，森林生态系统提供的改善土壤状况、养分循环等生态服务功能在域内（on-side）产生价值，而涵养水源、保持水土、调节地面径流、调节气候等更多类型的生态服务功能不仅可以在域内产生价值，更可以通过河流、大气等介质传递到域外（off-side），对一定距离内的农田、城市、水利设备等人类活动的实体产生有益或有害影响，这种空间流转往往具有非可控性，是一种客观规律。森林的大部分公益效能之所以具有超越地面同质生态系统（景观元素）尺度的空间关联特征，其实就是由森林生态服务功能的空间流转所引起的。

生态服务功能的空间流转使得生态价值可以在异地实现，可以在比生态系统栖息地大得多的范围内产生经济价值；同时，由于这种服务功能的空间转移往往具有不可控性，造成生态资产占有与实际使用的分离。例如，生活在林区的居民，虽然对聚落周围的非国有森林享有所有权，但却无法完全享用森林在涵养水源、保持水土和调节径流等生态服务功能所带来的效益位于下游的居民或经济单位，却可以从生态服务功能的空间转移中无偿地获益。这种受益的非排他性使得上游居民为保护森林所投入的成本无法自然地通过市场途径得到补偿。反之，如果当地居民破坏森林，引起水土流失、水旱灾害加重等负面影响，也会不可避免地加大下游居民或经济单位的外部成本。只有通过生态补偿才能实现上下游的效益共享和和谐发展。

2.2.2 生态补偿的新增理论基础

除了前几节中介绍的环境外部性理论、公共产品理论、可持续发展理论和生态资本等一般性理论基础，本节将介绍新增理论基础。

1. 环境伦理理论

环境伦理学既然是研究发生于人、自然、社会三者之间相互作用产生的道德现象的科学，而人、自然、社会三者各自的内部运动规律又是不尽相同的，这就使环境伦理学研究的内容具有复杂性和广泛性。因此，它作为生态学、环境科学和伦理学相结合的产物，是对传统伦理学的新发展。

1）环境伦理学研究的对象

伦理学的存在已有数千年，然而长期以来，传统的伦理学无论是古代的，还是近代的；无论西方的，还是东方的，都基本上属于人际伦理学的范畴，它们讲的道德基本上是人际道德。也就是说，在传统伦理学中，无论是善、恶道德观念，义务、良心等道德范畴，还是利他主义、利己主义、功利主义、集体主义等道德原则，都主要是针对人与人、人与社会的关系而言。环境伦理学则不同，它是研究人类与自然环境之间道德关系的学说，它要研究人如何对待生态价值，如何调节人们与生物群落、人们与环境之间的关系。正如日本环境伦理学家岩佐茂所指出的："环境伦理并不是维系共同体存在的、在人类相互的社会关系中直接发挥作用的伦理，而是人与自然环境发生关系时的伦理。环境伦理学就是研究人与自然环境发生关系时的伦理。因此，从以往伦理学的界定来看，环境伦理学已超出了伦理学的框架，是一种新伦理学。"

环境伦理学由于是把人与自然环境之间的道德关系作为自己的研究对象，因此，它实现了伦理学由人际道德向自然道德的拓展，即把人类的道德关怀拓展到整个自然界，把一切自然物和生物都视为人类道德的对象，认为人类有义务尊重它们作为自然生态过程持续存在和繁衍生息的权利，这正是人类道德观念的一大进步。

环境伦理学把人与自然环境之间的道德关系作为自己的研究对象，内在地包含着相互联系的两个方面：其一，人与自然的道德关系；其二，受人与自然关系影响的人与人之间的道德关系。对人与自然道德关系的研究，主要是自然价值观问题；对受人与自然关系影响的人与人之间道德关系的研究，主要是"作为公平的正义"的问题，即代内伦理和代际伦理。这两个方面是相互影响、相互制约的。研究人与自然的道德关系，离不开人与人的社会关系为中介，因为人对自然环境的破坏总是由处于一定社会关系下的人的活动所引起的。因此，环境伦理学必须具体研究在以人的社会关系为中介的人与自然关系的框架中，人的何种态度和行为引起了环境的破坏，从而可以更好地制定人的环境道德行为准则。正是在这个意义上，我们说环境伦理学就是对建立在一定环境价值观基础上的人类环境道德行为规范的研究。

2）环境伦理学研究的基本内容

环境伦理学主要研究以下三个方面的内容。

（1）环境价值观。环境价值观属于环境伦理学理论研究领域，它涉及如何对待自然生态价值以及我们应该选择怎样的环境价值观问题。在西方环境伦理学界，一直存在着人类中心主义与非人类中心主义之争。事实上仅以人类中心主义与非人类中心主义，并不能完全概括环境伦理价值观选择的全部内容。因为，环境伦理价值观具有非常丰富的多样性的内容。例如，在人类中心主义方面，就有传统的以对自然进行专横掠夺的强人类中心主义，以及以保护自然适应当代发展需要的现代人类中心主义，其中包括诺顿的"弱人类中心主义"、墨迪的"生物具有内在价值"的人类中心主义、可持续发展意义上的人类中心主义等；在非人类中心主义方面，有辛格的动物解放论、富根的动物权利论、史怀泽、泰勒的生命中心主义、利奥波德、奈斯、罗尔斯顿等的生态中心主义，等等。此外，还有中国古代的“天人合一”的生态价值观。尽管单独来看各自还有这样或那样的缺陷和不足，但他们都从各自不同的角度为我们保护濒危物种、维护生态平衡、建立人与自然之间的和谐关系提供了独特的道德根据。特别是他们开创性的工作，拓展了我们的思维空间，丰富了我们对环境伦理观的认识和选择。

（2）环境伦理的行为准则。环境伦理学不仅要研究人们对待自然的态度问题，确立新的环境价值观，而且还要研究环境伦理的原则和规范，为人们提供在环境意义上的人的道德行为准则。

环境伦理学家非常重视环境伦理行为准则的研究，如现代环境伦理学家泰勒在《尊重大自然》一书中，就提出了4条环境伦理的基本规范：①不作恶的原则。即不伤害自然环境中的那些拥有自己的“好”的实体，不杀害有机体，不毁灭种群或生物共同体。②不干涉的原则。即让“自然之手”控制和管理那里的一切，不要人为的干预。③忠诚的原则。即人类要做好道德代理人，不要让动物对我们的信任和希望落空。④补偿正义的原则。即要求那些伤害了其他有机体的人对这些有机体做出补偿，恢复道德代理人与道德顾客之间的正义的“平衡”。由于人与其他生命共同生活在地球上，不可避免会发生环境伦理义务与人际伦理义务的冲突，为此他又提出了化解这一冲突的5条优先原则：自卫原则、对称原则、最小错误原则、分配正义原则和补偿正义原则。自卫原则的内涵是，如果其他有机体对作为道德代理人的人的生命和基本健康构成威胁和伤害，人们将被允许消灭或伤害这些有机体来进行自卫。后四个原则适用于其他生命不对人构成严重伤害的场合。它们都建立在“基本利益”与“非基本利益”这两个概念的区分之上。当人们那些非基本利益与其他生命的基本利益发生冲突时，对称原则要求我们把后者看得重于前者。当人们的非基本利益与其他生命的基本利益发生冲突、且人们又不愿放弃对非基本利益的追求时，最小错误的原则要求人们把对其他生命的伤害减少到最低限度。分配正义的原则，要求公平分配地球上的资源，使人和其他生命的延续都能得到保障。但当人的基本利益与其他生命的基本利益处于“二者不可兼得”的处境时，分配正义的原则并不要求人们牺牲自己的基本利益去实现其他生命的利益，因为其他生命所拥有的天赋价值并不比人更多。最后，补偿正义的原则要求恢复人与其他生命之间的正义平衡，对其他生命做出大致与对它们的伤害相等的补偿，维护生态系统和生命共同体的健康和完整（杨通进，2009）。

总之，环境伦理学所提出的这些原则，从新的视角建立了人与自然的道德关系，是人的道德观念的变革，是人类自我意识的升华，它将成为人们环境伦理实践中善恶价值判断的标准。

（3）生活实践领域中的环境伦理问题。环境伦理学确立了新的自然价值观和环境伦理的基本原则，其目的就是要指导人们的生活实践。因此，现实生活实践中的环境伦理问题便成为环境伦理学研究的又一重要任务。它包括：可持续发展的环境伦理问题、人口与环境伦理问题、科学技术的环境伦理问题、环境保护中的环境伦理问题、消费方式中的环境伦理问题以及提高全球的环境意识问题，等等。环境伦理学通过对这些问题的研究，将为人们环境保护的伦理实践提供重要的理论指导。

2. 生态投资理论

1）生态投资的内涵

国家环保局曾将环保投资定义为："环境保护投入是指在国民经济和社会发展中，社会各有关投资主体从社会积累基金和各种补偿基金、生产经营基金中，支付用于防治污染、保护和改善生态环境的资金。"然而在大力提倡可持续发展和生态建设的新形势下，这样的范围界定具有难以克服的缺点，主要表现在以下几个方面：①忽视了对生态环境保护和可持续发展具有重要意义的"资源开发和保护"活动；②忽视了生态产业在社会经济可持续发展过程中的重要作用；③难以真实反映生态投资对经济增长的拉动作用；④没有考虑投资活动。因此，本书认为，生态投资应定义为社会各有关经济主体用于防治污染、保护和改善生态环境以及生态产业开发而进行的投资活动。从范畴上看，生态投资应包含以下三方面的内容：①生态环境保护投资；②生态环境恢复治理投资；③生态产业投资。

2）生态投资的特殊性

较之于其他领域的投资活动，生态投资具有自身的一些特殊属性，具体表现在以下几方面。

（1）生态投资的公益性。这是由环境是"公共领域"的性质决定的，因而具有公共产品的基本特性：一是非竞争性，即一个人对生态环境改善的消费不会影响其他人对同一环境的享受；二是非排他性，即难以或不必要用市场价格机制把不付费的人排除在享受某物品的利益之外；三是外部性，是指一个经济实体不经交易向另一经济实体提供的附加效应。因此这类项目的社会效益、生态效益和经济效益深远而具有共享性、公益性，其受益者难以按区域划分，不仅当地受益，整个中国甚至周边国家都会受益。例如，内蒙古沙尘暴的防治，水土流失的治理，土壤碳库的恢复等等，这些草原的生态功能，留在当地享用的只是一小部分，大部分效益流向了北京等东部地区，全国甚至全球都为此受益。

（2）生态投资的广泛性。生态投资是为生态环境的保护和建设服务的，可以说，生态投资领域涉及与生态环境相关的方方面面，其范围与生态环境的保护和建设工作所涵盖的领域一致，并随着生态建设工作的深入而不断拓展。20 世纪 80 年代，生态建设投资以生态环境恢复、自然保护开发活动投入为主；20 世纪 90 年代，生态建设投资又扩展到城市基础设施建设工作；进入 21 世纪以来，生态建设投资又以实现人类可持续发展为重点，大力推行清洁生产和消费，创建生态工业园区，走循环经济之路。由此可见，生态投资的范围是由经济发展水平、公众生态环境意识及生态建设工作的广度和深度决定的，是一个国家经济发展、社会进步与环境保护发展水平的综合体现。随着社会经济的发展、公民生态意识的提高，生态投资的范围也将不断扩大。

（3）生态投资性质的多样性。按照建设项目的性质不同，可将其区分为竞争性、基础性和公益性建设项目。生态投资领域内的生态环境保护投入和生态环境恢复治理投入，大都是为社会发展服务，但难以产生直接经济收益的项目，即属于公益性建设项目。而生态产业的投入，依据项目本身内容的不同，有的属于投资收益和风险都比较高、市场调节比较灵敏、竞争性较强的竞争性项目，而有的则属于建设周期长、投资量大的基础设施建设项目。可见，由于生态投资领域的广阔，从而导致了投资性质的多样化。

（4）生态投资的长期性。生态经济开发的长期性特点是基于三个原因：一是生态破坏的效应显现有一个过程，在“时间偏好”规律的作用下，人们总是牺牲生态环境而谋取眼前利益，如森林砍伐不会立即引起水土流失，但却可以给砍伐者带来利益，因此人们总是偏好于当前的看得见的小利益，而忽视长远的大利益，这就是森林砍伐甚至盗伐屡禁不止的原因。二是生态破坏因子一旦形成会较长期地起作用，并累积起来加速环境的破坏。例如，造成温室效应的气体能够在大气中长时间停留。二氧化碳的生命期是50～200年，它们一旦进入大气，几乎无法回收，只有靠自然过程吸收。这么长的生命期，足以使地球任何角落排放的二氧化碳分子遍游世界各地。三是在被破坏的环境下，生态资源具有衰减的递延性，会把本代人的生态破坏带给下一代人甚至下几代人，造成根本无法修复的影响。因此，生态建设是一个长期艰巨的任务，不可能一蹴而就。

3. 机会成本理论

机会成本的产生基于资源的稀缺性和其用途的可选择性，它是指当资源用于一种用途时所必须放弃的其他用途中的最高收益，是一种资源保持现有的使用状态所必须获得的最低报酬。

生态危机迫使人们开始反思并寻求法律对策，环境权被越来越多的国家所接受。生存权、发展权与环境权是人类最基本的权利。很多生态屏障区、重要的资源都分布在经济欠发达的地区，开采资源可能是当地居民主要的生活来源，但这些行为在很大程度上加剧了生态的恶化，侵害了环境权。为保护生态环境，资源地区必须放弃一些产业发展机会，他们在机会上丧失了自己的经济利益甚至是巨额的利润以求得生态安全，维护了环境权；而良好的生态环境效应带给当地以外的区域、企业、个人更多的发展环境和经济利益。当地人丧失了自己的机会，却将机会赋予了其他区域和群体。这种机会利益的丧失导致影响当地人的生存权、发展权。因此，应当寻求生存权、发展权与环境权之间协调发展的有效途径。

而生态补偿就能恰当地协调好生存权、发展权与环境权之间的矛盾。生态补偿体系的建立是以内化外部成本为原则，对保护行为的外部经济性的补偿依据是保护者为改善生态服务功能所付出的额外的保护与相关建设成本和为此而牺牲的发展机会成本；对破坏行为的外部不经济性的补偿依据是恢复生态服务功能的成本和因破坏行为造成的被补偿者发展机会成本的损失。广义的生态补偿应包括对因环境保护丧失发展机会的区域内的居民进行的资金、技术、实物上的补偿、政策上的优惠，以及为增进环境保护意识，提高环境保护水平而进行的科研、教育费用的支出。

4. 环境规制理论

环境规制是政府规制理论的衍生内容之一，是指政府通过一系列的政策法律措施对生态环境系统中的相关主体的经济活动进行调控，以实现生态环境保护与经济社会的协调可持续发展。最初，环境规制仅是指政府采取的非市场化的直接调控；随着对政府规制研究的深入，包括财税、补贴、经济刺激、排污权交易等市场化手段的不断丰富，使环境规制逐渐出现了行政法规（直接调控）与市场化手段（间接调控）相结合的新局面。

目前，环境规制常被划分为正式环境规制与非正式环境规制两种，其中正式环境规制又有以市场为基础的激励性环境规制和行政命令控制型环境规制两类。环境规制理论认为，政府可以通过环境规制手段有效解决生态环境问题。

5. 排污权交易理论

所谓排污权交易就是把排污权作为一种商品进行买卖的一种交易方式。其主要思想就是建立合法的污染物排放权利即排污权（这种权利通常以排污许可证的形式表现），并允许这种权利像商品那样被买入和卖出，以此来控制污染物的排放总量，降低污染治理总体费用。一般做法是：首先由政府部门确定出一定区域的环境质量目标，并据此评估该区域的环境容量，然后推算出污染物的最大允许排放量，并将最大允许排放量分割成若干规定的排放量，即若干排污权。政府可以选择不同的方式分配这些权利，如公开竞价拍卖、定价出售或无偿分配等，并通过建立排污权交易市场使这种权利能合法地买卖。在排污权市场上，排污者从其利益出发，自主决定其污染治理程度，从而买入或卖出排污权：在污染源存在治理成本差异的情况下，治理成本较低的企业可以采取措施以减少污染物的排放，剩余的排污权可以出售给那些环境治理成本较高的企业，市场交易使排污权从治理成本低的企业流向治理成本高的污染者。

排污权交易相对于行政性的排污收费有很大的优越性。通过重复多次的市场交易，排污权的价格得以确立。也正是排污权的可交易性使排污权优越于排污收费制度，因为现行的排污收费制度使各排污企业只是价格的接受者，排污权交易给污染者与受污染者提供了在市场中叫价的机会。

传统排污权交易理论暗含着一个没有政府监督，排污权的供给方和需求方会自发形成的假设。事实上，没有政府的强制性的环境执行标准，任何企业都不可能产生对排污权的需求，听任污染是各生产企业的理性选择。所以政府在排污权交易过程中应该发挥的作用是：首先，由政府部门确定出一定区域的环境质量目标，依次来评估该区域的环境容量以及污染物的最大排放量；其次，通过发放许可证的办法实现排放量在不同污染源之间的分配；最后，通过建立排污权交易市场，使排污权能够合理地买卖。此外，政府在诸如区域环境质量的准确评价，排污权拍卖市场的建立和初始发放量的确定，排污权二级交易市场的建立，交易信息的收集和公布，有关排污权交易的法律法规的修订、完善等方面都应扮演重要角色。

目前，排污权交易的应用越来越广泛，其范围已经从一国内部扩展到国家之间，而这种变化的发生主要缘于 2005 年 2 月《京都议定书》的生效。《京都议定书》的主要目标是将 2008～2010 年 38 个工业化国家温室气体排放总量在 1990 年的基础上平均削减 5.2%，并对各个国家的减排指标和减排的 6 种温室气体做了具体规定，而对发展中国家则没有做出指标性的规定。《京都议定书》的生效为全球创造出了一种新的产品：温室气体排放权，并且被迅速商品化。当前，排放权交易在国际市场发展非常快，如《京都议定书》生效之前的 2004 年底，在联合国注册的温室气体减排项目仅有 1 件，而现在已经超过了 200 件，且数量还在快速增长。据世界银行估算，二氧化碳排放配额作为新兴的市场宠儿，2008～2012 年全球每年的需求量达到 7 亿～13 亿 t，由此形成了一个年交易额高达 140 亿～650 亿美元的国际温室气体排放配额的贸易市场。从其发展的特点看，排放权交易既存在于发达国家之间，也存在于发达国家与发展中国家之间。

6. 环境公平与正义理论

马克思曾经指出“物与物的关系后面，从来是人与人的关系”。现代化带来了全球性的生态环境的问题，而环境问题和“环境利益”表里相依，其表层是环境问题，其里层是环境利益。而环境利益的分配和对环境问题责任的“分摊”，必然产生环境公平问题。环境问题受害最深的往往是最贫穷的社会阶层。生态环境的恶化加深了社会贫富阶级的两极分化。20 世纪 80 年代，发源于美国，很快在全球范围内掀起了一场环境公平运动。1990 年美国国家环保局设立了“环境公平工作组”（Environmental Equiy Workgroup），促使环境公平（environmental equity）概念为公众所接受。对人们的环境认知和政府的环境管理政策产生了深刻的影响。

1）环境正义的实质内涵和意义

根据简明牛津字典的解释，正义是指“以一个适合的（calculated）方式，公平地（fairly）、适宜地对待他人。当代最重要的哲学家 John Rawls 在其《正义论》一书中指出，正义有两个原则：一是每个人所拥有的最大基本自由权利均等；二是机会均等。他还强调“差异原则”：处境最不利的成员能够获得最大的利益。

环境正义（environmental justice），又称之为环境公正、环境公平、环境平等或生态正义、生态公正、生态公平、生态平等等。张登巧（2006）认为环境正义是指在处理环境保护问题上，不同国家、地区、群体之间拥有的权利与承担的义务必须公平对等，体现了人们在利用和保护环境的过程中，对其权利和义务、所得与投入的一种公正评价。环境正义的实质是基于人之差异性与同一性相统一的社会正义，它从权利和义务相互对称的角度，强调不同的国家、不同的地区结成的是有差异的共同体。从哲学的角度来看，环境正义根源于人的三重属性的存在。由于人具有类、群体和个体三种存在状态。相应地，环境正义也有不同的实现形式。人的类属性与种际环境正义相对应；人的群体属性对应的则是群际环境正义，包括代际正义、代内正义；与人的个体属性相对应的是个体间环境正义。按可持续发展的理念和本书的研究构架，把环境公平正义做如下分类：从时间维度，分为代内环境公平和代际环境公平；从空间维度，分为国内环境公平和国际环境公平；从内容维度，分为所有主体在环境权利和义务上的公平，简称为环境权利公平，以及所有主体在环境权利被侵害时救济权上的公平，简称为环境矫正公平。

2）环境正义与生态补偿

环境公平是社会公平的重要内容，社会公平的核心就是权利和责任的对等，环境公平亦然。目前我国出现的环境问题城乡不公平、区域不公平、阶层不公平，乃至世界不公平，都是权利与责任不对等的表现。

根据环境公平正义理论，我国必须加快建立和实施生态补偿制度。用建立和完善制度来解决下游地区对上游地区、开发地区对保护地区、受益地区对受损地区的利益补偿，以及在社会各阶层之间的环境权益不公和冲突问题。我国东、中、西部地区在资源分布、自然气候、潜在环境容量等方面存在巨大差异，为公平发展，国家必须推行不同标准的环境政策和经济政策。

环境公平正义理论，还有利于建立国际环境补偿体系。让发达国家对全球环境承担更大的责任和促进建立全球生态补偿机制，让发达国家为发展中国家保护森林、生物多样性而付费。

7. 生态文明视角论

“生态文明”的概念由苏联在1984年提出，但由中国推动其发展。2007年中国共产党的“十七大”报告首次正式对“生态文明”给予表述，明确提出中国要建设生态文明。随后，党的十七届四中全会将生态文明提升到与经济、政治、文化及社会建设并列的战略高度。2012年党的“十八大”报告中再次指出，要树立尊重自然、顺应与保护自然的生态文明理念，将生态文明建设融入到经济、政治、文化和社会建设的各个方面和全部过程。

生态文明是人类社会的一种高级发展形态，是以可持续发展为导向的一系列思维与行为方式、价值观念和制度形态的总和，生态文明的目标是实现社会、经济与生态共同进步、协调可持续发展。

生态文明是社会主义的根本属性，也是马克思主义的本质要求，同时也是社会主义的政治文明、物质文明和精神文明与生态文明密不可分，生态文明是政治文明、物质文明和精神文明的前提。否则，人类就会陷入生存危机，生态安全没有保障。中国传统文化中的生态和谐观为实现生态文明奠定了哲学基础，后来党中央提出的科学发展观、建设社会主义和谐社会与生态文明等一系列的政治理念，与可持续发展理念、生态社会主义等相互借鉴，相互融合，共同推动中国特色社会主义生态文明建设。

总之，生态文明是人类社会全新的发展状态，以尊重和保护生态环境为目标，以可持续发展为主旨，是人类对自身发展的有益探索和实践，强调人类社会内部、人与自然之间的协同发展及发展的可持续性，要求人类从根本上改变原来的发展观念。

2.3 生态补偿要素分析

2.3.1 生态补偿原则

目前，国内学者归纳出的生态补偿的基本原则主要有以下七点。

1. 破坏者付费原则（DPP）

破坏者付费原则主要针对破坏行为进行的问责制度。该项原则对于破坏公益性生态环境以及致使生态服务系统退化的责任人和责任单位或组织，依照此项原则进行问责补偿。这一原则主要被用来解决已确定区域性的生态责任问题。

2. 使用者付费原则（UPP）

生态资源具有公共性质，属于公共资源的范畴。这类资源也不是廉价资源，而且事实证明很多生态资源都是不可再生的，其消费成本极高。在生态恢复能力和环境自净能力范围内的生态环境资源使用，应由生态环境资源使用者向生态资源的利益代表提供补偿。具体做法应该是：生态环境资源的占有者或使用者应向国家或相关部门提供付费补偿。该原则可以在生态资源管理方面进行应用。对于该领域中存在的问题，如使用耕地进行现代化建设，对树木进行砍伐以及占用其他非木质资源、煤炭资源或者金属资源等，行为单位在获得国家相关部门许可的同时，不仅获得了资源开发的权利，同时也要履行向国家缴纳资源使用费的义务。

3. 受益者付费原则（BPP）

生态环境资源的效益具有扩散性，即生态环境的改善会使许多人受益。因此，生态环境质量改善的受益者应为生态环境质量的改善支付相应的费用，以此鼓励人们保护环境、改善环境。

此项原则具体而言，就是谁在整个实践过程中受益，谁就要为此担负费用。但是，这种受益不是泛泛而谈，也不能因为获取收益而导致滥收费现象的滋生。所以，该项受益者付费工作的开展必须要有明确的原则。该原则就是要求生态环境服务功能的受益者应该向其提供者支付相应的使用费用。值得注意的是，与此项原则所相关的生态环境服务功能并不是人们身边所有的环境资源都具备的一项功能。其中涉及的资源专指能为人们提供环境服务的特殊资源，如对保护江河源头生态系统，防止径流量减少和流域湖泊面积缩小的生态保护区，以及用以防止风沙入侵的森林生态保护区和调节丰水期、枯水期水量，保证全年水量均匀的调蓄区等，上述服务区都属于符合受益者付费原则的、具有生态环境服务功能的特殊资源。因为这些生态服务区的建立与运营都需要国家投入大量的资金，其不单单是天然的生态环境，更承载着区域内人民的切身利益。又如自然保护区和自然文化遗产，它的维护是需要多方努力共同协作的，这对于全社会甚至全人类而言都有着极为重要的意义。对此，不仅应该从国家层面上给予其政策和措施的保护，并积极促进相关建设目标的达成。同时也要在国际层面上明确各方应该承担的具体责任和需要履行的各项义务。公共资源的受益者需按照一定的分担机制，对所属地区内的公共资源承担相应的补偿责任。

4. 保护者受偿原则（PCP）

对生态建设的保护做出贡献的一切集体、单位和个人，要对其投入的直接成本和丧失的机会成本应给予补偿和奖励。国家相关部门应对整个生态建设和保护过程进行专业化的判断与总结。并着重对在此过程中有突出贡献的集体或是个人进行行为评估。且有关部门应依据评估标准对贡献方给予适当的补偿和奖励。这份补偿应该既包括国家相关部门对贡献方在生态建设和保护过程中所做出的贡献及其影响的奖励，同时又包括相关部门对其为做出贡献而丧失的机会和利益的补偿。

5. 公平性原则

环境资源是大自然赐予人类的共同财富，所有人都有平等利用环境资源的机会。一个人对环境资源的利用，不能损害他人的利益，否则，就应该给受损害的人相应的补偿。公平性包括代内公平（同一代人之间在利用环境资源方面的公平性）和代际公平（即当代人与后代人在利用环境资源方面的公平性）。代际公平主要体现的是代际保管、保存资源的观念。虽然代际公平并不要求当代人为后代人做出巨大牺牲，但也不允许当代人的消费给后代人造成高昂的代价。

6. 科学性原则

科学性原则指相关研究要符合科学要求的内容与方法。通过贯彻科学性原则，要求生态补偿标准研究方法要符合客观规律和最新研究成果。生态补偿标准的制定应该遵循科学性原则，建立完善、切实可行的生态补偿研究体系。例如，对责任主体的科学定义，充分考量主要利益主体的诉求及意愿、根据实际及差异确定合理的核算方法等，使研究成果在制定及实施过程更加科学规范。

7. 可操作性原则

开展理论研究就会要求研究的原则、方法、标准在现实生产中能够具体实现，都是为了在实践中有应用及参考价值，生态补偿研究也要遵循可操作性原则，在标准及现实之间寻求平衡点。可操作性原则是生态补偿研究最终是否能在实践中实现的基础。可操作性要求水源地生态补偿标准的研究要结合研究区域及对象实际情况开展，充分了解当地的相关政策、规章制度、经济发展状况乃至民众诉求等影响因素，因地制宜，避免“一刀切”，确保研究成果及建议的可行性。

2.3.2 生态补偿主体

根据“谁受益、谁补偿”原则，生态补偿的主体在理论上应是生态环境保护的受益者。由于环境的公共产品特性，所有人都可能成为环境保护行为的受益者，但并非所有的生态受益者都是生态补偿的主体，因此在实践中不能将补偿主体界定得过于宽泛，否则会使该制度丧失可操作性。本书将生态补偿的主体定义为：依照生态补偿法律规定有补偿权利能力和行为能力，负有生态环境和自然资源保护职责或义务，且依照法律规定或合同约定应当向他人提供生态补偿费用、技术、物资甚至劳动服务的政府机构、社会组织和个人。

生态补偿的主体包括以下几个部分。

1. 政府

政府是实施生态补偿的经常主体。这主要是由两个方面决定的：一是国家的职能。国家代表所有人的利益，担负着统治和社会公共管理等职责，国家通过制定法律，对生态环境和自然资源进行管理和配置。政府作为国家的执行机关，有职权依照法律的规定实施相应的补偿行为。二是生态环境和自然资源的特有属性。生态环境和部分资源的产权界定成本太高，如水资源、海洋资源等，其一般作为公共物品或公共资源而存在，只适宜由政府进行养护和提供建设服务。少部分产权鉴定相对较容易的自然资源，如森林资源和土地资源等，但由于外部性，其产权也无法界定得十分清晰，而且自然资源兼具经济价值和生态价值，经济价值与生态价值在当前的使用中常呈负相关，至于何种价值应优先考虑，以实现社会效应的最大化，是件十分棘手的事，有赖于政府的统筹规划和安排。政府之所以能成为生态补偿的主体还在于其特殊的经济职能和地位，即它处于信息优势地位，特别是具有政策信息的绝对垄断地位（垄断了政策的解释权、控制权和目标制定规划与引导权），还具有较强的协调能力，监督与奖惩力。政府的职能与地位同样也决定了其职能行使的方式，即通过宏观的政策规划与引导，强化市场的功能。

政府在生态补偿中作为最常见的，又是最主要的一类补偿主体，起着极其重要的作用。政府主要从提供公共品和服务的角度出发实施补偿，实质是依靠国家掌握的强制力依法对生态环境和自然资源的利益收入进行再分配，间接干预市场经济活动的行为，重在维护社会公平，实现社会经济的可持续发展。政府补偿的资金来源是其掌握的财政资金，特别是专项生态补偿基金部分。

政府作为一类补偿主体又可以按级别分为中央政府补偿主体和地方政府补偿主体。中央政府主要负责全国性的、具有全局意义的生态补偿，如全国性的重要生态功能区保护、全国性的大型生态环境工程建设、大型生态环境修复工程，以及组织相关部门和技术人员对重要的生态环境保护、建设和修复技术难题进行攻关等活动。地方政府主要是对辖区范围内或由于中央政府和地方政府的分工而进行的有关相对较小的生态功能区的保护、生态环境修复和生态环境污染治理等补偿活动。具体又有省、市、县（区）和镇（乡）几级政府补偿的不同分工之区别，如对各自所管理的自然保护区、江河干支流堤坝修建等支付的各种费用。

就我国目前的国情来看，政府将在相当长的一段时间内成为主要的补偿主体。而在国家生态补偿体系中，中央政府又将成为最主要的补偿主体。

2. 企业

生态补偿主体的企业组织，包括法人型和非法人型组织。企业组织作为生态补偿的主体，是因为企业从事生产经营活动几乎都要涉及自然资源的利用和实施影响生态环境的行为，而且企业往往是导致生态环境问题的主要“肇事者”。本着“谁破坏，谁恢复”“谁污染，谁治理”“谁受益，谁付费”的原则，企业应当是主要责任的承担者。由企业向自然资源的所有者或生态环境服务的提供者支付相应的费用，避免企业把本应自己承担的污染成本转嫁给社会或者利用生态环境的外部经济性“搭便车”降低生产成本，从而实现企业外部成本的内部化。这样，一方面可以减少企业的污染行为；另一方面，补偿费用也是国家生态补偿资金的主要来源。

在现代社会，企业是越来越重要的生态补偿主体。在国家生态补偿体系中，要充分发挥企业作为生态补偿主体的作用。

3. 公民

公民作为生态补偿主体，主要是公民作为生态环境的占用者和自然资源的享用者，其个人生活、家庭生活和从事个体经营活动产生外部不经济性行为。例如，个体或家庭生活产生的生活垃圾，开饭馆的个体工商户排出的大量废气等，他们也应当交纳相应的垃圾处理费和排污费，承担相应的生态补偿责任。

除了对自己的直接环境污染行为承担补偿责任外，公民作为最终的消费者，还必须为间接的环境污染行为承担补偿责任。例如，合理的天然气价格应该包括环境治理成本，作为最终用户的居民，在购买天然气的同时，也履行了补偿责任。

4. 社会组织

作为生态补偿主体的社会组织，主要是指非营利性组织，它们是一些社会成员出于自身的政治目的、宗教信仰、个人伦理道德修养或对于公益事业的关心和热爱而自发组织起来的社会团体。作为生态补偿主体的社会组织又分为两类：一类是社会组织的活动有可能对生态环境产生负面影响，因此也应当承担相当的补偿责任；另一类是纯粹的环境公益组织，是义务性的补偿。社会组织的经费主要来自对生态保护有觉悟的非利益相关者通过某种形式的捐助和资金募集，包括国际、国内各种组织和个人通过物质性的捐赠和捐助。社会组织一般不是生态补偿的经常主体。

5. 外国政府

随着全球一体化的加快，“市场失灵”已不是一国的问题，加上全球生态环境的一体性，生态环境问题的解决已经不是一国之力所能及，所有国家必须携手合作才能应对目前的生态环境危机。而对于当前的生态环境危机，发达国家难辞其咎，发达国家应担当起主要的责任，不仅自己应当解决好国内生态环境问题，还应向发展中国家提供与其经济能力相适应的资金技术援助。因此，外国政府也是生态补偿的主体。目前，这方面已经取得一定成果，在 1992 年召开的联合国环境与发展大会上通过与会国的认真谈判，在达成的《21 世纪议程》中规定：发达国家每年拿出其国内生产总值的 0.7%用于官方发展援助。尽管执行并不尽如人意，但毕竟有了很大进步。

专栏 2-7 《21 世纪议程》

《21 世纪议程》是 1992 年 6 月 3 日至 14 日在巴西里约热内卢召开的联合国环境与发展大会通过的重要文件之一，是“世界范围内可持续发展行动计划”，它是 21 世纪在全球范围内各国政府、联合国组织、发展机构、非政府组织和独立团体在人类活动对环境产生影响的各个方面的综合的行动蓝图。

《21世纪议程》共20章，78个方案领域，20万余字。大体可分为可持续发展战略、社会可持续发展、经济可持续发展、资源的合理利用与环境保护四个部分。每个部分由若干章组成。每章均有导言和方案领域两节。导言重点阐明该章的目的、意义、工作基础及存在的主要难点；方案领域则说明解决问题的途径和应如何采取的行动。《21世纪议程》文本四大部分主要内容如下：第一部分：可持续发展总体战略。由序言、可持续发展的战略与对策、可持续发展立法与实施、费用与资金机制、可持续发展能力建设以及团体公众参与可持续发展共六章组成，有18个方案领域。这一部分从总体上论述了中国可持续发展的背景、必要性、战略与对策等，提出了到2000年各主要产业发展的目标、社会发展目标和上述目标相适应的可持续发展对策。第二部分：社会可持续发展。由人口、居民消费与社会服务、消除贫困、卫生与健康、人类住区可持续发展和防灾共五章组成，有19个方案领域。第三部分：经济可持续发展。由可持续发展经济政策、农业与农村经济的可持续发展、工业与交通、通信业的可持续发展、可持续的能源生产和消费共四章组成，有20个方案领域。第四部分：资源的合理利用与环境保护。这部分包括水、土等自然资源保护与可持续利用、生物多样性保护、土地荒漠化防治、保护大气层和固体废物的无害化管理共五章，有21个方案领域。

《21世纪议程》是一份关于政府、政府间组织和非政府组织所应采取行动的广泛计划，旨在实现朝着可持续发展的转变。《21世纪议程》为采取措施保障我们共同的未来提供了一个全球性框架。这项行动计划的前提是所有国家都要分担责任，但承认各国的责任和首要问题各不相同，特别是在发达国家和发展中国家之间。该计划承认，没有发展，就不能保护人类的生息地，从而也就不可能期待在新的国际合作的气候下对于发展和环境总是同步进行处理。《21世纪议程》的一个关键目标，是逐步减轻和最终消除贫困，同样还要就保护主义和市场准入、商品价格、债务和资金流向等问题采取行动，以取消阻碍第三世界进步的国际性障碍。为了符合地球的承载能力，特别是工业化国家，必须改变消费方式；而发展中国家必须降低过高的人口增长率。为了采取可持续的消费方式，各国要避免在本国和国外以不可持续的水平开发资源。文件提出以负责任的态度和公正的方式利用大气层和公海等全球公有财产。

2.3.3　生态补偿客体

生态补偿的客体是主体间权利义务共同指向的对象，具体到生态补偿法律关系中，是指围绕生态利益的建设而进行的补偿活动。生态补偿的客体主要包括：

1. 水土保持

保护土地，防止土壤流失、土地沙化，改变土地墒情是当前生态环境保护的突出问题，特别是我国西部地区，既是江河源头，又面临严重的沙漠化问题，更要重视水土保持。当前中央提出的“退耕还林，退耕还草”等生态政策，正是水土保护的重要措施。退耕使农民失去了基本的生活来源，当然要予以补偿。另外，为防止水土流失，许多地方的农民被迫改变耕作方式，如国家规定超过 25°的坡耕地禁止耕作或建造梯田，从而造成耕作成本的提高或收入的减少，这也是生态成本的一部分，应予以分担或补偿。

2. 野生动物保护

野生动物保护可以作广义和狭义之分。狭义的野生动物保护专指对野生动物本身的保护，具体包括为保护野生动物而采取的积极措施所花去的成本和因保护野生动物而遭受的人身、财产或其他方面的损失。广义上的野生动物保护除包括狭义之外，还指对野物动物的栖息地、独特的生态环境、食物、水源等必要的生存要素进行保护。例如，为建立完备的野生动物栖息地，需要当地居民进行迁居，或者因建设珍稀动植物保护区而给当地的生产生活造成影响的，必须进行补偿。

3. 流域生态环境保护

上游地区为流域生态系统保护的投入和损失与下游地区的无偿受益之间存在矛盾，表现为以下几个方面：其一，上游地区通过植树造林、水土保持等的生态投入，给整个流域带来生态环境利益；其二，上游地区专为下流地区所做的环保行为，包括为保护水质做出的特别投入（如生活污水和工业污水的无害化处理和管道排放），为保持流域四季水流量均衡所做的投入（如兴修水坝等水利工程和对节水性产业、行业、企业和产品的投入等）；其三，洪涝时期，上游地区为保下游重要地区不被洪水吞噬，在上游部分地区实施行洪、蓄洪从而对上游地区造成的损失。干旱期为保障流域内各地区的生活饮用水和重要行业用水，限制上游地区某行业的用水而造成的损失等。虽然上游地区自身也有收益，但要求其独自承担整个流域的生态建设成本是不公平的，理应得到其他受益者的补偿。

4. 湿地保护

湿地广泛分布于世界各地，是地球上生物多样性丰富和生产力较高的生态系统。湿地在抵御洪水、调节径流、控制污染、调节气候和美化环境等方面起到重要作用。它既是陆地上的天然蓄水库，又是众多野生动植物资源，特别是珍稀水禽的繁殖地和越冬地，它可以给人类提供水和食物。湿地与人类息息相关，是人类拥有的宝贵资源，因此湿地被称为“生命的摇篮”、“地球之肾”和“鸟类的乐园”。我国湿地资源丰富，类型多样，分布很广，总面积在 6500 万 hm^2 以上，但对湿地功能的认识和研究起步较晚。近年来，我国加强了对湿地生态系统的保护，截至 1999 年底，全国已建立各种类型湿地保护区 260 处，保护面积约 1600 万 hm^2。湿地是一种多类型、多层次的复杂生态系统，湿地保护是一项涉及面广、社会性强、规模庞大的系统工程，涉及多个政府部门和行业，关系多方的利益，需要各地、各部门和全社会的共同努力，而不能仅由湿地所在地政府和居民独立承担。湿地所在地采取的保护措施也有权获得补偿，这些措施具体包括：湿地保护地将原属集体所有的土地划入湿地保护范围，对这部分土地应予补偿；因保护湿地而使周边政府、单位、居民承担的与湿地保护相应的特别义务（作为义务或不作为义务），从而承担的额外成本或收入的减少；因保护湿地而不得利用湿地水源，从而丧失灌溉水源或饮用水源等。

5. 自然景观及动植物资源多样性保护

自然景观是自然资源的一种，具有稀缺性和不可再生性。某些自然景观一旦遭到破坏就不可能再恢复，如我国张家界自然保护区内一些浅水湖泊，水质清澈，与周围高山绿树相映生趣，其湖底是经上百万年沉淀而成的钙岩，部分地区被人踩踏，便留下印迹，不能消除，景观也遭到严重破坏。保护自然景观，使后人能够看到我们今天所能看到的美景，是当代人应尽的义务。另外，自然风景区大多动植物品种繁多，生物多样性资源丰富，对这些地区进行的保护活动，具有景观保护和生物多样性保护的双重含义。风景优美的自然景观虽然可以通过发展旅游业获得收益，并将其中一部分作为环保资金，但这不能从根本上解决问题。发展旅游业本身需要成本投入，消除因旅客活动带来的不良环境影响也需要大量资金。自然景观的保护，仅靠地方投入是远远不够的。

应予补偿的自然景观保护活动，主要有以下几类：充实、保持自然景观，包括对自然景观的构成要素进行保护；对景观所属生态系统的其他部分进行的保护和充实；对景区生物多样性资源的保护（生物资源确切地说也是自然景观的构成要素，但相对其他要素具有特殊性）；景区内的居民为适应景区生态保持的需要而调整生产生活。

对景区生物多样性的保护区别于对野生动物和珍稀植物品种保护，后两者侧重于稀有、濒危的生物物种的抢救式保护，而景区生物多样性保护并不区分物种的稀有与否，将景区内的物种作为生态系统的组成部分进行一体式保护。

6. 因生态环境保护而导致公平发展权的丧失

发展权是紧随生存权之后的基本人权，任何人都无权剥夺。但在社会发展的不同阶段，国家可能出于整体利益需要，或者为了保护更重要的利益而对部分地区的发展权予以限制。例如，密云水库作为首都北京的饮用水来源地，其周边地区相当大的范围内不得兴建可能对库存水质造成不良影响的企业，或者对水库安全构成威胁的工程。这在一定程度上限制了周边地区的发展，作为受益地区的北京，应对这一地区人民牺牲的公平发展权进行补偿。

2.3.4　生态补偿对象

1. 生态补偿对象类型

生态补偿的对象是指因向社会提供生态服务、提供生态产品、从事生态环境建设、使用绿色环保技术或者因保护生态环境而使正常的生活工作条件或者财产利用、经济发展受到不利影响，依照法律规定或合同约定应当得到物质、技术、资金补偿或税收优惠等的社会组织、地区和个人。主要有以下几类。

1）生态环境建设者

依法从事生态环境建设的单位和个人应当得到相应的经济或实物补偿，如我国 1978 年开始的“三北”防护林体系工程建设，工程建设范围包括我国东北、华北、西北地区的 13 个省（自治区、直辖市）的 551 个县（旗、区、市），总面积 406. 9 万 km^2，占我国陆地总面积的 42. 4%，被誉为“世界生态工程之最”，预计到 2050 年结束，共需造林 3560 万 hm^2，目标是使“三北”地区的森林覆盖率由 5.05%提高到 14.95%，土地沙漠化得到有效治理，水土流失得到基本控制，生态状况和人民生产生活条件得到极大改善。此项工程浩大，牵涉地区和人员众多，不论是工程前期建设还是后期管护，不论是单位还是个体，都应对他们的付出给予等价补偿。

2）生态功能区内的地方政府和居民

生态功能区是对生态环境保护具有重要意义的地理单元，在该区域范围内，经济建设要服从于生态环境保护，生态环境保护的标准往往高于非功能区或有特殊要求，特别是工业企业设立的生态环境准入门槛高，自然资源的开发受到限制甚至禁止开发，如三江源自然保护区，为保护“三江”河水免受污染，避免源头水土流失和保护野生动物，这里几乎停止了一切开发和利用。又如西南林区，为保护这里的森林资源，原为林区主要产业的森林加工业的发展受到严格限制，而且原有企业多数被强行要求“关”、“停”或“转”。这些措施显然不利于区域内经济的发展，地方政府财政收入也大大减少，严重影响地方教育、医疗、交通和其他公益事业的发展，居民就业择业也因此而受影响，生活水平无疑会降低。对此，有关政府应该给该区域范围内的地方政府和居民相应的资金、优惠政策、技术等补偿，对他们丧失的发展机会给予弥补。

3）资源开采区内的单位和居民

位于资源开采区内的单位和居民主要是因工业和经济的发展而受到潜在或实质性危害，政府或有关单位应当给予他们一定的补偿。例如，某些能源开采区内的原住民和单位，因规划被迁移，或因大量工业企业迁入而导致周边生产生活环境变差、生活质量下降等，应该得到补偿。

4）合同的一方当事人

生态补偿不全由政府补偿，现在越来越多地通过市场补偿，如排污权交易，或者在不损害社会公共利益和第三人利益的前提下，就生态环境和自然资源的保护和利用直接由双方约定补偿，这在我国也有先例，如浙江义乌-东阳水权交易，东阳根据合同的规定向义乌提供特定水资源的使用权，是被补偿的对象。

5）国家

由于生态补偿的国际性，国家既是补偿的主体，也可以是应得到补偿的对象。当其他国家对本国的生态环境造成损害时，本国应该得到其他国家的补偿。或者，本国为了其他国家的生态利益而减少发展机会，也应得到其他国家的补偿。

2. 补偿对象确定方法

补偿对象一般包括一切受经济活动而产生任何影响的地区政府、组织以及个人。具体来说可以分为两大部分，一是参与生态建设或者其他经济活动过程中直接产生社会效益和生态效益的组织或者个人，便是生态补偿的对象，如植树造林，具有明显的正外部性，给社会带来明显的生态效益，但植树造林者却很难从中得到收益，因此应予以补偿；二是人为的相关活动给社会、组织及个人带来负面影响，如养鸡，鸡粪没有无害化处理，给环境带来破坏，影响他人身体健康，这时同样要给予受影响者一定补偿。值得一提的是在受影响者中，有些是间接的，有些是直接的，一般在补偿过程中只把直接受影响者列为补偿对象，主要原因是因为间接受害者或者间接产生效益者为数众多，财政难以承受，同时不好鉴定，因此很难对他们逐一补偿。

1）补偿对象空间选择的方法

生态系统服务的提供者是那些可以保证生态系统服务供给的人。例如，流域上中游的土地利用活动会通过渗透、蒸发侵蚀和其他过程影响下游的水资源服务，这意味着生态系统服务的潜在提供者是上中游的土地所有者。生态系统服务的潜在提供者可能有很多，但补偿资金通常是有限的，为了做到成本有效，需要对这些潜在的补偿对象进行选择。目前，研究人员开发出了许多空间选择方法。可将其分为三类，即福利法、成本法以及福利成本比例法。福利法，即以生态系统服务供给量最大化为目标选择补偿对象；成本法，即以提供生态系统服务的成本最小化为目标；福利成本比例法，则是以提供的生态系统服务与成本的比值最大为目标进行选择。前两种方法只采用单一指标选择补偿对象，计算较为简单，在生态补偿研究中广泛使用。例如，2003 年 Rodrigoes 等采用了差距分析方法，识别了生物多样性保护能带来高福利的区域；2005 年 Imbach 针对多种环境服务目标，考虑毁林概率确定了生态补偿项目的参与区域；2006 年 Chomitz 等利用成本法发现成本和生物多样性间存在负相关关系，提出了低成本高收益的解决方案。

2008 年 Wünscher 等在哥斯达黎加 PSA 项目中开发了一种以福利成本比率来筛选参与者的研究方法，该方法同时针对多种生态系统服务目标，并将生态系统服务的损失风险作为一个空间变量来确定生态补偿项目对生态系统服务的贡献程度。该方法建立在 Imbach 的研究基础上，区别是他针对生态系统服务分布采用了不同的假设（考虑了毁林概率的影响），并综合考虑了微观水平上的参与成本。这与 Alix-Garcia 等 2005 年在墨西哥的研究类似，他们在采用成本福利法进行补偿对象空间选择时，也考虑了毁林风险。很显然，福利成本法可进一步提高生态补偿效率。

2）福利成本比率方法介绍

针对生态补偿项目而言，筛选合适参与者的最终目标是期望生态补偿项目的单位成本能新增更多的生态系统服务。针对参与者选择的三类无效率，通常可以采用以下三种方式提高效率。第一，引入毁林风险可减少第一类无效率，如果选择低毁林风险的土地，对新增生态系统服务的贡献程度较低；第二，对参与者成本采用灵活支付的方式，可减少第二类无效率；第三，选择提供服务-成本比例最大的地点可减少第三类无效率。通常，解决第三类无效率问题需要对新增生态系统服务进行价值估价，但考虑到福利转换的难度，而且生态系统服务价值估计通常只具有改善环境意识的作用，因而大多数研究并没有采用货币估值方法，而是采用得分技术法来替代。

采用参与者空间筛选的方法，首先要定义生态系统服务的供给水平（如水服务、生物多样性保护、碳吸收以及景观美景等），同时需要估计毁林概率和参与成本。

不同类型的生态系统服务因单位不同，不能进行比较，通过 Z 标准化（提供均值为 0，标准差和方差为 1）可对其进行比较。对高值具有优先性的生态系统服务类型，其 z 标准化的形式如式（2-1）所示：

$$z_i = \frac{x_i - \text{mean}(x)}{\text{S.D.}(x)} \tag{2-1}$$

式（2-1）中，x_i 为第 i 个象元的观测值。对低值具有优先性的生态系统服务类型，其 Z 值标准化形式见式（2-2）：

$$z_i = \frac{\text{mean}(x) - x_i}{\text{S.D.}(x)} \tag{2-2}$$

生态补偿项目对新增生态系统服务的贡献（e）定义为生态系统服务的供给（u）与毁林概率（r）的乘积，其中 u 等于各种生态系统服务经过 Z 标准化后值的总和。

$$e=ur \tag{2-3}$$

按照理性的经济人假设，如果每公顷的生态补偿支付（C_{payment}）超过每公顷的机会成本（C_{opp}）、保护成本（C_{p} ）和交易成本（C_{t}）的和，那么土地的拥有者将愿意参加生态补偿项目。如此，可定义 $C_{\text{payment}} \in \{0，1\}$作为反映参与性的一个指标。

$r_i=1$，如果 $C_{\text{opp}}+C_{\text{p}}+C_{\text{t}}< C_{\text{payment}}$；$r_i=0$。

提供生态系统服务的机会成本反映了在实施生态补偿项目前最赢利的土地利用方式与期望土地利用方式之间的收益差。保护成本与保护活动的努力有关（如修建森林防火道，为保护草场利用栅栏隔离家畜）。交易成本是与生态补偿相关的其他成本，如协议起草、签订、差旅费、信息收集和外部监测等成本。这三个开支的总和称为参与成本。

据此，以上述条件为约束，考虑生态系统服务供给和成本的空间异质性，以新增生态系统服务最大化为目标建立优化配置模型来选择补偿区域；也可以福利最大化为目标、成本最小化为目标、以具体地点福利-成本比例（假设支付水平与参与成本一致或同方向变化）最大化为目标来选择合适的项目参与区域。

从 Wünscher 等在哥斯达黎加的实证分析结果来看，考虑生态系统服务供给和成本的空间异质性，采用福利成本比例法和灵活的支付方法可以使金钱效益翻倍。利用福利成本比例法选择生态补偿对象有利于提高生态补偿项目的效率，但在实际操作中，如果有些数据比较难获取或生态环境较差的地区则可以通过生态风险评估等具体方法进行生态补偿对象的空间选择。

3）差异系数法

生态补偿必须在社会公平与区域协调发展的基础上进行，但是由于自然地理条件的不同而引起各地区社会生产中的投入与产出先天不平等，从而引起区域社会经济发展的差异。因此，在区域生态补偿标准的制定中必须对区域的差异条件进行协调与补偿。在对各流域生态补偿标准测算与补偿实践中，应引入流域自然条件差异系数和社会经济条件差异系数确定优先性。就自然条件差异系数，主要考虑所处流域自然区位，生态环境条件等对诱发环境风险、生态灾害差异情况-环境风险越高，保护活动愈加重要，生态补偿越应当优先。社会经济发展差异系数，主要体现在流域内各地区的社会经济发展所处阶段存在差异，经济地理条件不一致，影响其社会经济发展速度与水平，从而引起流域内不同地区的社会适应能力存在差距—越是社会经济发展较落后，社会适应能力愈差的地区应优选受偿。这样，可以定义两自然条件差异系数与社会经济发展差异系数：

$$\begin{aligned}\pi &= 1 + m \\ \eta &= 1 + n\end{aligned} \tag{2-4}$$

式（2-4）中，π 为区域自然条件差异系数；m 为自然区位系数，可以通过综合自然灾害指数的归一化值表示；η 为区域社会发展差异系数；n 为经济区位系数，可以通过区域综合实力区位熵的归一化值表示。而在再利用该差异系数，通过生态补偿标准进行调整体现补偿的优先与否。

从上述三种主要的补偿对象确定方法来看，从只考虑自然环境条件、福利状况的简单、易操作的单一指标选择方法，到综合考虑自然条件、社会经济差异的变异系数法，补偿对象选择的方法日趋完善。而在生态补偿实践中，单一指标法相对简单，便于实践；而变异系数法则相对要复杂，实践应用的易操作性有所限制。理想的补偿对象选择方法，特别是在补偿优先性的确定方面，应当既要综合考虑补偿对象的社会经济条件与补偿区的环境收益问题，又应当在补偿实践中易于应用，切合补偿对象的现实状况便于在补偿区内推广与操作。

2.3.5　生态补偿方式

生态补偿的方式是补偿得以实现的形式。在国内外生态补偿机制的研究及实践中创造了纷繁多样的生态补偿方式，归纳起来主要有以下几种类型。

1. 资金补偿

资金补偿是最常见的补偿方式，也是最迫切的补偿需求。其作用非常明显，所起的效用也是最大的，能够直接地帮助生态保护地区发展经济和进行基础建设。资金补偿有九种较常见的方式：①补偿金；②赠款；③减免税收；④退税；⑤信用担保的贷款；⑥补贴；⑦财政转移支付；⑧贴息；⑨加速折旧等。

对于如何有效地实施资金补偿，确定资金补偿的力度，都需要在充分考虑受益地区的经济发展状况的情况下，科学地应用生态系统及其服务价值评价的方法，必要时还可以通过生态保护区与经济受益区的代表进行协商来解决，当达成协议的时候最后以合约的形式来处理此种关系，以确保其法律效力，以便有效实施。对于区域或者流域内部，当地政府应该对该地区对生态保护有特殊贡献或者处于生态保护核心地区的居民进行一定的资金补偿，以达到安定民心、鼓励居民实行生态保护的目的。

虽然这种补偿方式是最直接、最快的补偿方式，但是其可持续性和理论基础并不是很稳定。而且仅仅依赖资金补偿是完全不够的，我们还必须加强发展其他形式的生态补偿方式，但这也不意味着资金补偿可以放弃，或它的量可以减少。资金补偿是其他补偿的本源，是其他补偿方式衍生的依据，也并不能完全被其他补偿方式代替的。因此，在实际应用中，资金补偿要在维护现状的基础上加大力度和保证落实到位。

2. 政策补偿

政策补偿是由中央政府对省级政府或省级政府对市级政府权力和机会的补偿。它是在其他相关政策为了保护生态环境而限制其他发展的情况下，在另外的方面做出的适当政策放宽，从而抵消或减少因保护生态环境而限制发展造成的影响，确保区域的整体发展。受补偿者在授权的权限内，利用制定政策的优先权和优先待遇，制定一系列创新性的政策，促进发展并筹集资金。利用制度资源和政策资源进行补偿在我国是一种行之有效的方式，尤其是在资金贫乏，经济薄弱情形中更为重要，提供政策，就是一种补偿。

例如，处在水源保护区的居民为了涵养水源不能砍伐树木，为了保证供水水质不能发展有污染的工业，从而严重限制了区域的经济发展，在这种情况下区域政府就应当予以一定的政策放宽，允许其从事其他行业来维持生计，并给予一定的优惠政策。同样的，流域内上游地区为兼顾下游地区的发展也受到了诸多限制，如上游河道不能设有排污口等等，此时下游地区就应该对上游地区给予适当的其他政策上的补偿，如在一些区域协作生产或其他协作方面给予适当的政策放宽和优惠等。

3. 实物补偿

实物补偿是生态系统服务的购买者利用一些实物，如种苗、机械设备、劳动力、土地或粮食等，对受偿者进行补偿，改善其生活状况，并达到增强其生产能力的目的。这种针对受偿者进行补偿的方式有助于改善物质使用效率，如在退耕还林中使用粮食对退耕户进行补偿等。这种实物补偿对退耕户来讲具有重要的意义，是其维持基本生活的根本，也保障着退耕还林工程的顺利进行。在流域生态补偿中，上游地区为了维护流域生态系统服务和功能，会放弃一些发展机会，包括减少农作物的种植面积，导致上游地区农民收入减少，生活压力增加，国家可以对上游进行实物补偿，给予粮食等生活必需品，从而保障上游地区居民的基本生活，鼓励其进行流域生态恢复和建设。

4. 项目补偿

项目补偿能够为保护地区的可持续发展打下良好基础。上游地区或保护区由于生态保护的原因不得不拒绝一些效益良好，但是存在一定污染的企业和工程项目，即使其污染程度很低也不能存在上游地区或保护地区内，从而严重制约了上游地区或保护地区的经济发展和人民生活水平的提高。因此可以由下游地区或受益地区引进一些无污染的高科技企业项目和一些生态企业项目等，然后通过双方协商转让给上游地区或保护地区来促进当地经济发展，从而弥补上游地区或保护地区为生态保护和建设做出的牺牲，平衡流域整体或区域的经济发展。对于上游地区或保护地区本身来说，应该为一些退耕还林还草，以及处于保护区内部的林农，提供一些新的项目，如开发一些无污染的生态企业和加工企业以及一些环保企业等，这样不仅能够合理开发利用上游或保护区的资源，还可以保证上游或生态保护地区经济发展的可持续性。

项目补偿的开展实施还需要加强政府和投资商双方的协商，通过制定相应的政策优惠，大力引进项目，促进上游或保护地区项目补偿工作的开展，建立上下游或保护区与受益区之间合理的项目补偿关系。

5. 人才补偿

上游或保护地区由于经济发展受到限制，城镇规模以及服务行业的发展不如下游地区或受益地区，导致对人才的吸引力度不够，造成上游或保护地区人才的缺乏。为了平衡上游或保护地区生态环境保护和经济发展之间的关系，必须引进专业的高级人才来研究、指导发展方向和保护方法。因此，下游或受益地区应该为上游或保护地区定期派送一些技术人才特别是水污染防治、垃圾处理以及生态保护方面的人才到上游或保护地区去协助该地区生态保护工作及经济建设的开展，以减轻上游或保护地区的经济发展和生态保护的压力。

此外，上游或保护地区所在的政府部门以及该区域内的一些高新技术企业应该注重企业的工作氛围，着力丰富员工的业余生活和精神生活，并提高物质丰富度，为来上游或保护区工作的人才提供一个安定的工作环境和充实的工作内容以及丰富的业余生活。这样才能够使来保护区协助发展和解决问题的高端人才留在保护区，为保护区的后续发展提供科学意见和技术保证。

6. 智力补偿

此种补偿方式应该和人才补偿相结合，补偿者对受补偿者开展智力服务，为其提供无偿的技术咨询和指导，培养（训）受补偿地区或群体的技术人才和管理人才，提高受补偿者的生产技能、技术含量和管理组织水平。例如，为保护地区提供先进的垃圾处理技术，污染处理技术等环境保护类技术。为了促进保护地区的发展和平衡区域经济，也应该提供一些新型的工、农业高新技术，来补偿保护地区工业缺乏的现状。同时，可以开展下山脱贫、农户转产转业工作。结合工业园区建设，鼓励企业把下山农户安排到本地企业就业。开展多层次、多形式的劳动职业技能培训，使广大下山农民掌握一二门实用职业技能，确保劳务输出的质量。劳动技能的培养也是智力补偿的一种方式，但仅仅这些还是不够的，还应该派出更多的企业技术员、管理员以及政府部门的相关人员到下游地区的先进企业去学习先进技术和更有效的管理方法。

7. 生态移民

所谓生态移民是指把那些生态条件不适合人类生存或因人类存在会对生态环境造成严重破坏的地区的人群进行迁移，异地安置，将那些地区保护起来，全面禁耕、禁牧、禁渔、禁猎、禁伐、禁采，实行退耕还林、退耕还草、退耕还湿和退耕还水，以达到保护和恢复自然生态系统的目的。

在生态保护区内，因为有人居住就会因为生产生活活动（包括大量农药和化肥的使用，大量牲畜的放养等）而影响或危害生态环境。实行生态移民，可以有效减少人为活动对生态环境的影响和破坏。另外，这部分居民由于处在保护区内，经济发展受到严重制约，生活十分贫困。要改变这种落后的状况，较好的办法只有通过生态移民，把生态保护区内，尤其是生态保护的核心地区内的居民转移到生产、生活条件较好的地区妥善安置，使其在新的环境中真正实现安居乐业，以及快速地解决温饱问题，提高生活水平。由此看来，实施生态移民，无论是对区域的生态保护还是对居民的长远发展都有积极的作用。

8. 异地开发

异地开发是一种新兴的生态补偿方式，是对传统生态补偿方式的完善和补充。它给了生态保护区居民一个异地发展的空间，帮助生态保护区居民建立代替产业，从而实现保护区的社会经济发展和生态环境保护的双赢。异地开发首先应根据生态环境资源的分布格局和生态环境功能分区来调整、优化生产力布局，在生态资源相对丰富的地区发展环境容量依赖型产业。生态保护区、生态环境脆弱区、生态自然遗产区等生态重点保护区的企业允许到环境容量大的地区进行定向异地开发，异地开发所取得的利税返回原地区，作为支持原地区生态环境建设和保护的启动资金。这种做法使生态保护区形成一种自我积累的投入机制，生态补偿实现了单纯性的“输入式”向“自我发展式”转化，真正实现了经济与环境的双赢。

但不是所有的上游地区都可以开展异地开发，其前提是上游地区的生态作用非常重要，而且没有足够的空间来发展工业而且也不允许发展工业。

从补偿效果的长短来看，上述的生态补偿方式都可以分为两大类：一种是输血式补偿方式，包括资金补偿、实物补偿、生态移民；另一种是造血式补偿方式，包括政策补偿、项目补偿、智力补偿、人才补偿、异地开发。

目前，我国的生态补偿方式主要采取的是以国家的财政支付为主的输血式补偿。一方面，因为国家的财政投入与生态补偿所需的资金相比，杯水车薪，存在着极大的资金缺口；另一方面，因为输血式的生态补偿方式无法解决发展权补偿的问题，无法实现生态保护和建设投入上的自我积累、自我发展的问题以及补偿额度难以量化的问题，所以从长远来看，我国的生态补偿应当采取以造血式补偿为主、输血式补偿为辅的混合补偿方式。

2.3.6　生态补偿标准

生态补偿标准是指补偿时据以参照的条件，主要从所涉客体的经济价值和生态价值综合考虑。生态补偿标准解决的是补偿多少的问题，是生态补偿机制的核心内容，关系到补偿的效果和补偿者的承受能力。

由于生态系统的复杂性，生态产品及其服务定价成为了一个比较复杂的问题。而且在实际操作中要么是计算复杂，要么是不同的人采用不同的生态系统服务功能价值评价方法，往往导致结果差别很大，很难取得一致。这就需要根据实际情况，合理地选择生态系统服务功能价值评价方法，科学地制定生态补偿标准的办法。

1. 生态补偿标准的确定

生态补偿标准的确定一般参照以下四方面的价值进行初步核算（国合会生态补偿机制与政策研究课题组，2006）提供生态服务的成本（生态保护者的投入和机会成本的损失）、生态受益者的获利、生态破坏的恢复成本、生态系统服务的价值。

1）按提供生态服务的成本计算

提供生态服务的成本包括生态保护者的直接投入（建设成本）和机会成本。生态保护者为了保护生态环境，投入的人力、物力和财力应纳入补偿标准的计算之中。同时，由于生态保护者要保护生态环境，牺牲了部分的发展权，这一部分机会成本也应纳入补偿标准的计算之中。从理论上讲，通过费用分析法和机会成本法计算得出的提供生态服务的成本（直接投入与机会成本之和）应该是生态补偿的最低标准。

2）按生态受益者的获利计算

生态受益者没有为自身所享有的产品和服务付费，使得生态保护者的保护行为没有得到应有的回报，产生了正外部性。为使生态保护的这部分正外部性内部化，需要生态受益者向生态保护者支付这部分费用。因此，可通过产品或服务的市场交易价格和交易量，采取重置成本法和损失补偿法等，来计算补偿的标准。

通过市场交易来确定补偿标准简单易行，同时有利于激励生态保护者采用新的技术来降低生态保护的成本，促使生态保护的不断发展。

3）按生态破坏的恢复成本计算

资源开发活动会造成一定范围内的植被破坏、水土流失、水资源破坏、生物多样性减少等，直接影响到区域的水源涵养、水土保持、景观美化、气候调节、生物供养等生态服务功能，减少了社会福利。因此，按照谁破坏谁恢复的原则，需要通过环境治理与生态恢复的成本核算作为生态补偿标准的参考。

4）按生态系统服务的价值计算

生态服务功能价值评估主要是针对生态保护或者环境友好型的生产经营方式所产生的水土保持、水源涵养、气候调节、生物多样性保护、景观美化等生态服务功能价值进行综合评估与核算。国内外已经对相关的评估方法进行了大量的研究。就目前的实际情况，由于在采用的指标、价值的估算等方面尚缺乏统一的标准，且在生态系统服务功能与现实的补偿能力方面有较大的差距，因此，一般按照生态服务功能计算出的补偿标准只能作为补偿的参考和理论上限值。

从目前来看，根据提供生态服务的成本（生态保护者的投入和机会成本的损失）来确定补偿标准的可操作性较强。但由于这种方法没有考虑生态服务的价值、环境效益等因素，补偿标准偏低。从有效地实现资源配置的角度看，根据生态服务价值来确定补偿标准更为合理。但目前大量的生态服务、环境效益的价值估算，结果差异很大，价值偏高，如果按照这种估算结果来进行补偿，政府根本无力承担。所以，有必要在进一步完善环境和生态产品的估价方法，考虑在生态产品、环境服务价值难以准确估计的情况下，通过制度设计来解决补偿不足的问题。

2. 生态补偿标准核算的主要模型

1）机会成本法（OC）

机会成本法（opportunity cost，OC）是指水源保护区（投入主体）为了整个流域的生态环境建设而放弃一部分产业的发展，从而失去了获得相应效益的机会，即财政税收损失。我们把放弃产业发展所可能失去的最大经济效益称为机会成本，作为流域生态补偿标准。

水源保护区当年为保护流域生态而损失的机会成本为

$$P=(G_0-G)N \tag{2-5}$$

式中，P 为补偿金额，万元/年；G_0 为参照地区的人均 GDP，元/人；G 为保护区人均 GDP，元/人；N 为保护区总人口，万人。

或者

$$P=(R_0-R)N_0+(S_0-S)N \tag{2-6}$$

式中，P 为补偿金额；R_0 为参照地区城镇居民人均纯收入，元/人；R 为保护区城镇居民人均纯收入，元/人；N_0 为保护区城镇居民人口，万人；S_0 为参照地区农民人均纯收入，元/人；S 为保护区农民人均纯收入，元/人；N 为保护区农业人口，万人。

当流域水生态的社会经济效益不能直接估算时，可以利用反映水资源最佳用途价值的机会成本来计算环境质量变化所造成的生态环境损失或水生态服务的价值，但机会成本法所计算出来的标准往往会高于补偿者的支付意愿，甚至超出他们的支付能力，且水源保护区损失的效益全部被受水区承担也是不公平的，因为水源保护区在保护过程中也获得了一定的生态环境效益。

2）收入损失法

收入损失法主要利用流域水生态变化对健康的影响及其相关货币损失来测算流域水生态服务的价值。从流域水源区居民角度来看，因保护水资源投入的成本以及限制高耗水、高排污企业的设立而使其发展权受到限制，会有直接成本和间接成本的损失。其计算公式为

$$\begin{gathered}\mathrm{TC}=\mathrm{DC}+\mathrm{IC}\\ \mathrm{DC}=\mathrm{TDC}+\mathrm{FDC}+\mathrm{XDC}+\mathrm{SDC}+\mathrm{JDC}+\mathrm{WDC}\\ \mathrm{IC}=\mathrm{TIC}+\mathrm{GIC}\end{gathered} \tag{2-7}$$

式中，TC 为总成本；DC 为直接成本；IC 为间接成本；TDC 为退耕还林直接成本；FDC 为封山育林直接成本户；XDC 为新造林投入；SDC 为水土流失治理的投入；JDC 为水

质监测站的投入；WDC 为水质改善的污水处理场建设投入；TIC 为退耕地损失的机会成本；GIC 为限制工业发展损失的机会成本。从受益区的角度来考虑，考虑其支付水平、取水量以及排放污水量的情况，并得出补偿分配系数。补偿分配系数为

$$B^i = \frac{O\ 2L_i + O\ 4Q_i + Q\ 4W_i}{\sum_{i=1}^{3}(O\ 2L_i + O\ 4Q_i + Q\ 4W_i)} \tag{2-8}$$

式中，L 为发展阶段系数，由皮尔生长曲线推导得出；Q 为取水系数，由统计数据算出；W 为污水排放系数，由统计数据算出。

引入补偿分配系数后，收入损失法考虑了保护者和受益者两方面的利益。但是，计算中涉及数据多，计算较麻烦，计算结果的完善准确还需要大量数据支撑。

3）总成本修正模型

总成本修正模型首先对流域上游地区生态建设的各项投入进行汇总，然后通过引入水量分摊系数、水质修正系数和效益修正系数，建立流域生态建设与保护补偿测算模型，对上游生态建设外部性的补偿量进行计算。其公式为

$$\begin{aligned} &\mathrm{Cd_t} = C_\mathrm{t} K_\mathrm{vt} K_\mathrm{Qt} K_\mathrm{Et} \\ &C_\mathrm{t} = \mathrm{DC_t} + \mathrm{IC_t} = \mathrm{DFC_t} + \mathrm{DSC_t} + \mathrm{DPC_t} + \mathrm{ISC_t} + \mathrm{IIC_t} + \mathrm{IEC_t} \end{aligned} \tag{2-9}$$

式中，$\mathrm{Cd_t}$ 为补偿额；C_t 为总成本；$\mathrm{DC_t}$ 为直接成本；$\mathrm{IC_t}$ 为间接成本；$\mathrm{DFC_t}$ 为水源涵养区提高森林覆盖率的投入；$\mathrm{DSC_t}$ 为水土流失治理投入；$\mathrm{DPC_t}$ 为污染防治投入；$\mathrm{ISC_t}$ 为水源涵养区发展节水投入；$\mathrm{IIC_t}$ 为生态移民安置投入；$\mathrm{IEC_t}$ 为水源涵养区限制产业发展而遭受的经济损失量；K_vt 为水量分摊系数，为下游地区利用上游水量占上游总水量的比例（$0<K_\mathrm{vt}<1$）；K_Qt 为水质修正系数；K_Et 为效益修正系数。

总成本修正模型在计算总成本时与收入损失法基本一致，但引入了修正系数。由于计算时需要大量资料数据，所以具体实施起来工作量较大，有一定的难度。

4）费用分析法

水源涵养区为维持和保护流域生态要承担一定的费用，此费用可以来判定受益区对水源供水区要进行的生态补偿额度。计算公式为

$$\begin{aligned} &P = \sum C \\ &C = C_\mathrm{t} + C_\mathrm{a} + C_\mathrm{p} + C_\mathrm{w} + \cdots \end{aligned} \tag{2-10}$$

式中，P 为补偿额；C 为生态保护和建设单位面积的成本投入；C_t 为植树造林、封山育林等增加森林植被费用；C_a 为农业非点源污染治理；C_p 为城镇污水处理设施建设；C_w 为河道清理等费用。所有费用支出均含人工费用。

该法费用核算过程简洁、容易理解、便于操作。但水源保护区所支出的费用具有不确定性，计算费用时需全面考虑。该法在具体实施过程中也有一定的技术难度，如非点源污染治理费用在实际中是很难确定的。另外，费用的标准也是动态变化的，给计算也增添一定的难度。

5）水资源价值法

当流域生态服务（如洁净水资源）价值可直接货币化时，可基于市场价格实施流域补偿。根据水质的好坏，来判定是受水区向水源区补偿，还是水源区向受水区补偿。计算公式为

$$P = QC_c\delta \tag{2-11}$$

式中，P 为补偿额；Q 为调配水量；C_c 为水资源价格；δ 为判定系数。其中，C_c 可采用污水处理成本或水资源市场价格，δ 的取值为，当上游供水水质好于 III 类时，δ=1；当水质劣于 V 类时，δ= –1 否则，δ=0。

这种方法简单易行，但 C_c 还可以进行改进，如可以采用水资源价值来替换：判定系数 δ 还可以细化，可以根据优质优价的原则来合理确定。计算中参数的取值对结果影响较大，因此要结合流域实际状况慎重选取。随着流域水资源交易市场的逐步形成和完善，基于水资源价值的补偿是最易行和可操作的。

6）条件价值评估法

条件价值法（CVM）是国际上资源环境物品和生态系统服务价值评估研究最主要方法之一（李莹，2001）。近年来，该方法在理论和实践上都有很大的发展。CVM 方法随机选择部分家庭或个人作为样本，以问卷调查形式通过询问一系列假设问题，模拟市场来揭示缺乏市场的资源环境公共物品的偏好，偏好通过询问人们对于环境质量改善的支付意愿（willingness to pay，WTP）或忍受环境损失的受偿意愿（willingness to accept，WTA）来表达，确定生态补偿量，最终赋予资源环境价值的方法。

图 2-6 反映了在既定的货币收入 M 以及外生变量环境质量 E 约束下，消费者为维持效用水平不降低或者追求效用最大化的图形变化。每条等效用曲线上所带来的效用和满足是相同的，对于 A 点来说，此时环境状况为 E_0，所对应货币收入 M_0，效用水平为 U_0。若环境状态从 E_0 状态降到 E_1 状态，在货币收入一定情况下，单个消费者为环境质量下

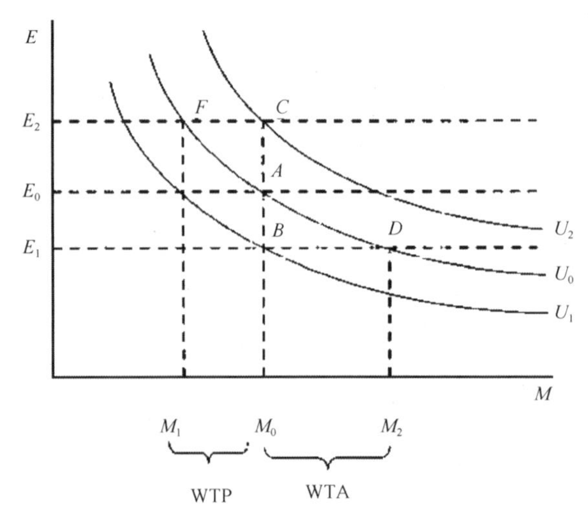

图 2-6 WTP 与 WTA 之间的关系

降而愿意接受补偿最小值即是 D、B 两点的差额，即在新的环境状态水平下，回到原来效用函数曲线时所增加的货币收入，此时为受偿意愿 $M_2–M_0$。可以看出 $M_2–M_0$ 是最小受偿额度。因为低于 $M_2–M_0$ 的效用水平回不到原来效用水平函数曲线上，当然大于 $M_2–M_0$ 的效用水平函数曲线是可行的，消费者也绝不会排斥效用水平高于 U_0 状态。

同样环境质量上升为 E_2 水平，在一定货币水平 M_0，单个消费效用水平增至 U_2。环境质量提高而愿支付的最大值为 C，F 之差，即在新的环境质量水平下回到原来效用函数曲线所减少的收入 $M_0–M_1$。$M_2–M_0$ 与 $M_0–M_1$ 即为 WTA 与 WTP，其表示在环境质量发生改变后，为避免环境品质对消费者影响或者接受环境质量变差情况下，人们愿意支付或者愿意接受的补偿额度。

有关意愿调查评估法研究表明，支付意愿和受偿意愿之间存在着极大的不对称性，支付意愿（WTP）比接受赔偿意愿（WTA）的数量低几倍（通常是 1/3）。虽然 WTP 和 WTA 是 CVM 研究中引导环境物品偏好和表征环境物品价值的两种不同尺度，但评估结论可能相距甚远。

20 世纪 80 年代，许多经济学家对某一环境质量变动时被调查居民的支付意愿与受偿意愿差异性进行比较。研究显示，受偿意愿应该比消费者剩余稍高些，受访者在要求补偿时可能夸大自己的损失，期待获得较高补偿；而支付意愿会比消费者剩余低一些，因为受访者不愿多支付任何费用。理论上支付意愿与受偿意愿之间差异不会太大，但事实上受偿意愿比支付意愿至少高出 50%，甚至高出 1～4 倍，有时达到 10 倍以上（章铮，2008）。因此，意愿偏好揭示的真实性受到质疑，存在很大的争议。但在没有较好评价非市场价值方法下，CVM 仍不失为一种非市场价值评估的重要方法（王瑞雪等，2005）。

CVM 依据事先填好的问卷和支付策略诱导出消费者对某一物品支付意愿或者受偿意愿。可以看出条件价值法的核心就是问卷，通过问卷诱导出受访者的意愿，问卷设计的假设、开展的方式和策略等均可能影响 CVM，问卷设计的好坏，决定结果准确性，因此，问卷必须精心设计，不断探索和完善评估技术。好的问卷可以减少偏差，提高调查结果准确度，从而减少这一主观方法的质疑。

3. 补偿标准的核算方法比较

生态系统服务的供给成本是确定补偿标准的基础，但由于供给者的异质性，供给成本可能不同，因此需要确定生态系统服务的供给曲线，才能获得补偿标准。由于生态系统服务的供给与农户经济行为都具有空间异质性，通常的对策是开发不同尺度上集成的经济和环境模型。中国关于生态补偿的研究和实践始于 20 世纪 90 年代初期，90 年代末开始进行流域生态补偿的研究，进入 21 世纪，流域生态补偿逐渐成为研究重点。目前，流域生态补偿已从政策性等宏观研究转入到应用数学等工具进行定量化研究的阶段。流域生态补偿标准的核算是建立生态补偿机制的核心问题，也是难点所在。只有考虑全面、公正，制定的生态补偿标准才能更科学合理，更好地促进公平，保护流域生态环境。当前较为常用的补偿标准核算方法包括：机会成本法（OC）、收入损失法、总成本修正模型、费用分析法、水资源价值法、条件价值评估法、基于能值的生态补偿标准核算及其他评估方法（李怀恩等，2009）。

生态系统服务量化的方法较多，不同方法结果差异很大，导致计算结果具有很大的不确定性（赵卉卉等，2014）。如基于生态系统服务价值计算出的额度往往较大，政策认同度低，致使补偿很难进行下去；基于生态保护成本计算的补偿方法易于相关利益者接受，但核算方法不成熟，尤其是机会成本核算的不确定性较大，在流域实践中，机会成本考虑较少；基于水质水量保护目标的核算方法是现有实践经验中最常用的方法，但需要在补偿因子、流域支流等因素上进一步完善。目前，国际上广泛采用基于支付意愿和补偿意愿的方法确定补偿标准，考虑到该方法的特殊性与国内的社会经济特点，应用过程中需要进一步对该方法改进与完善（赵卉卉等，2014）。表 2-6 比较了几种主要核算方法的优缺点。

表 2-6　生态补偿标准核算方法对比

方法名称	优点	缺点
生态系统服务功能价值法	能充分体现流域的生态系统服务功能，更好的激励人们的生态环境保护行为	采用的指标、价值的估算方面缺乏统一的标准，无法体现不同水质状况下的水生态系统服务功能价值差异
生态保护总成本法	充分考虑流域上游生态建设者的付出成本，具有较好的现实可行性	直接成本估算可能存在统计重复，机会成本法的核算结果存在较大的市场风险
基于水质水量保护目标的核算方法	补偿依据明晰，已被多省份实践	若上游经济发展落后，缺乏污染赔偿能力，可能导致补偿机制无法进行
水资源价值法	简化计算过程，以水质和水量结合来做判断	从水资源的饮用价值进行分析，未考虑水生态等其他价值
支付意愿法	充分考虑受益方支付意愿	缺乏客观性，容易受到人为因素影响

第3章 流域生态补偿研究评述

3.1 流域及流域水资源

3.1.1 流域及特点

流域是一个天然的集水单元，从地理学视角分析，流域是指从河流（湖泊）的源头到河口（如入海口等），由分水线所包围的地面集水区域和地下集水区域的总和。流域是地球上最重要、最复杂的自然生态系统之一，孕育滋养了世界上绝大多数的动植物种类。同时，流域还是一个以水为核心，并由水、土地、资源、人、生物等各类自然要素与社会、经济等人文要素组成的环境经济复合系统。流域所承载的功能众多，无一例外地不与流域水资源发生着直接或间接的联系。《水法》规定，国家对水资源实行流域管理与区域管理相结合的管理体制。流域特别是流域中的水资源对于人类的生存和经济社会的可持续发展起着至关重要的作用。随着人们对流域水资源认识和理解的不断加深，水被视为一种基础性的自然资源和战略性的经济资源，成为了维系流域生态环境和经济社会系统可持续发展的关键要素。因此，面对日益枯竭的流域水资源以及工农业发展对流域造成的严重污染，使得如何实现流域水资源的有效保护、科学管理和可持续利用，成为了世界各国共同面临的时代课题。

在应对流域水资源危机的研究和实践中，国内外学者和世界各国逐渐发现通过建立和应用流域生态补偿手段，是破解流域水资源短缺等诸多生态问题的有效途径。为此，尽快建立并完善符合国情的流域生态补偿制度，促进水资源的科学、集约、高效使用，是破解中国流域生态环境不断恶化、推动流域生态环境保护与重建、实现流域内经济社会与生态环境可持续发展的有效途径。

流域有以下3个特点。

（1）整体性。流域是一个整体性特别强的生态系统，流域干支流、左右岸，上下游之间相互影响，有着密不可分的关系。因此，流域水资源开发利用过程中，即使是局部地区的开发利用，也要从整个流域的利益出发，考虑到对整个流域可能造成的影响。有学者从公共管理角度研究流域治理，认为流域开发管理利用就是“牵一发而动全身”的过程，应该形成“一损俱损、一荣俱荣”的流域管理新理念。

（2）区域分割性。流域，特别是跨省流域，由于面积比较广阔、跨度较大，往往横跨多个省份，而完整的流域生态系统也通常被众多的行政区域所分割，这种状况往往容易造成流域上下游地区在水资源开发利用中，产生竞争与冲突，也导致流域水环境保护的外部性，这就从客观层面上增加了流域整体生态系统保护的难度。

（3）单向性。流域的单向性是由“水往低处流”的特征决定的，即水是从上游流向下游，从支流流向干流，这也决定了上游对水资源造成污染或者进行保护形成的环境负效应和正效应转移的单向性。例如，上游地区开展植树造林，积极保护流域生态环境，将直接使下游地区享用良好的水质水量；而上游地区水污染严重、生态环境恶化，由于水污染的单向扩散性，也将直接导致下游地区遭受污染的侵害。

3.1.2 流域水资源

水资源一词出现较早，随着时代的发展、社会的进步，其内涵也在不断地丰富和完善。从广义上来说，水资源是指人类能够直接或间接使用的各种水和水中的物质，对人类的生产生活具有使用价值和经济价值；从狭义上来讲，水资源是指在一定的经济技术条件下可供人类直接利用的淡水，即是指与人类生活和生产活动以及社会进步息息相关的淡水资源。

流域水资源的开发利用受经济技术和流域沿岸地区社会发展水平等条件制约。由于人们从不同的角度认识和体会水资源含义，造成了中外研究者对水资源概念在理解上的不一致，产生了一定的差异性。联合国教科文组织对水资源的定义可为：“可利用或可能被利用的水源应具有足够的数量和可用的质量，使其可以在某一地点满足某种用途而能够被利用。”从对以上定义的分析，可以判断出流域水资源作为自然资源的核心要素是水质和水量，也就是说相对有限的水资源因为人类需求的不断攀升和污染的加剧，使得以水质和水量为具体指标的水资源的稀缺性日益凸显。因此，以水质和水量为核心要素就构成了流域水资源的一般商品属性。

目前，可供人类利用的水资源绝大多数都蕴藏在尺度不一的各类流域之中。流域中的水资源是维系流域自然生态系统和环境经济复合系统存在，并维持其正常运行的核心要素，如图 3-1 所示。同时，流域水资源也是人类生存与经济社会发展不可或缺的自然资源和经济资源，具有不可替代性。因此，流域水资源是一种同时具有自然属性（地理

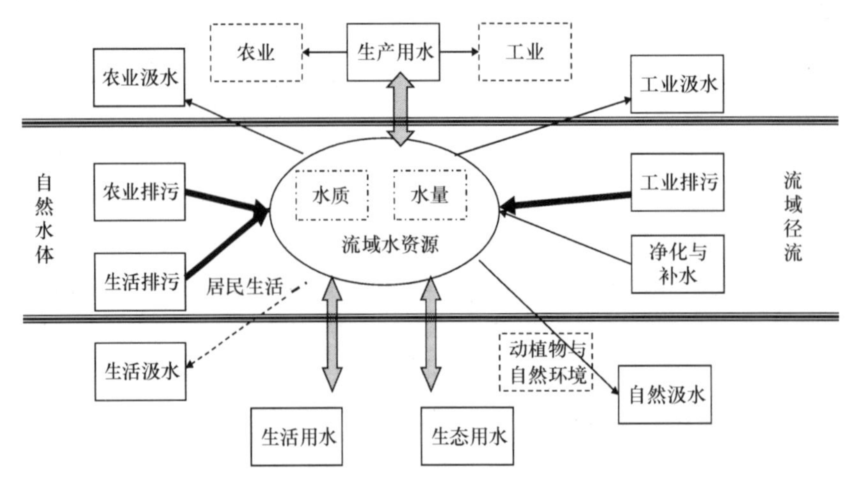

图 3-1 以水资源为核心的流域生态环境与社会经济复合系统示意图

特性、环境特性、生态特性)、社会属性和组织属性（生产特性、消费特性）等多种属性的自然资源。随着经济社会的快速发展，流域中的水资源作为一种自然资源，其天然所具有的稀缺性特点表现得日渐显著。造成这种现象的原因一方面是由于流域内的水资源的绝对量相对于人们日益增长的需求而言是相对有限的；另一方面则是由于污染的加剧和流域生态环境的恶化，使流域内可供人类使用的水资源数量相对减少。

3.1.3　流域水资源的经济学属性

从广义上讲，流域水资源既是一种自然资源也是一种公共资源，具有典型的公共物品属性。自然资源的公共物品属性是其自然属性的延伸，也是人类活动的结果。流域中的水资源作为一种自然资源，是流域环境经济复合系统中占据核心地位的自然资源，带有很强的正外部性。就公共物品而言，由于公共物品具有消费者的非排他性和非竞争性特征，使得每个人都可以免费的消费和享用，这将不可避免地导致公共资源的过度开发、利用，造成公共资源的退化、破坏，导致“搭便车”现象和“公用地悲剧”等问题的出现。流域水资源的外部性指的是流域内相关主体对流域水资源的过度使用和消耗，这将导致该流域内在未来可提供的水资源在质量和绝对数量出现下降，造成单位水资源成本的不断上升而导致的外部效应。流域水资源外部性的具体表现，如取水成本与流域水资源存量的外部性、流域生态保护与水利设施投资的外部性等。流域水资源的非竞争性和非排他性是指流域中每一个人对该流域水资源的使用都不能排除其他人对水资源的使用，流域内所有用水主体都受到追求自身利益最大化的理性驱动而非排他性地使用流域水资源，其中就包括随意取水及向水体中排放各种污染物等行为。因为难以明确界定各相关主体的责任和义务，只会不断加剧流域水资源的污染和枯竭。

3.1.4　流域水资源的类型划分

流域的水资源可以按照用途分为三个部分，即生产用水、经营用水和生态用水。流域生产用水是指流域水资源中用于农业、工业和居民生活的水资源，其特征是，这部分水的产权界定清晰，在使用过程中是作为生产或生活要素的，在使用中水体逐渐被消耗或者发生了转移。

经营用水是流域资源水权中用于以水资源作为营利载体的服务业的水资源，包括水电、内陆航运、休闲娱乐、水产养殖、流转和提供商业、金融等有偿服务的企业或组织的用水等，是具有直接服务价值功能的那部分用水，其特点是水体不发生转移，水资源作为生产要素使用。生态用水是主要用于河流输沙、水气候的调节和净化环境等，在使用中水体不会发生转移和消耗，这部分用水在发挥作用时有较强的外部溢出效应，具有公共物品的经济性质，其产权界定不清晰，只能由流域经过的各地方政府代表付费。这三种用水情况的具体的范围和特点如表3-1所示。

表 3-1 水资源类型划分及特点

受益主体	范围	特点	经济属性
生产用水	工业用水、农业用水、居民生活用水	水体发生转移；产权界定清晰	私人物品
经营用水	发电、旅游、水上交通、淡水养殖、娱乐等用水	水体不发生转移；水资源作为生产环境要素	私人物品
生态用水	水调节水土保持、废物净化等用水	难以清晰界定受益主体，受益地区可界定；具有明显的公共物品属性	公共物品

专栏 3-1 水权与水市场

水权概念是产权理论在水资源领域的具体应用，国内外学者对水权的解释也不尽相同。简单地讲，水权就是指水资源的产权，中国《水法》第三条中规定：水资源属于国家所有。在中国，广义上的水权包括使用权、收益权、处分权和转让权等，国务院及其各级地方政府代表国家行使水资源所有权。狭义上讲，水权仅指水资源的使用权和收益权。一般来讲，水权的获得方式包括水权的初始分配和水权的再分配，水权的再分配通常可以通过市场化方式配置。在中国，水权的初始分配一般是由中央政府（国务院）直接组织实施的。

水权市场也被称为水市场或水资源市场，是进行水权转让的场所，是开展市场化流域生态保护与补偿的重要形式和载体。水市场的建立能够促使流域水资源从效率低的使用部门流向效率高的使用部门。流域水资源市场是流域相关主体间获得水资源商品和实现跨界水资源分配的场所，是流域水资源商品的市场化交易模式。通过水资源市场实现对流域水资源商品的再分配，可以有效提高流域水资源的配置效率，促进节约用水。

3.2 流域生态补偿

3.2.1 流域生态服务功能及其分类

流域是以水为主体的、动态的生态系统。在水循环过程中，流域水体不断与外界进行物质和能量的交换，产生了自净能力，也就具备了吸入消化污染物的能力。整个生态系统（全球 16 种生物类群）提供着包括防风固沙、净化污染物、优美景观等在内的 17 种重要的服务功能（Costanza，1997）。流域系统作为生态服务系统的重要组成部分，它能提供水产品、水调节、生物多样性保护、废物净化、内陆航运、文化、休闲娱乐，以及流域森林的水土保持、水源涵养、木材生产和碳储存等多种生态环境服务（Daily，1997；Costanza，1997；Gairns et al.，1997，Millennium Ecosystem Assessment，2003）。这些服务或功能是人类赖以生存和发展的重要物质基础和保障。

1. 流域生态系统的生态功能

因受地理位置、经度、纬度和气候等因素的影响，位于不同地理位置的流域所具有的自然生态系统种类是不同的、基本的生态系统类型。但森林和河库是任何流域都具有的两类基本的生态系统类型。

1）森林生态系统主要服务功能

森林生态系统是地球陆地生态系统的主体也是陆地上最为复杂的生态系统，在众多的自然资源中，森林资源是其中最主要的组成部分。它既向人类社会提供种类繁多的物质产品，又向人类社会提供良好的环境服务，同时对维持生物圈的稳定、维护全球气候稳定与生态平衡起着举足轻重的作用。

（1）水源涵养。国内外研究成果表明，森林通过林冠截留、枯落物持水和土壤储水对大气降水进行再分配，调节径流的时空分布，相当于水库调节水量的功能，具有显著的涵养水源的作用。森林生态系统涵养水源功能表现为汛期的调节洪峰能力和枯水季节的补水能力。森林蓄水能力的主要受益人包括农业灌溉者、市政水利设施、发电厂、大型工业用水户等，他们需要保证在枯水季节也能获得足够的水资源。

森林水文的研究不仅仅考虑水量问题，而且还考虑水质问题。研究结果表明，随着森林的减少，溪流水中的氮、磷、钾及有机质的含量呈上升趋势，水质呈恶化趋势。森林像过滤器一样，起到改善和净化水质的作用，为居民、企业提供洁净、化学污染程度低的优质水资源。

（2）气体调节。森林生态系统对维护大气中CO_2的稳定具有重要作用。CO_2是树木光合作用的主要原料，是构成树木以及各种植物器官和组织的物质基础。这是由于树木的叶绿素可以吸收空气中的CO_2和H_2O，并将其转化成葡萄糖等碳水化合物，将光能转化为生物能储存起来，同时释放出氧。氧是人类和所有动物生存不可缺少的物质，森林等绿色植物是影响氧元素在自然界循环的一个重要环节，是氧的“天然制造厂”。森林生态系统的纳碳吐氧功能，对于人类社会和整个动物界都具有重要意义。

（3）环境净化。生态系统净化环境是指生态系统中生物类群通过代谢作用使环境中的污染物的数量减少、浓度下降、毒性减轻，直至消失的过程。森林生态系统净化环境的功能，主要表现在吸收污染物、阻滞粉尘、杀灭病菌和降低噪声4个方面。

（4）生物多样性维持。森林生物多样性是指其生态系统、物种和基因组成的多样性，是森林本身固有的一项产品，那些只在森林生物中发现的各种物种是新药物、遗传资源等非木林产品的来源。甚至，所有其他的森林产品与服务都在某种程度上依赖于森林物种多样性。从这个意义上说，保护生物多样性对于维持人类赖以生存的环境系统是至关重要的。

2）河库生态系统主要服务功能

根据河库生态系统提供服务的机制、类型和效用，把河库生态系统的服务功能划分为提供产品功能、调节功能、文化功能和生命支持功能四大类。其中水供应和均化洪水是江河源区河库生态系统的主要服务功能。

（1）水供应服务功能。水供应是河库生态系统最基本的服务功能。根据不同水体的水质状况，所蓄之水被用于生活饮用、工业用水、农业灌溉等方面，其价值由水量和水质共同决定。

（2）均化洪水服务功能。在降水集中的某一月份，河库生态系统能够把降水储存在水库中，缓解河道紧张，缓解和均化洪峰，滞后洪水过程，从而均化洪水，减少洪水造成的经济损失。

2. 流域生态系统的经济功能

流域生态系统的经济功能包含两个方面，一是指流域在自然生态系统进行物质循环、能量转换和信息传递的过程中通过第一性生产与第二性生产为人类提供直接产品（如食物、木材燃料、工业原料、药品等人类所必需产品）的功能；二是指各类经济要素的投入和产出形成了满足人类不同需求的各种有形和无形的中间产品和最终产品，再通过有形和隐形市场的交换，满足市场需求的诸功能的总称。

通过发挥流域生态系统的经济功能，在自然物质循环中形成了物质流、能量流、信息流的同时，也形成了经济流。一方面形成了各种能满足人类需求的经济物质即使用价值，作为这部分经济产品的物质承担者；另一方面，在这部分经济产品的投入产出过程中又不断地转移价值、创造价值和增值价值，经过交换、分配、消费，实现其价值。从而使自然能量流与经济能量流并存，使生态系统内的自然信息流与经济系统的生产信息、市场信息、消费信息并存，并使流域生态系统产品和服务在生产和流通中实现增值。

3. 流域生态系统的社会功能

流域生态系统的社会功能是指流域生态系统为人们的生活提供游憩娱乐、文化教育、科学普及、美学享受等精神生活的功能。随着人类社会的进步和发展，以及人们物质生活的提高，人们对精神生活的需求不断增加，要求也越来越迫切。在自然生态环境中进行的户外游乐，如登山、野游、漂流、摄像、划船等活动已成为人们生活中的一个重要组成部分。此外，我国不少流域往往集林区、革命老区、少数民族聚居区、自然保护区、库区及贫困地区等多种区域于一体，更具有特殊的社会功能。加速这些地区的建设和发展，对我国农村脱贫致富奔小康进程及改善少数民族生活、加强民族团结，不仅具有重大的生态经济意义，而且还有影响深远的社会政治意义。

3.2.2 流域生态补偿概念及其内涵

流域生态补偿（river basin ecological compensation）是生态补偿的子概念，不同的学者从各自的角度出发，对于流域生态补偿的理解也不尽相同。综合国内外学者的基本观点，流域生态补偿可以理解为通过一定的经济手段和政策手段，能够促使流域生态保护外部性内部化，让流域生态保护成果的“受益者”支付相应费用；通过制度设计解决好流域生态环境这一特殊公共物品消费中的“搭便车”现象，激励和保证流域水资源等公共物品的足额提供；通过理论创新、机制创新、方法创新，实现对流域生态投资者的合理回报，激励流域相关主体自觉从事流域生态保护投资，并使流域生态资本增值，进而实现全流域生态环境和经济社会系统的可持续发展。所以，流域生态补偿可视为流域管理的一种具体手段，是综合运用经济和政策工具进行流域管理的措施。

从法学角度对流域生态补偿的概念和内涵进行探讨，周大杰等学者认为流域生态补偿是通过经济、政策、产业发展等手段，对生态环境相对脆弱的上游地区保护流域生态环境的行为进行补偿，以弥补他们保护环境的成本及发展机会成本的损失。钱水苗等学者认为流域生态补偿是通过对流域内各行政区域内水资源开发、利用、保护的权利义务关系进行重新分配，以实现社会公平公正（钱永苗和王怀章，2005）。学者李磊认为流域生态补偿是基于上下游之间生态环境保护的权利义务不对等、不公平而发生的，下游应该对上游地区进行补偿，补偿上游地区为了保护流域生态环境造成的各个方面的损失（李磊和杨道波，2006）。

流域生态补偿的内涵应该包括以下 6 个方面。

1）补偿目的

流域生态补偿是为了实现上下游地区保护、开发流域生态环境的权利义务的对等。从法律角度上理解，流域生态补偿调整的是人与人之间的关系，即流域上下游之间的利益分配关系，通过法律手段，纠正之前不公平、不公正的权利义务分配关系，形成上下游共同保护，共同开发流域环境的新局面。

2）补偿主体

流域生态补偿主体可以分为以下四个层次。

（1）政府和公共财政。在无法明确界定生态效益的受益主体或生态系统的损害主体的情况下，由各级政府按照管理权限，通过公共财政对生态系统进行治理和修复，或者对生态系统保护和建设主体的公益性成本给予相应的补偿。

（2）可以明确界定的生态效益主体，按受益比例补偿生态成本。

（3）可以明确界定的损害生态系统的行为主体，按损害程度承担治理和修复责任。

（4）可以明确界定的对其他利益主体造成生态损害的行为主体，按损害程度承担赔偿责任。

3）补偿客体

流域生态补偿客体可以分为以下三个层次。

（1）流域水生态系统，以国家授权的流域水资源与水环境保护机构为代表者和代言人。

（2）从事水生态系统保护和建设，并向其他区域和其他利益主体转移水生态效益的行为主体。

（3）因其他行为主体的社会经济活动而受到水生态环境损害的利益主体。

4）补偿领域

由于生态系统的复杂性和生态服务功能的多样性，流域生态补偿的领域界定在与水量、水质和水生态相关的社会经济活动。

5）补偿成本

流域生态补偿成本应综合考虑“人类劳动成本”和“生态成本”对水生态效益的贡献率，并在充分考虑补偿主体的实际承受能力或主、客体双方协商一致的基础上合理确定。

6）补偿方式

流域生态补偿的具体形式多种多样，包括资金补偿、政策扶持、实物补偿、技术支持、股权共有、异地开发、水权交易、产业阶梯开发等，流域生态补偿并没有固定的方式，只要有利于流域生态环境保护方式都可以利用，但是在具体操作过程中，应该做到因地制宜。

流域生态补偿的概念包含了人与水的关系、人与人关系的两层含义。从本质上讲，流域生态补偿属于人与水的关系问题，即区域经济社会系统或特定行为主体对其所消耗的水资源价值或水生态服务功能予以弥补或偿还，通过水资源的有效保护或修复，促进流域水资源的可持续利用。同时，由于水资源效益（正效益或负效益）具有从支流向干流转移、从上游向下游转移的特点，流域生态补偿又包括区域之间和不同利益主体之间开发利用、保护与修复活动的外部效应引起的补偿问题，通过外部效应的内部化，实现区域间水资源利用的公平性。

3.2.3 流域生态补偿的理论基础

从目前的研究来看，流域生态补偿是可持续发展理论的必然要求，其理论基础包括：水资源的准公共物品理论、水资源开发利用与保护的外部性理论、效率与公平理论、流域生态环境价值理论等。

1. 流域生态补偿与可持续发展

水是支撑社会经济系统和自然生态系统不可替代的重要资源和关键性因素。水资源属于自然资源的一部分，无论是在生产生活中，还是在生态环境中，水都是不可缺少的元素、是实现可持续发展的基础。解决水资源和可持续发展的关系问题，需要进行可持续的水资源管理。1996年，联合国教科文组织（UNESCO）国际水文计划工作组将可持续水资源管理（management of sustainable water resources）定义为：“支撑从现在到未来社会及其福利而不破坏它们赖以生存的水文循环及生态系统完整性的水的管理与使用。”可持续发展的概念和要求决定了需要从全流域着眼，打破部门和专业的条块分割以及地区的界限，建立生态补偿机制，保证区域间水资源保护和水资源功能享用的公平性，以及社会经济与资源、环境的协调发展。

流域生态补偿与可持续发展的问题可以理解为水资源系统与社会经济系统、生态环境系统的相互关系问题。水文水资源、环境水力学、资源与环境经济学的相关理论可以统一于可持续发展的持续性、公平性和共同性的3个基本原则。

（1）根据持续性原则的要求，从人与自然的关系来讲，人类的经济活动和社会发展必须保持在资源和环境的承载能力之内。它是实行资源有偿使用、实施水资源和水环境保护、修复的理论基础，要求人类社会经济发展与资源、环境之间应保持合理的比例，资源和环境的开发利用程度和保护程度维持在一个合理的水平，使流域水资源能够可持续地发挥各项功能。水资源的属性和功能、天然水资源价值理论、资源的有偿使用理论和环境库兹涅茨曲线规律等都是体现这一原则的具体理论。

（2）公平性原则包括同代人之间和代际之间、人与其他生物种群之间、不同国家和地区之间的公平。公平性原则决定了流城内生态建设成本负担者与生态建设效益的分享者处于平等的地位，由于行政区域、行业部门等造成的成本与效益的不对称性应予以协调，它是对限制发展区域的机会损失进行补偿，以及对水资源利用与保护中经济外部性进行补偿的理论依据。水资源的准公共物品理论、水资源利用与保护的外部性理论是体现这一原则，实现水资源公平共享的理论基础。

（3）共同性原则说明局部区域的问题往往会转为更大范围的全局问题。这就要求地方的决策和行动，应该有助于实现全流域整体的协调。这就意味着流域生态建设成本和所有利益相关者都有承担相应成本的义务和分享相应利益的权利，应建立流域生态补偿机制，加强公众参与，形成流域内各方参与的权责明确、协调统一的水资源与生态保护机制。

2. 水资源的准公共物品理论

水资源的准公共物品属性及由此造成的水资源利用与保护的外部性问题，是流域生态补偿的重要原因。水资源具有准公共物品的性质是从其消费使用的特殊性来确定的。

水资源是公共资源，是一种准公共物品，是具有竞争性但不具有排他性的准公共物品。利用市场机制无法生产和提供公共物品，在一定条件下只有依靠政府行政职能来执行公共物品的供给。水资源开发利用与保护的受益群体庞大，而且兼有公益性功能，所以仅仅利用市场机制来配置水资源的使用，目前来看具有非常大的困难，因此，对于水资源开发利用与保护中存在的外部效益或造成的外部损失，政府干预必不可少。

（1）水资源使用不具有排他性。因为尽管《中华人民共和国水法》明确水资源的所有权属于国家，但水资源的使用权还无法有效确定，即实现水资源初始权的分配存在一定困难。

（2）水资源使用具有竞争性是由于水资源的稀缺性造成的。用水的竞争性是指一个人对水资源的使用会影响他人对水资源的使用，如跨流域调水的受水区使用一定水量，那么调水区就必须放弃对这部分水量的使用；水量有限时，上游增大用水，下游就需减少取水，他们之间存在竞争性用水。

3. 水资源开发利用与保护的外部性理论

1）水资源利用与保护的外部性

在大多数场合下，无论是水资源的保护者还是消费者的经济行为都会给社会其他成员带来利益或危害。水的流动性、可更新性、多用途性和流域整体性决定了水资源产生的效益（包括正效益和负效益）具有显著的外部性特点，即效益转移的特点。在一个河流水系的流域范围内，通常上中游山区是水涵养区和径流汇流区，中下游地区则通常是主要用水区和径流散失区。上游区通常人口密度较小，工业化、城镇化水平较低，经济发展相对滞后；中下游地区人口比较稠密，工业化、城市化水平较高，经济实力较强。在流域水资源开发利用、江河治理和生态环境保护与建设的过程中，上下游之间都存在着成本和效益相互转移的问题。通过分析用户使用水资源对外界或其他用户造成的影响，可将水资源利用与保护的外部性概括为代际外部性、取水成本外部性、水资源存量外部性、环境外部性、水资源保护外部性等。

（1）水资源的代际外部性。对于作为地球自然禀赋的水资源，生存在地球上的每代人具有共享权。当代人在利用水资源时，一方面，当代人为追求对自身效益的最大化，对水资源的需求无限，利用和选择策略都按照自己的意愿，给下一代用水产生影响；另一方面，当代人试图降低水资源的开发成本，其结果势必首先开发那些容易开发、优质高效的水资源，提高资本收益率，而给后代人留下的则是难以开发、质量低的资源，势必增加后代人开发水资源的单位成本。这两种情况都造成当代人利用水资源的代际外部性。

（2）取水成本的外部性。一个水资源使用权的持有者若少抽取一单位的水，将会降低其他水资源使用权持有者的取水成本，但是不会得到相应的补偿；反之，将会增加其他水资源使用权持有者的取水成本。或者说上游的水资源使用权持有者增加取水量将影响到下游水资源使用权持有者的收益，而不必承担相应的成本。这便是水资源利用的取水成本外部性。

（3）水资源存量外部性。在一定时期，一定流域内，水资源存量是固定的。当某一水资源使用权所有者在第 T 期多使用一单位的水，将减少其他水资源使用权所有者在现在或将来可获取的水资源存量，这种现象即为水资源存量外部性。

（4）环境外部性。水资源一经使用便将以污水的形式排出使用区，不达标排放的污水排入河道将造成水体污染，影响污水排入区生产生活的正常进行。增加了社会的边际成本，而用水者却不负担排污引起的这部分成本，其私人成本小于社会成本。同时，水资源的过度开采利用，还会造成生态环境的破坏，如地下水位的下降、海水倒灌和土壤盐碱化等，降低水资源的再生能力，增加社会边际成本，而使用者并不承担相应的成本，造成了水资源利用的环境外部成本。

（5）水资源保护外部性。上游水源区建设涵养林或约束经济发展，投入大量资金、人力、物力，并承受因发展受到限制造成的经济损失，为下游用水受益区提供安全的水源，增大了社会边际效益，这个边际效益远大于上游水源区在保护水源时获得的“私人边际效益”，因此产生了正外部性。

根据上述关于水资源利用与保护外部性的描述，水资源利用产生的代际外部性、取水成本外部性、水资源存量外部性、环境外部性等都给社会造成了未由私人承担的外部成本，因此产生的是外部不经济性。而水源保护则是给社会带来未获得补偿的外部效益，因此是一种外部经济性。

2）水资源保护的外部性经济分析

根据水资源的公共物品属性，由于水资源消费具有非排他性或排他性费用很高，受益群体很难明确界定，因此难以实现费用的回收。水资源保护发挥的效益被社会各方面无偿享用，从而导致成本得不到补偿。在市场经济体制下，这种无法保本的经营自然吸引不了更多的资金投入，也就无法保障水资源保护投入的持续性。

外部性理论是解释带有公共效益的生产活动成本的重要理论。水的流动性、可更新性、多用途性和流域整体性，决定了水资源产生的效益（包括正效益和负效益）具有显著的外部性特点，即效益转移的特点。无论是外部不经济性还是外部经济性，都会造成生产者私人成本（收益）不同于社会成本（收益）引起帕累托效率的偏离。因而，需要消除私人成本（收益）与社会成本（收益）的差异。如图 3-2 所示是上游水源涵养与保护给下游居民带去的外部经济效益的分析图。上游植树造林，水土保持，甚至限制经济发展以保护水源，下游居民得到一定质量和数量的生产和生活用水，这时产生的社会效益大于私人效益，产生外部经济性。当存在外部经济性时，上游地区水资源保护在全流域的边际社会效益 MSB 大于边际私人效益 MPB。两条线之间的部分即为外部正效益。上游投资水源涵养与生态保护时，如果其投资行为由 MPB 和边际成本 MC 决定，这时保护规模 Q_1 小于由 MSB 和 MC 决定的有效保护规模 Q_2。若上游地区保护成本能够得到充分的补贴或补偿，使其保护规模达到 Q_2，则能够实现外部效应的内部化，对上游水涵养与保护工作产生激励作用，同时提高保护水平和环境质量。在水资源和水环境保护现状较好的地区，其流域上游地区水资源和水环境保护投入比较充分，保护规模 Q 往往处于 Q_1 与 Q_2 之间，此时存在的社会效益为 OP_SE_SQ，私人效益为 OP_PE_PQ，则存在相应的外部正效益为 $P_PP_SE_SE_P$，保护成本为 OP_CEQ。

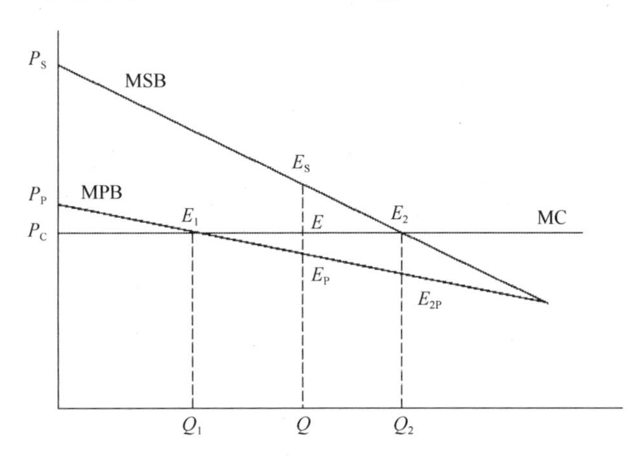

图 3-2　水资源保护的外部经济性

对流域生态补偿量的测算来讲，补偿量的下限应为 E_1EE_P，不应不超过全部的外部正效益 $P_PP_SE_SE_P$。在补偿标准的测算中，作为上限的水资源保护外部正效益 $P_PP_SE_SE_P$ 的科学测算方法尚不成熟，如何从总的保护成本 OP_CEQ 中划分出补偿量的下限 E_1EE_P 也难度较大。采取流域水资源共建共享理念，可以较好地解决补偿标准中的上述难点。

通过共享区的受益主体按享受共建区水资源效益的比例来分担保护成本，得到相对合理的水资源保护成本的分担方法，有利于促使流域上下游形成更为主动的、良性循环的利益分享和责任协调机制。水涵养与保护的外部成本内部化是测算水源涵养与保护补偿标准，并建立实施机制的主要经济学基础。

4. 公平性理论

从法学理论的角度出发，流域生态保护行为得不到相应补偿的现象，被视作权利和义务的不对称。一个社会的权利和义务应该是对等的，当出现权利义务不相称时，就意味着一部分人承担了较多的义务而享受了较少的权利，而一部分承担了较少的义务却享有较多的权利，这就出现了不公平的现象，此时，应该通过法律手段对这种扭曲的权利义务分配进行纠正。但是，按照我国有关流域生态补偿的相关规定，法律并没有要求下游具有强制补偿的义务，而下游是否向上游补偿完全取决于自身的良心或者道德，即上游是否能得到补偿是不确定的，这就会伤害上游保护流域生态环境的积极性，就如同法律若不能使好人一定有好报，那么做好事的人就会越来越少，因为做好事可能不会有好报，甚至要面临着各方面的风险；同样，上游保护流域要付出大量的成本，若得不到回报，上游就会亏本。生态补偿说到底是个社会公平问题，政府补偿机制应该是一种基于公平的机制。

5. 流域生态环境价值理论

1）生态环境价值

生态环境的价值应以马克思的劳动再生产价值理论为基础，从社会生态经济再生产的角度来研究。生态环境的价值取决于再生产其使用价值所需消耗的社会必要劳动时间，这一必要劳动时间可以分为三个部分：一是生态环境开发和利用过程中直接消耗的劳动时间；二是生态环境在简单再生产过程中所要付出必要劳动；三是生态环境扩大再生产所需投入的劳动。生态环境所能提供的生态服务是一种稀有资源和生产生活的基本生产要素，是一种自然资本，需要有效的配置和管理。

生态环境价值理论将生态环境作为自然资源资本，生态环境系统具有能量流动、物质转换和信息传递的功能，在生态环境转换过程中为人类生存提供必要的资源和生态服务，其服务功能对人类具有复杂而多样化的价值。

2）流域生态环境价值理论

一直以来，资源无限和环境无价的错误观念根深蒂固地存在于人们的思维中，同样也渗透于社会和经济活动的体制和政策中。近年来，流域生态环境破坏的加剧使人类认识到生态环境的价值，并成为了建立流域生态补偿机制重要的理论基础。生态环境不仅直接为人类提供产品，其调节功能、支持功能、供给功能和文化功能等为社会的发展的贡献更大。这要求人类在进行与流域生态有关的经济活动或制定相关政策时，必须要考虑其内在价值。流域生态环境资源的价值包括生态价值和经济价值，生态价值就是对生态服务功能价值的计量，经济价值是对生态环境所提供的产品的计量。而且生态价值远大于经济价值，经济价值的损失和收益是可以度量的，所以人们在利用其经济价值时，往往忽视了其生态价值。

随着人类对生存环境的质量要求不断提高，流域生态系统的整体性显得越来越重要，在这个过程中，其生态价值就凸显出来。当流域生态环境价值理论逐渐应用于流域生态补偿领域时，人们已经清楚地认识到一味的向生态系统索取而不向自然投资的做法是错误的。近年来，流域生态补偿制度的研究、制定和实施都是对人类的过失进行弥补的表现，流域生态补偿的重点有两个：一是对已经受损的生态价值进行修复和补偿；二是根据目前的经济行为对流域生态环境资源造成的影响征收补偿费用，为了达到自然资源的永续利用的目的，必须做到有偿使用。对流域生态环境资源的有偿使用就是指在开发利用流域资源时，对其经济行为造成的生态影响进行合理评估，并进行相应的生态建设，恢复、重建流域生态环境，增进环境创造价值的能力和潜力。

流域生态资源的价值包括生态价值和经济价值，其中生态价值是对生态服务功能的价值计量，经济价值多是对提供产品的计量。Dakiky 的研究表明流域生态资源的公益性价值（包括生态价值）则占大部分，而经济价值仅占流域的全部价值的一小部分。根据印度加尔各答农业大学德斯教授的对一棵 50 年树龄的树的估算，以累计计算，其吸收有毒气体、防止大气污染价值约 62 500 美元；产生氧气的价值大约为 31 200 美元；涵养水源价值 37 500 美元；产生蛋白质价值 2500 美元；为鸟类及其他动物提供繁衍场所价值 31 250 美元；增加土壤肥力价值约 31 200 美元。除去果实、木材和花的价值，创值总计约 196 000 美元。流域生态资源的生态价值远大于其经济价值，经济价值的损失是容易度量、可见的，生态价值的损失却往往为人们所忽视。流域生态补偿重点是对受损的生态价值进行的补偿，根据流域资源的具体情况，对退耕还林和对污水排放的限制等的具体经济价值是可以计量的，但对水资源生态服务业的价值计量存在一定难度，对其计量时，只能采用意愿调研评估和影子价格等间接市场价值法进行估算。

流域生态系统提供的生态服务和产品被视为基本的生产要素和资源，对其开发利用时应当考虑到其生态价值，若忽略其生态价值，超出了自然和生态环境的容量和自我恢复能力，就会导致其生态价值降低，甚至危及自然资源本身固有的价值发挥，必将产生严重的生态后果。因此，合理的资源配置是必要的，对自然资源必须做到有偿使用，开发利用流域生态环境资源时应当支付相应的补偿费用。

6. 成本收益理论

1）成本收益理论

成本收益理论由经济学家朱乐斯·帕帕特于 19 世纪首先提出，以经济人假设为基础，在各种约束条件下研究行为选择和预期结果之间的关系，寻求在成本最小的情况下使收益最大化的方法。

流域内上下游之间由于环境的污染造成了承担的成本和相对应的收益不均等，上游地区为了经济的高速发展和国民生产总值的快速提升，忽略了流域内的生态环境，其享受短暂的经济的高度增长，但由于外部性的存在，带来的环境污染外溢至流域内的中下游地区，上游地区并没有因此付出相应的成本，也没有对中下游各地区进行相应的补偿。

或者是上游地区在政府的政策调控下对水源地的生态环境进行保护，由于外部性的存在，使中下游的地区享受环境保护带来的好处，但并没有因此付出相应的成本，也没有对上游地区进行经济补偿。因此，流域内区域间因生态环境污染和保护导致了成本和收益的极度不均衡。

2）流域生态资源成本收益理论

按照公平原则，应当对流域内生态环境破坏行为制定一定程度的惩罚措施，收取生态环境治理费用；对生态环境保护行为支付一定的费用以奖励行为实施主体，鼓励其流域生态保护。又由于外部性的存在，上游地区的生态破坏行为给中下游地区带来了生态环境服务损失，应向中下游地区支付补偿费用；同理，其生态保护行为所付出的成本应当由获得收益的中下游地区进行补偿。

为了保护流域水源地水质和维持其水量，首先要控制污染，来源于流域内生活废水和工业生产废水，这些污染物排进水中，降低了流域水质。控制流域内生产和生活废水的排放最好的办法是对流域上游的居民进行移民，关、停、废流域内严重污染性的工业企业；其次要对流域水环境进行定期的检测和针对性的治理，建立水质监测站检测水体中各种污染因子浓度，针对水质实际检测指标值，对严重超标的污染物进行重点治理，保证流域水质恢复到一定的水质标准；最后要提高流域水环境的自净能力，如通过建立流域防护林、退耕还林等方式修复流域生态系统，提高流域水环境的稳定性。通过物理、化学和生物作用，受污染的水体经过自然净化，水质逐渐恢复到原来的状态。

流域生态保护行为所投入的成本主要有直接成本、间接成本、预期投入成本和发展成本。其中，直接成本，考虑的主要是上游地区为水质水量达标所付出的努力，进行生态保护而进行的投资活动，如在林业建设、水土流失治理以及防治污染等方面直接投入的人力物力财力等成本；间接成本是当地政府限制了部分行业的发展，对污染严重的企业施行关、并、停、转而带来的发展权损失，也包括为涵养水源、保护生态所进行的生态移民的安置费用等；预期投入成本是上游地区将来为进一步改善流域水质和水量而新建流域水环境保护设施、水利设施、新建环境污染综合整治项目等方面的延伸投入；发展成本主要是生态保护区为了保护生态环境、放弃部分发展权而导致的损失。

对流域生态环境的保护具有外部性，其带来的经济性的收益和生态效益不完全属于实施保护行为者自身，整个流域特别是中下游地区也同样获得很大的收益。流域上游的生态保护使整个流域都能受益，总体上，流域内上游的生态保护成本投入大于整个流域所获得的收益，流域内各个行政区的总体福利得到提高。但是，流域内中下游并没有对上游的生态保护行为进行付费，依据公平原则，就应该引入市场机制或通过政府，使成本和收益对等，对上游的保护行为进行补偿，对中下游的无成本受益行为实施收费。

7. 环境规制理论

环境规制是政府规制理论的必然衍生，是指要调整有关主体的经济活动，来保护生态环境系统，国家要出台相关政策和法律，来解决环境保护和经济发展的矛盾问题。初期环境规制只是国家非市场化调控的手段。随着对政府规制详尽的探讨，不断丰富的市场化手段包含财税、补贴，经济刺激、排污权交易等方式的产生，它们与行政法规所体现出来的环境规制手段出现了相互结合的崭新局面。

正式和非正式规制都属于环境规制范畴，正式环境规制又有两种情况：第一个是以市场为导向的鼓励型环境规制；第二个是政府主导的控制型环境规制。环境规制研究理论的学者一致认为，政府可以依据环境规制手段大力解决生态问题。

3.2.4　流域生态补偿的分析框架与核心内容

流域生态补偿作为流域管理的一种制度创新，国际上早在 20 世纪 70 年代就开始探索环境服务付费（PES）模式，通过调动私人资金的投入和政府、经济实体、私人部门和公民社会的广泛参与，同时通过政府的宏观调控和政策引导、市场机制的作用，构建流域上下游的生态补偿机制（mechanism of payment for watershed services），对激励生态保护与建设、遏制生态破坏行为，起到调节社会相关者经济利益的作用，以实现流域环境的治理和财产的第二次公平分配（张惠远和王金南，2006）。

流域生态补偿的基本原则是“受益者补偿，污染者付费”，通过对流域补偿主体和责任的清晰界定，剖析流域环境服务补偿过程，明确生态补偿的标准与方式。如图 3-3 所述，由于流域生态补偿涉及的利益主体高度多样化，利益关系高度复杂化，因此非常有必要从公共治理的视角来分析和研究流域生态补偿机制，特别是利用世界银行发展研究小组提出的环境信息公开、利益相关者对话制度以及其他公共治理机制，构建一个公平的流域生态补偿机制和政策框架，从而实现整个流域的共建共享和环境的改善。而一个公平的、稳定的和可操作的生态补偿机制的建立反过来又能有助于实现流域环境的善治。

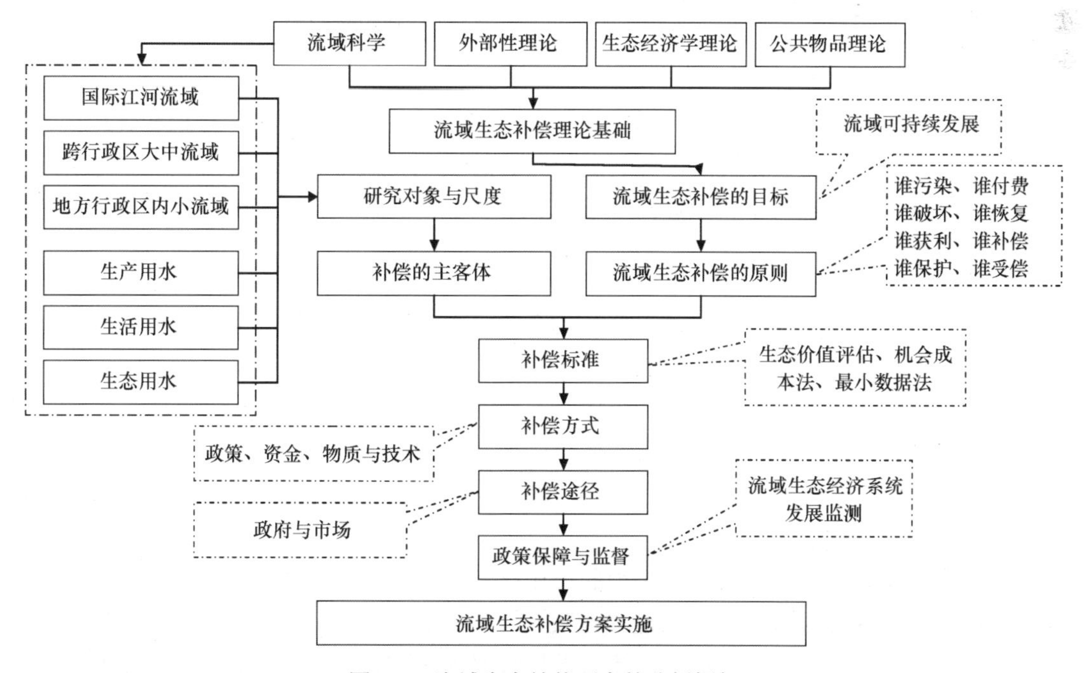

图 3-3　流域生态补偿研究的分析框架

流域生态补偿理论研究一方面需要明确生态补偿理论基础、确定目标及原则；另一方面需确定流域尺度并在此基础上明确补偿者和补偿接受者，确定补偿标准。然后逐步确定补偿途径、方式、政策并对补偿进行监督评价。目前研究主要集中在确定补偿标准及补偿途径方面。总结国内外流域生态补偿机制研究，本书提出流域生态补偿研究的分析框架（图 3-3），系统概括了流域生态补偿机制研究的理论基础、核心内容、研究方法、相关原则等。

1. 流域生态补偿分析框架

流域生态补偿机制构建、评估和分析，其基本的分析框架包含如下 8 部分内容。

1）补偿范围的确定性和系统诊断

生态补偿的范围是相当广的，除了对恢复已破坏的生态环境的投入进行补偿之外，还包括对未破坏的生态环境进行污染预防和保护所支出的一部分费用以及对因环境保护而丧失发展机会的区域内的居民的补偿、政策上的优惠和为增进环境保护意识、提高环境保护水平而进行的科研、教育费用的支出。具体的流域生态保护与补偿行动又可以分为：①对上游水源林的补偿，包括生态公益林、封山育林和植树造林的补贴；②坡、耕地退耕的补贴；③水源区或库区移民搬迁的补偿；④污水处理厂建设的补贴；⑤清洁卫生设施等环境保护的投入；⑥对区域发展限制的补偿，这种补偿可以通过国家或省级政府制定优惠的产业政策，引导和帮助上游地区建立生态产业；⑦控制农村非点源污染而限制农药化肥的过量使用对农户生产损失的补偿。这 7 个方面的补偿是一般意义上的生态补偿的范围，由于流域生态环境问题的差异性，可以在对流域环境问题进行系统诊断的基础上，采取不同的补偿方案。

2）补偿主体及其责任的界定

补偿主体及其责任的界定是流域生态补偿机制构建的基础和前提，分析和界定生态补偿的受益和责任主体，明确流域各利益相关者的权利和义务关系，开展流域生态补偿试点，对流域采取共建共享机制和跨行业水权交易。

3）流域生态的基本原则

流域生态的原则是流域补偿的基本前提条件，本章认为流域生态的原则应包括如下内容。

（1）谁受益、谁补偿，谁污染、谁治理，谁保护、谁受益。

（2）公平性原则。流域补偿即减小环境外部不经济性内部化的手段，实现财富的第二次分配和转移，核心问题是解决上下游流域保护的财富分配的公平性问题，在补偿政策的制定方面要考虑公平性问题。

（3）发展原则。推动流域生态保护的市场化和产业化发展，构建基于生态产业的产业结构特征，促进地方健康流域的能力建设。

（4）可操作件原则。可操作性是流域保护最终能否实现的基础，包括补偿标准的制订、立法的完善、政策的支持等。

4）补偿标准与环境补偿协议

在建立生态补偿机制中，补偿依据和补偿标准的确定是非常重要的，也是推动流域生态补偿政策可操作性的必备条件和补偿的基本依据。生态补偿标准的确定可以通过基于水质水量供需的成本和效益评估、生态服务价值评估或者是生态破坏损失评估建立生态补偿标准，但由于生态服务价值多为非使用价值，评估多是构建虚拟市场进行估算，存在一定的争议。环境补偿协议通过双方“讨价还价”的形式达成“协议补偿”，也可以在一定程度上反映双方接受补偿的意愿和支付补偿的意愿。

5）补偿方式及资金筹集方式

补偿方式包括补偿的类型、时间安排等。出于目前资金财力有限，仅通过政府无法筹集足够的资金，必须采取多渠道筹集流域生态补偿资金。资金可以来源于国家财政转移支付或生态建设项目、私有资金或国际机构筹集。

6）建立生态补偿机制

建立长效稳定的生态补偿机制是生态补偿政策实施的关键，生态补偿机制是在上述生态补偿相关问题分析的基础上，建立相关的政策、制度、法规、组织机构和可操作性的补偿办法，为解决方案和政策建议提供参考。建立生态补偿机制的原则是循序渐进、协商共识，明确主体责任、共建共享、公平与“共赢”原则。

7）补偿政策框架和补偿体系的构建

建立长效稳定的生态补偿机制，补偿政策框架和补偿体系的构建是基本保障，补偿政策框架可以规范生态补偿机制和市场，补偿体系可以作为补偿操作的参考和补偿效果的依据。

8）补偿政策的实践和试点

在案例区试行生态补偿政策框架和补偿体系，并在实施过程中改进和完善流域生态补偿政策和补偿体系，为全国和其他流域生态补偿政策的推进提供借鉴。

2. 流域生态补偿标准确定

1）定量研究方法

长期以来，资源无限、环境无价的观念根深蒂固地存在于人们的思维中，也渗透在社会和经济活动的体制和政策中。随着生态环境破坏日益严重催生对生态系统服务功能研究的深入，使人们更为深入地认识到环境服务的价值，并成为反映生态系统市场价值、建立补偿机制的重要基础。Contanza 等（1997）和联合国《千年生态系统评估》（《MA》）的研究在这方面起到了战略性的推动作用。补偿资金额度的测算是实施生态补偿的前提和关键环节。生态补偿标准的计算就是确定流域生态保护受益主体应当具体分担的投入量，确定受益主体对投入主体的补偿支付金额标准（任勇，2008）。综合国内外的研究，补偿的额度范围应当是处于生态保护者的经济发展机会损失额与生态保护的服务价值产出额之间，而最低标准应当是生态保护者损失的经济发展机会成本。目前的计算方法主要有：支付意愿法（WTP）（刘玉龙等，2006）、生态系统服务价值法（Costanza，1997）、机会成本法（OC）（Just，1990）、收入损失法（Antle and Heidebrink，1995）、总成本修正法（唐增等，2010）、费用分析法、水资源价值法（庄国泰等，1995）等。各主要评估方法的原理与方法见表 3-2。

表 3-2　流域生态补偿标准确定的主要方法比较

方法	原理	特点
支付意愿法	对消费者进行直接调查，了解消费者的支付意愿，或者他们对产品或服务的数量选择愿望来评价生态系统服务功能的价值	充分考虑了受益方的支付意愿。价格浮动太大，与相关收入有关，并且缺乏客观性，容易受到人为因素影响
生态系统服务价值法	研究生态系统服务价值的“综合集成性方法”。水生态系统服务价值的构成主要包括为人类社会经济发展所提供的产品，以及为维持人类生存和发展所依赖的生态环境条件等	通过采用市场价值法、机会成本法、影子价格法、恢复费用法等生态经济学评价方法对其价值进行综合评估与核算。可作为生态补偿的参考或理论上限值
机会成本法	水源保护区（投入主体）为了整个流域的生态环境建设而放弃一部分产业的发展，从而失去了获得相应效益的机会	充分考虑了水源区的利益，计算公式简单，考虑的因素较少，计算结果往往偏大
收入损失法	利用流域水生态变化对健康的影响及其相关货币损失来测算流域水生态服务的价值	计算中涉及数据多，较麻烦，计算结果的完善准确还需要大量数据支撑
总成本修正法	总成本修正法首先对流域上游地区生态建设的各项投入进行汇总，对上游生态建设外部性的补偿量进行计算	用模型客观地计算了各项成本所需要的补偿。计算模型技术难度大，工作量较大
费用分析法	水源涵养区为维持和保护流域生态要承担一定的费用，此费用可以用来判定受益区对水源供水区要进行的生态补偿额度	分析了各种防护成本所需要的费用。对上游地区后继工作以及下代人补偿研究不足
水资源价值法	当流域生态服务（如洁净水资源） 价值可直接货币化时，可基于市场价格实施流域补偿。根据水质的好坏，来判定是受水区向水源区补偿，还是水源区向受水区补偿	简化了研究目标，以水质和水量结合来做判断。但是，缺乏综合研究，方法有待改进和完善

2）最小数据方法改进

在设计生态系统服务付费项目时，一个重要的目标是如何实现成本有效，即利用最小的成本获得最多的生态系统服务。因此，关键问题之一就是弄清付费与生态系统服务改善程度之间的定量关系。由于生态系统服务的产生和影响生态系统服务的行为都具有空间异质性，因此通常都需要开发不同尺度上集成的经济和自然模型来定量模拟付费。例如，Just 和 Antle 提出了一个分析农业与环境政策关系的概念框架，其基础就是在不同尺度上开发集成的经济和环境模型（龙祎锟，2006）。但这些模型需要详细和复杂的生物物理和经济数据，这些数据尤其是经济数据的获取通常需要很高的成本，也需要大量的时间，而政策分析通常需要及时获得结果，并具有一定的精度就可为决策提供信息支持（王贵华等，2010）。基于此，Antle 和 Valdivia（2010）提出了一个最小数据方法模拟土壤碳的供给，通过降低对数据的要求，扩展了生态系统服务供给模型的应用。最小数据方法的基本思想是基于生态系统服务供给的机会成本推导生态系统服务的供给。生态系统服务的供给不便于测量，通常以土地利用方式为替代指标。农户通过改变土地利用方式影响生态系统服务供给以及农户自身的经济收益（Perrot -Maitre，2001）。

我国的流域生态补偿标准定量方法的发展，仍无法满足当前生态补偿实践的需求。

在当前的研究结果中，补偿的标准是个固定不变的值，但实际上应该是一个区域性的动态的标准。它应该随着区域不同、时间变化和地区间经济状况的不同而动态变化和调整，如在生态环境建设初期与建设后期，经济落后与经济发达地区都应有所差别，不能简单划一，否则会形成新的地区不公，不利于标准的落实。

3. 流域生态补偿途径

流域生态补偿途径是补偿活动的具体实现方式。根据将流域生态服务的外部性内部化的方式，可以将补偿途径的各种方式分成两类——政府主导型和市场交易型（Rosa and Kandel，2003）。

1）政府主导型

政府主导的流域生态补偿，又称为公共支付体系，是以政府行政手段强制受益方支付给补偿对象，或以政府财政转移方式直接支付给补偿对象的生态补偿模式，其特点是以行政权的行使为主要手段，具体有财政转移支付和生态补偿基金等形式（Scherr，2004）。流域生态补偿中的财政转移支付是指上下级或各地方政府之间以各地政府之间所存在的财政能力差异为基础，为实现某一共同的生态环境目标而实行的一种财政资金支付方式（宋红丽，2008）。从受偿方向看，财政转移支付可分为纵向和横向两种类型。前者是上级对下级的补偿，而后者一般包括下游补偿上游和发达地区对贫困地区给予资金与技术支持两个层次。纵向财政支付属于中央对地方纵向财政支付的流域生态补偿，而横向财政转移是省内流域上下游之间的生态补偿实践（王金南，2005）。

生态补偿基金是政府、非政府机构或个人出资支持生态保护的行为和补偿方式，流域生态补偿基金主要来源于下游地区的利税、国家财政转移支付资金、扶贫资金和国际环境保护非政府机构的捐款等（Hajek，2011）。20 世纪 80 年代后期，哥伦比亚考卡河流域、厄瓜多尔流域、菲律宾 Makiling 森林保护区等率先成立独立补偿基金，专门用于开展各项流域保护活动。生态补偿基金在我国的成功实践还不多，而对特定的具有重要意义的流域的生态补偿，生态补偿基金不失为一种可以大力发展的、可持续性的补偿方式。

2）市场交易型

以政府购买为主的生态环境服务补偿方式在实际操作中存在不少问题，人们在试图解决这些问题的同时，也在积极探索新的生态环境服务付费模式，其中对基于市场的生态环境服务支付方式的探索最为活跃。在发达国家，既重视发挥政府的主导作用，又有效利用市场机制。政府的主导作用主要体现在制定法律规范和制度、宏观调控、提供政策和资金支持上，以解决市场难以自发解决的资源环境保护问题。许多国家建立了有效的资金筹集机制，通过权利金调节不同资源使用者之间的关系，通过矿产权出让金或矿业权有偿使用费调节国家与矿业权人之间的关系，通过生态税（eco-tax）调节资源消费者与社会的关系，如德国、澳大利亚采用生态税、环境税等措施控制对自然资源的过度利用（Bork，2003；Albrecht，2006）。这些税费收入主要用于生态环境治理，当这些资金不足以实现生态环境保护和修复时，政府还会通过多方面、多渠道筹集资金加以补充，不会在资源环境保护上留下资金缺口。此外，发达国家由于经济发展水平较高，财政收入较多，因此，大部分公益性生态建设都是由政府扶持，有些国家由政府财政全额拨款。

目前，我国在补偿的途径和方式上存在的主要问题是：补偿主体单一，纵向补偿为主，缺乏生态横向转移补偿机制；以“项目工程”方式进行生态补偿，便于操作，然而容易导致生态政策缺乏长期性和稳定性，生态保护效果难以持续；生态保护补偿标准“一刀切”，补偿标准偏低；生态补偿融资渠道主要有财政转移支付和专项基金两种方式，其中财政转移支付是最主要的资金来源；针对生态环保的主体税种不到位，相关的税收措施比较少，并且相关规定过于粗略。究其原因，可以说主要是对流域生态保护的战略重要性认识远不到位，地方政府以牺牲生态环境为代价的经济发展观和官员政绩观随处可见，严重制约生态保护深入开展；国家和地方政府层面缺乏生态补偿的科学、有效的制度设计和制度体系，生态补偿目前还只是停留在理念层面，而生态保护补偿机制的实施根本上“无法可依”；支撑生态补偿科学决策的生态补偿机制科学研究十分不足，对需要开展生态补偿的流域、区域、生态系统等及其实施补偿的优先次序分级等，目前根本没有相应的“指南”，因此，补偿哪个地方、补偿谁、如何补偿等，都是问题。尽管国家社会经济发展“十二五”规划已经明确了国土空间的主体功能区划分，其中有“限制开发区”“禁止开发区”的区域划分，但对于实施生态补偿机制而言，还根本不能参考和使用。因此，生态补偿机制研究，需要在上述方面下大工夫。

3.3 流域生态补偿研究进展

3.3.1 国外流域生态补偿研究进展

国际上流域生态服务市场最早起源于流域管理和规划，如美国田纳西州流域管理计划，1986 年开始的保护区计划，这是为减少土壤侵蚀对流域周围的耕地和边缘草地的土地拥有者进行补偿。在国外，流域生态服务以市场化产品的形式出现，而科学界定流域生态服务的市场化产品是流域生态补偿非常重要的一个环节，这也是国外开展流域生态环境补偿的重要依据与基础。目前对流域生态系统服务功能的研究多集中在河流生态系统的休闲娱乐价值方面，评估方法主要采用了市场替代法、旅游费用法、概念模型、径流与流域生态服务关系的经验模型等（Young and Gary，1972；Bayha and Koski，1974；Daubert and Young，1981；Ward，1987）。

在流域生态服务功能研究方面，Daily，Costanza，Gairns，MA 等分别对生态服务功能进行了分类，其中流域生态服务功能主要表现在水调节、水产出、生物多样性保护、废物净化、食物生产、文化、休闲娱乐以及流域森林的水土保持、水源涵养、木材生产和碳储存等方面，总体上看可以归纳为产品提供（淡水、水产品、木材和碳储存等）、调节功能（水调节、水土保持、水源涵养、废物净化等）、生境提供（生物多样性保护）和信息功能（文化、休闲娱乐等）。Young 和 Gray（1972）较早评估水资源的娱乐价值，他们估计水在娱乐方面的价值为 25～40 美元/km^2。随后对美国田纳西州 Tennessee 流域、

Snake 河 Hells 峡谷、科罗拉多州 Calapoudre 河、新墨西哥州 Chama、亚利桑那州 Aravaipa 峡谷野生动物保护区、北卡罗来纳水库等河流或水库的河上泛舟和垂钓等娱乐活动，主要研究了径流量和水质等变化对河流休闲娱乐功能的影响。另外，Greedy 等（2005）研究了澳大利亚 Central Gippsland 地区面积 4800hm^2 的流域白蜡林森林生态系统的木材生产、水产出和碳储存 3 种服务功能，结果表明，流域森林效益的最大化主要取决于水产出和碳储存功能的提供而不是木材生产。在价值研究方面，从 20 世纪 70 年代初期挪威开展的自然资源核算研究开始，到 80 年代中期以来，世界上已有美国、加拿大、荷兰、日本、德国等 20 多个国家政府和研究机构进行了自然资源核算理论方法的研究与探索，同时对水资源价值及水环境价值的补偿提出了具体实施的措施。美国、巴西、德国等国家先后实施征收包括水资源在内的资源税，用以补偿与恢复资源价值的耗费；美国、澳大利亚、加拿大、丹麦、芬兰、德国、希腊、墨西哥、荷兰、挪威、西班牙、瑞典等国家自 70 年代起征收排污费（税）来补偿水的环境价值的耗费（赵春光，2009）。

国际上对流域生态补偿的研究已经形成许多理论和方法，但还没有形成统一的标准来进行补偿。通常将流域保护服务分为水质与水量保护和洪水控制 3 个方面，这 3 种服务相互关联，通常拥有不同的受益人。对这 3 种流域服务的公共补偿，以及对水质与水量的私人补偿，都有利于水源保护者，特别是当地的一些贫困人群；国际流域环境服务付费的驱动力来源于需求方和供给方。从买者、卖者、中介者分类来看，政府仍发挥着重要作用，但不是绝对作用。在国外，尤其是发达的市场经济国家，对流域生态服务的付费往往是由下游的私人部门提出，如在英国国际环境与发展研究所（IIED）的案例中，52%是由需求方驱动的。国外对生态补偿标准的研究更加侧重于补偿意愿和补偿时空配置的研究。哥斯达黎加的埃雷迪亚市在征收“水资源环境调节费”时，以土地的机会成本作为对上游土地使用者的补偿标准，而对下游城市用水者征收的补偿费只占他们支付意愿的一小部分。美国 CatskillDelaware 流域确保相关利益群体广泛参与生态补偿方案的制订，美国政府借助竞标机制和遵循农户自愿原则来确定与各地自然和经济条件相适应的补偿标准。这种方式确定的补偿标准实际上是农户与政府博弈后的结果，能化解许多潜在的矛盾：Moran 等（2006）对苏格兰地区的居民生态补偿的支付意愿进行了问卷调查，并采取 AHP 和选择实验法（choice experiments，CE）进行了统计分析，结果表明，基于环境和社会福利目标，居民有较强的意愿以收入税的模式参与生态付费。Johst 等（2002）则建立了生态经济模型程序，以实现详细设计分物种、分功能的生态补偿预算的时空安排，并为补偿政策实施提供了数量支持（李怀恩等，2009）。

英国的国际环境与发展研究所（International Institute of Environment and Development，IIED）、美国的森林趋势组织（Forest Trend）分别就环境服务及其补偿机制在世界范围内的案例进行研究和诊断，以作为理论探讨和实践的依据。

据 Landell-mills 和 Porras（2002）在“银弹还是愚人金——森林环境服务及对贫困的影响的市场开发的全球性展望”研究中披露，世界上现已有 287 例森林环境服务交易，这些交易涉及 4 种环境服务类型，其中 75 例是碳储存交易，72 例是生物多样性保护交易，61 例是流域保护交易，51 例是景观美化交易，还有 28 例属于“综合服务”交易。这些案例并非仅集中于发达地区，而是遍布美洲、加勒比海、欧洲、非洲、亚洲以及大洋洲的多个国家和地区。案例在参与人员的数目与类型、采用的偿付机制、竞争以及成熟程度等方面都有很大的不同，通常对当地和全球的福利也有不同的影响。

委内瑞拉首都加拉加斯城是一个人口集中而又缺水的城市。城市饮用水有3处水源，这3处水源分别对应着3处国家公园：Guatopo国家公园、Macarao国家公园和Avila国家公园。为了保护城市的水源，集水区的管理由州政府统一负责。

巴西的里约热内卢，位于大西洋沿岸，是拉丁美洲第三大人口密集城市。为了保护水量和水质，里约热内卢大市区从19世纪开始建立自然保护区，第一个被保护的森林位于里约热内卢市附近的Tijuca Massif区（Da Cunha et al.，2001）。1991年，里约热内卢大市区所在的大西洋雨林群落，被联合国教科文组织和人与生物圈计划列为生物圈保护区，这为里约热内卢市保护森林和城市集水区提供了良好的机遇。

巴拿马市和科隆市的饮用水均来自巴拿马运河流域。为了保持水土，减少运河中的泥沙含量，改善饮用水质，政府决定在集水区造林。预测认为，如果每年在流域内退化的林地上造林 1000km^2，就不必再建造额外的大坝。基于这种预测，巴拿马通过了一项新法律，即为了改善水质，提高运河的水流量，增强运河功能，在流域的集水区促进造林。

澳大利亚的墨尔本市，90%的饮用水来自东部和北部无人居住的山地森林集水区，其中有49%的集水区属于国家公园，其他集水区也大多为州有林，主要有3个国家公园。墨尔本市的水务公司负责集水区的管理，并与“维多利亚可持续发展与环境和公园部”密切合作共同管理州有林及国家公园。墨尔本水务公司宣称墨尔本市是世界上少有的几个对集水区森林进行如此好的保护的城市之一。

菲律宾首都马尼拉是一个严重缺水的城市，其大部分饮用水来自附近的Mt Makiling森林保护区。由于认识到森林保护在保护水资源方面的重要作用，这一地区的水的主要用户愿意支付额外的水费用，用于加强森林保护区的管理。

这些发生在城市水源地的生态服务支付案例都具有一个共同特点：与流域管理和饮用水供应有关，上游地区经济相对发达，下游经济相对落后，存在强烈的环境服务需求，并且具有支付意愿和支付能力。同时，由于流域管理和下游水供应、水质之间的物理联系通常可以被认识到（尽管未被很好地理解），用水户制度也已建立。服务使用者（水用户）需要并愿意为水付费，而且存在征收生态有偿服务费用的机制（水费）。

基于4种生态补偿模式和类型、对国外典型流域生态服务补偿的案例进行分析，以寻求流域生态服务补偿形成的机制和契机。

1. 自发组织的私人贸易

自发组织的私人贸易在国外的特殊区域和条件下广泛存在，市场化程度和操作性都很强，是资源利用与环境保护制度创新的典范。交易的生态服务类型包括水土调节（水源涵养、水土保持）、景观美化、废物净化等多种形式。

20世纪80年代，由于环境的污染使水质受到影响，许多瓶装水公司为了缓解水源质量下降和降低开发利用新水源的成本，对上游水源区进行补偿和保护以改善水质。

Energia Global（简称EG）也是一家私营水电公司，为使河流年径流量均匀增加，减少水库的泥沙沉积，Energia Global 按每公顷土地 18 美元向 FONAFIFO（国家林业基金）提交资金，国家政府基金再添加 30 美元/hm^2，以现金的形式支付给上游私有土地主，要求他们同意将土地用于造林、从事可持续林业生产或保护林地。另外两家哥斯达黎加公共水电公司（Compania de Fuerza y Luz 和 CNFL）及一家私营公司（Hidroelectrica Platanar）也都通过 FONAFIFO 向土地进行补偿。这种是国家政府和私人共同参与进行生态补偿的模式。

该支付补偿模式不是基于污染物容量与水质的关系，而是根据使用新技术所承担的风险和可能减少的利润计算的，是市场条件下利益驱动平衡的结果。由于投入水平较高，而且主要是私有资金的投入，因此，将局限在高利润产业或产品需求增长较快的产业。

法国农业科学院（INRA）将过滤厂的成本与通过草场管理进行水分过滤的成本进行了成本效益分析。研究认为，如果管理良好的 1hm^2 草场每年能生产饮用水约 3000m^3，则该项目在经济上具有可行性。

另外，哥斯达黎加水电公司对上游植树造林的资助、哥伦比亚考卡河流域灌溉者协会对调节河流径流的支付，都是通过植树造林和保护植被调节河流径流量，购买的生态服务类型为水土调节。

考卡河流域是哥伦比亚第二大城市卡利市的粮食产区，20 世纪 80 年代后期，该流域面临干旱和洪水的困扰。水稻与甘蔗种植者就自发组织成立了 12 个用水户协会，自愿提高水费成立独立基金，用于支付那些改善河流流量的必要活动。在菲律宾的 Makiling 森林保护区的大多数用户同意每月交纳额外的费用，用于支付流域保护活动。这些支付的数额反映了生态服务受益者对生态保护的补偿支付意愿。生态服务市场在这些地区存在的主要原因是农业收益率较高。

由于旅游者喜欢河岸两边是“原始丛林”，哥斯达黎加 Pacuare 流域筏运公司 Rios Tropicales 创建基金购买了沿河周围的土地，90%以上被森林覆盖，其余部分用于旅游者休憩和就餐的临时住所，这种方式给筏运公司带来了经济效益，也保护了流域，该案例中购买的生态服务类型为景观美化。

为了保持水质，作为天然矿物质水的最大制造商法国毕雷威泰尔（Perrier Vittel S.A.）矿泉水公司投资约 900 万美元，它向位于 Rhin-Meuse 流域腹地的奶牛场提供补偿，以高于市场价的价格吸引土地所有者出售土地，并承诺将土地使用权无偿返还给那些愿意改进土地经营方式的农户，购买了水源区 1500hm^2 农业土地。农民则减少以牧养为基础的奶牛农场业和改进对牲畜粪便的处理方法以及放弃种植谷物和使用农用化学品，采用环境友好型的生产经营方式。

2. 开放式的贸易体系

开放式的贸易体系的重要特征是政府或公共部门首先确定了某项资源的环境标准。典型的案例有美国的污染信贷交易和澳大利亚的蒸发蒸腾信贷。

美国为改善水质，采用了污染信贷交易，即一家污染单位用较低的成本将污染物排放量降低到规定的水平之下，并可将节省的这部分排放指标（即信贷）出售给其他认为购买信贷比执行标准的成本更低的污染单位，这使点源污染者和非点源污染者都有动力减少污染排放量。信贷交易可以发生在点源污染和非点源污染之间，也可以发生在点源污染之间。

由于非点源污染涉及范围广、成本较低（如可以通过减少化肥农药的施用等降低非点源污染），点源与非点源污染之间信贷的交易机会更大，成本更低，这种方式对改进水质和减少污染物的排放有很好的激励作用。由于治污成本在地区间的差异，污染信贷交易可能会造成局部地区污染加重。

澳大利亚的 Mullay-Darling 流域由于森林砍伐造成了土壤盐碱化加重，实施了水分蒸发蒸腾信贷，即上游农场主按每蒸腾 100 万 L 水交纳 17 澳元，或按每年每公顷土地 85 澳元进行补偿，支付 10 年。拥有上游土地所有权的州林务局，通过种植树木或其他植物获得蒸腾作用或减少盐分信贷，以改善土壤质量。

3. 公共支付体系

国际上流域生态最早起源于流域管理，属于政府为主导的公共支付体系。例如，美国田纳西州和纽约的流域管理计划，从 1985 年开始美国政府就购买生态敏感土地以建立自然保护区，对保护地以外并能提供重要生态环境服务的农业用地实施“土地休耕计划”（conservation reserve program，CRP）（Heimlich，2002），都是通过对流域内的农场主进行补贴获得改善水质和保护流域的生态效应。由于保护流域作为一种公益事业，这种生态补偿方式在世界范围内广泛存在。

纽约市作为世界上最大、最富有的城市之一，其水资源供应来自城市北部 Catskill 山区：水质天然优质，无须处理或过滤就可作为饮用水。纽约市每天消费 80 亿～100 亿 L 的水。然而，到 20 世纪 80 年代末，Catskills 流域内的农业生产的变化和其他方面的发展（如非点源污染、污水污染、土壤侵蚀等）都对水质造成了威胁。纽约市的水资源规划者们面临两种选择：一种选择是建设水处理系统，但仅建设费就需耗资 40 亿～60 亿美元，再加上每年大约 2.5 亿美元的运行成本，费用总现值将为 80 亿～100 亿美元；另一种选择是与 Catskill 流域的上游土地所有管理者合作，消除潜在问题，保持高质水源。他们选择了第二个方案。这个典型的生态有偿服务方法包含许多不同的措施和方案（包括对农田资本成本和减少污染的农业生产措施的补偿）。纽约市为此花费约 15 亿美元，即不到水处理方案预算的 20%。无论哪种方案，纽约市的用水户都不得不通过他们的水费和其他的债券、债务等方式支付这些费用。然而，通过探索和实施生态有偿服务方法以解决问题（而不是等水质恶化后再花钱解决问题），纽约市市民受益于持续、优质的饮用水供应，避免了持续不断的高处理成本。此外，生态有偿服务方法有助于保护流域及流域所提供的其他服务（娱乐、生物多样性保护和其他的环境服务）。支付给流域内的环境服务提供者的费用来自于用水户（他们不得不支付这一费用，作为水费的一部分）。在这个案例中，我们看到“市场”存在于纽约市的水务公司和流域管理者间，而不是数以百万计的纽约市用水户和流域管理者之间。

厄瓜多尔正在全国的不同地区试行各种各样的生态有偿服务方式。在首都基多，水利和电力公司的部分财政收入被再次分配，这些补偿支付给私有土地所有者和为城市提供环境服务的流域保护区，支付给流域中不同形式的保护行动，以帮助保护基多的水资源供给。

在萨尔瓦多的亚马瓦尔，当地的生态有偿服务制度中，地方市政当局关注蓄水层补给，以保护地方供水问题，它与上游土地使用者之间存在直接交易。生态补偿支付给那些位于蓄水层补给区的私人土地所有者，用以支持促进水渗透到蓄水层的土地利用实践。

墨西哥，这是一个供方的案例，被称为水文生态有偿服务（PASH）全国工程。PASH 付费给上游的拥有土地的传统社区的成员，以保护流域植被，避免森林退化。这些费用来源于下游用水户，按水使用筹集的再次分配基金。但是这些资金的实际分配由政府决定，并且通常基于政治上的考虑（如“到处撒钱”），而非基于经济效率的考虑。

2003 年墨西哥政府成立了一个价值 2000 万美元的基金，用于补偿森林提供的生态服务。补偿标准是对重要生态区支付 40 美元/（hm^2·a）[约 22 元/（亩·a）]，对其他地区支付 30 美元/（hm^2·a）[约 16 元/（亩·a）]（Scheer et al.，2004）。

哥斯达黎加 1995 年就开始进行环境服务支付项目（payments for environmental services（PES）programme），成为全球环境服务支付项目的先导。1995～1999 年哥斯达黎加在 AIJ 框架下开展了 11 个项目增加碳储存，其中 15800 万美元投资于 5 个森林管理项目、13500 万美元用于 5 个能量项目、100 万美元用于 1 个农业项目。

哥斯达黎加埃雷迪亚市的案例，埃雷迪亚市是哥斯达黎加的一个大学小镇、距离首都圣何塞不远。埃雷迪亚市每天用水约 300 万 L，仅相当于纽约市水资源消费量的 0.1%。与纽约市相似，埃雷迪亚市面临的问题是流域内经济行为的变化影响到了饮用水的安全供应，于是，该市开始利用生态有偿服务，通过向用水户（约 50 000 户）收费用于补偿给流域内实施改进保护措施的农户。

20 世纪 90 年代晚期，研究人员考虑到了森林覆盖的流域提供的各种环境服务——水资源供给、生物多样性、碳储存、娱乐休闲和减少洪涝等；在埃雷迪亚市的流域内，如果改变土地用途，集约经营的奶制品生产将会是最有前景的替代方式，预计每年每公顷土地有大约 53000 科朗的总收入，即 175 美元。哥伦比亚为流域管理收取征收生态服务税（eco-taxation），市政部门对私有土地主的公共补偿用于私有土地主在其土地上进行流域管理和政府部门购买水文敏感的土地以加强流域管理。

进一步研究表明，农民愿意接受每年每公顷大约 23000 科朗（约 75 美元）的补偿，“出售”他们的土地功能转变权，以保护森林。这些资金用以补偿农民的收入损失，并帮助他们开展其他保护措施。进一步分析表明，如果按照每立方米用水收取 270 科朗（不到 1 美分）的生态系统服务补偿费，则可以从用水户那里征收到足够的基金，补偿给流域保护和项目管理所需要的每年每公顷 23000 科朗的费用。这种有偿生态服务收费相当于水价上涨 1%～3%（水费因用水种类而异）。这一制度现在正在实施，每立方米用水收费从 2000 年初始的 1.90 科朗（约 0.38 美分）涨到现在的 3.80 科朗（约 0.84 美分）。但生态有偿服务的费用仍不到水费的 2.5%。值得注意的是，埃雷迪亚市的案例展示了一个有针对性的“专项”费的应用，以增加水公司的收入，支付给那些避免未来的水供应难题和费用的行为。与此相反，纽约市的生态有偿服务依靠当前的收入，解决眼前的问题。生态有偿服务被认为是解决流域管理中问题的最有效的方法。

巴西的州级税收“商品和服务流通所得收入（ICMS）”的分配机制对各地保护林地的积极性产生了消极的影响。巴拉那州议会决议从 ICMS 收入中拿出 5%的资金作为“生态 ICMS”，根据环境标准进行再分配，2.5%分配给有保护单元或保护区的区域，另外 2.5%分配给那些拥有水源流域的地区，用以鼓励保护林地的活动。

在德国的流域生态补偿实践中，比较成功的案例就是易北河的生态补偿政策。易北河贯穿两个国家，上游在捷克，中下游在德国。1980 年前从未开展流域整治，水质日益下降；1990 年后，德国和捷克达成共同整治易北河的协议，成立双边合作组织。整治的目的是长期改良农用水灌溉质量，保持两河流域生物多样，减少流域两岸排放污染物。双方设置了 8 个专业小组：行动计划组负责确定、落实目标计划；监测小组确定监测参数目录、监测频率，建立数据网络；研究小组来研究采用何种经济、技术等手段保护环境；沿海保护小组则主要解决物理方面对环境的影响；灾害组的作用是解决化学污染事故、预警污染事故，使危害减少到最低限度；水文小组负责收集水文资料数据；还有从事宣传工作，每年出一期公告，报告双边工作组织工作情况和研究成果的公众小组以及法律政策小组。根据双方协议，德国在易北河流域建立了 7 个国家公园，占地 1500m^2。两岸流域有 200 个自然保护区，禁止在保护区内建房、办厂或从事集约农业等影响生态保护的活动。经过一系列的整治，目前易北河上游的水质已基本达到饮用水标准，收到了明显的经济效益和社会效益。在易北河流域整治的过程中，德国多方筹集资金和经费，目前的来源主要有以下几个部分：财政贷款、研究津贴、排污费（居民和企业的排污费统一交给污水处理厂，污水按一定的比例保留一部分资金后上交国家环保部门）以及下游对上游经济补偿。在 2000 年德国环保部就拿出了 900 万马克给捷克，用于建设捷克与德国交界的城市污水处理厂，在满足各自发展要求的同时，实现了互惠互赢（朱桂香，2008）。

澳大利亚基于市场机制的流域补偿模式。澳大利亚的一项重要的流域之间生态补偿项目可以称为“灌溉者支付流域上游造林”。这项治理措施的参与者是新南威尔士的林业部门（SF）和马奎瑞河食品和纤维协会（MRFF）——一个由马奎瑞河周边集水区的 600 名灌溉农民组成的协会。MRFF 为其获得的流域生态环境功能性服务价值付费，而这一流域生态环境功能性服务价值是由林业部门和上游的私有土地所有者因参与保护生态而产生的，这些上游土地所有者作为这项协议的第三方参与者。1999 年，SF 和 MRFF 一起参加了一个引水控盐贸易协定，据此 MRFF 向 SF 支付一定的费用以供其在下游集水区域更新造林（赵玉山和朱桂香，2008）。

在亚洲，日本很早就已经认识到建立水源区利益补偿制度的必要性。在 1972 年，日本制定了《琵琶湖综合开发特别措施法》，这在建立对水源区的综合利益补偿机制方面开了先河。在 1973 年制定的《水源地区对策特别措施法》中，则把这种做法变为普遍制度而固定下来。目前，日本的水源区所享有的利益补偿共由 3 部分组成：水库建设主体以支付搬迁费等形式对居民的直接经济补偿；依据《水源地区对策特别措施法》采取的补偿措施；通过“水源地区对策基金”采取的补偿措施。

4. 生态标记

在国外具有生态标记的农产品和木材等已成为消费的热点，价格要高出普通产品 2

倍以上，其中包含了对可持续生产、发展方式的补偿。2000 年全球经认证的有机农产品的贸易额已达 210 亿美元（Clay，2002）。据估算，美国消费者愿意多花费 0.5～1 美元来购买经认证是以环境友好产生的咖啡（Jenkins，2004），这其中包含了对生态补偿的价值。

从以上的案例分析可以看出，在国际上流域生态服务补偿已经从政府投资为主逐渐发展到政府、私人企业、金融机构等多渠道的融资方式。政府和市场都发挥了重要作用，由于市场机制可以更好地反映生态保护与补偿的成本收益，市场创新对流域生态补偿正在发挥更重要的作用。

3.3.2　国内流域生态补偿研究进展

我国的生态补偿起步早，但发展比较缓慢。流域生态补偿是近年来兴起的一种环境保护措施，尚处在起步阶段。中国流域生态补偿的研究最初基于生态服务功能价值的评估，张志强等（2001）以黑河流域 1987 年和 2000 年的 1∶100 万 Landsat TM 图像解译数据为基础对 1987 年和 2000 年生态服务功能进行评价，结果表明，2000 年的生态服务功能经济总价值比 1987 年减少了 32.658 亿元人民币，2000 年生态服务经济总价值是 1999 年 GDP 的 1.425 倍，并在 2002 年利用条件价值评估方法（contingent valuation method，CVM）问卷调查了黑河流域居民对恢复张掖地区生态系统服务的支付意愿（WTP）。结果表明，黑河流域 96.6%的居民家庭对恢复张掖地区生态系统服务存在支付意愿，平均最大支付意愿每户每年在 45.9～68.3 元。赵同谦（2003）对我国地表水生态系统服务功能进行研究，认为我国地表水的服务价值为 2000 年国内生产总值的 11%。

专栏 3-2　奈瓦夏湖小型流域的 PES 实践

奈瓦夏湖是肯尼亚半干旱地区唯一的一个内陆淡水湖，属于东非大裂谷的一部分，拥有许多著名的自然风光和野生动物资源，已被公认为《拉姆萨尔湿地公约》中“国际重要湿地”。与此同时，奈瓦夏湖带动了该地区旅游、园艺和花卉等产业的蓬勃发展。庞大的花卉出口行业，也具有一定的争议。花卉行业虽产生了大量的就业机会，但媒体也批评这个行业在奈瓦夏湖地区造成了大量的社会和环境问题，许多花卉生产公司最初没有在意工人福利，也没有关注从温室大棚里排放的污染物。然而，媒体的负面报道与花卉的全球零售商也需要符合全球的私营标准，导致了近年来花卉产业发展的显著变化。被视为对环境有害的多种化学品都被逐步清除，并且任何一个拥有出口许可证的花卉公司必须有自有的湿地排放自己公司的废水；确保现场工人的健康和环境安全标准，改善并促进社会福利的进步。尽管达到这些标准（由肯尼亚花卉协会执行）需要大量的资本投入，政府不得不调整承包商的种植方案，使得小规模农户也能够参加，以便有助于提高花卉企业的社会和环境良好记录。即使世界自然基金会承认奈瓦夏湖的主要污染物并非来自于花卉企业，但众多的上游小规模农户未能遵守私营标准，而且往往采用不恰当的方式保护花卉，使用明文禁止的农药。此外，上游农户经常在坡地上进行耕作却不采取任何水土保持措施，造成奈瓦夏湖水土流失，河道淤积。

在奈瓦夏湖的实践中，用水户协会负责整个生态补偿项目，卖方（上游的水资源用户）与买方（下游的奈瓦夏湖的水资源用户）达成年度合同协议，上游的水资源用户负责农场的验证，只有那些实施了水土保持措施的农民有资格获得奖励。在农场的验证包括三种类型的监测：①农场监测。卖方水资源用户协同农业部门实施保护措施的验证，确保养护措施都与农业部门的建议相一致，同时负责区域内土壤保护点积累的有机土测量；买家也承接监测，激励措施执行之前，检查对上游农民是否真正落实保护措施。②社会经济监测。该项目也被寄希望提高参与社区的生计。因此，监测是为了评估该项目已改善生计的程度，这是由辅助水资源用户的专家负责。③对水质的影响。水质是河流传递的主要环境服务，通过水文监测研究可持续农业实践和提高水质的联系。在这种情况下，该项目推动四个河流测量站和采样点的设置。水资源用户协会的成员已经被培训具备收集河流流量和浊度数据的能力，并将收集到的数据提交给水资源管理局进行分析。这个过程已经持续了两年，然而迄今可用的数据不足以使专家们得出关于水质可靠的结论。退化公共陆地的非点源沉降，很大程度上解释这种不确定的结果，因为这样的沉淀可能会掩盖对重点农场土地管理的改进所带来的水文收益。此外，这也与上游只有四分之一的农户参与生态补偿项目这一事实有关。该项目的目标是为了接取到更多的农民参与，然后进行多年的水文监测。这些数据生成的报告将与买方共享，用以证明环境服务的供应，从而鼓励他们对该计划进行投资——对于资金紧张的上游水资源用户来讲，他们仍需要更多的资金。

作为生态补偿的主要买家，下游的私营部门认识到通过可持续农业实践获得的环境效益是长期的，并且上游区域农村生活的改善也为整个地区提供了正外部性。此外，世界自然基金会对作为买方的私营部门，提供了额外的奖励。世界自然基金会为这些私营部门提供了确认其参与生态补偿计划的 WWF 证书。该证书可以帮助企业提升自己的声誉。

对流域功能的补偿目的是将上游土地利用和管理与下游的用水户联系起来，采取这样的形式——至少一个生态系统服务（假定改变土地用途提供生态系统服务）的买家和卖家之间的自愿协议，从而实现上下游居民共同的社会和环境效益。Malewa-Naivasha 子流域项目可以认为是小型流域生态补偿项目在水资源管理问题中的一个典型案例。时至今日，上下游间的补偿行动，仍是促进地区发展变革的重要途径，为小规模的农户提供新的经济机会。尽管这个生态补偿计划还远未达到它所有的预期潜力（上游地区只有四分之一的用户参与），作为该项目的发起人，世界自然基金会（WWF）和援助救济协会（CARE）尚未考虑到其依赖于外部支持导致的生态补偿项目崩溃的风险，这些项目发起人最终会从中退出。

国家环境规划院在科技部“十五”重大科技攻关项目的资助下，开展了中国生态补偿机制和政策方案的研究，初步构建了中国生态补偿的框架。张陆彪等从市场的作用方面对流域生态服务支付进行分析（张陆彪和郑海霞，2004），曹明德（2005）从生态补偿制度和立法方面对中国生态补偿问题进行分析，邢丽从财政对策方向论述了生态补偿的可能性，康慕谊等（2002）研究了退耕还林还草的生态补偿，并分析了补偿的合理性问题。

国家环保总局开展了浙江、安徽、广东、江西和福建等生态补偿典型案例省份生态补偿的调研，并推动这些重点省份生态补偿试点工作，为构建全国生态补偿机制框架和实践进行了有益的探索。中国环境与发展国际合作委员会生态补偿课题组从流域、矿产资源开发、林业和保护区作为案例研究的方向，分别提出了相应的结论和初步的政策建议。例如，流域案例研究提出建议国家加强流域生态补偿立法、应尽快出台流域生态补偿技术准则等；矿产资源开发案例研究以煤炭资源为例提出了生态补偿机制的初步设计；林业案例研究提出加大财政转移支付力度、培育发展森林生态效益补偿多元化融资渠道、完善森林生态效益补偿管理机制等；自然保护区案例研究针对保护区类型提出了一些初步的政策建议。

在流域生态补偿标准计算方法研究进展方面，刘晓红和虞锡君（2007）基于太湖流域的实地调查，以水生态“恢复成本”作为补偿依据，定量分析上游如果造成流域污染，而必须对下游进行补偿的金额。黎元生和胡熠（2007）应用生态重建成本分摊法，测算了闽江下游福州市对上游南平市的生态补偿标准，认为该法适用于不同流域区不同污染源经济补偿标准的确定，是现阶段流域上下游受益补偿的最合适的测算方法。进入2008年，学者们对生态补偿标准计算方法的研究越来越频繁。蔡邦成（2008）等以南水北调为核算思路。徐大伟等（2007）首次尝试应用“综合污染指数法”进行流域生态补偿的水质评价，并提出基于河流水质水量的跨行政区界的生态补偿量计算办法，将流域水体行政区界河流水质和水量指标设定为生态补偿测算的综合指标值中。江中文（2008）利用机会成本法、费用分析法和水资源价值法3种方法对南水北调中线工程汉江流域水源保护区生态补偿标准进行计算，认为水资源价值法所计算得出的结果比较合适。张翼飞等（2008）系统梳理了生态服务及其价值与支付意愿与补偿标准之间的理论联系，指出充分考虑利益主体的意愿是科学制定补偿标准的必要环节，意愿价值评估法的应用将增强我国生态补偿标准的科学性。钟华等（2008）计量了渭源县保护水资源所付出的成本，并根据受益者的支付能力、取水量和排放污水量确定其补偿分担系数，最后得出受益区应向渭源县支付的补偿额度。毛占锋和王亚平（2008）以南水北调中线工程水源地安康为例，应用支付意愿法、机会成本法、费用分析法定量评估了跨流域调水水源地生态补偿的标准，认为基于费用法的补偿标准能真实反映水源地生态保护的价值。肖燕等以南水北调中线工程水源区陕南3市为研究对象，按照“优质优价”的原则来确定水质调整系数，利用改进的水资源价值法计算公式，对陕南3市的生态补偿标准进行了测算。

中国生态服务补偿的实践在需求的驱动下，先于理论研究在国家、省、县市、村镇和流域等不同层次展开。由于水资源产权属于国家所有，对流域及其自然资源和环境的保护也主要由政府投资。20世纪90年代以来，由于全国范围内流域环境在不同尺度上的日益恶化和扩展，中央政府通过执行大规模的、全国性的流域生态补偿项目对流域生态环境服务进行国家购买和补偿，以恢复主要河流盆地的环境，包括天然林保护工程、退耕还林还草项目和森林生态效益补偿项目等大型环境补偿项目。

同时，地方政府也意识到流域环境的重要性，在一些经济发达省份，如浙江、福建和广东等通过省政府财政转移支付或县市政府之间的谈判实现流域上下游之间的补偿，如水权交易、异地开发、水资源费等多种形式。地方流域环境服务补偿在小流域的自发活动和国家项目一起扮演着重要的补充角色（吕晋，2009）。当中央政府项目达到它们财政和管理的限度，开始认识到由地方驱动的社会经济、管理和财政挑战以及 PWS 机制是探究中国流域恢复和保护的长期政策选择的关键一步。

由于国家经济补偿能力有限，市场导向对流域管理和生态服务的维持变得日益重要，在条件成熟的地区出现了多种形式流域的生态服务贸易，如水权交易、跨区有偿调水、水权证的市场交易等。因此，中国流域生态服务补偿可以分为五大类型。

但是，目前中国生态补偿机制以政府支付或行政安排为主，部门行政色彩太浓，导致了补偿不到位，补偿受益者与需要补偿者相脱节以及生态补偿与流域环境保护相脱节等问题。构建和完善生态环境补偿机制，需要多个利益相关者的广泛参与、综合决策以及相应机制、体制的改革。

1. 基于大型项目的国家补偿

对流域生态与环境服务进行国家购买是目前中国流域生态服务补偿的主要内容之一，这种补偿政策主要是通过国家的大型项目实施，包括规模巨大的六大林业重点工程，即退耕还林还草项目、天然林保护工程、京津风沙源治理工程、三北及长江中下游地区等重点防护林工程、野生动植物保护及自然保护区建设工程、重点地区速生丰产用材林基地建设工程。1998 年《森林法》修正案 4 明确规定："国家设立森林生态效益补偿基金"，森林生态效益补偿项目对生态公益林实行国家补偿。

退耕还林还草项目对在坡耕地上种植树木的农户进行种粮种苗和管理补贴，是目前我国涉及范围最广、公众参与程度最高的生态建设工程，1999 年开始实施，2002 年全面启动，到目前为止已经扩展到全国 25 个省（自治区、直辖市）、1897 个县展开，2001～2005 年中央财政累计用于退耕还林工程资金达 1332 亿元（陶文娣等，2007），目前对退耕的补偿标准是 100～150kg/亩粮食和 20 元/亩现金补贴；5 年来全国共安排退耕还林总任务 221 亿亩（其中退耕地造林 1.08 亿亩，宜林荒山荒地造林 1.19 亿亩）。根据国家林业局制定的《退耕还林工程规划》，截止到 2010 年退耕地造林总面积将达到 2.2 亿亩（1467 万 hm^2），工程总预算将达 3370 亿元（徐晋涛等，2004）。如此浩大的规模和预算，是世界范围内史无前例的巨大生态工程，也是全国范围内一次巨大的对环境服务的保护和购买。目前对退耕还林的成本省效性、经济与生态可持续性、费用有效性及其对农户收入的影响和环境目标的实现成为研究的热点问题（徐晋涛等，2004）。

天然林保护工程范围包括长江上游、黄河上中游以及东北、内蒙古地区的 17 个省（自治区和直辖市）所在重点国有林区的 734 个县、167 个国营林业局。全面停止长江上游、黄河上中游地区天然林采伐；大幅度调减东北、内蒙古等重点国有林区木材产量达 1990.5 万 m^3；由地方负责保护好其他地区的 9420 万 hm^2 天然林。加快森林的培育，在长江上游和黄河中上游地区新建1466万hm^2森林和草地（其中森林866万hm^2）以将这一地区的森林覆盖率提高3.72%。补偿标准是每年每亩5元，90%以上由中央政府出资。

森林生态效益补偿项目（FECP）是为生态公益林提供补贴，第一次从国家财政里直接划拨资金。森林生态效益补偿项目作为一种体制创新安排试验，在11个省通过经济手段形成了以流域为基础的保护。这一激励手段用于补偿那些管理保护林和特殊用途林的组织、集体和个人。补偿金额是5元/（亩·a）（大约9美元/（hm^2·a）），其中30%用于面上管理，并且鼓励当地政府和省政府提供配套的资金。2001年财政部拨款10亿元人民币（1.2亿美元）用于11个省和自治区每年的实施试点，覆盖了685个县（或企业）和24个国家级的储备林，总面积为2亿亩（1333万hm^2）。广东、福建、浙江以及其他省的当地政府已经划拨类似的基金，以用于当地公共补偿林的试点。2004年12月《中央森林生态效益补偿基金制度》正式确立并在全国范围内全面实施；基金的补偿范围为国家林业局公布的重点公益林林地中的有林地，以及荒漠化和水土流失严重地区的疏林地、灌木林地、灌丛地；中央政府将先期拿出20亿元人民币，对全国4亿亩的重点公益林进行森林生态效益补偿。森林生态效益补偿项目存在着补偿标准低、补偿不到位、生态效益补偿的主体不明确、交易成本高、缺乏市场机制和竞争机制等问题。

南水北调工程也是国家支付的流域水资源跨区利用和补偿模式。南水北调工程包括东线、西线和中线工程，其中进展最快的是南水北调中线项目。由于北京的发展一直受水资源的限制，国家投资920亿元实施南水北调中线项目，以解决京津地区的用水问题。北京市1991年以来多次上调水价，水价除包括水利工程供水价格、自来水供水价格及污水处理费外，2002年增加了水资源费项目，即国家对取用水资源的单位或个人征收的费用，增收的费用部分为南水北调工程筹集资金。

出于国家经济补偿能力有限，在中小流域地方政府、水公司、用水户等多个利益相关者共同参与的多种资金来源的补偿模式，成为中国流域生态服务补偿的重要方面。依据补偿主体和补偿方式的不同可以将中国流域生态服务补偿的案例分为4种类型：地方政府为主导的补偿方式、自发的交易模式、用水费用补偿和水权交易。

2. 地方政府主导的补偿方式

由于中央政府资金有限，只能负责重要水源地区、生态功能区、自然保护区和生态脆弱地区的补偿。地方政府为了实现流域环境的改善，达到所需要的环境状况，提供清洁水源和相应的水量，上下游通过协商、谈判和环境协议等形式实现流域上下游的补偿，这种以地方政府为主导的补偿方式是中国目前流域生态补偿的主要方面。例如，北京市对密云水库和官厅水库水源地的补偿、浙江省小舜江上游汤浦水库的补偿、东江源区的财政转移支付与水电费相结合的补偿模式、千岛湖流域的生态补偿、浙江省金华-磐安异地开发模式、福建省流域下游补助上游等。

密云水库是北京市的主要饮用水源，目前供给北京市生活用水的80%，其中56%的水源来自潮河、白河和潮白河，这些河流发源地在河北省承德和张家口地区。为了减少密云水库受到的淤积和污染等威胁，北京市和天津市与水源涵养林所在地的承德地区丰宁县直接谈判，并达成协议，即建立森林生态效益补偿基金。1995～2000年，每年由北京市财政拿出 100 万元、天津市每年拿出 40 万元建立基金。同时，21 世纪初期（2001～2015 年）首都水资源可持续利用规划项目，中央补助约 70 亿元，北京拿出其余的 150 亿元进行上游和北京市市区密云水库和官厅水库的环境建设、污染处理项目。以增加森林覆盖率、减少点源和非点源污染。

为了解决绍兴生活用水和工业用水问题，1996 年绍兴投资 21 亿元开始筹建小舜江工程，作为水源工程的汤浦水库，位于绍兴县和上虞市交界的山区是绍虞平原唯一的自来水饮用水源；采取水费与跨区水资源交易相结合的补偿模式对库区进行补偿，增加环境保护和污水、垃圾收集、处理措施。其一，从供水水费中按 0.015 万 t 的标准提取水库环境保护专项资金；其二，绍兴市与慈溪市签订了供水合同，慈溪方面斥资 7 亿余元，2005～2022 年，绍兴将向慈溪供水 12 亿 m^3，慈溪居民将与绍兴市市民享受同水同价。

东江源区财政转移支付与水电费补偿相结合的补偿模式是中国跨界（省界）补偿的成功案例。东江发源于江西省境内赣州市寻乌县，源区包括江西省的寻乌、安远、定南三县，是广东省珠江三角洲地区广州、深圳、东美及香港特别行政区的重要水源地，广东省为了保障东江水质，对包括广东省河源市在内的水源区进行补偿，一是采取财政转移支付的方式，二是从水电站提取一定的费用作为生态补偿基金。

千岛湖流域又称新安江，发源于安徽黄山山脉，属钱塘江水系正源，水域面积在淳安县境内占 97%，建德县占 0.3%，上游安徽省占 2.7%，是杭州市及其下游县市的重要饮用水源地，从黄山流出水质为Ⅲ类水质，从千岛湖流出水质达到Ⅰ类。千岛湖的生态补偿主要对淳安县生态保护和建设的补偿，生态补偿资金来源于千岛湖旅游门票等收入以及国家、省、市对于污水处理、垃圾打捞处理、生态公益林、封山育林、植树造林等专项资金。

金华市对金华江水源区磐安县采取异地补发的“造血型”补偿模式，1996 年金华市为了解决磐安县的贫困问题，并保护水源区环境，在金华市工业园区建立一块属于磐安县的“飞地”——金磐扶贫经济技术开发区，开发区所得税收返还给磐安。作为下游地区对水源区的保护和发展权限制的补偿，相应地要求磐安县拒绝审批污染企业，并保护上游水源区环境，使出境水质保持在Ⅲ类饮用水标准以上。

专栏 3-3　太湖流域与子牙河流域生态补偿

太湖流域生态补偿主体为流域范围内相关直辖市政府，补偿对象为相应的政府公共财政，考核目标和考核内容分别为跨行政区交界断面水库控制目标和上游设区的市出境水质。生态补偿责任根据跨行政区交界断面和入湖断面水质的考核结果来确定：①交界断面水出现水质超过控制目标的情况，上游设区的市政府支付补偿金给下游设区的市政府；②入湖河流水质出现超过断面控制目标情况，省政府向上游设区的市收取补偿资金。太湖流域是以污染物通量为考核目标的方式作为生态补偿模式，依据污染物通量大小衡量流域上下游的经济责任补偿。

河北省流域生态补偿的探索实践率先在子牙河水系开始，实践模式采取局部试点、经验推广和优化发展 3 个阶段，河北省在《关于在子牙河水系主要河流实行跨市断面水质目标责任考核并试行扣缴生态补偿金政策的通知》中明确规定了扣缴标准，并指出扣缴的生态补偿金要专款专用。

河北省首先在子牙河流域进行生态补偿试点，取得良好效果后于2009年颁布实施《关于实行跨界断面水质责任考核的通知》，推广子牙河流域的生态补偿经验，此次推广覆盖了全省七大水系56条河流。河北省于2010年再次制订了《生态补偿管理办法》以确保资金的合理使用，该《办法》明确规定了生态补偿资金的用途。生态补偿的发展阶段，为了进一步改善水环境质量达到任务目标，2012年河北省对流域生态补偿制度进行了修订和完善，颁布实施了《关于进一步加强跨界断面水质目标责任考核的通知》，该《通知》在考核内容中增加了氨氮考核因子，同时，该《通知》还规定随着社会经济发展的变化，应对生态补偿金的扣缴标准进行调整。

福建省积极探索生态补偿机制，在重点流域水环境保护上建立了良好的资金机制：2003～2007年，厦门市每年安排1000万元，漳州、龙岩市每年各配套500万元，省环保局每年安排440万元（2005年为800万元），专项用于九龙江流域整治项目；2005～2010年，福州市每年安排1000万元，子明、南平市每年各配套500万元，省发改委、省环保局每年各安排1500万元，专项用于闽江流域重点整治项目。泉州市的晋江流域2005年6月1日起正式实施《晋江、洛阳江上游水资源保护补偿专项资金管理暂行规定》。下游县（市）每年也安排2000万元，连续5年共1亿元用于补助上游县（市）水污染治理项目；专项资金筹集原则是市本级财政固定投入，下游受益县（市、区）按用水量比例等因素合理分摊。该机制有效地推进了重点流域的治理，2005年该省12条主要水系达到和优于Ⅲ类水质标准的断面占89.4%，明显高于全国各大水系平均水平和周边省份河流。

3. 自发的交易模式——基于市场的补偿

由于政府为主导的补偿模式受资金、管理和区域等多方面的限制，在一些中小流域出现了多种形式自发的补偿交易模式。成功的案例有浙江省德清县生态补偿长效机制、金华市金东区源东乡与傅村镇以解决非点源污染的小流域补偿交易、云南保山市小寨子树的水购买协议和苏帕河流域水电公司补偿支付模式等。

浙江省湖州市的德清县在县域范围内构建了小流域生态补偿长效机制，成功的经验可以作为中国小流域生态补偿和环境治理的典范。该县西部区域是水源涵养区和生态林的集中分布区，境内的对河口水库是全县的饮用水源，按照“谁受益、谁补偿”和多元筹资、定向补偿的原则，建立了一个长期的比较稳定的生态补偿机制。德清县成功的经验：一是制定相关政策，明确责任主体，注重落实和可操作性；二是明确资金来源和使用方向，多渠道筹集资金，资金的使用主要集中在生态公益林，日常环境保护投入，基础设施建设，河源口的保护、搬迁、管理补贴等重点领域；三是建立了乡镇财政保障制度，通过县财政转移支付实现增加西部地区的财政损失。

浙江省嘉兴市东接上海、北邻苏州、西连杭州，被称为“金三角”的中心，人均

GDP 超过 5000 美元。嘉兴市下辖的 5 个县（县级市），都位列全国百强县前 30 名。但占整个嘉兴水资源 75%的上游来水，常年处于Ⅴ类与劣Ⅴ类水质之间，根本无法饮用；常住人口超过 400 万的嘉兴市，甚至没有一个合格的饮用水源。为了保护水环境，2007 年 9 月 27 日，嘉兴市市政府制订了《关于印发嘉兴市主要污染物排污权交易办法（试行）的通知》（嘉政发[200738]号），实施排污权交易制度。嘉兴市成立排污权储备交易中心，被看成是国内在排污权交易制度建设探索上的一次有益尝试。该办法规定：主要污染物，是指实施排放总量控制的两项主要污染物，即化学需氧量（COD）和二氧化硫（SO_2）。办法适用于嘉兴市行政辖区内进行化学需氧量、二氧化硫 2 项主要污染物排污权有偿交易的管理。市环境保护局负责行政辖区内主要污染物排污权交易市场的指导、监督与管理，组建嘉兴市排污权储备交易中心（以下简称“储备交易中心”），搭建交易平台和制订交易规则，具体负责可交易削减量核查、排污权交易证的登记、发放和变更工作。市场主体（含新建、改建、扩建）新增的排污权必须从储备交易中心交易中获得。排污权的购买量应达到建设项目新增污染物排污量的 1.2 倍（含 1. 2 倍）以上，其中化工、医药、制革、印染、造纸等重污染行业应达到新增污染物（COD）排污量的 1.5 倍（含 1.5 倍）以上。市场主体新增排污权的购买优先向国家产业政策鼓励类和嘉兴市优先培育发展的主导产业倾斜。无偿获取排污权的市场主体如发生关闭、破产、迁出嘉兴市行政辖区等情况，其排污权由储备交易中心收回，特殊情况可酌情补助，但补助额不得高于按出让价收购总额的 50%。从储备交易中心交易获得排污权的排污者发生上述情况时，其排污权储备交易中心按市价收购。市场主体如有可交易排污权削减量指标，应积极主动向环境保护行政主管部门提出申报，并经环境保护行政主管部门审核确认。未进行申报或在市场主体内闲置期超过两年，经环境保护行政主管部门确认后，可由储备交易中心无偿收回。转让获得的排污权，闲置期（扣除项及建设期）不得超过 5 年。超过 5 年的，并经环境保护行政主管部门确认后，可由储备交易中心无偿收回。

金华市金东区源东乡与傅村镇以解决非点源污染的小流域补偿交易和入南保山市小寨子河的水购买协议都是通过村镇层次自发协商而建立起来的小流域生态补偿案例（世界混农林业中心，2006），金东区的补偿协议主要是限制上游农村畜禽养殖业发展而造成的非点源污染问题，小寨子河的水购买协议主要是为了解决下游用水量的问题，购买的分别是水质和水量生态服务价值，共同特点都是通过协议实现交易的，所涉及的资金都较少，这体现了小流域市场不成熟和支付能力较低的现实，但是在探索发达或水资源紧缺乡镇向生态源区补偿的做法却是积极可行的。

以上这些案例均是在供需推动下自发的市场补偿模式，这些模式在很大程度上体现了政府、农户和公司等经济实体对流域生态服务的补偿支付意愿、接受意愿和保护意识，成为目前中小流域生态服务补偿的一种市场化的形式，是中国生态服务补偿的有益探索和重要补充。但是，由于在国家层次缺乏具体的适合于不同层次和类型的生态补偿制度、标准和实施措施的情况下，同时加上流域生态服务评估困难以及支付能力有限等障碍，很难形成符合所有利益相关者利益的补偿机制，这种模式常常无法持久，还需要政府部门的政策引导，在一个行政区域范围内，结合相关财政政策和收支分配政策更易于成功。

4. 水权交易

水权交易作为中国生态服务补偿的一种重要形式，首例水权交易东阳-义乌水权交易成功后，水利部出台了《水利部关于水权转让的若干意见》，对水权交易进行一定的引导和认可。随后，相同形式的水权交易迅速开展。绍兴-慈溪签订供水合向，慈溪斥资 7 亿余元，从 2005～2022 年的 18 年中，绍兴将向慈溪供水 12 亿 m^3，慈溪居民将与绍兴市市民享受同水同价。

为拯救濒临消失的额济纳绿洲，增加下放水量，甘肃的黑河流域实行了“水权证”制度，节水型社会建设在管理体制和运行机制上突出了政府调控、市场引导和公众参与的原则。依据每户人畜数量和承包地而积分到水权，由用水户持水权证向水管单位购买灌溉水量，确保总量控制，促进水价到位。鼓励用水户将节约的水量以有偿转让出售，出售价格在政府宏观指导的前提下接受市场调节；市场交易中剩余的水量，政府水管单位（供水者）以标牌价格的 120%收购，鼓励节约用水。通过水权交易，使农户树立了水资源商品观念，也刺激了农村经济结构调控和农户节约用水的意识。

黄河流域宁蒙地区“投资节水、转换水权”的模式是跨行业水权交易的成功案例。宁蒙两区水资源短缺、用水浪费严重。同时，用水比例严重失衡，农业用水占总用水量的比例高达 90%～96%，渠系水利用系数仅为 0.4 左右，有一半多的水在输水过程中被浪费，在黄河管理委员会协调下，通过对宁夏青铜峡河东灌区和河西港区以及内蒙古的镫口扬水灌区（后更换为杭锦灌区）进行节水改造，把节约的水量有偿转让给相关新建电厂。水权有偿转让使企业用水得以保障，赢得了发展空间，又可以拓展水利融资渠道，改善灌区工程状况，减少损失浪费，赢得水资源的优化配置。这种办法保护了农民合法的用水权益，也赢得了区域经济的快速发展，实现了以投资节水来提高水资源的利用效率，以大规模、跨行业水权转让来提高水资源的利用效益，是水权水市场制度对水资源优化配置第一次完整的体现（袁进琳，2005）。

漳河流域通过协议水价，实现了跨省调水。2001 年春华北地区持续干旱少雨，基于山西漳泽水库与河南跃进渠灌区之间的供需意愿，漳河上游管理局积极协调，漳河水库同意为下游供水．跃进渠灌区也愿意给予相应的补偿。经供需双方签订合同，协议水价为 0.025 元/m^3。从上游 5 库水库联合调度向下游放水，跃进渠灌区从山西有偿调来 3000 万 m^3 救急水进入安阳境内，解决了红旗渠灌区 20 万亩、跃进渠灌区 10 万亩夏秋作物的播种和 30 万人口、4 万头大牲畜的饮水问题。

初始水权的界定是水资源管理制度的先决条件（孙雪涛，2005）。根据 2006 年 4 月刚施行的《取水许可和水资源费征收管理条例》（以下简称《条例》），对流域取水进行管理，目前水利部正在制订《水量分配暂行办法》（以下简称《办法》），将对流域内水量分配做出统一规范。完善总量控制，水利部正在制订的《办法》也是为了更好地贯彻《条例》。根据《条例》规定，取水许可实行分级审批。《办法》可能主要侧重于流域管理机构对流域内各省份水的总量进行控制，而《条例》中涉及的取水许可更多的是关注个体单位水资源使用和征收，由当地水利部门主管，是在总量控制下的一个定额分配，最终目的是真正实现流域与区域相结合的水资源管理体制。水权制度和政策的逐步完善，为水权交易和水资源高效利用提供了前提条件，通过市场机制，实现水资源的高效利用。

水权交易这种模式是基于质与量的水资源交易中最直接的方式，交易双方通过谈判达成协议，补偿双方责任和义务清晰，协议易于执行。但前提是水权应该是清晰的、由于初始水权的划分存在一定问题，导致交易成本较高。这种模式主要在水资源十分紧缺、初始水权易于或已经分配初始取水量的地区或支付能力强的经济发达地区，水权转换多是由经济欠发达地区转向经济发达地区或由低附加值的产业部门转向高附加值的产业部门。

5. 基于水资源量的水费补偿方式——水电公司和用水户的补偿

这种补偿是通过收取水资源费的方式为生态补偿筹集资金，常常与其他补偿模式一起，共同构成流域生态补偿体系。例如，耀县水利部门和水土保持部门每年征收10%的水资源收入给林业部门用于重要水源地的生态林的保护与管理。在广东省曲江县，政府从自来水公司和水电公司收取一定的费用用于对水源区农户保护流域水源区的补偿，自来水公司收取0.01元/t，水电站收取0.005元/kW·h。这种补偿方式直接基于水资源量，多在水电公司与流域水土流失关系密切的地区和流域受益区和补偿区划分清晰的地区易于采纳，但是执行起来还存在公平性的问题，因为征收水费可能对用水户，也可能对水生态服务的提供者。

6. 小结

中国流域生态服务补偿是由5种模式在4个层次构成相互补充的体系。中国流域生态服务补偿具备一定的政治、社会、经济和法律基础，是社会经济与环境发展相互作用的必然结果。目前中国生态服务补偿从国家、省级、县市级及村镇级4个层次全面展开，具有国家项目补偿、地方政府为主导的补偿方式、小流域自发的交易模式、水权交易、水资源量的用水费补偿5种补偿模式，相互补充，构成了中国流域生态服务补偿体系。

由于缺乏明确的生态补偿办法、水权不清晰，流域生态服务补偿主体和责任、权利与义务划分不清，流域生态服务补偿的标准难以确定，导致交易成本过高，只能在一些经济发展水平高或受益区与保护区清晰的地区试点。

3.4 流域生态补偿机制

3.4.1 流域生态补偿机制的内涵

流域生态补偿机制是生态补偿的重要领域。近年来，随着流域污染的加剧，流域生态环境恶化，加剧了流域间的利益冲突，流域上游和流域下游之间的矛盾日趋明显，形成了“少数人负担、多数人受益；上游地区负担、下游地区受益；贫困地区负担、富裕地区受益；流域外受益、流域内负担”的不合理局面。我国大多数流域的上游区域往往是经济相对贫困、生态相对脆弱、生态功能重要的区域，这些地区摆脱贫困的需求又十分强烈，因而导致流域上游经济发展与流域生态环境保护之间的矛盾十分突出。而流域上游难以独自承担建设和保护流域生态环境的重任。而目前仍未受到关注的是，一些流域的生态保护，受益的是流域下游和流域外更大的区域；流域的生态保护，直接关系到更大区域的生态安全乃至国家的生态安全。而我国西北地区内陆河流域的生态保护与生态补偿问题，就直接关系到我国西部地区乃至整个国家的生态安全。要协调好这种关系，就需要理顺流域间生态保护共生关系和利益关系、理顺流域内的发展保护与流域外的共生关系和利益关系，建立科学、合理的流域生态补偿机制，促进全流域的社会经济可持续发展和区域乃至国家的生态安全。

由于流域生态系统的复杂性和责任主体的多元性，流域生态补偿是生态补偿中研究的难点。迄今学术界对流域生态补偿和流域生态补偿机制的定义，众说纷纭。

常杪和邬亮（2005）认为，流域生态补偿机制是指对维持和改善流域生态服务进行经济激励的组织安排。它主要包括三方面的内容：补偿主体和补偿对象的确定、支付补偿的模式和支付补偿标准的确定。

虞锡君（2007）认为，所谓流域生态补偿机制，是指为维护、恢复和改善流域水生态系统服务功能，促进水环境不断好转，由流域水环境管理权威机构或上级人民政府做出的调节流域上中下游水生态保护者、受益者和破坏者之间经济利益关系的一组制度安排。

周大杰等（2005）认为，流域生态补偿是一种政府宏观调控下实现水资源公平利用的经济政策。流域生态补偿机制就是中央和下游发达地区对由于保护环境敏感区而失去发展机会的上游地区以优惠政策、资金、实物等形式的补偿制度，其实质是流域上下游地区政府之间部分财政收入的重新再分配过程，目的是建立公平合理的激励机制，使整个流域能够发挥出整体的最佳效益。

纵观各说，流域生态补偿机制是以保护流域生态环境，促进流域内人与自然和谐共处、上下游协调发展为目的，依据生态系统服务价值、生态保护成本、发展机会成本，应用政府和市场手段，调节流域内上下游之间以及与其他生态保护利益相关者之间利益关系的公共制度。

3.4.2　流域生态补偿机制的基本任务

生态补偿机制作为一种制度安排，其根本任务就是要解答“谁来补、补给谁、怎么补、补多少?”这个核心问题。在流域中，流域内所有的自然、社会、经济要素因水结成了复杂的利益网络。在制定和开展流域生态补偿的过程中，如何界定流域生态补偿的主体和客体（解答“谁来补、补给谁”的问题）；如何测算流域生态补偿标准（解答“补多少”的问题），以及以何种方式（解答“怎么补”的问题）开展流域生态补偿等问题。

一般而言，流域生态补偿中的利益相关者分析方法被广泛用来界定流域生态补偿中的主客体，通过对关键人物进行访谈走访、开展机构问卷调查和农户补偿意愿调查等方式对相关利益群体在流域生态补偿中的责任、权利、义务和利益关系进行科学分析，结合流域水环境功能区域划分、水资源分配比例及江河断面水质水量情况来确定不同层次的流域生态补偿主客体。

虽然国内外学者对于生态补偿标准的确定方式多有不同，但一般都围绕着参照生态保护者的直接投入和机会成本、生态受益者的获利、生态破坏的恢复成本、生态系统服务的价值等方面进行初步核算。目前，较为通行的流域生态补偿标准测算方法可归纳为：基于流域生态服务功能的价值评估法、收入损失法、支付意愿法和机会成本核算法等。

流域生态补偿的方式决定了生态补偿的效率和效益，是关乎流域生态补偿成败的关键。国内外较为公认的流域生态补偿模式主要有两大类：一类是政府主导模式（政府支付）；另一类是市场化补偿模式，其中有协作、环境服务投资基金、嵌套市场、自发组织的私人交易、流域付费机制、生态标志等。但是，受流域尺度不同、市场化要素发育程度以及不同国家的现实国情等因素影响，传统的“二元式”（政府主导模式和市场化补偿模式）流域生态补偿模式和方法受到了现实需求与理论创新方面的双重挑战。

专栏 3-4　利益相关者分析

利益相关者分析是“通过确定一个系统中的主要角色（actor）或相关方（stakeholder），评价它们在该系统中的相应经济利益或兴趣，以获取对系统的了解的一种方法和过程”。20 世纪 90 年代中期以后，这种方法开始广泛应用于自然资源管理的实践。该分析方法的主要目的是找出并确认系统或干预中的“相关方”，并评价其利益，在这里的利益包括经济利益及其在社会、政治、经济、文化等多方面的利益。利益相关者分析的步骤如下：

（1）明确分析的内容、目的。弄清楚以下三个方面的问题。

①重点解决的问题和困难是什么？

②分析的目的和想要得到的产出。

③谁是决策者。

（2）明确谁是利益相关方。

（3）明确各相关方在发展干预中的相应利益和所起的作用。

（4）明确各方的互动方式和背景。

利益相关者分析方法可以通过对个体、主要知情人、小组、焦点访谈的形式进行半结构访谈获取数据，也可以通过对利益相关主体问卷调查的方式进行。

3.4.3　建立流域生态补偿机制遵循的原则

建立流域生态补偿机制应遵循三项基本原则：①可持续发展的公平、公正原则，流域上下游之间是有机联系的、不可分割的整体，是一个由不同地区组成的大区域系统。因此，在对待生态补偿问题上，一定要有系统的概念、整体的观点和长远的眼光。如果上游地区污染下游就要赔偿下游地区；反之，如果上游地区交给下游的是经过努力后的、优于标准的水质，下游地区就应该对上游地区付出的代价和做出贡献给予适当的补偿。只有这样，才能显示出公平、公正的原则。②“谁污染、谁赔偿，谁受益、谁补偿”的原则。环境污染和生态破坏造成的是环境公害，污染者和破坏者不但要为污染和破坏行为付出代价，而且有责任和义务对自己污染环境和生态破坏造成的经济损失进行赔偿。同样，环境受益者也有责任和义务对为此付出努力的地区和人民提供适当的补偿。对于流域上下游关系来讲，上游是环境污染者、生态破坏者，同时也是环境治理者和生态保护者；下游是环境污染和生态破坏的受害者，同时也是环境治理和生态保护的受益者。“谁污染、谁赔偿，谁受益、谁补偿”原则也体现了公平、公正的原则，只有这样，才能鼓励大家共同为保护生态环境做出贡献。③水质和水量相结合的原则。水质和水量是不可分割的统一体，如果只有水质没有水量，水质再好，数量不足，水资源还是不能满足人们生产生活和社会经济发展的需求；反之，如果有充足的水量，而水质却受到了污染，则会产生水质性缺水，有再多的水同样也无法满足经济社会发展的需要。因此，在制定流域上下游生态补偿机制时，要同时考虑水质与水量的问题。只有将二者有机结合起来制定的生态补偿机制才会科学合理，起到真正的实效，促进整个流域的共同发展。

宋鹏臣等（2007）认为，实施流域生态补偿机制应遵循六个原则：①“谁受益、谁保护”原则。对流域内生态保护者给予一定的补偿，调动保护者的积极性，解决流域生态保护“搭便车”现象，实现流域生态环境保护外部正效应的内部化。②“谁污染、谁赔偿”原则。对流域内的污染行为征收费用，将其外部负效应内部化，刺激生产者减少污染。③“谁受益、谁付费”原则。当受益者比较明确时，理应对享受的生态利益支付一定的“生产成本”或“购买单价”；当受益主体不是很明朗时，政府作为公共产品的供给者通过财政补贴或转移支付“购买”这部分额外收益。④“公平公正”原则。包括代内公平、代际公平、自然公平原则。⑤“灵活性”原则。主要是指补偿手段要灵活，补偿方式要多样。⑥“水质和水量”相结合的原则。水质和水量是不可分割的统一体，如果只有水质没有水量，水质再好，数量不足，水资源还是不能满足需要；如果有水量没有水质则会产生水质性缺水，同样无法满足经济社会发展的需要。

阮本清等（2008）认为，建立流域生态补偿机制应当遵循四个原则：①政府调控和市场调节相结合的原则。生态环境问题的根源在于“公地悲剧”，是市场失灵的表现。政府必须分别对生态环境损害者、受益者和保护者予以界定，制定相关法规政策，设立具体收费和生态补偿标准，从而提高生态环境的服务功能。然后通过市场机制，使生态环境产品的使用各方提高内部运行机制的绿色效率，实现人与自然和谐发展。②先共建后共享的原则。流域上下游可持续发展必须走流域共建共享之路，共建是基础，共享是结果，先共建后共享，共享必须建立在共建基础之上，遵循这个原则能够有效避免资源“先损害后治理”的怪圈。制定相应的规章制度，明确对生态环境损害者处以罚款、对受益者进行收费、对保护者予以补偿的责任与义务，实现共建共享，充分体现公平性。实行生态补偿和共建共享同时进行，实现生态环境的有效保护和治理。③协商和参与原则。生态补偿机制涉及流域上下游、左右岸等相关地区的不同利益群体。需要平衡近期远期之间、地区之间、人与人之间的利益，谋求的是社会净福利最大化。因此，建立流域生态补偿机制需要政府组织、非政府组织、利益相关体、公共等广泛积极参与，需要建立利益相关群众的协商议事机制。④区域协调发展的原则。实施生态补偿机制的目的和落脚点是要促进区域的可持续发展，使生态保护地区与受益地区能够得到共同发展，所以，需要妥善处理好上、中、下游的关系。

3.5 流域生态补偿新机制及经验

3.5.1 全球生态系统服务可持续基金体系

对于通常人们知道的规定、罚款、劝导、产权、报酬等这五种机制中，可能只有提供报酬以保障生态系统提供生态服务这种机制是为大众普遍接受的。气候变化和污染是对生物多样性最主要的威胁，而拍卖碳排放权限或者对温室气体收税有助于稳定全球气候，同时也可以为全球生物多样性和生态系统服务的生态系统服务补偿计划提供资金。特别是大约90%的碳排放量负责的几个国家，应当实施碳排放管制与碳排放贸易计划。而对于分配这些资金，研究人员建议仿照巴西的ICMS模式，这个系统经济高效而且成功。根据这一政府间财政转移支付制度，巴西各州返还营业税收入的25%到自治市。一些州用这些钱支付生态系统服务。例如，巴拉那州每年根据它们的流域和自然保护区的保护状态，将这笔收入的5%奖励给市政府。因为只有尽最大努力保护好保护区才能得到回报（资金支持），所以市政府之间也都在积极努力地做好保护工作，争取更多的资金支持。

国际环境保护支付计划（international payments for ecosystem services，IPES）应引入碳排放交易机制。效仿巴西的经验，将碳排放交易计划年度收入，按生态系统服务“提供者”（国家，地区）提供的生态服务的数量和质量进行补偿（生态服务付费），对于生态系统服务的“量”与“质”的标准应由全球范围内的生物多样性、景观和生态系统服务管理的专家设定，并与他们进行评估，监测，报告和核实“提供者”提供的生态系统服务。

3.5.2 共储资源的可持续管理

当一个人对生态系统的利用不能阻止其他人对其利用，或减少其他人对其利用时，生态系统可以被描述为共储资源（common pool resource，CPR），或是公共产权资源。提供生态系统服务的环境系统，如森林、流域或渔业等都是CPR。生态补偿机制正是为了保障这些生态系统持续提供生态系统服务而设计，而关于CPR可持续管理的问题，反过来可以帮助设计和实施生态补偿。

为了探讨生态补偿和共储资源的相似性，研究人员分析了早期研究中共储资源管理的6个特征，并将这些应用到现有的生态补偿活动。在对坦桑尼亚政府考虑如何在两个流域推行生态补偿计划的案例中，得到了一些启发。

共储资源的三个重要特征是资源规模，用户社区和用户与资源的关系。早期对于共储资源研究发现，与小规模的用户群体一样，具有明确边界定义的小规模资源易于管理，这同样适用于生态补偿，在坦桑尼亚的研究中，生态补偿应用于非常大的河流流域（5万km^2和17.5万km^2）和较大地理区域内的用户群体分布时，很难管理生态补偿计划。研究人员建议这两个流域的生态补偿，在子流域规模下实施，可以被管理得更好。

当用户更靠近该资源，并且高度依赖于它，共储资源管理的效果也很好。至于生态补偿，当用户距离服务提供者远时，正如很多河流流域的情况，用户从资源使用上获得的好处，决定了用户对生态补偿有效性的判断。

接下来的两个特征探讨与资源相关的制度安排及制度与资源的关联。对于任何共储资源的管理安排必须清晰且对用户来讲是公平的。这表明生态补偿合同应当是公开透明的，任何规则的确定需得到用户社区的集体同意，以确保社会认可。制度安排和资源之间的关系也很重要。机构管理生态补偿计划需要了解存在问题的生态系统，并展示给决策者和使用资源的用户，并通过监督补偿计划的实施确保有效性。在坦桑尼亚，缺少对流域汇水区的系统性监测，下游水资源使用者与上游汇水区的管理间的体制联系需要大大加强。

最后，外部环境对共储资源管理的也发挥着重要作用。不断变化的全球资源需求，新技术，政策变化都可以影响到共储资源管理和生态补偿计划的有效性。

3.5.3　厄瓜多尔国家环境保护奖励计划

为了保护环境质量，生态补偿计划对提供土地保护的社区和个人直接的补偿。厄瓜多尔的研究结果突出生态补偿机制设计上的成功，并展示与生态补偿有关的投资是怎样使贫困社区受益的。

从1990年至2000年，厄瓜多尔以每年19.8万hm^2的速度损失了1000万hm^2的森林。自2008年开始，厄瓜多尔政府资助出台了自愿保护环境的Socio Bosque计划，到2010年10月，它涵盖了多于50万hm^2的国家森林。在这项计划中，参与的团体或是个人凭借自愿保护与节约的土地数量，获得国家提供的年度货币奖励。该计划的协议期限是20年，但如果土地所有者提前退出这个计划，他们必须归还一部分他们所收到的奖励资金。

具体而言，厄瓜多尔保护激励计划的目标是：保护超过360万hm^2的森林和自然的原生生态系统，从而保存全球重要的生物多样性，减少温室气体排放，保护土壤和水资源，并且控制自然灾害，也可以增加收入和保护最贫困社区的居民的人力资本。而此前以激励保护与减贫为共同目的生态补偿机制，并未取得很好的效果，但研究表明Socio Bosque计划对这两方面的效果较好。

为了以一个更有效的方式获得多重收益，空间定位方法使用三个主要的标准：森林砍伐危险、三个生态系统服务的重要性和贫困水平。贫困水平是对基本需求无法满意的反映。为了解决社会公平，依照参与保护不同大小的土地差别支付——总体来说，较小的土地具有更高的平均价格——这旨在确保资金富有的地主与拥有较少土地的社区居民（对这些小户家庭来讲，做出放弃耕作参加保护的决定更加困难）之间的分配更加公平。

通过参与者提交的投资计划，研究人员能够分析这些资金是如何使用的。社区从激励措施中收到的大额转移支付主要用于投资如混农林业（agroforestry）、观光农业和生态旅游等“生产性活动”，保护区管理包括雇用护林工和调解土地、卫生和教育事业等。个人或家庭从激励措施中获得的补偿，主要花费在食物、衣服、教育、健康、生产活动和资源保护。

研究人员表示，厄瓜多尔模式提供了改善自然和人类福利的有效途径，并认为它具有较强的潜力应用于别处。

3.5.4 从商业吸引生态补偿投资

一项新的研究调查有多少私营部门公司准备投资于热带森林的生态补偿计划及参与的原因。了解公司的动机和期望，有助于从私营部门开发生态补偿新的资金来源，世界范围内增加热带森林的保护区域。

生态补偿计划可以让企业帮助保护生态系统，以确保它们生意上所依赖的生态服务没有消失的风险，确保它们可以为获得生物资源承担环境责任。保护热带雨林的生态补偿计划是一个相对较新的概念，迄今为止很少受到人们的重视，并研究影响企业是否自愿参与的因素。

通过详细的调查问卷和复杂的统计模型，该研究比较了由 60 个国际和哥斯达黎加的公司为确保热带森林生态系统服务功能的假设“投资意愿”。研究者关注四个生态系统服务：保护生物多样性、吸收大气中的二氧化碳，提供水质过滤，流量监管和防止水土流失，和保持优美的景色。总体而言，通过购买“可持续林业证书”，公司愿意每年为相当于 878km^2 森林保护投资。这等同于每年为碳回收支付 216 万欧元，为水区保护支付 143 000 欧元，为保护生物多样性支付 21 900 欧元，为优美环境支付 11 500 欧元。哥斯达黎加的公司愿意为水区保护、保护生物多样性和优美景色进行投资——反映出企业为保护它们国家的生态系统服务功能而进行更大的投资，超过国际公司投资的 7.5 倍。对全球性的碳回收问题，投资差异不太明显。

研究结果还显示，不同行业的公司之间也存在差异，如消费类公司比工业公司有更高的投资意愿。然而，由于各行业参与调查的人数相对较少，增加参与调查的人数则可以提供更多的相对可靠的结论。

出人意料的是，对所有生态系统服务的投资意愿的最大影响是非金融性动机（如人类福利，生态责任）和间接金融动机（如品行）。直接的经济利益的影响很少。然而，非金融和间接金融的动机不太可能有足够的理由说服环保意识较少的公司向生态补偿投资，潜在的经济回报仍然是任何营销策略的重要因素。在某些情况下，先前生物多样性项目的经验对投资意愿有负面影响，可能是由于之前生态补偿项目和战略的效果甚微所致。独立于民营企业和森林管理机构之外的中介机构，确保了资金的有效使用，这也是国际公司在考虑支持生态补偿计划的一个重要决定性的因素。

3.5.5 生态补偿的备选框架

到目前为止，生态补偿计划都从科斯经济学的角度考虑，科斯经济学认为，只要产权明确，交易成本足够低，双方之间的谈判将实现最有效的经济成果。基于这个观点来看，生态补偿计划必须满足已经确定的三个条件：土地使用和生态补偿之间的联系必须明确；必须是自愿交易；并且必须有一个监控系统，以确保服务交付。然而，在现实中，生态补偿计划并不总是满足所有的这些条件。例如，当国家支付土地管理者去改善水质，消费者可能不知道他们的水费账单支付略高；因此这样的交易不是自愿的（至少从购买者的角度来看）。

为解决这一问题，研究人员提出了一个替代的定义，其中规定，生态补偿就是：从更广泛的社会利益出发，将资源向通过管理自然资源、积极提供生态系统服务的群体转移。他们认为，这个定义比科斯经济学的框架，更适合刻画现有的各种各样的生态补偿计划，并且可以由此定义确定三个标准对生态补偿计划进行分析。第一，经济激励在影响土地使用决定和提供生态系统服务的相对重要性。例如，巴西亚马逊人因依照祖传的土地管理做法利用土地而获得生态补偿。然而，即使没有经济诱因，该地区收到款项的社区仍将继续使用祖传的做法。在这种情况下，社会和文化动机优先于影响土地利用方式经济因素。第二，转移的直接性，是指个别生态服务提供者，收到了因提供该服务而获得最终受益者直接付款的程度。通常情况下，有一些土地所有者和消费者之间的中介组织参与生态补偿交易。在某些情况下土地所有者收不到个人付款，得到的却是间接的付款，如在公共产品的投资。最后，商品化的程度。这是指所提供的服务可以被量化的程度。在许多生态补偿计划中，被交易的商品基于实际的投入和土地使用与生态系统服务提供之间的假设，而不是衡量直接的产出。

专栏 3-5　大型流域塔纳河上游 PES 项目

塔纳河流域上游占地面积为 17 420km^2，包括肯尼亚山和阿伯德尔国家公园及周围的森林保护区，肯尼亚 47 个县中的 6 个，有 520 万人。该流域为近 300 万人口提供水资源，是繁华的首都内罗毕市主要的供水水源。该流域涵盖不同的农业生态区：种植大量的咖啡、茶、园艺、花卉、玉米、棉花、烟草和高粱等作物，畜牧产业和乳制品企业也较为发达。流域将近 80%为干旱半干旱地区，大约 50 000hm^2 的耕地为水浇地，沿河中部的五个水库为灌溉提供主要水源，并进行水力发电。塔纳河流域地势较低的部分以粗放型牧场为主，几乎所有重要野生动物保护地点都集中在此流域。工业和商业活动的扩张和流域土地利用方式的变化，增加了对各种自然资源的需求。与此同时，该地区也存在严重并持续增长的人口压力——人口密度大于 300 人/km^2。

鉴于塔纳河上游流域的经济和环境的重要性，国家和国际保护计划已经率先行动，通过支持改善农业经营和具有正外部性的非农活动，使得该区域和环境用水更加可持续和公平。旨在改善生态系统服务和生计的两个国际行动正在该地区实施：早期的肯尼亚山地区试点项目（MKEPP）的后续——塔纳河流域上游自然资源管理项目（UTNRMP）和由大自然保护协会（The Nature Conservancy，TNC）成立的塔纳—内罗毕水资源基金。这两个项目都包括 PES 的组成部分，但它们也不同于传统的生态补偿。塔纳河流域上游自然资源管理项目侧重于改善民生，从而引进和实施更可持续的水土保持技术；大自然保护协会的项目旨在通过水资源基金而不是利用公共和企业投资支付，来保护水资源数量和质量。这两项计划都被认为是《肯尼亚愿景 2030》的重要支撑。

塔纳河上游流域众多的生态补偿举措，对有多个湿地的大型流域的管理与协调方面提出了挑战。在奈瓦夏湖的案例中，就社会经济和农业生态条件方面，该区域的买方、中介和卖方都相对较少。相比之下，塔纳河流域上游的多样性因素和因素间的相互关联性，错综复杂，必须在区域内外并最终在国家层面进行后续协调，以强调流域对于首都内罗毕水资源与电力供应的重要性，侧面解释了为什么该项目的 PES 实践不如奈瓦夏湖那样成熟。

第 4 章　石羊河流域社会经济发展与生态环境协同演进

4.1　石羊河流域生态系统现状

石羊河流域处于自然生态环境的脆弱带和气候的敏感区。它起源于祁连山南部北麓的冷龙岭，消失于巴丹吉林和腾格里沙漠之间的民勤盆地北部，流域总面积 4.16 万 km^2，水资源总量约为 17 亿 m^3，总人口 220 万人。

4.1.1　自 然 现 状

石羊河古名谷水，地处甘肃省河西走廊东段，乌鞘岭以西，祁连山北麓，101°41′～104°E，36°29′～39°27′N，流域面积 4.6 万 km^2，是甘肃省河西走廊三大内陆河之一。东南与白银、兰州两市相连，西南紧靠青海省，西北与张掖市毗邻，东北与内蒙古自治区接壤，行政区划包括武威市的古浪县、凉州区、民勤县全部及天祝县部分，金昌市的永昌县及金川区全部以及张掖市肃南裕固族自治县、山丹县部分等市县。石羊河流域深居大陆腹地，属典型的大陆性温带干旱气候，气候特点是：太阳辐射强、日照充足，温差大、降水少、蒸发强烈、空气干燥。石羊河流域地势总体走势为南高北低，自西向东北倾斜，包括了南部的祁连山地，中部的走廊平原区，北部的低山丘陵区及荒漠区四人主要的地貌单元。流域自南向北大致分为三个气候区，南部祁连山高寒半干旱湿润区，中部走廊平原温凉干旱区，北部温暖干旱区。

1. 地质地貌

石羊河流域地处黄土、青藏和蒙新三大高原的交汇过渡地带，位于河西走廊东段，以高山、中高山、低山丘陵、沙漠、冲洪积平原构成全流域地貌形态，地势南高北低，自西南向东北倾斜。总体可分为三个大的地貌单元（马宏伟等，2011）。

1）南部祁连山区

流域南部的祁连山脉大致呈西北—东南走向，海拔 2000～5000m。东段最高的冷龙岭主峰海拔 5254.5m，以上有现代冰川分布，向东延伸经牛头山、雷公山、乌鞘岭、毛毛山；向西连大黄山、合黎山，成为黑河水系与石羊河水系的分水岭。

2）中部走廊平原区

中部走廊平原区，由东西向龙首山东延的余脉韩母山、红崖山和阿拉伯古山的断续分布，将走廊平原分隔为南北盆地。南盆地包括大靖、武威、永昌三个盆地，海拔1400～2000m，除盆地边缘为中低山外，其余大部分地区为洪积—冲积平原；北盆地包括民勤—潮水盆地、昌宁—金昌盆地，海拔1300～1500m，形成平坦的冲积平原、湖沼冲积平原，最低点的白亭海仅1020m，已干涸。

3）北部低山丘陵区

北部低山丘陵区为低矮的趋于准平原化的低山丘陵，海拔低于2000m。

4）荒漠区

石羊河流域北部荒漠区主要指民勤北部以北的沙漠区域。

2. 气候

石羊河流域深居大陆腹地，属大陆性温带干旱气候，太阳辐射强、日照充足，温差大、降水少、蒸发强烈、空气干燥。受大陆性气候和青藏高原气候的综合影响，流域自南向北大致划分为三个气候区。

南部祁连山高寒半干旱半湿润区：年平均气温低于6℃，年降水量300～600mm，年蒸发量700～1200m，相对湿度46%～58%，干旱指数1～4，日照时数2550～2700h。中部走廊平原温凉干旱区：年降水量150～300mm，年蒸发量1300～2000mm，相对湿度45%，干旱指数4～15，日照时数2700～3000h。北部低山丘陵温暖干旱区：包括民勤全部，古浪北部，武威东北部，金昌市龙首山以北等地域，海拔1300～1500m，年平均气温高于8℃，年降水量小于150mm，相对湿度30%～45%，日照时数超过3000h，多风沙。民勤北部接近腾格里沙漠边缘地带年降水量50mm，年蒸发量2000～2600mm，干旱指数15～25。

3. 水文

石羊河水系发源于祁连山东段冷龙岭北坡，自西向东为西大河、东大河、西营河、金塔河、杂木河、黄羊河、古浪河及大靖河等，除后两条河外，其多年平均流量为4.57～12.2m^3/s。八河加上浅山区小沟小河多年平均径流量15.75亿m^3，河流补给来源为山区大气降水和高山冰雪融水。这些河流出山后，由武威的东、南、西三个方向流经古浪、武威、永昌县，穿越平原，汇聚于武威城北三岔堡以下的扇形地北流，始称石羊河，然后过红崖山峡口进入民勤盆地，至青土湖没于沙漠之中，全长250km，青土湖现早已干涸。

河西地区的内陆河系受地形、地貌和水文气象垂直分带规律的影响可划分为两种性质不同的径流区，即径流形成区和径流散失区。南部的祁连山区为径流形成区，这里气温低，蒸发弱，降水较多，冰川积雪发育，有利于地表径流的形成。中下游是径流散失区，气候干燥炎热，降水稀少，地面物质渗透性极强，河流进入本区后水量不但得不到补充，反而由于蒸发、渗漏和沿途引用，随着流程的增加而急剧减少，加上引水灌溉，不远就消失在洪积冲积扇上，在洪积扇缘以泉水形式出露地表，汇集成河流向下游。目前出山口和中游建水库，绿洲内建人工渠道网，改变了水资源的转化方式。石羊河属降雨补给型，冰川融水补给只占3.9%。径流年内分配与山区降水年内分配相吻合，汛期5～

9 月径流量可占全年总水量的 70%～80%。

4. 土壤

石羊河流域自然条件复杂，因此成土过程和土壤类型多样。土壤类型主要有黑垆土、棕钙土、灰棕漠土、高山土壤以及非地带性土壤。黑垆土、棕钙土、灰棕漠土等广泛分布于走廊以及北部的阿拉善荒漠和半荒漠地区，其中灰棕漠土分布在走廊以及山前砾质戈壁上。高山寒漠土为高山土壤类型之一，分布在祁连山海拔 4200～4600m，土壤贫瘠。3500～4300m 地区主要分布高山草甸土类；海拔 3100～3600m 地区分布有亚高山灌丛土类；山地栗钙土在祁连山地分布范围最广、面积最大；此外，黑钙土分布于冷龙岭南侧和青海南山北侧，海拔 2700～3400m。

非地带性土类包括盐碱土、草甸土、风沙土、沼泽土和灌耕土等。盐碱土主要分布在走廊以及阿拉善高原各个河流的下游积盐洼地，绝大部分为盐土。风沙土主要分布在北部广大的阿拉善高原。沼泽土主要分布在石羊河沿岸的山前洪积扇前沿的泉水溢出带。灌耕土是长期耕作形成的，主要分布在走廊和流域的中下游绿洲内。

5. 植被

石羊河流域地带性植被有中纬度山地植被和平原荒漠植被。平原从东到西，降水减少，依次分布温带荒漠草原和温带荒漠，温带荒漠草原以戈壁针茅、沙生针茅、白草、多根葱、驴驴蒿、猫头刺、灌木亚菊、红砂等旱生的禾草、小半灌木为主；温带荒漠以旱生和超旱生的灌木、半灌木为主，红砂和珍珠柴分布最广泛。

祁连山植被随海拔升高，呈带状分布。海拔 1700～1900m 的洪积扇上部是以短花针茅、珍珠柴、红砂、猫头刺、合头草和盐爪爪为主的旱生小灌木、禾草荒漠草原。海拔 1900～2600m，最高可达 2900m，为山地草原带，以克氏针茅、冷蒿、扁穗冰草丛生禾草为主。海拔 2600～3400m 为山地森林—草原植被带，阴坡为青海云杉林，上限可达亚高山灌丛草甸带，下限可伸入到草原带；阳坡为草原并分布有少量祁连圆柏林，祁连圆柏林分布的海拔上限和下限较云杉林高。2600～3200m 的阳坡为典型草原，物种有克氏针茅、短花针茅、沙生针茅、冰草等；3200～3400m 的阳坡为亚高山草甸，以薹草、委陵菜、线叶嵩草等为主。海拔 3200～3600m，最高上限可达 3700m，为亚高山灌丛草甸带，阴坡有常绿草叶杜鹃灌丛、落叶阔叶高山柳灌丛和金露梅矮灌丛等，三者之间呈复合分布；阳坡主要为以苔草占优势的亚高山杂类草草甸。海拔 3600～3900m 为高山草甸，主要是矮草型的蒿草高寒草甸和杂类草高寒草甸。海拔 3900～4200m 为高山寒漠带，是由高山流滩石植被组成的寒漠，主要为垫状蚤缀、红景天、高山葶苈、囊种草、苔状蚤缀、雪莲等，极为稀疏；4200m 以上为山岳冰川地区，常年积雪。

非地带性植被分布最广的是农田；农田边缘的低地和其他盐渍化土地上是以芦苇、芨芨草、马蔺、盐爪爪、翅碱蓬和滨草等为主的盐生草甸，其外围盐渍化轻，地下水位高的地方有柽柳灌丛分布；干湖盆和低洼地等积盐中心是以盐爪爪、碱蓬、苏枸杞、红砂、柽柳等为主的盐柴类灌木、半灌木荒漠。

石羊河流域有两千多年的农业灌溉历史，是古丝绸之路上繁荣昌盛的地区，在河西走廊三大内陆河水系中，该流域水量较少，但耕地多、土质好，新中国成立后一直是甘肃省的粮食生产基地。石羊河流域是甘肃省河西内陆河流域中人口众多、经济较发达、水资源开发利用程度最高地区。石羊河流域是我国内陆河流域人口比较密集的地区之一，近几年由于人口的增加及城市化速度加快使得石羊河水资源利用过度，社会生产用水不断挤占生态用水，导致全区地下水位不断下降，植被退化、土地沙化盐碱化等生态问题不断产生，已严重威胁着流域的可持续发展。

石羊河流域经过 7 年多的重点治理，下游的民勤盆地局部地下水位有所回升，平均回升 0.55m，生态环境有了明显恢复和改善。2009 年武威市水资源配置总量进一步削减为 18.36 亿 m^3，比 2006 年实际用水量减少了 7.1 亿 m^3，减幅高达 21%。为了减轻石羊河流域资源环境负担，武威市累计关闭农业灌溉机井 8000 多眼。为保证民勤来水，石羊河流域不但实施了流域中上游向下游集中调水，还利用景电二期延伸向民勤调水。2011 年，石羊河流域治理两大约束性指标全面完成。在干涸了 51 年之后，民勤北部的青土湖再现了碧波荡漾的美丽景象。连续两年形成了人工季节性水面 3～10 km^2，生态恶化的趋势得到有效遏制，区域环境质量持续改善。监测显示，2011 年青土湖地下水位已回升至 3.6m，民勤盆地多处地下水位均呈回升趋势。同时，民勤县植被覆盖率提高到 36%，10 万亩植被群落逐步恢复。图 4-1 展示了三个时期石羊河流域水系空间分布与变化。温家宝总理称赞：“石羊河流域重点治理取得的阶段性成果，是一个了不起的成绩”。

4.1.2　生态系统现状

石羊河流域是一个独立的地貌单元，流域内的生态系统具有从上游至下游的生态完整性。石羊河流域有高寒草甸、灌丛草甸、森林灌丛、寒温带山地荒漠、温带半荒漠、荒漠及绿洲等生态景观，大致分为三个生态系统：南部山地生态系统，包括祁连山区冰雪寒冻垫状植被带、高寒草甸、灌丛草甸、森林带及灌丛带，是流域水源涵养区及产流区，全流域的“绿色水库”，走廊的生命线；中部平原荒漠与绿洲生态系统，包括山前温带沙质荒漠、半荒漠区，不产流，但有区外地表径流流入和较丰富的地下水，既有原生的荒漠植被、草甸、盐生草甸及沼泽植被，又有人工栽培的植被，形成特殊的绿洲区，是人类主要经济活动区；北部低山及高原生态系统植被以旱生、超旱生、盐生的灌木、半灌木及多年生草本植物组成，植被覆盖度 5%～40%，生产能力极低，是流域的生态脆弱带。

1. 山地生态系统

山地生态系统包括祁连山、红崖山、莱腹山、刘家黑山等山地，由于祁连山是该流域产流区，因此山地生态系统重点为石羊河上游祁连山山区生态系统。祁连山生态系统是绿洲灌溉农业的“天然水库”，有涵养水源、保持水土、增加降水、调节气候、降低大气二氧化碳含量、提供野生动物栖息地等特殊功能，哺育着河西走廊这块古老的绿洲。

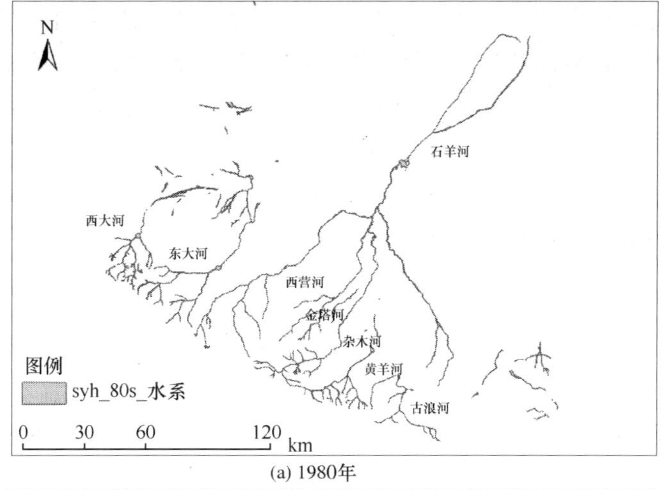

(a) 1980年

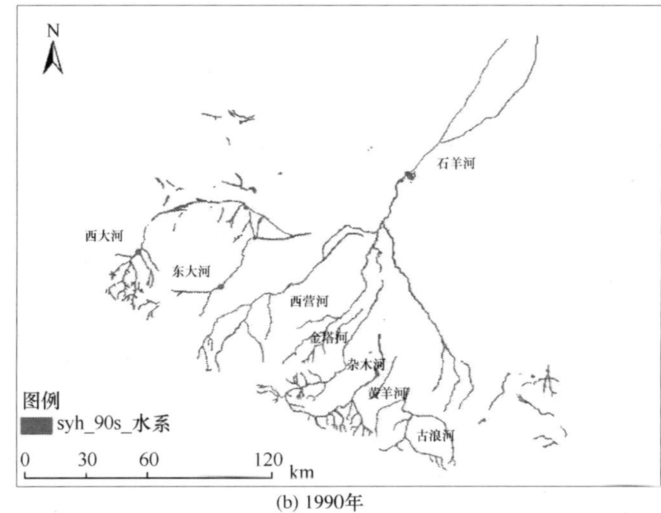

(b) 1990年

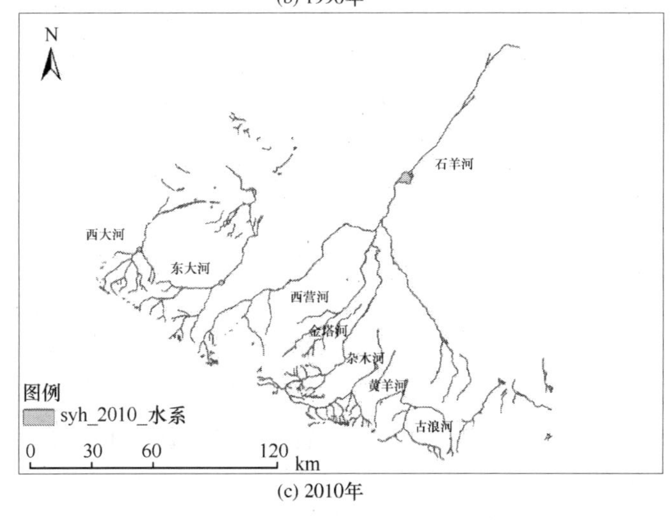

(c) 2010年

图 4-1　1980～2010 年石羊河流域水系空间分布与变化

石羊河流域南部山地生态系统的基本功能是产流，是水源涵养区，也是河西走廊的生命线。冰雪寒冻垫状植被带是流域内海拔3800m以上的高山带，降水量大于600mm，年平均气温在–1℃以下，植被覆盖度 5%～25%；高寒草甸、灌丛草甸、森林及灌丛带是位于海拔2600～3800m的高山带，降水量380～560mm，年均气温–1.0～2.6℃，是流域中下游荒漠区的“绿色水库”；山地草原带海拔2000～2600m的浅山地区，年降水量350～400mm，平均气温2.6～5.8℃。

2. 草地生态系统

石羊河流域草场总面积约109.00hm^2，其中天然草地占97.20%，改良草地占2.58%，人工草地占0.22%。流域内有野生草40余种，其中优良牧草5科：乔本科、豆科、菊科、莎草科、蔷薇科；栽培牧草主要为：乔本科、豆科、菊科。栽培草种为：扁穗冰草、沙打旺、草木樨、紫花苜蓿、箭筈、豌豆、毛苕子、柠条、沙拐草、白莎蒿。

3. 人工绿洲生态系统

人工绿洲主要分布在石羊河流域农作物生长区，流域内20个大灌溉区耕地面积合计28.47万hm^2，实灌面积23.8万hm^2，粮食总产76.64万t/hm^2，涉及乡村人口168万。绿洲生态系统由粮食作物、经济作物、其他作物，及经济林木、农田防护林、灌溉草场组成。经济作物由春小麦、冬小麦、玉米、马铃薯、糜子、谷子、大麦、青稞、荞麦、莜豆、大豆、蚕豆、豌豆。经济作物有油菜、胡麻、葵花籽、甜菜、大麻、烟叶、瓜类。其他作物有绿肥作物、蔬菜作物。农田防护林以白杨和沙枣林为主。经济林木有苹果、梨桃类、枣类、杏树。

4. 荒漠生态系统

1992年世界环境与发展大会明确规定了荒漠化的概念，即在气候变化和人类活动的多种因素作用下，干旱、半干旱和半湿润干旱地区土地退化。石羊河流域荒漠化以沙质荒漠化为主，荒漠化土地类型有：流动沙丘、半固定沙丘、固定沙丘、闯田、戈壁和盐碱地。荒漠生态系统植物以耐旱性植物为主，主要树种有柠条、柽柳、沙拐枣等。

4.1.3 生态系统危机

随着石羊河流域的不断开发、人口急剧增加以及自然气候因素的变化，特别是受水资源的制约，石羊河流域生态环境日趋恶化：整个流域呈现出沙漠向绿洲推进，农区向牧区推进，牧区向林区推进，冰川、雪线向山顶推进的趋势，森林、草原面积日渐缩减，水源涵养能力下降，河川径流逐年减少，地下水位持续下降，水质恶化，生物资源减少，部分野生动物绝迹或濒临绝迹，沙尘暴肆虐。特别是水资源不断减少，给整个流域可持续发展带来了严重危机。

1. 水资源匮乏，生态环境持续恶化

在干旱内陆地区，水资源是影响绿洲社会、经济、生态等方面最为关键的因素（马鸿良，1992）。石羊河流域是我国西北内陆河流域人均水资源最少的地区，属大陆性温带干旱气候，降水稀少，水资源匮乏，人均水资源不到 750m^3，水资源承载压力巨大。平原区年降水量仅 150～300mm，下游地区更小于 150mm，而年蒸发量却高达 1300～2600mm，蒸发量远大于降水量，干旱指数最高达 52 以上。近 20 年来，全流域人口增加了 33%，农田灌溉面积增加了 30%，粮食产量增加了 45%，国内生产总值（GDP）翻了约 6 倍，而水资源量不但没有增加反而减少了约 1%，水资源供需矛盾十分尖锐。

为了发展经济，该流域地区大中小企业迅猛发展，耗水量猛增，总耗水量由解放初期的 5.67 亿 m^3 增加到 2003 年的 28.77 亿 m^3，而水资源量却减少了约 1%。过度开发水资源，严重挤占生态用水，导致流域生态环境急剧恶化。民勤盆地现状绿洲面积约 1313km^2，比 20 世纪 50 年代减少了 289km^2。同时，2003 年国民经济各行业总用水量 28.77m^3，其中农田灌溉用水比例高达 86%，工业用水比例仅 5.4%。全流域单方水国内生产总值（GDP）仅为 4.81 元，是全国平均水平的约 1/5，水资源利用效率偏低，水资源供需矛盾十分尖锐。

石羊河流域地下水超采严重，地下水位逐年下降。近 20 年实测资料对比表明：武威南盆地地下水位平均下降 6～7m，下降速度 0.31m/a；民勤盆地地下水位平均下降 10～12m，下降速度 0.57m/a，最大下降幅度 15～16m。近 20 年武威～民勤地下水位动态变化情况见图 4-2。

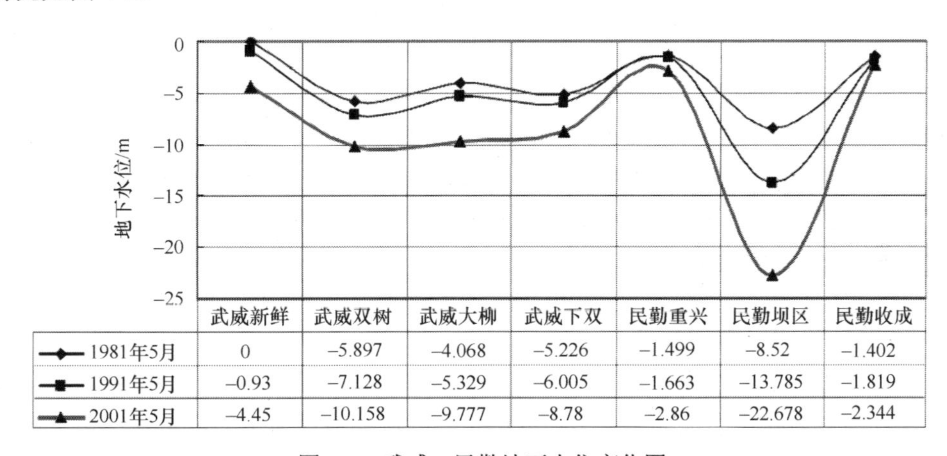

	武威新鲜	武威双树	武威大柳	武威下双	民勤重兴	民勤坝区	民勤收成
1981年5月	0	−5.897	−4.068	−5.226	−1.499	−8.52	−1.402
1991年5月	−0.93	−7.128	−5.329	−6.005	−1.663	−13.785	−1.819
2001年5月	−4.45	−10.158	−9.777	−8.78	−2.86	−22.678	−2.344

图 4-2　武威—民勤地下水位变化图

2. 林草覆盖率降低，生态功能下降

流域上游祁连山区由于人为砍伐森林，过度放牧，开矿挖药和开荒种植，近 1500km^2 的林草地被垦殖，水源林仅存不足 55km^2。现有乔木林 644 km^2、灌木林 1832 km^2，山区的植被覆盖率只有 40%左右，植被破坏严重，水源涵养能力降低。图 4-3（彩图 4-3）为石羊河流域植被类型空间分布。

据统计资料可知，与 1997 年相比，2006 年稀疏植被减少 85.5%，适中植被减少 20.4%，茂密植被减少了 84.6%，裸地增加了 65.94%，植被总面积减少了 73.82%。由于祁连山灌木林线的上移和灌木林的草原化、荒漠化，导致该生态系统调节功能降低，水土流失面积增大，水源涵养能力降低（许文海等，2007）。中下游地下水位下降，使中游部分地区及民勤大面积的人工林枯死、草场退化，生态防护功能下降。绿洲与荒漠过渡带被大面积开荒或人为破坏，使其防风固沙能力降低；开荒则使绿洲失去了保护层，同时增加了用水量，加速了地下水位的下降。

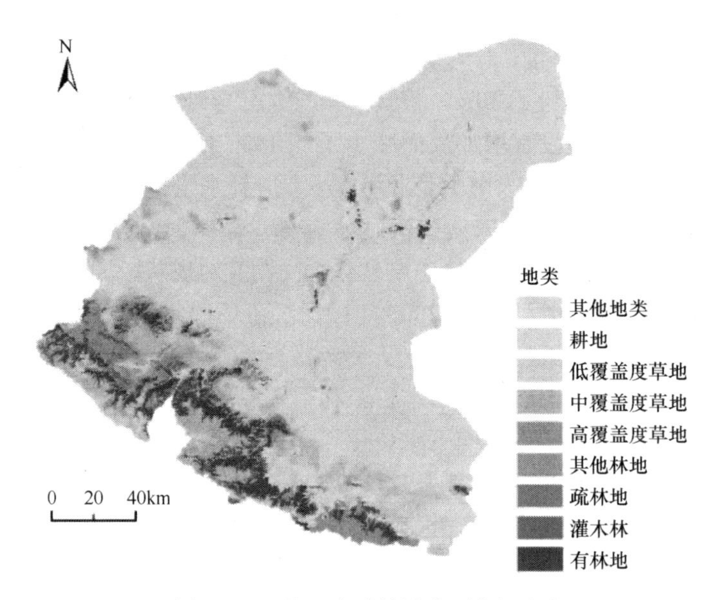

图 4-3　石羊河流域植被类型空间分布

祁连山灌木林线的上移和灌木林的草原化、荒漠化，造成的结果是保水能力减弱，调节功能降低，水土流失面积增大，大量泥沙及漂砾随洪水而下，淤积河床、水库及渠道，全流域上游山区的十多座水库不同程度地均有淤积，有效库容减少 1/5～1/8。出山径流年内丰枯幅度 20 世纪 80 年代以后较五六十年代增大 30%，部分水库的调节能力已不能满足河川径流的变化需求。

3. 土地荒漠化、土地盐碱化

土地荒漠化是土地生态严重退化的主要表现形式，石羊河流域是甘肃省乃至全国土地沙漠化危害最为严重的地区之一。在武威市，以流动沙丘为主的严重沙漠化土地所占比例超过了 62%。土地盐碱化是土地生态退化的另一种主要表现形式（王根绪等，2002），在石羊河流域的中上游地带，受地下水位下降影响，土地盐碱化面积在减少，而下游地区则明显呈持续增加趋势。如民勤北部盆地，盐碱化耕地。

1）荒漠草场迅速退化

据有关部门调查测算，河西内陆河流域荒漠草场的理论载畜量为 400 万只（羊单位），2000 年仅羊只就有 700 万只。石羊河流域和黑河流域草场超载现象更为严重。据调查，武威市草场退化面积占草场面积的 40%以上，金昌市已有 18. 8 万 km^2 沙化或盐渍化。天祝县松山乡 8. 0 万 km^2 的松山滩已有 7.6 万 km^2 草场退化。

2）沙尘暴越来越频繁

1993 年 5 月 4～6 日在甘肃河西、新疆、宁夏及内蒙古西部发生了一场强沙尘暴，造成直接经济损失 5. 4 亿元。之后这些年，河西内陆河流域每年都要发生数场强沙尘暴。据统计，河西内陆河流域 20 世纪 50 年代发生沙尘暴 5 次、60 年代 8 次、70 年代 13 次、80 年代 14 次、90 年代 23 次。石羊河下游的民勤和金昌则是西北地区沙尘暴多发区之一，沙尘暴越来越频繁，其强度越来越大。

3）下游大面积农田弃耕

由于石羊河上游大量截流引灌，中、下游大面积打井开荒，近 50 年来，石羊河最下游民勤境内已有 2. 0 万 km^2 耕地因缺水而弃耕，弃耕后农田再一次开始沙化、活化，流域内耕地和植被明显表现出向上游水源回缩的趋势。

4. 水质矿化严重，水体污染加剧

水资源质量按照国家《地面水环境质量标准（GB3838—2002)》评价，评价时段划分为汛期、非汛期和全年 3 个时段。评价方法采用单因子法。

（1）出山口以上河段水质：西大河、东大河、西营河、金塔河、杂木河、黄羊河和古浪河为Ⅰ类水质，大靖河为Ⅱ类水质，总体属优良水质。

（2）平原区河段水质：石羊河干流和红崖山水库水质差，基本为劣Ⅴ类水质，金川峡水库水质为Ⅲ类。

（3）平原区地下水质：武威南盆地地下水水质较好。北盆地地下水水质明显恶化，矿化度升高，各种有害离子含量增大，民勤湖区地下水矿化度普遍在 3g/L 以上，局部地区高达 10g/L，不但不能饮用，而且灌溉也受很大程度的影响。

日益扩大的水资源开发利用活动，使石羊河流域地下水与地表水矿化度明显提高，如民勤全县地下水矿化度超过 5.0g/L 的分布净增 250km^2。由于地下水位下降，水质变差，民勤等地生活用水井深已达 300m 以下，不少地方在打井时贯通了地下咸水层和淡水层，导致矿化程度加深。有资料表明，石羊河流域地下水矿化度近年来平均升高 0.13g/L。

石羊河水体恶化的另外一个指标就是水体污染，有关水污染检测结果表明，人类活动剧烈的地区水污染较集中，石羊河大肠菌群、挥发酚、高锰酸盐指数及 BOD 分别超标了 19.3 倍、0.4 倍、18.9 倍和 0.07 倍。水体的不断矿化化和污染，将会加剧区域水资源供需矛盾，这样就将带来更严重的生态问题。

依据 2004 年度武威市环境监测站对石羊河流域地表水环境质量监测（表 4-1），石羊河校东桥断面、扎子沟水域和红崖山水库水质达到了劣Ⅴ类，其中校东桥断面化学需氧量、生化需氧量、总大肠杆菌、总磷超标率分别为 77.89%、100%、100%、44. 4%；扎子沟断面化学需氧量、生化需氧量、总大肠杆菌、总磷超标率分别为 100%、100%、66. 7%、66. 7%；红崖山水库化学需氧量、生化需氧量、总大肠杆菌、总磷超标率分别为 100%、100%、66.7%、66.7%；黄羊水库化学需氧量、生化需氧量超标率分别为 66.7%、100%；西营水库化学需氧量、生化需氧量超标率分别为 100%、100%；南营水库化学需氧量、生化需氧量超标率分别为 33. 3%、100%。

表 4-1　石羊河流域污染严重河段分布

河流	水域	断面名称	现状水质	控制城镇
黄羊河	黄羊水库	黄羊水库	劣Ⅴ类	武威市
金塔河	南营水库	南营水库	劣Ⅴ类	武威市
石羊河	校东	制革厂-和寨乡校东	劣Ⅴ类	武威市
石羊河	扎子沟	校东-蔡旗堡	劣Ⅴ类	武威市
石羊河	红崖山水库	红崖山水库	劣Ⅴ类	民勤县
西营河	西营水库	西营水库	Ⅴ类	武威市

5. 人口贫困化加剧

在石羊河流域，贫困和生态环境脆弱具有很强的相关性。正是由于当地社会经济发展落后，迫于贫困和人口增长等压力，人们往往以牺牲环境为代价获得经济发展与生活水平的提高。但脆弱的生态状况和有限的环境容量，极易因人类活动而遭受破坏，毁林开荒、陡坡种植，换取一时经济发展的短视行为大量存在。从而造成更为严重的水资源不足，土地的盐渍化、荒漠化，自然灾害更加频繁，危及人们的生存基础，反过来又大大制约了石羊河流域人民脱贫致富。

4.2　石羊河流域生态环境历史演变

4.2.1　石羊河流域生态环境的历史演变

冯绳武先生在 20 世纪 50 年代、80 年代初期和 80 年代中期对民勤盆地进行了 3 次考察后认为，石羊河终端湖泊在公元前 111 年之前为自然水系时代，终闾湖泊为一个统一的太湖——潴野泽，湖面高程达到 1350m，范围几乎包括整个民勤盆地。同时发现民勤盆地在西南和东北两面均有缺口，地势西南高而东北低，海拔由红崖山水库的 1417m 向东北依次降为民勤县城的 1367m，东镇乡的 1325m，白碱湖滩的 1289m，大海子的 1246m，内蒙古和屯盐池的 1196m，吉兰泰盐池的 1034m，再至黄河左岸的磴口，地势逐次降低，其间无分水岭。白碱湖至吉兰泰盐池之间，至今有名为大水沟河的古河道存在，因此石羊河在早期可能是黄河左岸一大支流（冯绳武，1986）。此观点虽然目前还没有得到最后证实，但极大地拓宽了我们思考问题的角度。冯先生还认为，处于外流状态的民勤盆地，由于第四纪青藏高原的剧烈隆起，加之冰后期气候的周期性变化，气候渐至干旱阶段，遂使石羊河流量减少，先后由外流河变成内流河，原来各河下游洼地早期的河道湖，逐渐变成后期的终端湖，开始积累了不少盐分。较老的终端湖，后因地面水源断绝，有的变成盐湖，有的干涸形成盐碱滩（冯绳武，1985）。

全新世时期，气候向干旱的方向波动发展（Pachur et al.，1995），民勤盆地气候逐渐变干。全新世先后于 8700～8500a B.P.、5800～5200a B.P.、3300～2500a B.P.和 2000～1400a B.P.形成湖岸阶地，海拔分别为 1305m、1304m、1298m 和 1295m，反映了全新世

以来湖面高程的逐步下降变化（张虎才，1997）。

全新世是石羊河流域湖泊发育的主要阶段，10 000～6700a B.P.，终端地区形成统一的外流湖泊水域，当时的终端湖泊最小面积达到 18.3 万 hm^2。6700～4100aB.P.，终端湖泊出现持续退缩，统一的终端湖泊逐步解体，形成相互分离的小湖泊，当时为碳酸盐湖沼环境。4700a B.P.，终端西部地区湖泊总面积达到 5.4 万 hm^2。4100a B.P.之后，湖泊进一步退缩，继续分隔成若干更小的湖泊或沼泽。位于终端边缘的三角城地区在 13 000～10 000a B.P.发育有石羊河的过水浅湖，经历了比终端湖泊更为复杂的变化，期间出现多次湖泊扩展和退缩（干涸）变化；全新世早期此过水湖泊明显扩张，但并未与终端湖泊连为一体；全新世中期湖泊明显退缩，再次形成浅水湖泊环境，4200a B.P.之后，湖泊出现了三次发育—干涸的波动变化，古终端湖演变成浅湖沼环境，最终干涸。根据测年资料，大致在 4200a B.P.、2000a B.P.、1350a B.P.、1300a B.P.形成过沼泽环境。沉积物化学显示，此时湖泊化学沉积盛行，湖水偏咸。风成细砂、湖沼相粉砂和湖相黏土质粉砂、粉细砂的粒度组成及概率累积曲线对比显示在河流水动力搬运过程中存在较强的风力搬运形式，特别是以粗粉砂和细砂为主的湖相粉细砂沉积是风力快速搬运沉积的结果，这与古终端湖泊的区域环境有关。考虑到河西走廊北部的戈壁和民勤盆地西北毗邻的巴丹吉林沙漠，同时又盛行西风、偏西风，有利于砂尘和粉尘的风力搬运。显示在 4000a B.P.前终端湖泊稳定演化期间发生过周期性的多次沙尘暴事件。在此后的浅湖沼环境发育期间，风沙活动相当频繁，最终堆积大量风成细砂使湖泊干涸。沙尘暴主要发生在 9300～9100a B.P.，8200a B.P.，7800～6700a B.P.，大致具有 400 年的准周期，全新世后期沙尘暴的活动更为频繁。

另有学者通过对三角城地区沉积环境的研究发现，民勤盆地全新世的气候可以分为四个主要气候变化阶段：约 10 000～5000a B.P.为暖湿期，三角城古湖泊开始发育，湖泊水体扩大期相对较短，湖泊水体小或干涸，气候相对凉湿偏冷；约 5000～3800a B.P.为温湿期，湖泊水体范围大，其间有数次较短暂的偏干气候；约 3800～2600a B.P.为凉湿期，湖面波动频繁，气候较干凉，三角城古湖泊逐渐开始消亡，气候向干旱方向发展；干旱期（约 2600a B.P.至今），古湖泊开始逐渐消亡，气候变干，相对来说气候变化较稳定（张成君等，2000）。陈发虎等（2001）利用民勤盆地终端湖沉积记录，发现研究区在全新世出现过 10 次的干旱事件，有约 1600 年的周期变化，且对在相对干旱的中晚全新世表现尤其明显。而三角城剖面湖相沉积物（10.0～6.3ka B.P.）高分辨率孢粉分析，揭示该流域全新世早期植被与气候环境变化过程是：全新世初期（10～9.8ka B.P.），温度、湿度开始上升，山上针叶林发育，该期持续较短时间后，温度、湿度下降；9.8～9.2ka B.P.，山上森林萎缩，山下荒漠范围扩大；此后是一个持续时间较长、波动的温度、湿度上升、植被发育状况逐步好转的过程（9.2～7.75ka B.P.）；随后又是短暂的气候冷干、植被恶化阶段（7.75～7.25ka B.P.）和一个相对持续时间较长、植被发育较好的暖湿期（7.25～6.3ka B.P.）。石羊河流域全新世早期气候环境变化具有较强的不稳定性，每个相对暖湿期和冷干期中都有多个次一级的冷干、暖湿波动，植被也相应地随之变化（朱艳等，2001）。石羊河全新世环境演化可分为三个阶段：早期（11.6～7.1ka B.P.）湿润，中期（7.1～2.4ka B.P.）干旱，晚期（2.4～0ka B.P.）略有好转，其气候变化具有 1450a 的准周期。

青土湖地区沉积层序显示，全新世中期以来的湖面波动过程被划分为 7 个旋回阶段：6000～5000a B.P.，湖退；5000～3800a B.P.，湖进；3800～2500a B.P.，湖退；2500～1720a B.P.，明显处于湖进过程，与春秋战国、秦汉温暖气候有关；1720～1370a B.P.，湖退，是魏晋南北朝（公元 220～580 年）气候变干冷的结果，但公元四五世纪之际，可能出现过一次气候回暖、降水增多的事件 11370～1070a B.P.，湖进；1070a B.P.以后，湖退至干涸。宋元以后，全球气候进入现代小冰期，本区气候日渐干冷，至清代前期，青土湖已分化解体，并逐渐干涸成陆，变为风水两相或风沙堆积，即灰黄色细砂夹薄层浅红色黏土，此过程主要与灌溉农业发展、人工河流改道及围湖造田有关（王乃昂等，1999）。

李并成（1989）利用水文学、沉积学、历史地理学、水量均衡匡算，以及卫星图像解译等研究手段，研究了潴野泽的范围与历史变迁，得出在先史时期古潴野泽的面积达到 5.25 万～5.4 万 hm^2 左右，由东、西分隔的两个部分组成。由于李并成在计算湖泊面积时，把出山径流量作为主要因子，没有考虑到武威和民勤盆地内绿洲外荒区和林地等蒸发量对进入湖泊的水量的影响，自然水系时的湖泊面积过于笼统。郭晓寅（1998）利用水量平衡方程结合 DEM 计算出终端湖面积为 58000hm^2，全新世约 5000a B.P.，古终端湖的最高湖岸线高程为 1320m，面积为 21.3 万 hm^2，至 3600a B.P.时，最高湖岸线高程为 1314m，湖泊缩至 8.7 万 hm^2。由于历史文献的不准确或矛盾，以及对历史文献的不同理解，研究者对湖泊变化的大小、范围和时间上存在很大差别，甚至有些看法是“很大胆的推测”。特别是对终端湖曾经是否形成过统一大湖以及是否外流的问题上却存在分歧。

4.2.2 石羊河流域水资源的历史演变

关于历史上对石羊河流域的开发，李并成通过对《新五代史》《新唐书》《宋史》《渠规残卷》及各历史时期的《镇番县志》等大量史料进行考证，以及实地考察，对石羊河自汉代以来的开发利用情况进行了较详尽的研究（李并成，1989）。他认为，下游绿洲盛唐以来的沙漠化过程，实际上是一种绿洲向中游地区的转移过程。流域有限的水资源只能养育维系一定规模的绿洲面积，中游地区“近水楼台”，利用较好的位置优势，进行大规模土地开发，不顾及下游平原来水的多寡而盲目扩大垦殖，扩大中游绿洲农田规模，由此带来的中游地区经济繁荣在一定程度上是以牺牲下游绿洲为代价的。民勤绿洲西侧的西沙窝在唐代前期曾经是 1000 km^2 的绿洲，并设有武威县，但由于中游过量用水，致使该县仅存在了 27 年（总章元年至证圣元年）即行废弃并沙漠化。

据牛叔文 2002 年调查，石羊河上中游地区用水量的增加，导致下游可用水量大大减少，迫使下游地区耕地弃耕，近几年弃耕加速。20 世纪 50 年代末，民勤县有灌溉农田 6.35 万 hm^2，目前有 4.50 万 hm^2，减少了 1.85 万 hm^2。同期，中游地区的武威市内增加了 2. 7 万 hm^2 灌溉面积，相当于绿洲由下游移到中游（牛叔文，2007）。

自西沙窝汉唐古绿洲沙漠化以来，在千余年来的气候状况下从未有过些许改观。换言之，干旱地区的沙漠化土地很难逆转。干旱地区沙漠化过程与半干旱地区沙漠化过程有明显的不同之处，半干旱地区的沙漠化，当降水条件较好或人为不合理干预活动明显减少时，可获得逆转，如毛乌素沙地南部。因此，保护绿洲土地资源，防治沙漠化过程的发生，对于干旱地区尤为重要（徐晓进和黄蕴，2010）。

对水资源管理及分配方面，在明宣德四年（公元1429年）始设水利通判，专责灌溉事宜，到明万历四十二年（1614年）始收水牌税，田按牌供水，说明下流水资源已经呈现出紧张状态（李福兴等，1998）。王培华以黑河、石羊河流域水利制度的个案考察，对清代河西走廊的水资源分配制度进行了研究（王培华，2004）。清代时期，在技术上确立水期（即使水的期间）、水额（使水的定额），以及以各渠坝为纲、牌期为目，把各牌期水分配给各渠坝；在原则上表现为：一是公平原则，即依据所处的自然地理位置，先下游后上游的原则；二是效率原则，即按修渠出人夫多寡分水、计粮均水、计亩均水3种分水原则。通过以上技术、原则，以求达到缓解上、中、下游水利纷争的问题，地方各级政府发挥了调节平均水的作用。

表4-2为石羊河流域社会、经济、人口和农业的历史发展过程。在人类历史发展进程中，石羊河流域的人口和农业不断发展。20世纪90年代和民国时期相比，人口增加近118万人，耕地增加近227万hm^2，粮食总产量增加近6亿kg。在人口不断增长的情况下，为维系流域社会经济的发展，尤其是农业生产的发展，流域内不断增加水资源的开发利用，导致水利条件变差。人口的增加和农业生产的发展对水资源的压力越来越重（徐晓进和黄蕴，2010）。

表4-2 石羊河流域历史变迁概况

年代	流域人口/万人	耕地/万hm^2	粮食总产量/万kg	人均粮/kg	粮食单位面积产量/（kg/hm^2）	水利条件	城市状况	水系变化
史前	0.2	—	—	—	—	—	游牧	野潴泽水面面积7200 hm^2
汉代	7.6	120	4.3	310	525	开始引水灌田	10个县	分成东西海河道长流水
唐代	12.8	200	1000	600	750	较完整的饮水系统	河西首府和商业中心	白亭海季节性河流
清代	41	200～290	1000～1500	300	750～1125	严格饮水管理，出现饮水纠纷	河西商业中心和凉州府	青土湖季节性河流
民国	924	200	1500～2300	250	1125	清制饮水纷争不断	商业中心和专员公署	湖泊消失进入人工水系统
20世纪90年代	2100	427	7900	359	3000	人工水系	商业中心和专员公署	人工水系资源利用率高

资料来源：李世民等，2002。

4.3 石羊河流域社会经济发展研究

4.3.1 石羊河流域社会经济发展现状

流域主要行政区分属武威、金昌两市，武威是以农业发展为主的地区，金昌市是我国著名的有色金属生产基地。流域内交通方便，物产丰富，有色金属工业及农产品加工业发展迅速，是河西内陆河流域经济较繁荣的地区。流域总面积 4.16 万 km^2，总耕地面积 625 万亩。2010 年总人口约 260 万人，城镇人口 95 万人，城镇化水平为 36.5%，GDP 为 290.8 亿元，占全省的 11.3%，人均 GDP1.27 万元，相比较东部发达地区而言城镇化水平较低，经济发展较为落后。人口密度 63 人/ km^2，约为河西平均人口密度的 4 倍，流域范围包括武威、金昌、张掖、白银四市，其中武威市是石羊河流域经济、政治、社会发展的重点区域，人口占流域总人口的 78.4 %，灌溉面积占总灌溉面积的 70%，GDP 占流域总 GDP 的 61%，粮食总产量占流域粮食总产量的 80%，是河西地区人口最集中、水资源使用程度最高、供需矛盾最突出的地区。

根据 2010 年全国第六次人口普查数据统计，2010 年石羊河流域主体地域武威市 473 971 户，1 815 059 人；金昌市 161 708 户，464 050 人，流域合计约 635 679 户，2 279 109 人，其中男性 1 175 178 人，女性 1 103 931 人。与全国第五次人口普查数据相比，十年间流域主体总人口减少 9447 人，其中男性减少 9665 人，女性增加 218 人。年流域主体武威市和金昌市实现地区生产总值 439.28 亿元，其中第一产业 71.63 亿元，第二产业 258.44 亿元，第三产业 109.20 亿元，粮食产量约 127.95 万 t。城镇人口主要集中于凉州区、金川区、河西堡镇及各县城关镇等。流域人口增长速度过快，绿洲承载人口已达 300 人/km^2 以上，对于干旱内陆地区来说，人口密度已相当高。其中，从事种植业生产的人口约占总人口的 77%，第一产业负担人口所占比例大。

石羊河流域属于甘肃省经济较发达区域，在区位上具有承东继西的节点作用，是全省重要的工业和农业支柱地区，在历史上一直享有“金张掖、银武威”的美誉，再加上有名的镍矿城市金昌市组成了石羊河流域的主体。其中，武威市具有丰富的农耕文化和久远的耕种历史，是河西商品粮基地的重要组成部分，同时以马踏飞燕和雷台为代表的旅游资源正成为区域第三产业发展的新热点。金昌市为资源工矿型城市，以镍矿生产为主的工矿企业至今仍是金昌市最主要的经济增长源，在城市经济中占有绝对优势。武威市和金昌市在产业结构上具有极大的互补性，“金昌-武威一体化”的提出，使流域基本形成以凉州区和金川区为中心的二元城市发展格局。流域内交通便利，国道 312、省道 211 和 212、兰新铁路横穿全境，乡村公路四通八达，基本形成了流域完善的交通运输网络。

2011 年石羊河水系耕地面积 490.25 万亩，农田有效灌溉面积 368.62 万亩，其中农田实灌面积 312.3 万亩，林草实灌面积 33.9 万亩；总人口 219.67 万人（第六次人口普查数据），其中城镇人口 75.06 万人，农村人口 144.61 万人；工业增加值 295.36 亿元，其中国有及规模以上工业增加值 269.35 亿元，规模以下工业增加值 24.58 亿元，火电工业增加值 1.43 亿元；粮食总产量 137.99 万 t，国内生产总值 556.28 亿元，其中：第一产业为 89.73 亿元，第二产业为 345.13 亿元，第三产业为 121.42 亿元。

1. 供水量

2011 年石羊河流域总供水量 25.2332 亿 m^3，其中地表水工程供水 17.5952 亿 m^3，占 69.7%，地下水工程供水 7.5234 亿 m^3，占 29.8%，其他水源（污水处理回用、雨水利

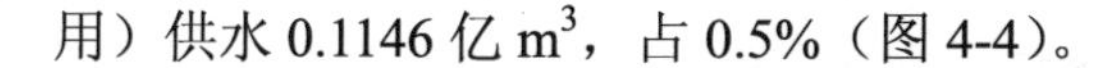

用）供水 0.1146 亿 m^3，占 0.5%（图 4-4）。

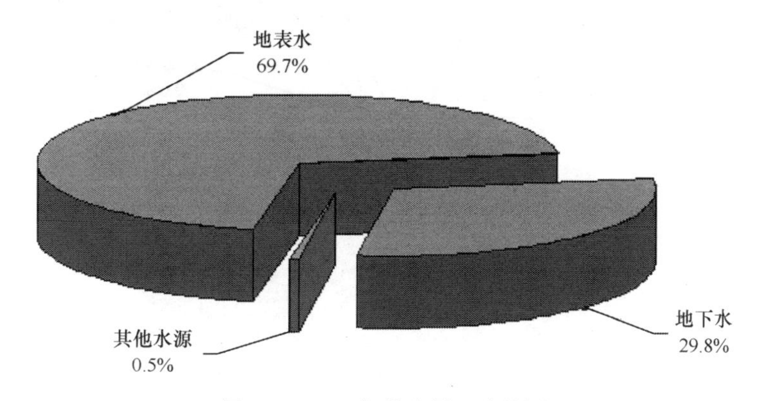

图 4-4　2011 年供水量百分比图

2. 用水量

2011 年石羊河水系总用水量 25.2332 亿 m^3，其中农业灌溉用水量 21.6086 亿 m^3，占 85.6%，林牧渔畜用水量 0.5332 亿 m^3，占 2.1%，工业用水量 1.6291 亿 m^3，占 6.5%，城市公共用水量 0.1632 亿 m^3，占 0.6%，居民生活用水量 0.6880 亿 m^3，占 2.7%，生态环境用水量 0.6111 亿 m^3，占 2.5%（图 4-5）。

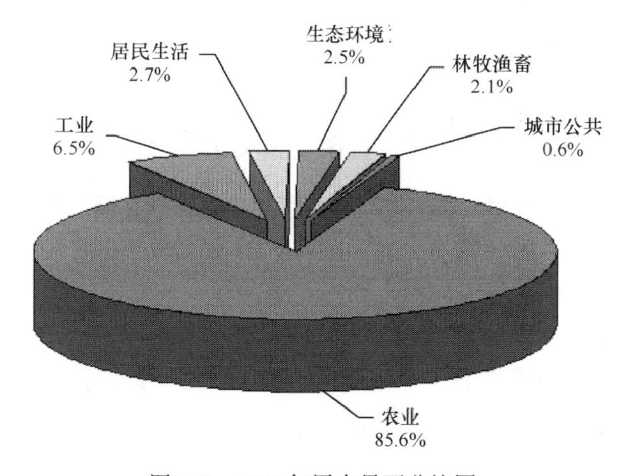

图 4-5　2011 年用水量百分比图

3. 耗水量

2011 年石羊河水系总耗水量为 17.4173 亿 m^3，综合耗水率为 69%。其中：农田灌溉耗水量 15.4696 亿 m^3，耗水率为 88.8%；林牧渔耗水量 0.1873 亿 m^3，耗水率为 1.1%；牲畜耗水量 0.2557 亿 m^3，耗水率为 1.5%；工业耗水量 0.5259 亿 m^3，耗水率为 3.0%，其中火电工业耗水量 0.0230 亿 m^3，耗水率为 0.1%，一般工业耗水量 0.5029 亿 m^3，耗水率为 3.0%；城镇公共耗水量 0.0994 亿 m^3，耗水率为 0.6%；居民生活耗水量 0.4734 亿 m^3，耗水率为 2.7%；生态环境耗水量 0.4060 亿 m^3，耗水率为 2.3%（图 4-6）。

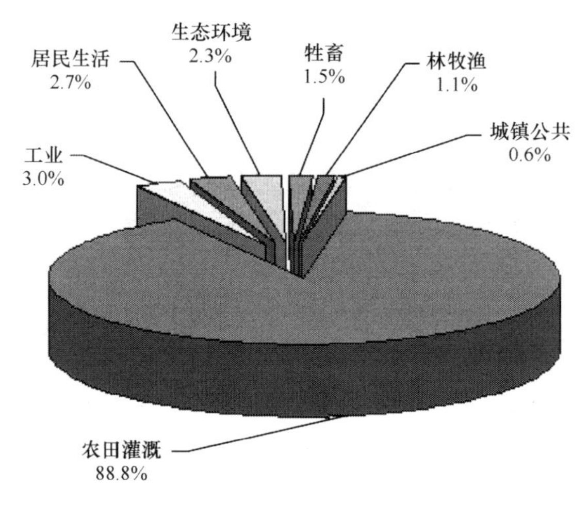

图 4-6　2011 年耗水量百分比图

4.3.2　石羊河流域存在的突出问题

1. 流域水资源总量匮乏，生态保护与城市发展矛盾突出

石羊河流域位于甘肃省西北内陆地区，属大陆性温带干旱性气候，全年降水稀少，水资源总量匮乏。2009 年石羊河流域平均降水量 220.5mm，流域水资源总量为 16.59 亿 m^3，其中地表天然水资源量为 15.6 亿 m^3，与地表水不重复的地下水资源量 0.99 亿 m^3。

2. 流域水资源配置结构不合理，贫困现象突出

流域内水资源短缺以及对水的不合理配置是造成石羊河流域贫困的主要原因，特别是流域下游民勤绿洲区居民因得不到充足而良好的供水，存在农户重新返贫的现象。同时，为了解决民勤下游水资源结构不合理和贫困的现象，安排了红崖山水库移民项目和移民扶持计划，根据相关移民调查资料，民勤县重兴乡移民人口 2011 年人均纯收入仅为 2670 元左右，移民人口中约有 149 人 2011 年均纯收入在 700 元以下，贫困现象突出。

3. 流域生态环境恶化，水土流失现象严重

流域特殊的自然条件基础，以及长期干旱缺水和人口的不断增长，造成流域北部绿洲区土地资源开发强度过大，地下水补给不足，导致地下水位下降，植被退化，荒漠化加剧，导致多种乔灌木和白刺等植物枯死，成为全国荒漠化危害最严重的地区。流域南部祁连山区水源涵养区植被功能逐渐退化，草场植被退缩，水土流域加剧，生态环境不断恶化。目前，天祝县境内总面积为 120 万亩的松山滩草原已有万亩土地向沙化演变。

4. 水资源不合理利用，导致地下水位逐年下降，水质趋于恶化

由于长期水资源的不合理利用，逐渐导致流域水资源总量骤减，质量变差，用水效率低下，农业用水占总用水量的 75%左右，工业用水的重复利用率仅在 50%以下，生活用水浪费现象严重。2003 年，流域水资源利用消耗率达 109%，水资源消耗量远大于水

资源总量，完全依靠超采地下水维持，其中民勤年超采地下水约 2.96 亿 m^3 导致地下水位逐年下降。同时，存在水资源污染现象，民勤湖区地下水矿化度在 3g/L 以上，有的甚至达到 10g/L，严重影响当地居民的正常生活和生产。

4.4　石羊河流域社会经济发展与生态环境关系研究

4.4.1　流域城镇化与环境协调关系——以民勤县为例

经济发展-生态环境系统在 LUCC、生态补偿、区域景观格局及农村生计资本等方面具有广泛应用，一定范围内生态环境随着经济的增长而改变，这种改变在生态不敏感地区引起的效果甚微，但是在生态脆弱地区，如石羊河流域，人类活动的干扰会导致整个流域生态系统的紊乱，引发一系列的环境问题。

为了更好地指导城市建设和流域生态保护，找出 30 多年来影响石羊河流域生态环境变化的原因，选择民勤县作为研究经济发展与生态环境之间关系的典型代表，根据生态足迹理论，计算民勤县生态足迹、生态承载力和生态赤字情况，利用环境研究中的 STIRPAT 模型，回归拟合生态足迹和经济发展系统中的各项指标，找出生态环境恶化的因素，分析社会经济系统和生态环境系统之间的耦合协调关系，研究经济发展对生态环境的作用。

1. 数据来源与研究方法

1）数据来源

民勤县位于甘肃省武威市，政府驻地在三雷镇，介于 101°50′～104°15′E，38°3′～39°28′N，被腾格里沙漠和巴丹吉林沙漠包围，是石羊河下游的绿洲，也是我国西北重要的生态屏障，县域范围内石羊河全长 103.05km。现辖 23 个乡镇（图 4-7），面积 16 316.03km^2，其中耕地面积 1208.85km^2，林地面积 136.87km^2，草地面积 1181.22km^2，沙漠戈壁面积 10 159.05km^2，占全县面积的 62.26%，2008 年总人口为 31.5 万，工农业总产值按 70 年不变价为 257 824.15 万元。

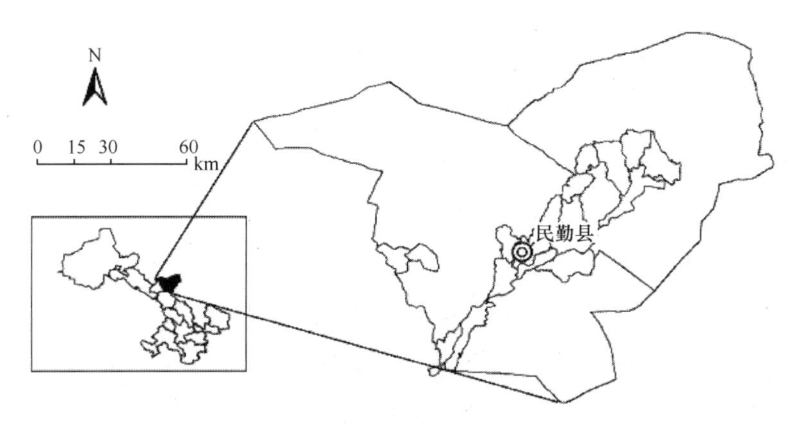

图 4-7　研究区概况

数据来源于1979～2009年《民勤县国民经济和社会发展统计资料汇编》《武威60年》《武威市统计年鉴》等，结合联合国粮农组织（FAO）数据库的关于世界平均生物资源消耗的标准，计算全县生态足迹，主要包括生物资源消耗和能源消耗两部分，生物资源消耗主要有粮食作物、油料、葵花籽、蔬菜、瓜类、水果、猪肉、羊肉、羊毛等，能源消耗分为煤炭、焦炭、汽油、柴油等指标，另外还有人口（含非农人口），GDP，农、林、牧业生产数据，农业、工业生产总值等相关数据，结合民勤县经济发展与生态环境状况及模型的具体要求，基于传统的生态足迹测算方法，构建了综合测度指标体系（表4-3）。

2）生态足迹测算

长时间序列生态足迹研究可以揭示区域生态环境变化过程和规律，首先进行数据标准化，计算1978～2008年民勤县生态足迹，包括生态足迹和生态足迹强度指标，公式为

$$\mathrm{EF} = N \times \mathrm{ef} = N\sum(r_i \times \frac{c_i}{p_i}) \tag{4-1}$$

式中，EF为总的生态足迹；N为人口数量；ef为人均生态足迹；r_i为均衡因子；c_i为第i类商品的人均消费量；p_i为第i类商品的世界平均生产力；i为消费商品和投入的类型各类型生态足迹及控制因子见表4-4。

表4-3　生物资源及世界平均产量

生物资源		全球平均产量/（kg/hm²）	生产面积类型
农产品	粮食作物/kg	2 744	耕地
	油料/kg	1 856	
	葵花籽/kg	1 500	
	大茴香/kg	1 548	
	蔬菜/kg	18 000	
	瓜类/kg	18 000	
林产品	水果产量/kg	18 000	林地
动物产品	猪/kg	33	草地
	羊/kg	74	
	羊毛/kg	33	

表4-4　生态足迹各类型及控制因子

土地利用类型	各类型用地组分	均衡因子	产量因子
耕地	粮食、蔬菜及经济作物的消费量折算	1.8	1.09
林地	林产品的消费量折算	0.8	0.80
草地	畜产品的消费量折算	0.3	0.19

生态承载力是区域内部的生物生产性土地数量，公式为

$$\mathrm{EC} = \mathrm{Nec} = N\sum(a_j \times r_j \times y_j) \tag{4-2}$$

式中，EC为区域生态承载力；Nec为有效的生态承载力；a_j为人均第j种生物生产性土地面积；y_j为不同类型土地的产量因子（表4-4）。

生态足迹强度（EI）指单位国内生产总值（GDP）所占的生态足迹，可以表示自然资源利用效益的高低，并能反映区域生物生产面积的生产潜力，公式为

$$\mathrm{EI} = \mathrm{EF} / \mathrm{GDP} \tag{4-3}$$

3）经济发展与生态环境压力模型评价

根据赵雪雁研究方法将Ehrlich的表征经济增长与资源环境之间关系的IPAT等式改进为ImPACT等式，应用STIRPAT模型评价人口、财富和技术对环境影响的作用大小。目前该模型已广泛应用于定量分析人口、经济、技术对环境压力的影响，公式为

$$I = aP^b A^c T^d e \tag{4-4}$$

式中，I为环境影响；a为标度该模型的常数项；P为人口（人）；A为富裕水平（人均消费或生产）；T为技术（单位生产或消费的环境影响）；b，c，d分别为P、A和T的指数项；e为误差项。

为了衡量经济因素对环境的影响程度，可将方程转换成对数形式：

$$\ln I = \ln a + b\ln P + c\ln A + d\ln T + \ln e \tag{4-5}$$

由于模型中描述变量不足，增加其他控制因素（如富裕度、社会发展等）来分析它们对环境的影响，同A，因素P、T都可以分解为多个指标，即增加城镇化水平、产业比例等因素。公式如下：

$$\ln I = \ln a + b\ln P + c_1 \ln A + c_2 (\ln A)^2 + d\ln T + \ln e \tag{4-6}$$

4）经济发展与生态环境耦合协调的理论模型

（1）耦合协调的理论模型。经济发展与生态环境系统耦合是通过经济和环境2个子系统及其要素的交互作用和相互影响，促进系统从无序走向有序的过程，它决定了系统演变的特征与规律（吴玉鸣等，2011）。共分为4个阶段，即低水平耦合、颉颃、磨合和高水平耦合，本节用粮食作物、油料、葵花籽、蔬菜、瓜类、水果、猪肉、羊肉、羊毛等产量指标表示经济发展子系统，用总人口、人均GDP、城镇化率、草地放牧单位数量（羊单位）、第一产业产值比例等相关数据表示生态环境子系统。

首先采用极差法进行数据标准化，设u_i（i=1，2）是“经济发展-生态环境”系统序参量，体现子系统i对总系统的贡献；X_{ij}（j=1，2，…，n）为第i个序参量的第j个指标，x_{ij}为其标准化后的功效函数值。α_{ij}、β_{ij}是系统稳定临界点序参量的上、下限值。这样，“经济发展-生态环境”耦合系统的有序功效系数x_{ij}就可以表示为

$$x_{ij} = \begin{cases} (X_{ij} - \beta_{ij})(\alpha_{ij} - \beta_{ij}) & X_{ij}\text{具有正功效} \\ (\alpha_{ij} - X_{ij})(\alpha_{ij} - \beta_{ij}) & X_{ij}\text{具有负功效} \end{cases} \tag{4-7}$$

式中，x_{ij}为变量X_{ij}对系统的功效贡献值，反映了各指标达到目标的满意程度，其取值范围为[0，1]，0为最不满意，1为最满意。

由于生态足迹与环境是两个不同而又相互作用的子系统，系统内各个序参量有序程度的“总贡献”可通过集成的方法来实现（刘耀彬等，2005），公式为

$$U_i = \sum_{i=1}^{2} \lambda_{ij}\ x_{ij}$$
$$\sum_{i=1}^{n} \lambda_{ij} = 1 \tag{4-8}$$

式中，U_i为总系统序参量的标准化值；λ_{ij}为各个序参量的权重。

根据耦合度函数计算公式：

$$C = \sqrt{\frac{U_1 \times U_2}{(U_1 + U_2)^2}} \tag{4-9}$$

式中，C为耦合度值，$0 \leqslant C \leqslant 1$；$U_1$、$U_2$分别代表经济发展综合序参量和生态环境综合序参量。经济发展与生态环境系统的耦合阶段可分为4个：①$0 \leqslant C \leqslant 0.3$，低水平耦合，低水平社会经济发展和高生态环境承载力；②$0.3 < C < 0.5$，系统耦合处于颉颃阶段，环境承载力下降，快速发展的经济建设给生态环境带来了巨大压力；③$0.5 \leqslant C < 0.8$，系统耦合进入磨合阶段，经济发展引发的环境问题开始被关注；④$0.8 \leqslant C \leqslant 1$，系统处于高水平耦合阶段，经济发展与生态环境协调发展。

相对于耦合度模型，协调度模型可更好地评判经济发展与生态环境系统的社会经济水平、生态环境交互耦合的协调程度（吴大进，1990），计算公式为

$$D = \sqrt{C \times T} \tag{4-10}$$

$$T = \sqrt{aU_1 \times bU_2} \tag{4-11}$$

式中，D为协调度，$0 \leqslant D \leqslant 1$；$C$为耦合度；$T$为经济发展与生态环境的综合协调指数，反映了生态足迹与环境的整体协同的效应；a，b为待定系数；U_1与U_2分别为经济发展综合序参量和生态环境综合序参量。协调度也可划分为4个阶段：①$0 < D \leqslant 0.4$，低度协调耦合；②$0.4 < D \leqslant 0.5$，中度协调耦合；③$0.5 < D \leqslant 0.8$，高度协调耦合；④$0.8 < C < 1$，极度协调耦合。

（2）指标体系权重计算。在测度经济发展与生态环境两个子系统的权重时，引入熵值法来确定权重，以期在一定程度上避免层次分析法的主观性。基于客观环境的原始信息，熵值赋权法通过分析各指标之间的关联程度及各指标所提供的信息量，测算各子系统及其构成要素指标的权重（王培震等，2012），其步骤如下。

步骤一　对指标做比重变换：$s_{ij} = x_{ij} / \sum_{i=1}^{n} x_{ij}$　（4-12）

步骤二　计算指标的熵值：$h_j = -\sum_{i=1}^{n} s_{ij} \ln s_{ij}$　（4-13）

步骤三　将熵值标准化：$\alpha_j = \max(h_j) / h_j$　（j=1，2，…，p）　（4-14）

步骤四　计算指标x_j的权重：$w_j = \alpha_j / \sum_{i=1}^{p} \alpha_j$　（4-15）

式中，x_{ij}为样本i的第j个指标的数值（i=1，2，…，n；j=1，2，…，p）；n和p分别为样本个数与指标个数。

2. 结果与分析

1）生态足迹分析

31年间，民勤县生态足迹由1978年的0.91hm²/人上升到2008年的2.70hm²/人，平均年增长率为5.96%，经二次多项式拟合，R^2=0.939，精度较高，呈多项式增长。如图4-8所示，以5年为一个周期，可以看出年平均增长率最高在2003～2008年，为5.75%；最小在1978～1983年，为2.11%，即全县生态足迹在不断增大，且增幅在不断提升。生态承载力呈缓慢增长，从1978年0.69hm²/人到2008年0.92hm²/人，年平均增长率为0.75%，变化率比较平稳。生态赤字逐年增加，变化率和人均生态足迹相似，在1998年以后增速变大，31年间平均增速为5.2%，前20年平均增长率为1.74%，后11年平均增长率为9.84%，表明近11年间民勤县生态赤字越来越严重，超出生态承载力承受范围，呈不可持续发展趋势。

1978～2008年间，民勤县生物资源消耗逐渐增大，生态足迹强度总体呈下降趋势，由1978年39.05hm²/万元下降到2008年3.41hm²/万元，年平均降幅为1.19hm²/万元，以指数函数拟合，R^2=0.966，如图4-9所示，在1990年之前，生态足迹强度下降趋势十分明显，1990年以后，下降趋势减慢。

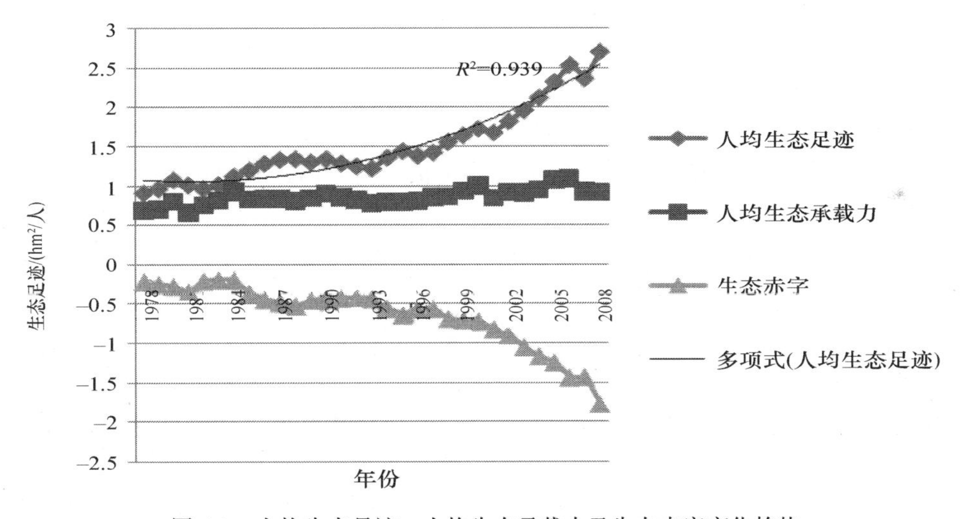

图4-8　人均生态足迹、人均生态承载力及生态赤字变化趋势

2）生态环境社会经济驱动机制分析

前文所述，IPAT等式被广泛应用于国内生态足迹研究中，其另一种表达形式STIRPAT模型更为广泛应用于生态足迹和环境影响之间的关系。综合考虑并结合前人研究成果选择人口、社会发展富裕度（GDP、城镇化率）和生计策略为测算STIRPAT模型的指标。1978～2008年间民勤县人口从24万人增长到31.5万人，增长了1.31倍，GDP增长了44.57倍，城镇化率采用城市人口比例，从3.18%提高到了25.01%，利用羊单位来表示草地资源利用强度即放牧量，民勤县31年间羊放牧数量从10.26万只增长到了79.2万只，用第一产业占GDP的比例表示农业生产比值即生计策略。

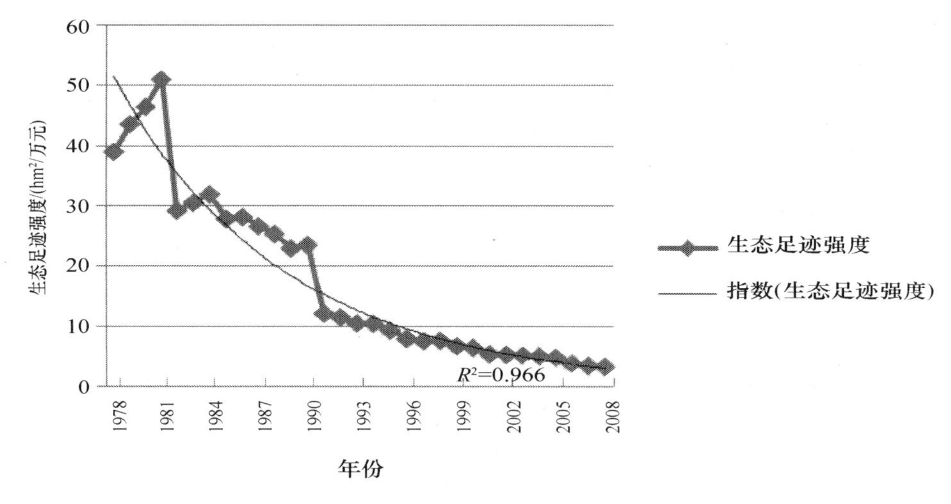

图 4-9 生态足迹强度变化趋势

将民勤县人均生态足迹和环境影响变量的时间序列数据代入 STIRPAT 模型中，应用岭回归和偏最小二乘回归（PLS）求解多元线性方程。首先将数据进行标准化处理，用岭回归分析确定不同 k 值时的各变量系数，计算得到，当 k=0.06 时，回归方程趋于稳定，由于两种回归结果比较接近，可以对比分析。

因为城镇化率由非农人口和总人口比值得到，和人均 GDP 有较强的相关性，pearson 相关性为 0.953，所以分别采用 3 种模型模拟民勤县经济发展和生态环境之间的关系。其中模型一、模型二采用富裕指标，计算中采用人均 GDP、人均 GDP 平方项、人口、羊单位、第一产业比例；模型三采用社会发展指标，为人口、城镇化率、羊单位、第一产业比例。

从表 4-5 中可以看出，3 种模型 R^2 均大于 0.95，说明拟合效果较好，且标准化系数与实际情况相符，可以解释为自变量人均 GDP、人均 GDP 平方项、人口、城镇化率、羊单位、第一产业产值比例每增加 1%所对应的因变量人均生态足迹的增加。模型一中人均 GDP、模型二中人均 GDP 及其平方项、模型三中城镇化率的非标准化系数均大于 0，说明人均 GDP 和城镇化率的增加引起的环境变化的速度低于其自身增加的速度，同时说明了富裕指标和社会发展指标都是引起民勤县生态环境改变的主要因子，人均 GDP 由人口和 GDP 共同组成、城镇化率为非农人口和总人口的比值，即控制城镇人口和总人口数量、降低 GDP 的增速是改善全县生态环境的关键因素。

3 个模型中第一产业产值比例的非标准化和标准化系数均小于 0，说明加快城镇化进程对生态环境恶化具有减慢作用。同样，3 个模型中人口和草地放牧单位的非标准化系数均接近于 0，分别为 1.054×10^{-6}、5.35×10^{-7}，2.333×10^{-6}、5.10×10^{-7}，0.13×10^{-7}、5.42×10^{-7}，说明总人口和草地资源利用强度的变化对生态环境变化的作用较小。

表 4-6 可以看出，3 种模型中 R^2 均大于 0.95，说明拟合效果较好。模型一中人均 GDP、模型二中的人均 GDP 平方项的非标准化系数分别大于 1，说明人均 GDP 的增加引起的环境变化的速度快于其自身增加的速度，同时说明了人均 GDP 是引起民勤县生态环境改变的最重要的影响因子，印证了岭回归中的观点。

表 4-5　经济发展对环境影响作用的岭回归结果

岭回归	模型一			模型二			模型三		
	非标准化系数	标准化系数	t 检验值	非标准化系数	标准化系数	t 检验值	非标准化系数	标准化系数	t 检验值
常数项	1.3439	—	4.6535	0.9844	—	3.6704	1.6088	—	4.702
人均 GDP	0.8951	0.392	6.6988	0.4103	0.1797	6.143	—	—	—
人均 GDP 平方项	—	—	—	0.6811	0.214	5.1769	—	—	—
人口	0	0.0592	1.1407	0	0.1311	2.832	0	0.0007	0.0117
城镇化率	—	—	—	—	—	—	0.0275	0.3853	6.6119
第一产业比	−0.6652	−0.2494	−5.095	−0.5882	−0.2206	−4.5496	−0.7802	−0.2926	−5.2783
羊单位/只	0	0.2917	5.1149	0	0.2781	4.9375	0	0.2956	4.7037
R^2	—	0.9694	—	—	0.9723	—	—	0.9602	—
F 统计量	—	205.6052	—	—	175.6337	—	—	156.6922	—
样本量	—	31	—	—	31	—	—	31	—

模型三中的城镇化率大于 0 小于 1，说明社会发展水平提高对应的生态环境恶化速度低于其自身速度，影响生态环境变化速度低于人居 GDP 及其平方项，即城镇化率的提高对生态环境的影响没有人均 GDP 强。

3 种模型中第一产业比值的非标准化系数都小于 0，说明加快城镇化进程对生态环境恶化具有减慢作用，人口和草地放牧量的非标准化系数接近于 0，分别为-3.852×10^{-7}、4.260×10^{-6}，-3.373×10^{-6}、4.783×10^{-7}，6.808×10^{-7}、2.865×10^{-7}，说明人口和牲畜的变化对生态环境变化的作用较小。

表 4-6　经济发展对环境影响作用的 PLS 回归结果

PLS 回归	模型一	模型二	模型三
	非标准化系数	非标准化系数	非标准化系数
常数项	1.824	0.805	2.589
人均 GDP	1.061	−0.96	
人均 GDP 平方项		1.76	
人口	0	0	0
城镇化率			0.046
第一产业比	−0.8	−0.894	−0.984
羊单位/只	0	0	0
R^2	0.971	0.974	0.965
样本量	31	31	31

由于岭回归分析和 PLS 分析结果基本相同，所以计算两种回归方法中模型-环境压力的残差逆对数，即人均生态足迹和回归拟合后的人均生态足迹的比较，结果显示（图 4-10），在相同的富裕指标情况下，2003 年以后回归效果均偏差较大，岭回归残差逆对数均值为 1.6282，PLS 残差逆对数均值为 1.0668，PLS 回归效果要好于岭回归，主要由于岭回归分析主观性较大。

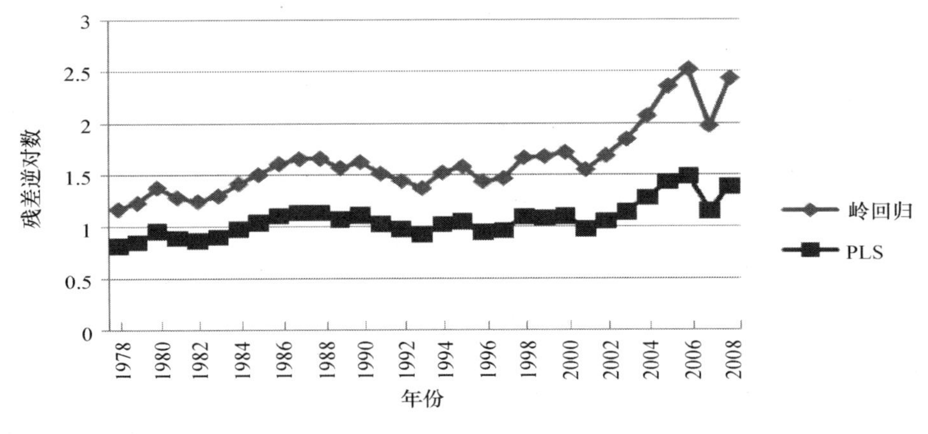

图 4-10　模型一中两种回归结果的残差逆对数

3）生态环境与经济发展耦合协调分析

根据熵值法计算的经济发展与生态环境子系统的权重如表 4-7 所示。

表 4-7　经济发展-生态环境耦合协调系统指标体系

子系统	评价指标	权重
经济发展子系统	粮食作物/kg	0.061 909
	油料/kg	0.066 964
	葵花籽/kg	0.084 117
	大茴香/kg	0.058 068
	蔬菜/kg	0.066 174
	瓜类/kg	0.085 945
	水果产量/kg	0.069 144
	猪/kg	0.066 174
	羊/kg	0.057 621
	羊毛/kg	0.091 325
生态环境子系统	人均 GDP/万元	0.072 987
	人口/人	0.050 659
	城镇化率/%	0.057 764
	羊单位/只	0.064 602
	第一产业比值/%	0.046 547

对民勤县经济发展和生态环境进行耦合协调分析，计算经济发展和生态环境系统综合因子的协调度和耦合度，如表 4-8 所示。

由表 4-8 可以看出，1978～2008 年民勤县经济发展-生态环境系统的耦合度 *C* 形成了一个 V 形曲线变化趋势，在 1978～1986 年缓慢升高，在 1986 年达到峰值后开始下降，2002 年达到谷值，后又逐渐上升，耦合度 *C* 在 0.2759～0.4987，平均值为 0.4249。经济发展-生态环境系统的协调度 *D* 的变化趋势和耦合度 *C* 相同，同样在 2002 年达到谷值，变化幅度小于耦合度 C，协调度 D 在 0.1263～0.3090，平均值为 0.1982，其中 28 个年份经济发展和生态环境之间主要处于颉颃阶段，表明经济主要为粗放型增长，对生态环境恶化具有副作用。

表 4-8　经济发展与生态环境耦合度与耦合协调度值

年份	经济发展综合序参量 U_1	生态环境综合序参量 U_2	耦合度 C	协调度 D	耦合强度与协调强度	耦合阶段
1978	0.149 29	0.088 118	0.483 117	0.235 397	中强度低协调	颉颃阶段
1979	0.150 151	0.088 954	0.483 346	0.236 349	中强度低协调	颉颃阶段
1980	0.135 252	0.091 474	0.490 591	0.233 598	中强度低协调	颉颃阶段
1981	0.144 252	0.093 381	0.488 409	0.238 088	中强度低协调	颉颃阶段
1982	0.149 546	0.100 155	0.490 121	0.244 914	中强度低协调	颉颃阶段
1983	0.135 076	0.100 631	0.494 632	0.240 142	中强度低协调	颉颃阶段
1984	0.115 374	0.099 775	0.498 684	0.231 31	中强度低协调	颉颃阶段
1985	0.079 964	0.102 659	0.496 124	0.212 016	中强度低协调	颉颃阶段
1986	0.064 417	0.102 348	0.486 894	0.198 832	中强度低协调	颉颃阶段
1987	0.051 931	0.105 719	0.469 998	0.186 614	中强度低协调	颉颃阶段
1988	0.059 125	0.110 329	0.476 627	0.196 202	中强度低协调	颉颃阶段
1989	0.053 089	0.110 856	0.467 933	0.189 466	中强度低协调	颉颃阶段
1990	0.046 961	0.115 99	0.452 921	0.182 831	中强度低协调	颉颃阶段
1991	0.055 352	0.128 669	0.458 603	0.196 73	中强度低协调	颉颃阶段
1992	0.045 082	0.135 365	0.432 919	0.1839	中强度低协调	颉颃阶段
1993	0.052 596	0.135 304	0.448 958	0.194 612	中强度低协调	颉颃阶段
1994	0.041 03	0.140 632	0.418 146	0.178 221	中强度低协调	颉颃阶段
1995	0.038 269	0.143 266	0.407 884	0.173 787	中强度低协调	颉颃阶段
1996	0.041 289	0.147 834	0.413 104	0.179 652	中强度低协调	颉颃阶段
1997	0.057 963	0.159 782	0.441 967	0.206 236	中强度低协调	颉颃阶段
1998	0.029 75	0.182 94	0.346 855	0.159 964	中强度低协调	颉颃阶段
1999	0.024 318	0.180 465	0.323 494	0.146 39	中强度低协调	颉颃阶段
2000	0.026 524	0.179 984	0.334 579	0.152 043	中强度低协调	颉颃阶段
2001	0.020 596	0.187 065	0.298 904	0.136 21	低强度低协调	低水平耦合
2002	0.017 392	0.192 127	0.275 897	0.126 287	低强度低协调	低水平耦合
2003	0.036 982	0.215 571	0.353 54	0.177 67	中强度低协调	颉颃阶段
2004	0.023 956	0.239 192	0.287 661	0.147 564	低强度低协调	低水平耦合
2005	0.062 936	0.249 492	0.401 077	0.224 183	中强度低协调	颉颃阶段
2006	0.048 558	0.250 26	0.368 909	0.201 661	中强度低协调	颉颃阶段
2007	0.063 236	0.254 713	0.399 162	0.225 075	中强度低协调	颉颃阶段
2008	0.148 941	0.266 118	0.479 661	0.309 022	中强度低协调	颉颃阶段

另外生态环境序参量 U_2 从 0.0881 增加到 0.2661，平均年增长率为 0.59%，说明民勤县经济的快速增长对生态环境的影响越来越大。

4.4.2 流域居民的消费、就业与生态环境的关系

1. 武威市水资源社会经济循环研究

开展水资源的社会化循环研究，强调了水资源作为社会经济发展基础性投入的重要作用，也关注了人类社会活动对水资源循环过程越来越大的影响作用。随着经济社会的发展，社会对水资源数量和质量的要求越来越高，生产、生活用水与生态环境用水的矛盾越来越突出，水资源社会循环是水资源循环的一个侧支，其起点和终点都是自然循环中的一部分，与水资源的自然循环二者交互作用所形成的一个复合循环系统，对这两个系统分割孤立地研究和管理实践，势必影响对这个系统更好地科学理解和管理实践。

1）理论模型

A. 地区水资源投入产出表

地区投入产出表是指相对国家整体而言，各省、自治区、直辖市或地方区域编制的投入产出表。完整的地区投入产出表与国家投入产出表最突出的区别在于调入产品的处理不同，由于编制难度大，目前在国内各省市地区分析中普遍采用与国家投入产出表形式相同的简化地区投入产出表作为替代。但传统的简化地区投入产出表只适用于输出输入量相对不太大的地区，即相对比较封闭的经济区域。对于经济规模而言调入产品相对较大的地区，应采用地区投入产出模型。

武威市属于经济落后的西部地区，经济规模小，工业基础薄弱，依赖大量投入。为适应武威市区域经济特点，将武威市各部门水资源利用数量（如耗水量）结合地区投入产出表，形成武威市水资源地区投入产出表式（表 4-9）。

表 4-9 武威市水资源投入产出表简式

项目	部门 1	部门 2	……	部门 n	中间消费	最终消费	净流出	总产出
部门 1	X_{11}	X_{12}		X_{1n}				X_1
部门 2	X_{21}	X_{22}		X_{2n}				X_2
……								
部门 n	X_{n1}	X_{n2}		X_{nn}				X_n
中间投入								
增加值合计	G_1	G_2		G_n				
总投入	X_1	X_2		X_n				
耗水量	W_1	W_2		W_n				

B. 水资源投入产出模型与虚拟水核算

表 4-9 是简化的地区投入产出表。根据地区水资源投入产出表，可以得到直接耗水系数和本地区完全需水系数。

（1）直接耗水系数和完全需水系数。产业部门直接耗水系数：

$$q_j=W_j/X_j \tag{4-16}$$

式中，q_j 为第 j 部门直接耗水系数；W_j 为第 j 部门直接耗水量；X_j 为第 j 部门总产出，各部门的直接耗水系数 q_j 构成耗水系数行向量 $\boldsymbol{Q}$=（q_1，q_2，…，q_n）。直接耗水系数表示产业水利用效益。

以乘数矩阵（Leontief 逆矩阵）右乘各部门的直接用水系数行向量 $\boldsymbol{Q}$，得到本地区完全需水系数矩阵 **VW**，本地完全需水系数向量：

$$\mathbf{VW}=Q(I-\boldsymbol{A})^{-1} \tag{4-17}$$

式中，$(I-\boldsymbol{A})^{-1}$ 为投入产出模型下的 Leontief 逆矩阵，其中 $\boldsymbol{A}$ 为直接消耗系数矩阵（$\boldsymbol{A}=X_{i,j}/X_j$），元素 VW_i 为第 j 部门本地完全需水系数。完全需水系数表示每增加一个单位最终使用（消费、投资、出口）时，需要经济系统各部门提供水的数量，体现了直接和间接对经济系统整体耗水需求的关系（图 4-11）。

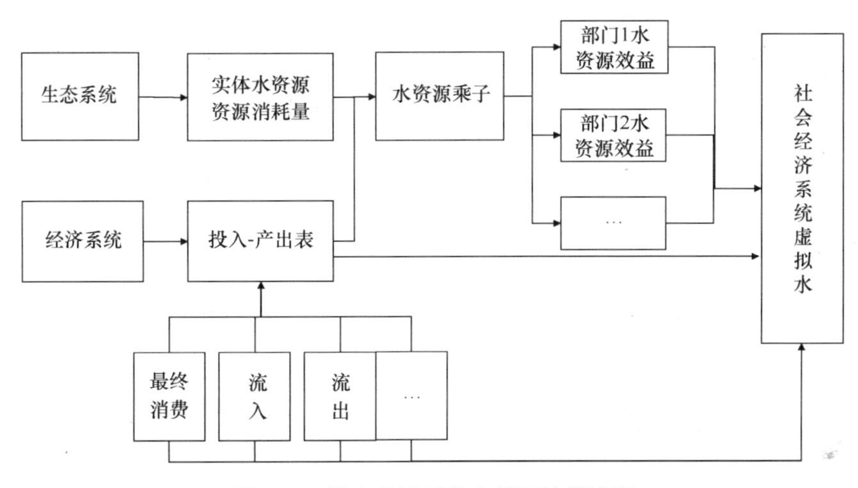

图 4-11　社会经济系统水循环核算流程

（2）直接耗水量与本地完全需水量。直接耗水量就是各部门消耗的实体水 W_j：由式（4-1），得

$$W_j=q_jX_j \tag{4-18}$$

将 j 产业部门完全需水系数 VW_j 与最终使用 Y_i（$i=j$）相乘就是本地完全需水量：

$$\mathrm{TVW}_j=\mathrm{VW}_j\mathrm{Y}_i\ (i=j) \tag{4-19}$$

式中，TVW_j 为 j 部门本地完全需水量，它表示 j 产业部门为生产最终使用产品中而对整个经济系统各部门直接和间接需水总量。

（3）经济系统内部虚拟水转移。经济系统内部虚拟水的转移量，可以通过部门完全需水量与直接需水量的差得到，具体为

$$\mathrm{NVW}_j=\mathrm{VW}_i-\mathrm{VW}_j \tag{4-20}$$

NVW_j 为 j 产业部门转移到其他产业部门的虚拟水，其值的表示第 j 产业是否需要通过产品的转移或输出，从其他产业部门获得或向其他产业部门转移虚拟水量。进一步通过比较完全需求需水矩阵（**VW**）与该矩阵的转置矩阵（$\mathbf{VW}^{\mathrm{T}}$），分析虚拟水在经济系统内部详细的流向。

2）2008 年武威市主要社会经济部门虚拟水核算与分析

利用 2007 年全国投入产出调查、编表时机，编制武威市 2008 年投入产出表（10 部门），并最终形成武威市 2008 年水资源投入产出表（6 部门）。编制过程遵循国家编表方案；各部门耗水数据根据甘肃省水利厅《甘肃省水资源公报》、甘肃省统计局《工业用水统计报表》等推算。

部门水效益可以采用单位水资源的 GDP 产出测算。水资源的直接消耗系数 Q，表征了部门实体水效益；而完全需水效益，表征了部门虚拟水水效益。从图 4-12 的测算结果可发现，农业部门的水效益最低，其单位水资源的 GDP 产出为 4.3 元；其次依次为水生产和供给业、工业、建筑业，服务业及其他行业的水效益最高，为 2500 元。根据虚拟水的定义，其包括了生产过程中的所有水资源，也就是生产的完全需水量，因此，虚拟水水效益整体高于实体水水效益。这种差异在农业、工业、服务业及其他行业部门间的差异较大，服务业及其他行业差异最大，达到了 1419 元/m^3；其他两部门的差异较小。

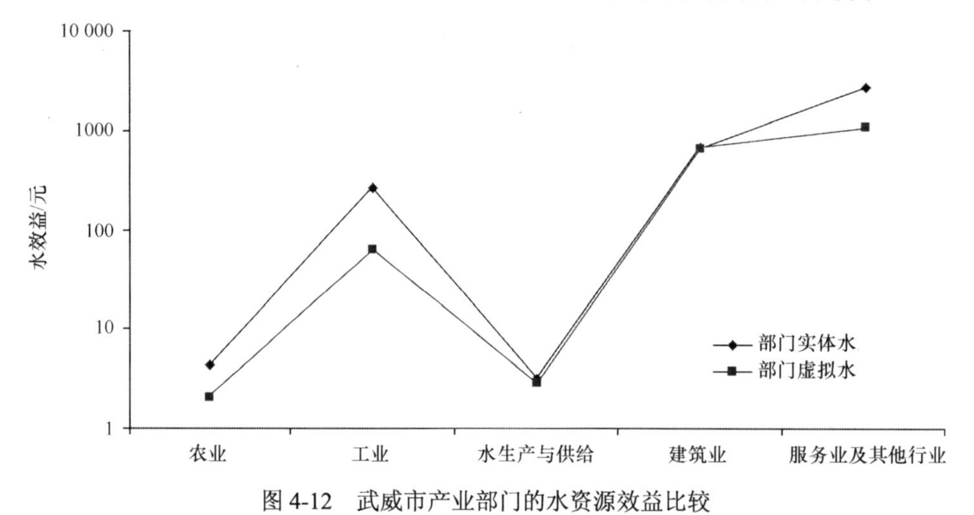

图 4-12 武威市产业部门的水资源效益比较

社会经济主要部门通过产品与服务向部门外转移虚拟水。从表 4-10 的核算结果来看，农业部门虚拟水消耗量最大，为 8.18 亿 m^3，达到部门总用水量的 44%以上；由于工业产品中“嵌入”的虚拟水量大，该部门转移虚拟水总量较小，但占到总用水的比重较高，达到了 62%；服务业及其他行业由于特殊的行业特点，主要是提供服务、商品等，虚拟水转移比例最大，占行业总用水量的 70%。

表 4-10 2008 年武威市主要产业部门水资源社会化循环评估

部门	虚拟水消耗水量/亿 m^3	净转移比重	虚拟水净流出量/亿 m^3	实体水/（m^3/元）		虚拟水/（m^3/元）	
				水效益	水产出	水效益	水产出
农业	8.1821	0.44	7.8288	0.2330	4.29	0.4830	2.07
工业	0.4597	0.62	–0.0971	0.0038	263.16	0.0157	63.55
水生产与供给	0.4966	0.57	0.0583	0.3173	3.19	0.3436	2.91
建筑业	0.0036	0.07	0.0229	0.0015	666.67	0.0015	651.21
服务业及其他行业	0.0349	0.70	–0.0143	0.0004	2500.00	0.0009	1081.13

从武威全市与域外虚拟水的转移来看，农业仍是区域向外界虚拟水输出的主要部门，而工业、服务业及其他行业两个部门仍需要从域外少量转入虚拟水。这样的虚拟水转移特征，与武威市社会经济发展状况有着重要的关系。作为石羊河流域重要的绿洲城市，农业生产所占据的地位仍至关重要。

通过深入比较各部门实体水、虚拟水的水效益与水产出，可以看出，虚拟水效益远高出实体水效益，这种差异在工业部门最大（超过 4 倍），而在农业与服务业及其他行业两个部门的差异只有 2 倍，而水生产与供给及建筑业两个部门的效益差异并不明显。虚拟水是内生在产品与服务中的水，是产品与服务中“看不到的水”，从虚拟水视角审视水资源的效益，则更能体现水资源的利用效率与水资源产出。

3）主要部门间虚拟水转移

水资源社会化循环的另一个重要方面，是水资源在社会经济系统内部门间的转移，其本质是以商品与服务为载体、以生产过程为途径的部门间虚拟水转移。表 4-11 是采用式（4-20）方法核算的各部门间的虚拟水转移量。

表 4-11　2008 年武威市主要产业部门间的虚拟水转移表　（单位：万 m^3）

部门	农业	工业	水生产与供给	建筑业	服务业及其他行业
农业	0	41 793	117.83	297.93	17 753
工业	–41 793	0	–1 619.2	17.255	1 093
水生产与供给	–117.83	1 619.2	0	19.168	1 679.6
建筑业	–297.93	–17.255	–19.168	0	15.064
服务业及其他行业	–17 753	–1 093	–1 679.6	–15.064	0

从表 4-11 的结果来看，农业部门输出的虚拟水，在其他 4 个部门进行分配，其中工业、服务业及其他行业的分配份额较大，水生产与供给、建筑业获得配额较小。工业是重要的虚拟水输入部门，其主要接受农业部门虚拟水 4.2 亿 m^3、水生产与供给部门的 0.162 亿 m^3 虚拟水，而向建筑部门输出少量的虚拟水。农业部门是虚拟水的主要输出部门，工业部门是虚拟水的主要输入部门，是由部门的生产性质决定的。农业部门历来是作为社会经济生产系统主要的初级产品与加工原料的生产者与提供者，而工业部门主要是初级产品的深加工，并向其他部门提供产品和服务。

同样，由于水生产与供给部门的社会经济生产性质主要是提供工业生产用水与生活用水，而不包括对农业等的灌溉用水，其同样是虚拟水的主要输出部门，主要包括对工业、建筑业、服务业及其他行业的水供给。与农业部门的“纯”虚拟水输出相反，服务业及其他行业部门成为了“纯”虚拟水输入部门，接受其他 4 个部门的虚拟水输入，而最大的虚拟水输入仍是农业部门，为 1.7 亿 m^3。图 4-13 是上述转移路径的描述。

4）研究结果

通过对水资源社会循环研究，结合水资源自然循环的研究成果，可以为水资源自然循环和社会循环耦合的研究提供重要的理论成果和实践经验，这对于综合管理水资源、提高水效益与水产出、解决水资源短缺问题十分有益，对于实现水资源综合管理和可持续发展有着非常重要的理论和实践指导意义。

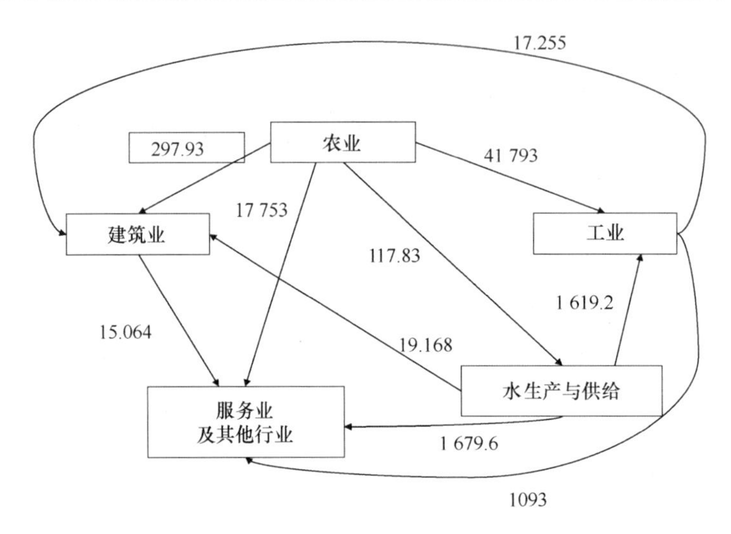

图 4-13 2008 年武威市主要部门间虚拟水转移

从前文的分析结果为看，水资源稀缺的石羊河流域武威市在区域尺度上有着较大的虚拟水净输出（7.8 亿 m^3），其中的农业部门仍是社会经济系统中最大的虚拟水输出部门，而对于部门水效益与水产出的比较可以发现，农业部门的水效益和水产出却都较低。可以说，大力调整武威市的产业结构、提升区域的水资源利用效益与水产出的空间仍比较大。

同时，从部门间的虚拟水转移关系来看，应进一步强化部门间的生产关联，提高消化输入虚拟水资源的利用效率，提高产业结构调整“节约”水资源的附加值产出，增强社会经济系统整体实力，石羊河流域武威市水资源十分匮乏，但由流域产业结构所决定，流域以大量农业虚拟水的形式向区外输出十分宝贵的、有限的水资源，压缩和挤占了生态系统维持和保护的水资源，导致区域生态系统因水资源被剥夺而持续退化，而反过来国家又要投入大量经费与人力资源进行流域的综合治理和恢复保护，完全是不符合科学发展规律的水资源开发利用和经济发展模式。要促进恢复和保护流域的生态系统，就必须大力调整产业结构，压缩高耗水的农业，发展少用水的产业，把节约出的宝贵水资源向区域生态环境系统转移，以恢复流域的生态系统保护与生态恢复。

2. 民勤县实施虚拟水战略分析

实施以“水—粮食—贸易”为主线的虚拟水贸易，对解决当前民勤由于水资源短缺引起的生态经济问题具有十分重要的意义。

1）解决区域水资源短缺的问题，增加地区水资源总量供给

虚拟水贸易是一种新的“供水方式”，特别是对于民勤县这样的贫水地区来讲，可以通过进口粮食来节约本地区有限的水资源，增加水供给总量。通过划分五种不同的情景，估算了在进口民勤粮食总产量的 1/3、1/2 及全部产量和进口城市居民粮食消费量 1/3、进口农村粮食消费量 1/3 等情景下，民勤县节约的虚拟水量。从情景的分析结果可以看出，通过虚拟水贸易进口粮食对于民勤地区的节水效果是显著的（与总用水量 7.28 亿 m^3 相

比）；同样进口居民消费粮食 1/3 的情景下，增加农村粮食消费供给的进口节约虚拟水的效果（0.37 亿 m^3）；同样进口居民消费粮食 1/3 的情景下，增加农村粮食消费供给的进口节约虚拟水的效果（0.37 亿 m^3），要好于增加城市居民粮食消费的进口供给的节水效果（0.21 亿 m^3）。

2）提高水资源的配置效率，增加有限水资源利用的收益

虚拟水是比较优势的一个应用。国际贸易理论指出，一个国家或地区可以出口自身有相对比较优势的产品，而进口自身存在比较劣势的产品来获得自身效益最大化。就水资源来讲，由于富水国家或地区生产单位产品所需要的水资源数量比贫水国家或地区要低，水资源的外部性较小；而从经济学角度讲，贫水国家以一定的经济成本为代价节约了本地区的实体水资源，并增加由进口产品中虚拟水资源与本地区实体水资源构成的水资源总供给。虚拟水贸易成为提高和实现全球、国家和地区间水资源收益的工具。在不同的情景中，在仅考虑工农业经济效益差额的条件下，测算了各情景下民勤县实施虚拟水战略的收益和 GDP 的增加比例。各情景中对于实施虚拟水战略收益测算的过程为：在任一情景下，通过进口粮食而节约下来的水资源用于发展工业或其他生产效益更高的行业，以求获得更高的收益，实现水资源的效益最大化。从测算的结果表明，通过将实施虚拟水贸易节约下来的水资源转向收益更高的工业等部门之后，增加的净收益非常显著，相对于 GDP 的增加比例也十分明显，特别是进口民勤粮食产量 1/2 的情景下，节约下来的水资源用于工业生产，GDP 增加比例达到了 81.50%，对于经济的增长的拉动非常大。增加的收益增强了区域经济能力和财政支持能力，提供了用于从地区外进口粮食的所需的更多的资本，减少了当地居民生活对于本地区的粮食生产的需求，缓解了地区水资源短缺压力和环境压力，有利于解决地区生态经济问题，推进生态经济系统的可持续发展。

3）提高居民节水意识，推进节水型社会建设

虚拟水的概念的提出，使人们更清楚地认识到产品和服务的消费会对资源系统造成影响。由于不同产品和服务中“嵌入”的虚拟水含量不同，了解产品中的虚拟水含量，进行虚拟水核算特别是对于虚拟水消费的核算展示了不同的产品和服务消费下对于水资源系统的影响程度，这对于提高人们节水意识，促进更加谨慎地利用有限的水资源十分有益。这对于民勤这样的贫水地区节约水资源，提高对有限水资源的有效利用，建设节水型社会意义更加重要。从对民勤县虚拟水核算过程来看，提高居民节水意识主要包括两方面：虚拟水总量需求与饮食消费结构模式调整。虚拟水总量方面的调整主要是改变地区消费产品的供给渠道，如对于粮食等采用虚拟水战略从其他富水地区向民勤地区调入粮食消费的供给。从表 4-12 中的情景 4、情景 5 的估算结果来看，在有效节约有限水资源的同时提高地区的整体经济能力。饮食消费结构对水资源的影响巨大，随着人们生活水平的提高将消费更多的肉、蛋、奶等，但从虚拟水核算的角度来看这些都是虚拟水含量较高的产品，过多的消费这些产品将增大对水资源的压力。从民勤县的虚拟水消费核算过程可以清楚看出，在必要的粮油、蔬菜外，肉类、鲜奶的虚拟水消费量很大，

分别为 0.43 亿 m^3、0.24 亿 m^3，分别占消费的总虚拟水消费量的 22%、12%。为减轻对于贫水地区资源的压力，应当在保证民居生活质量不受影响的同时，适量地减少较高虚拟水含量产品的消费。

表 4-12　不同情景下实施虚拟水战略的收益分析

情景	节约虚拟水/亿 m^3	净效益/亿元	GDP 增长比例/%
1. 进口民勤粮食总产量的 1/3	0.64	10.29	53.42
2. 进口民勤粮食总产量的 1/2	0.98	15.70	81.50
3. 进口民勤全部粮食总产	1.96	31.41	163.00
4. 进口民勤城市消费粮食量的 1/3	0.21	3.43	17.82
5. 进口民勤农村消费粮食量的 1/3	0.31	6.08	31.56

注：虚拟水计算方法采用使用地法；粮食的平均价格为 1.3 元/kg；工业单方水收益估计为 19.7 元/m^3，农业单方水收益估计为 2.5 元/m^3。GDP 增加比例为进口粮食节水所增加的效益与 2005 年 GDP 的比率；增加效益部分的计算方法，为将"进口"粮食节约的水资源用于工业生产所产生的效益减"进口"粮食成本的放弃该部分农业用水的农业增加值。

4）充分利用社会资源，提升社会调节能力

Ohlsson 提出，社会调节能力是指适应自然资源缺乏而提高社会资源的应用水平。他主张自然缺乏的存在是被视为第一性的缺乏，而一个社会没有充分的调节能力去应对资源不足和做出相关的调整被视为第二性缺乏。实施虚拟水战略，是贫水地区充分利用社会资源，提升社会调节能力的有效手段。虚拟水战略利用"实体水—粮食—虚拟水—实体水"间的关系，借助于产品和服务的贸易，充分利用社会调节能力，解决本地区的水资源缺乏问题。虚拟水战略，广泛利用了社会资源的调节能力，这也可以为解决其他由于自然资源缺乏造成的第一性缺乏问题所借鉴。另外，由于人口增长是水资源短缺的最原始的动力，人口问题在民勤县虚拟水战略的实施中需要引起相当的重视。从表 4-12 对民勤县虚拟水消费计算过程中，就可以发现人口因素对于该地区水资源系统压力的巨大作用。当前，很多学者为解决民勤地区生态经济问题提出"生态移民"的建议。从某种程度上来讲，这也是虚拟水贸易的另一种表现形式：实施生态移民，部分人口特别是广大的农村人口外迁，可以减少地区虚拟水的消费量，减轻对当地水资源系统的产生的压力。从虚拟水的角度，可以形象地解释为，生态移民就是移水，移出人口而节约虚拟水。这样一来，就形成了另一条与"水-粮食-贸易"关系相对应的"水-人-生态移民"的虚拟水分析路线。由于生态移民附带的成本较高，实施生态移民需要一定的财政支持。按照中的方法，以虚拟水角度简单估算，进行以"水-人-生态移民"为主线的虚拟水战略实施情况。假定居民人均消费数量不变化，至 2020 年前移民 15 万人（按 2005 年城市与农村居民比例分配城市与农村人口数量），移民成本确定为 1.5 万元，并将所节约的虚拟水用于工业生产以实现经济收益最大化，单方水工业收益仍采用 2005 年估算结果 19.7 元/m^3。估算结果表明，实施假定的生态移民政策可以节约虚拟水 0.94 亿 m^3，增加收益 18.61 亿元，与生态移民成本间存在 3.89 亿元财政缺口。这一估算很粗略，但简单地展示了实施"水-人-生态移民"政策的可行性与收益。进一步的工作需要对移民成本的确定、消费量、人口数量变化等采用更准确的情景条件设定，分析采用"水-人-生态移民”这一虚拟水战略对贫水地区的意义。

3. 民勤县虚拟水战略新论的社会经济效益分析

1）经济效益

部门水效益可以采用单位水资源的 GDP 产出测算。可以利用投入产出模型，系统核算水资源社会化循环的水效益。从 2008 年对石羊河流域水资源社会化循环研究的结果来看（表 4-13），农业部门的水效益最低，其单位水资源的 GDP 产出为 4.3 元；其次依次为水生产和供给业、工业、建筑业；服务业及其他行业的水效益最高，为 2500 元。根据虚拟水的定义，其包括了生产过程中的所有水资源，也就是生产的完全需水量，因此，虚拟水水效益整体高于实体水水效益。这种差异在农业、工业、服务业及其他行业部门间的差异较大，服务业及其他行业差异最大，达到了 1419 元；其他两部门的差异较小。

表 4-13　武威市 2008 年主要产业部门水资源社会化循环评估

部门	虚拟水消耗水量/亿 m^3	净转移比例/%	虚拟水净流出量/亿 m^3	实体水		虚拟水	
				水效益/（m^3/元）	水产出/（元/m^3）	水效益/（m^3/元）	水产出/（元/m^3）
农业	8.1821	44	7.8288	0.2330	4.29	0.4830	2.07
工业	0.4597	62	−0.0971	0.0038	263.16	0.0157	63.55
水生产与供给	0.4966	57	0.0583	0.3173	3.19	0.3436	2.91
建筑业	0.0036	7	0.0229	0.0015	666.67	0.0015	651.21
服务业及其他行业	0.0349	7	−0.0143	0.0004	2500.00	0.0009	1081.13

同时，通过水资源社会化循环的研究，确定了水资源在社会经济系统内部部门间的转移情况，其本质是以商品与服务为载体、以生产过程为途径的部门间虚拟水转移。参照武威市的水资源社会化转移的规模比例，确定民勤县农业（种植业）向其他行业部门转移虚拟水的比例为 44%，并以工业、服务业等行业为主要的虚拟水接收部门。利用部门水资源效益的评估结果，测量虚拟水向其他第二、第三产业转移后的效益及净效益（扣除农业部门本身的效益值），可以得到民勤县农业（种植业）向第二、第三产业转移后对社会经济发展产生的净效益。这里我们列举了 10%、15%、20%三种转移情景下的效益比较（表 4-14）。

从虚拟水向第二、第三产业流转社会经济效益分析的结果来看，在民勤县农业向第二、第三产业转移虚拟水 10%情景下，所产生的净效益已超过了种植业的总产值，并且接近于农业部门总产值。充分印证了虚拟水战略新论中指出的，调动社会资源，实现水资源向第二、第三产业转移是实现虚拟水战略的现实经济意义。

2）社会就业创造能力

考虑到压缩种植业产量对于就业人口的影响，参照甘肃省 2011 年细分行业就业创造能力行业细分的测算结果，农业、工业、服务业等行业的平均就业创造能力分别为 0.0326×10^{-4} 人/元，0.0790×10^{-4} 人/元、0.0967×10^{-4} 人/元，简单测算虚拟水转移的就业创造能力。可以发现，虚拟水从农业（种植业）转向第二、第三产业过程中，在产生可观

表 4-14　民勤县农业（种植业）虚拟水向第二、第三产业转移的经济效益核算

年份	产值		10%		15%		20%		1%	
	农业	种植业	收益	净收益	收益	净收益	收益	净收益	收益	净收益
2000	8.55	7.55	21.51	9.46	32.26	14.19	43.01	18.93	2.15	0.95
2001	8.59	7.30	20.52	9.03	30.79	13.55	41.05	18.06	2.05	0.90
2002	9.22	7.19	20.76	9.14	31.14	13.70	41.52	18.27	2.08	0.91
2003	10.94	8.38	23.58	10.37	35.37	15.56	47.15	20.75	2.36	1.04
2004	12.85	9.94	26.29	11.57	39.44	17.35	52.58	23.14	2.63	1.16
2005	15.36	12.44	35.10	15.45	52.65	23.17	70.20	30.89	3.51	1.54
2006	16.27	13.39	36.32	15.98	54.47	23.97	72.63	31.96	3.63	1.60
2007	17.97	14.66	37.43	16.47	56.14	24.70	74.85	32.94	3.74	1.65
2008	19.33	15.94	36.51	16.07	54.77	24.10	73.03	32.13	3.65	1.61
2009	20.42	16.46	39.00	17.16	58.50	25.74	78.00	34.32	3.90	1.72
2010	23.34	18.96	52.28	23.00	78.42	34.51	104.56	46.01	5.23	2.30
2011	26.03	20.73	50.86	22.38	76.30	33.57	101.73	44.76	5.09	2.24
2012	19.25	14.64	55.39	24.37	83.08	36.56	110.77	48.74	5.54	2.44

注：农业转出比例为 44%，按部门间虚拟水比例分摊农业向其他行业转移虚拟水量；按民勤与武威 2011 年行业产值比例估算部门水效益；采用价格指数调整为当年价格。

的经济效益的同时，也增加了就业的机会，表 4-15 粗略估算的结果表明三种情景下，创造的就业机会最高可达 5.3 万人、7.95 万人和 10.6 万人，进一步显示了虚拟水转移对于社会经济整体发展的重要作用。

表 4-15　不同情景下民勤县农业（种植业）虚拟流转的就业创造能力分析

年份	10%	15%	20%	1%
2000	2.06	3.09	4.12	0.21
2001	1.96	2.95	3.93	0.20
2002	1.99	2.98	3.97	0.20
2003	2.26	3.39	4.51	0.23
2004	2.52	3.78	5.03	0.25
2005	3.36	5.04	6.72	0.34
2006	3.48	5.21	6.95	0.35
2007	3.58	5.37	7.17	0.36
2008	3.50	5.24	6.99	0.35
2009	3.73	5.60	7.47	0.37
2010	5.00	7.51	10.01	0.50
2011	4.87	7.30	9.74	0.49
2012	5.30	7.95	10.60	0.53

注：虚拟水转入行业增加的就业人口数，减去虚拟水转出部门减少的就业人口数。

3）虚拟水战略新论视角下民勤县重点产业发展对策

近年来，民勤县紧紧围绕实施石羊河流域重点治理规划，以节水增收为目标，大力调整农业产业结构，发展高效节水产业，引导农民转变发展方式。力推“设施农牧业+特色林果业”的主体生产模式，坚持以节水增收为目标，主攻设施农牧业和特色林果业。推行“储藏加工+运输销售”的营销模式，不断完善“企业+专业合作组织+基地+农户”的产业化经营模式，推进农村特色产业区域化布局、规模化发展、产业化经营，形成产业聚集效应和发展的比较优势，促进高效节水产业的快速发展和农民收入的稳步增长。以中药材产业、沙产业等重点产业为突破，加快建设生产基地，培育壮大龙头企业，健全完善市场体系，加快中药材产业标准化生产、加工，形成产业化经营和规模化发展。以工业化的理念谋划肉羊生产，以市场经济的理念推动肉羊产业，实现肉羊从繁育、饲养、加工、销售、防疫到环境保护的产业化经营模式，建立水资源利用循环体系。在推进、培育煤电化工、清洁能源、化工建材、装备制造、“液体经济”、农产品精深加工等工业支柱产业的集聚与产业协作对带动县域经济发展与创造就业机会的同时，应着重关注工业发展引发的环境影响，及稀缺水资源对于工业远期发展的刚性约束。考虑到服务行业有着较高的部门水效益与就业创造能力，民勤县应继续加快旅游业、现代物流业等的发展，以红崖山水库生态旅游区、宋和治沙示范区（宋和展览馆）、沙生植物园、勤锋滩沙产业基地、青土湖等优秀旅游项目促进生态型休闲旅游，以农副产品收购、储藏、保鲜、加工、运输、农资购销、建材销售与配送带动现代物流业发展，通过对传统服务业升级与加大对服务行业投资，提高服务业在产业结构中的比重，实现产业结构的优化与升级，发挥区域经济原有优势，缓解关键性水资源对于区域经济发展的限制。

第5章　石羊河流域生态补偿现状分析与体系设计

5.1　石羊河流域生态补偿现状分析

5.1.1　石羊河流域生态补偿理论研究进展

为积极响应国家政策与流域管理的实践需求，近年来有关石羊河流域的生态补偿与生态补偿机制的研究迅速展开。水资源是石羊河流域生态治理与生态保护的核心问题，李丽娜等（2012）从径流量模拟和预测、水资源承载力研究、生态环境效应研究、过程模拟与情景预测研究等水资源现状分析入手，结合流域水资源的驱动机制、响应对策研究等方面，系统梳理了石羊河流域水资源的研究进展情况，发现石羊河流域水资源开发利用对生态环境的影响机制研究较少，在实践中仍然面临着许多问题，今后的重点应以机制为基础，从流域的宏观角度、过程模拟和情景预测为突破口、综合开展石羊河流域水资源开发利用对生态环境影响问题的研究。流域生态系统服务是生态保护、生态恢复与生态补偿的重点。粟晓玲等（2006）最先应用生态服务价值的动态评估法，对石羊河流域生态服务价值进行了系统评估，马国军和林栋（2009）、蒋小荣等（2010）将 Constans 的生态价值评估法应用于石羊河流域，李博等（2013）利用 GIS 技术分析了石羊河流域生态服务价值的空间变化，指出了流域上游地区的生态服务价值“输出”与中、下游地区的生态服务价值“输入”特征，并分析发现流域植被的生态系统服务价值占到总生态服务价值的近 1/3。张学斌等（2014）的研究进一步将生态系统服务价值与生态经济发展相结合，分析了影响生态服务价值对石羊河流域协调发展的影响作用。而补偿机制与补偿标准研究是生态补偿最关键问题。刘蕾（2012）结合石羊河流域实际情况，总结了应用于流域生态补偿标准测算的理论方法，悦珂珂在其硕士学位论文《石羊河流域生态补偿机制研究》中系统梳理了可用于流域生态补偿标准核算的常规方法。唐增等（2010）在引入国际最新的最小数据方法核算生态补偿标准的同时，提出了优先补偿的理念，并在石羊河流域的研究中划定了优先补偿区、次优先补偿区等。金淑婷等（2014）则通过引入变异系数法，结合生态风险、最低生活标准等明确了石羊河流域生态补偿差异标准，并指出可以有效避免以往生态补偿政策制定中的“一刀切”现象。

5.1.2　石羊河流域生态补偿现状

1. 石羊河流域生态治理工程概况

石羊河流域是甘肃省河西三大内陆河流域之一，扼守着河西走廊的门户，空间区位十分重要（图5-1，彩图5-1）。流域内人均水资源占有量仅775m^3，耕地亩均水资源占有量仅280 m^3，属典型的资源型缺水地区。特别是近30年来，随着流域内经济社会的发展和人口的不断增加，水资源供需矛盾日趋突出。为遏制石羊河流域生态环境急剧恶化态势，抢救民勤盆地石羊河流域治理工程也逐项启动。

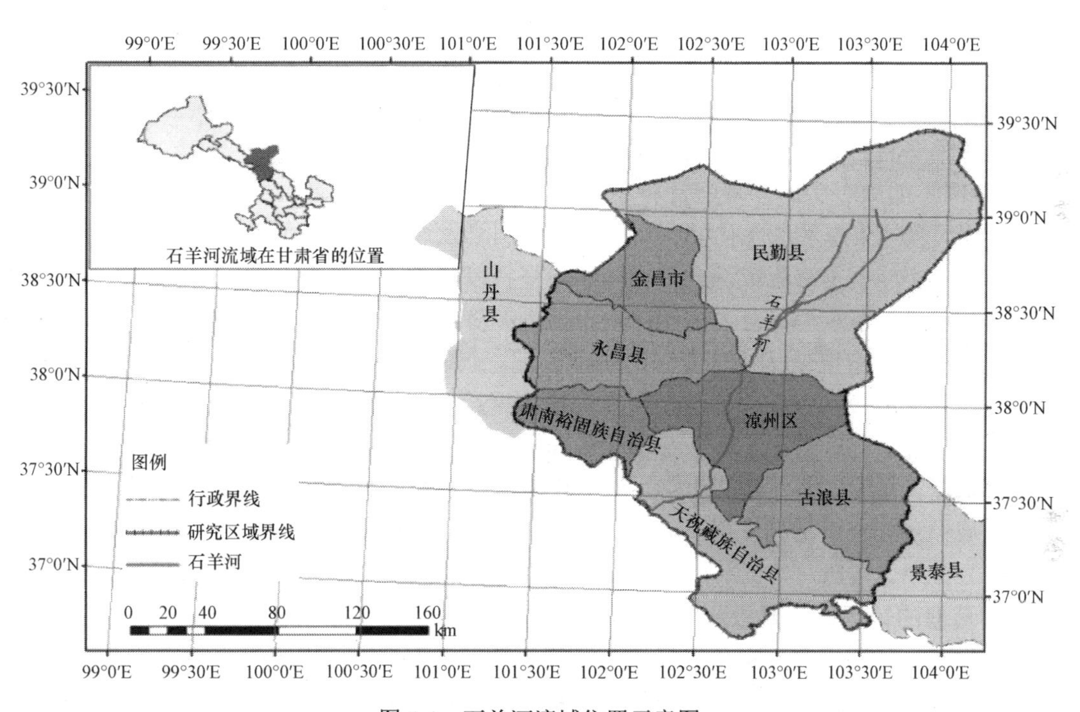

图5-1　石羊河流域位置示意图

1）甘肃省石羊河流域水资源管理条例

甘肃省十届人大常委会第30次会议审议通过《甘肃省石羊河流域水资源管理条例》（以下简称《条例》），并于2007年9月1日起正式实施，这是甘肃省第一部关于流域水资源管理的单行法规。

（1）意义。《条例》的颁布实施，对于依法规范石羊河流域水资源管理，保障流域综合治理目标的实现，保护流域生态环境，合理配置流域内生活、生产和生态用水，促进流域经济社会的健康可持续发展具有十分重要的意义。

《条例》的颁布实施是深入贯彻温家宝总理重要批示精神，落实省委决策部署的重要举措。石羊河流域的生态环境问题引起了中央领导和社会各界的高度重视，温家宝总理先后多次做出重要批示，明确指出："决不能让民勤成为第二个罗布泊。"甘肃省委、省政府对石羊河流域治理工作十分重视，陆浩书记曾多次到石羊河流域调研，形成了“根本的出路在于节水”的科学论断，提出了实施流域综合治理的总体思路和具体措施。《条例》的颁布实施，将石羊河流域水资源管理以法规的形式规范化、具体化，体现了各级党委、政府和广大人民群众的共同意志，反映了社会各界对加快推进流域综合治理的愿望和呼声，有利于解决石羊河流域经济社会发展中的突出矛盾，加强流域水资源的合理利用和有效保护。

《条例》的颁布实施是全面实施石羊河流域重点治理规划，确保实现治理目标的客观需要。实施石羊河流域综合治理，必须以强有力的法律手段作为保障。《条例》顺应流域水资源管理和开展综合治理的要求，在吸收国际、国内先进经验，特别是甘肃省多年来流域治理行之有效的政策和做法的基础上，坚持“以水为主、兼顾其他”的立法原则，突出了水资源管理体制创新，强化了水资源节约、配置和保护，具有很强的针对性和可操作性。《条例》的颁布实施，对顺利推进石羊河流域综合治理各项工作，确保实现治理目标必将起到十分重要的作用。

《条例》的颁布实施，是坚持科学发展观，实现流域经济社会可持续发展的必然要求。石羊河流域生态环境恶化的实质是偏离了科学发展的要求，使人与自然的关系突破了平衡点。实施石羊河流域综合治理，必须坚持以人为本，树立全面、协调和可持续的发展观，以建设节水型社会为主线，大力推进经济结构调整，转变用水模式，创新发展模式，核心在于实现全流域水资源的科学管理。《条例》对流域水资源的统一管理、流域综合规划、流域水资源的科学配置和合理调度、地下水取水许可管理、跨流域调水、水权转让、用水管理以及流域上游水源涵养区生态保护等都做出了具体规定，同时明确了领导责任，加大了监督处罚力度。对实现流域水资源的科学管理和高效利用，支撑和保障流域经济社会可持续发展具有深远意义。

（2）作用。按照《条例》规定的流域管理和行政区域管理相结合、行政区域管理服从流域管理的管理体制要求，更好地发挥石羊河流域管理机构对水资源的统一管理职能，充分调动流域地方政府和水行政主管部门的工作积极性，理顺工作关系，形成各司其职、相互配合、高效协调的水资源管理新格局，使流域水资源管理工作迈入依法管理的新阶段，推动流域治理工作的健康发展。

创新和完善水资源总量控制与定额管理制度，积极调整产业结构，大力推广高新节水技术，加快落实各种节水措施，积极探索水权制度改革。严禁任何单位和个人在流域内开垦荒地，禁止建设高耗水、高污染工业项目。注重增强和保护水源涵养能力，流域上游海拔 2600m 以上地区已开垦的荒地要逐步退耕还草，下游沙漠沿线 5～10km 区域内要采取退耕、搬迁、封育等措施恢复生态。

流域内各级政府，要严格按照省政府批准的石羊河流域地表水量调度管理办法和石羊河流域水资源分配方案，严格落实好年度水量调度计划，实行行政首长负责制和责任追究制。流域管理机构要积极履行《条例》赋予的职责，充分发挥水资源管理的主导作用，做好水量统一调度和地下水压减工作。各级政府要支持流域管理机构搞好水资源统一调配，合理安排区域用水，努力完成省政府确定的年度水量调度任务。

石羊河全流域都已被列为全省节水型社会建设试点区，要加强政策引导和资金扶持，积极推进试点建设。流域内各级政府要大力调整用水结构，建立和完善用水管理制度，积极推行水权交易，完善水价形成机制，不断提高流域水资源的利用效率和效益。

加快已开工项目建设进度，严格资金使用管理，保证工程建设质量，力争早日发挥节水效益。加紧做好新落实的应急项目的开工准备，严格按照建设项目的程序和要求组织施工，加强项目实施的监管。继续全力做好实施重点规划项目的各项工作，保证精度和深度。注重各种治理措施的有机结合，全面推进，务求实效，努力遏制流域生态环境恶化趋势。

《条例》在节约用水、地下水管理、水价机制以及农民补偿等方面，要求制定具体的办法。各相关部门要抓紧研究制定各项配套制度，特别是要尽快出台流域地下水禁采区和限采区划定方案，农民关井、退耕、搬迁补偿办法，为增强《条例》的可操作性，保证《条例》的全面实施。要加强对《条例》施行情况的监督检查，及时总结经验、推广典型，发现和纠正问题，切实维护《条例》的严肃性和权威性。

2）*石羊河流域重点治理规划*

甘肃省委、省政府组织相关专家力量编制《石羊河流域重点治理规划》（以下简称《规划》），并于 2007 年获国务院于批准实施。《规划》中确定了“以全面建设节水型社会为主线，以生态环境保护为根本，以水资源的合理配置、节约和保护为核心，以经济社会可持续发展为目标，按照下游抢救民勤绿洲、中游修复生态环境、上游保护水源”的总体思路，对石羊河流域进行重点治理。经过多年的生态治理与生态投资，流域生态环境与经济发展已经取得较好的成果。

（1）上游来水量逐年增加，用水总量逐年减少。重点治理规划实施以来，蔡旗断面总径流量逐年增加，2010 年蔡旗断面总径流达到了 2.617 亿 m^3，是 1987 年以来，首次突破 2.5 亿 m^3，近期治理目标基本实现。2011 年达到 2.796 亿 m^3，民勤盆地地下水开采量控制在 0.887 亿 m^3，水资源配置总量比 2006 年减少 7.1 亿 m^3，近期治理目标全面实现。为了切实加快石羊河流域重点治理步伐，巩固近期治理成果，2011 年底，国务院批准实施《石羊河流域重点治理调整实施方案》，将规划后 10 年的治理任务集中在前 5 年提前实施。通过持续治理，2012 年蔡旗断面总径流达到了 3.48 亿 m^3，石羊河流域重点治理目标提前 8 年实现，民勤盆地地下水位停止下降，部分区域开始回升。2013 年，民勤盆地地下水开采量控制在 8578 万 m^3 以内，全县农业用水比例由原来的 90%以上降低到 75%左右。

（2）生态用水总量加大，地下水位逐步回升。民勤县地下水实现采补平衡，地下水位逐步回升，2010 年以来累计回升 0.126m。红崖山水库向青土湖下泄生态水量由 2010 年的 1290 万 m^3 增加到 2013 年的 2000 万 m^3，使干涸 51 年之久的青土湖形成了 15km^2 的人工季节性水面，地下水位由过去的逐年下降转为缓慢回升，地下水位由 2007 年埋深 4.02m 上升 0.77m 达到 3.25m，区内生态植被得到有效恢复。

（3）水利工程配套不断完善，用水效益逐步提高。石羊河流域重点治理项目工程共改建骨干渠道 436.253km，完成田间节水面积 60.19 万亩，安装地下水计量设施 8025 套。灌区灌溉水利用系数、渠系水利用率分别由 2006 年的 0.58、0.6 提高到 2013 年的 0.625、

0.72，农业单方水效益由2006年的2.86元提高到2013年的14.22元。

（4）产业结构趋于优化，农民收入持续增加。加大产业结构调整力度，强力推进“设施农牧业+特色林果业”的主题生产模式，以解决结构性缺水问题。以民勤为例，全县农业生产方式由传统种养转变为高效设施种养，内部结构由种植业为主转变到以畜牧业为主、农林牧协调发展，农民人均纯收入从2006年的3582元增加到2013年的7893元，其中来自设施农牧业的收入占到总收入的53.6%。

与《规划》同期实施的退耕还林（草）生态补偿项目中，进一步明确了对于重点地区生态补偿标准的规定。按照《国务院关于完善退耕还林政策的通知》（国发〔2007〕25号）中的相关要求，现行退耕还林粮食和生活费补助期满后，中央财政安排资金，继续对退耕农户给予适当的现金补助，解决退耕农户当前生活困难。补助标准为：长江流域及南方地区每亩退耕地每年补助现金105元；黄河流域及北方地区每亩退耕地每年补助现金70元。原每亩退耕地每年20元生活补助费，继续直接补助给退耕农户，并与管护任务挂钩。补助期为：还生态林补助8年，还经济林补助5年，还草补助2年。根据验收结果，兑现补助资金。各地可结合本地实际，在国家规定的补助标准基础上，再适当提高补助标准。凡2006年年底前退耕还林粮食和生活费补助政策已经期满的，要从2007年起发放补助；2007年以后到期的，从次年起发放补助。

地处石羊河流域中游重点地区的武威市在此规定的基础下，结合当地的实际情况，制定了退耕地还林：每亩每年补助粮食折款210元，每亩每年补助现金20元，合计230元。补助年限：还经济林补助5年，还生态林补助8年。现行补助期满后，延期补助标准为：每亩每年补助粮食折款105元，每亩每年补助现金20元，合计125元。延期补助年限为：还经济林补助5年；还生态林补助8年。荒山荒地造林：2012年度人工造林中央预算内投资标准为300元/亩，封山育林中央预算内投资标准为70元/亩。巩固退耕还林成果政策：项目包括基本口粮田建设、农村能源建设、生态移民、后续产业发展等内容。林业部门主要负责后续产业发展子项目中营造核桃、菇菌林、杨树、湿地松等。经济林中央专项资金补助每亩在500元左右，其他林木每亩在300元左右。

通过《规划》的实施与流域生态补偿，石羊河流域重点治理的成功实践和可喜进展对正在实施的敦煌水资源合理利用与生态保护规划以及西北干旱地区其他河流治理和生态修复具有重要借鉴意义，其治理模式具有一定的范本价值。但目前的治理工程中还存在以下问题阻碍了治理成果的巩固和扩大。第一，后续扶持资金缺乏，水利工程运行难度大。一是，地下水智能化计量设施后期维护资金缺乏。民勤县依托治理工程安装的机井智能化计量控制设施（共8025套）已连续运行7年以上，超出了设计使用寿命，加上运行中缺乏维护资金，软硬件更新维护不足，设备严重老化，故障率不断增大，严重影响供水管理。二是，滴灌工程设施后期扶持资金缺乏。民勤县已建成滴灌工程25.6万亩，用水户每年需投入节水设备和设施维护费用5200万元，仅靠县财政筹措和农民自筹资金承担难度很大，将影响滴灌工程效益的充分发挥。第二，部分骨干工程和末级渠系未纳入治理规划内。民勤县红崖山灌区属井河水混合灌区，流域治理规划没有考虑此灌区的特殊性，尚有267km骨干渠道和1741km末级渠系未列入治理项目计划内，地表水灌溉渗漏严重。第三，生态灌溉工程还未实施到位。近年来武威市通过关井压田，压减配水面积 63 万亩。关井压田区域内植被逐步恢复，由 2006 年的 28%提高到 2013 年的 36%。由于民勤绿洲气候干旱，“十地九沙，非灌不殖”人工植被难以生存。因此，关井压田区域内的植被由于缺水，在自然状态下恢复较慢，亟需建设生态灌溉工程，快速恢复这些地区的植被。第四，水利信息化建设程度低。目前，民勤县对 8000 多眼机井的管理（如取水量的监控）主要是依靠人工，既耗时耗力，也无法进行实时监控，亟须加强对机井的信息化建设。

3）*石羊河流域重点治理工程*

（1）灌区节水改造工程。灌区节水改造工程是《石羊河流域重点治理规划》中民勤属区项目建设的重点内容，主要是通过加强水利基础设施建设，实施骨干渠道改建和配套田间节水，减少输水损失，提高用水效益。民勤县严格执行项目“四制”和工程建设“双监管”责任制，强化项目计划管理和质量管理，建设、监理、施工等参建各方密切配合，细化进度计划、优化施工方案、精心组织施工。泉山镇新西村 1 社的 400 多亩耕地是 2011 年实施节水改造工程的项目区，春季通过项目投资、群众投劳建成了农渠 1.6km、毛渠 3.2km、机井沟 1.2km 的渠灌工程，灌溉使用中节水效益相当明显。建成渠灌工程后每亩大田一个灌溉期至少能节水 40～50m^3，节电 10%以上。特别是 3.2km 的毛渠既能浇河水，也能浇井水。与新西村相邻的团结村 4 社 2011 年春季建成了 3 眼井浇灌 600 亩地的管灌工程。

大田滴灌是全县大面积推广实施的一项节水改造工程。红沙梁乡 2011 年种植棉花 3.04 万亩，2.74 万亩就采用滴灌技术。大田滴灌种棉花每亩每年比漫灌能节水 40%。通过广泛推广应用，不仅提高了群众的节水意识，同时也促进了增产增收。

经过 4 年施工建设，民勤县基本完成了《规划》设计建设项目，全县水利基础设施不断完善，节水效益整体提高，民勤县实施灌区节水改造工程以来，共改建总干渠 35.99km，干渠及总支渠 105.939km，支渠 294.314km；发展田间节水面积 57.66 万亩，其中渠灌 24.64 万亩，管灌 5.25 万亩，大田滴灌 22.62 万亩，温室滴灌 5 万多亩。工程建成后，田间水资源利用效率和效益明显提高，环河灌区灌溉水利用系数由 0.59 提高到 0.77，红崖山灌区渠系水利用系数由 0.42 提高到 0.6，灌溉水利用系数由 0.58 提高到 0.614。

（2）水权水价改革。武威市最大的问题是人多水少，最突出的矛盾是人水矛盾。水权制度改革是促进节水、缓解用水矛盾的突破口和着力点，它关系到农业生产方式的革命性变革。

武威市先后制定出台了《武威市水权制度改革实施方案》《武威市水利工程供水价格改革方案》和《武威市行业用水定额》等规章制度，在全市范围内完成了初始水权分配，推行了水权制度改革，强化了水资源的配置管理。以水权管理为核心的制度建设逐步加强，水权制度改革进一步深化。

按照总量控制、定额管理的原则和按定额、轮次配置管理水权的目标，武威市各行业用水总量逐级分配，明晰到了灌区、乡镇、协会和用水户，同时将水量细化落实到机井和灌溉轮次，实行计划申请制度，刷卡充值和取用水。每年向用水户核发水权证，核定年度用水总量，严格了总量控制与定额管理。全市组建农民用水户协会 816 个，参与农户 31 万多户。建立健全了协会各项规章制度，明确了农民用水户协会的职能职责。加强了协会工作目标责任制管理，制定了协会运行经费的筹措管理办法，将协会负责人员的工资报酬与工作任务完成相挂钩，调动起了用水户协会的工作积极性。初步形成了“农户＋用水户协会+水管单位（乡镇）”的民主参与式管理模式。

采取以人定地、以地定水、以水定电、以电控水的管理办法，严格控制地下水开采。全市安装智能化计量控制设施 13644 套，制定出台了《地下水取水计量控制设施运行管理办法（试行）》，加强了地下水的计量控制和开采管理。地下水开采量由治理前的 11.05 亿削减到 2010 年的 4.94 亿 m^3，削减幅度达 55%。全市平均计量水价由每立方米 0.10 元调整到 0.157 元，增加 0.057 元，上调幅度 57%。全市井灌区开征地下水资源费，水资源费标准全市统一为 0.01 元/m^3，民勤县由于地下水严重超采，资源费征收标准为 0.01 元/m^3。通过水价调整，利用经济杠杆促进了节水。

制定了《武威市农业用水水权交易指导意见》，在农业用水领域初步推行了“以农民用水户协会为中介组织，以水管单位为调控仲裁组织，地表水以水票为载体、地下水以智能管理卡为载体”的水权交易模式，推动了水权交易和水市场的建立。2014 年，全市发生水权交易 300 多起，交易水量 450 多万立方米，促进了水资源的优化配置和合理流转。建立完善乡、村、社、井四级水权明晰台账，由水管单位统一装订成册，实行专人管理。水管单位和电管单位包村、包社职工逐月、逐井进行用水量和用电量的登记，实时监控每眼机井逐轮次的用水情况，并及时填写水量电量台账。市级采取定期或不定期抽查的方式，在每个灌区设立固定监测井，逐旬进行抽查监督，促进了水权制度的有效落实。

（3）设施农业改革。将设施农业作为石羊河流域重点治理节水增效、农民增收的关键措施，以建成西北重要的反季节瓜菜生产供应基地和全国节水农业示范基地为目标，按照区域化布局、专业化生产、一体化经营、社会化服务的原则，统一规划，集中连片，设施农业发展势头良好。

日光温室建棚户每亩补助 5000 元，拱形温室每亩补助 3000 元，统一规划、人畜分离、达到标准的养殖暖棚每棚补助 5000 元，达到标准的前庭后院式养殖暖棚每棚补助 3000 元。市、县（区）多方筹资，集中财力支持设施农业建设，积极与金融部门协调，建立设施农业建设专项贷款，简化贷款手续，增大投放规模，并给予贴息优惠。采用自愿转包、协商对换、资金补偿等方式，依法合理流转耕地，解决建设用地。

设施农业日光温室是民勤县这几年在生态治理和经济发展中，强力推进建设的一项高效节水支柱产业。通过政策扶持、技术服务、产品促销等措施，生产规模逐年扩大，节水增收效益显著提高。在温室生产中，大力示范推广膜下暗灌技术和温室滴灌技术，发挥了节水节肥的作用，减少了病虫害发生，提高了产品产量和品质。据农业技术部门测算：日光温室生产单方水效益 17.46 元，是小麦的 18 倍，玉米的 16 倍，棉花的 4 倍。

4）民勤湖区治理工程

甘肃省启动民勤湖区综合治理工程，拯救被巴丹吉林沙漠和腾格里沙漠三面包围的民勤绿洲。民勤是甘肃河西走廊东端延伸到巴丹吉林沙漠和腾格里沙漠腹地的一片绿洲，面积 1.6 万 km^2，有“沙海孤舟”之称，是整个河西走廊的一道生态屏障。目前，流沙正从三面以平均每年 8m 的速度吞噬这片绿洲。如果丧失这片绿洲，两大沙漠将完全对接，河西走廊东端荒漠化的速度将更快。

民勤湖区是指处在风沙最前沿、荒漠化最严重的 5 个乡镇，有居民 8 万人。湖区综合治理工程是甘肃对整个石羊河流域综合治理的第一步。该工程为期 3 年，总投资约需 3 亿多元。工程的具体目标是：通过采取节水措施和对石羊河流域的水资源进行统一管理，将湖区总需水量控制在 1.31 亿 m^3 以内，并实施人饮工程，解决 4 万人的饮水困难；通过移民搬迁，将湖区人口从目前的 8 万人降到 6 万人，并适当收缩村社；通过退耕还林、还草，调整产业结构，发展草畜产业和日光温室等高效农业，将农业种植面积从目前的 16 万多亩压缩到 10 万亩左右。

该工程的实施，不仅能有效遏制湖区生态环境恶化，减缓流沙推进的速度，还能使当地农民收入增加，使湖区贫困面由现在的 64%下降到 10%以内。

5）石羊河流域重点治理应急项目

为了尽快实现石羊河流域治理的各项目标，经省委、省政府汇报争取，国家发展改革委和水利部决定，在石羊河流域综合治理项目规划审批阶段，2006 年先期启动实施应急项目。主要内容是：建设西营专用输水渠，西营、清源、环河灌区节水改造及配套工程。项目估算总投资 6.7 亿元。目标是到 2008 年，蔡旗断面现状来水量仍维持在 0.98 亿 m^3。应急工程完成后西营专用输水渠向民勤蔡旗断面增加下泄水量 1.1 亿 m^3，使蔡旗断面来水达到 2.08 亿 m^3。2006 年开工建设西营、清源、环河灌区节水改造及配套工程，积极做好前期工作，力争西营专用输水渠开工。同时，要围绕 2010 年治理目标，加强流域水资源统一管理，上收地表水调度权，由省级直接管理，控制地下水超采，转变用水方式和经济增长方式，提高水资源的有效利用率和效益。进一步加大上游水源涵养区生态治理与保护力度，着力实施中游灌区的节水改造和节水型社会建设，继续整合落实资金，开展以退耕还林、灌区节水、户用沼气、生态移民为主要内容的民勤湖区综合治理。

2. 石羊河流域生态治理的成果

2007 年，国家发改委、水利部批复实施《甘肃省石羊河流域重点治理规划》。2011 年，武威市委果断提出将规划后 10 年的治理任务集中在前 5 年提前实施。通过持续治理，民勤盆地地下水位停止下降，部分区域开始回升；石羊河流域生态环境恶化趋势得到遏制，环境质量持续改善，提前 5 年治理目标如期实现。

据竣工验收结果显示，石羊河流域重点治理武威属区累计改建干支渠道 1082.89km，配套田间节水面积 208.75 万亩，西营河向民勤蔡旗断面专用输水渠、景电二期向民勤调水渠延伸工程、民勤湖区和祁连山水源涵养区生态移民试点工程等 122 个单项工程全面建成，累计完成投资 38.68 亿元。

1）成果一

2015 年年底蔡旗断面过水量达到 2.796 亿 m^3，民勤盆地地下水开采量控制在 0.887 亿 m^3，全市水资源配置总量比 2006 年减少 7.1 亿 m^3，近期治理目标全面实现。

制约武威经济社会发展的问题是水资源短缺，核心是结构性缺水。主要是原因是产业结构不合理、产业布局不科学、过度消耗淡水资源造成的缺水。武威市委、市政府紧紧围绕石羊河流域重点治理和国家级生态安全屏障综合试验区建设，科学确定了“压减农业用水、节约生活用水、增加生态用水、保证工业用水”管水治水用水思路，开展关井压田，全市关闭农业灌溉机井 3318 眼，压减农田灌溉配水面积 66.3 万亩。全市用水总量由 2007 年的 21.37 亿 m^3 压减到 2015 年的 15.80 亿 m^3，农业用水由 2007 年的 18.76 亿 m^3 减少到 2015 年的 10.85 亿 m^3。生活、生态、工业、农业用水比例由 2007 年的 2.7∶2.9∶6.6∶87.8 调整为 2014 年的 5.4∶12∶15.7∶66.9。

武威市节水型社会建设试点通过水利部验收，走出了一条节水高效、经济发展、农业增效、农民增收、社会稳定的新路子，被命名为“全国节水型社会建设示范区”。

2）成果二

石羊河流域重点治理是惠农项目，必须把推进重点治理和实现农民增收有机结合起来。要走生态治理与农民增收科学统筹的路子，保护生态是前提，发展生产是核心，节水的根本出路在于调整结构，解决“结构性缺水”。

武威的农业正处于传统农业向现代农业转型的起步阶段。在耕地持续压减、水资源长期短缺的条件下，要持续增加农民收入，必须在调结构、增效益上下工夫。市委市政府提出了“设施农牧业+特色林果业”的主体生产模式，坚持以节水增收为目标，主攻设施农牧业和特色林果业，实施“2211”工程。即力争实现户均 2 亩棚，户均 2 亩经济林，人均 1 亩高效大田，农民人均纯收入翻一番。全市上下把发展设施农牧业作为推进重点治理、推动结构调整、促进农民增收的重大举措，明确目标任务，广泛宣传发动，加强政策引导，强化行政推动，强力推进“设施农牧业+特色林果业”的现代农业新模式，大力实施“2211”工程，着力壮大以日光温室为主的瓜菜业，以暖棚养殖为主的畜牧业，以红枣、酿造葡萄为主的特色林果业和节水高效的大田农业，开创了全市农业生产的新局面：设施农牧业生产区域从城郊、平川井水灌区扩展到远郊、河水灌区和山旱区，发展设施农牧业的乡镇达到 100%。武威市设施农牧业增速居全省首位，成为全省重要的商品蔬菜生产基地、肉类生产供应基地和国家“西菜东运”生产基地。

2015 年，武威市新建设施农牧业 5.56 万亩，全市设施农牧业达到 84.23 万亩，农村户均面积达到 2.45 亩，实现了以乡镇为单位户均 2 亩（天祝县 3 亩）发展目标。设施农牧业亩均收益达到 2 万元以上，高的达到 8 万元以上；农民收入 50%以上来自设施农牧业，设施农牧业已成为农民持续增收的主要渠道。农民人均纯收入由 2007 年的 3302 元增加到 2015 年的 8774 元，翻了一番多。

大力推行“设施农牧业+特色林果业”的主体生产模式、推动农业转型跨越的结果，实现了石羊河流域重点治理的目标——保护生态与农民增收。

3）成果三

为了巩固石羊河流域重点治理成果，必须与治理保护石羊河流域生态同行。为此，武威市委确立了生态立市战略。2010 年，武威市委创造性地提出了“南护水源、中调结构、北治风沙”生态保护治理方针，创新性地建立完善了“国家有投入、科技做支撑、农民有收益”的生态建设长效机制。以重点生态区位治理为依托，以重点生态工程建设为载体，以重点生态项目实施为抓手，统筹节水、造林、治沙、防污四个重点，突出沙漠锁边、特色林果、绿洲造林、水源涵养区生态环境保护四大重点，强力推进生态屏障行动。这些新理念、新模式的提出实施，为武威生态保护治理指明了方向。全市上下坚持以建设节水型社会为中心，破解“结构性缺水”命题，统筹抓好节水、造林、治沙、防污四个重点，探索建立长效机制，严格落实禁止开荒、禁止打井、禁止放牧、禁止乱采滥伐规定。

武威市委、市政府加大植树造林和防沙治沙力度，启动实施《石羊河流域防沙治沙及生态恢复规划》，调整了造林绿化的任务目标。为保证任务目标落实，出台了《武威市生态屏障行动实施方案》《关于推进国有林场改革的指导意见》《关于全面推进集体林权制度配套改革的实施意见》等政策性文件。

截至 2015 年底，武威市以防沙治沙为重点的生态建设投资达到 12 亿元，完成人工造林 270.4 万亩，是 2009 年前总量的 83.4%。累计完成治沙造林 95.7 万亩，平均每年完成 15 万亩。完成封山（沙）育林草 180.3 万亩。全市森林面积达到 932.3 万亩，森林覆盖率（有林地）由 2009 年的 12.06%提高到现在的 19.5%。

4）成果四

武威市石羊河流域重点治理取得显著成效，对流域内水土保持、生态环境和现代化水利建设以及经济社会发展奠定了坚实基础；对探索生态与经济融合的发展模式，破解旱区生态修复与经济社会协调发展，从源头扭转生态环境恶化趋势，推动生态文明建设，提供了珍贵样本，具有重大的创新和示范意义。

在石羊河流域重点治理中，武威市坚持天上水地表水地下水“三水”齐抓，强化水资源调度，将西营河专用输水渠调水、景电二期工程调水、天然河道下泄水量纳入政府目标考核内容进行年度考核，保障了蔡旗断面过水目标实现。2010 年蔡旗断面过水量达到 2.62 亿 m^3，自 1987 年以来首次突破了 2.5 亿 m^3。2011～2015 年蔡旗断面过水量分别达到 2.80 亿 m^3、3.48 亿 m^3、2.27 亿 m^3、3.19 亿 m^3、3.01 亿 m^3。地下水开采量由 2007 年的 11.29 亿 m^3 削减到 2015 年的 4.80 亿 m^3，减幅达 57.4%。特别是民勤盆地地下水开采量由 5.17 亿 m^3 控制到 0.86 亿 m^3，削减量达 4.31 亿 m^3。地下水位逐年回升。2010 年开始，每年向青土湖下泄生态水量，干涸 51 年的青土湖形成了 3～22.36km^2 的人工季节性水面。青土湖地下水埋深由 2007 年的 4.02m 上升至 3.14m，升高 0.88m。青土湖地下水位埋深小于 3m 的旱区湿地约 106km^2。蔡旗断面过水量和民勤盆地地下水开采量两大约束性指标、生态治理目标分别提前 8 年、6 年实现。

武威市以重点生态区位治理为依托，创造性地提出了“工业治沙”新理念，先后建成江苏振发 15 万 kW 沙漠生态光伏电站。全市湿地面积达到 156.3 万亩，民勤县青土湖芦苇等旱湿生植物逐年增加，连片封育面积达到 20 多万亩，植被覆盖度由 2007 年前的 5%～20%提高到 40%以上；夹河乡 2008 年关闭的 96 眼灌溉机井中有 7 眼成自流涌泉，黄案滩自然封育区芦苇、白刺、梭梭、沙枣等 10 万亩植被群落逐步恢复，植被覆盖度由 2007 年前的 28%提高到现在的 45%；中渠外西柴湾、西渠魏家大疙瘩连片封育面积达到 20 多万亩，植被覆盖度 40%以上。古浪县民调渠沿线植被覆盖度由 2007 年前的 12%提高到现在的 32%。据气象资料记载：1981～2010 年，民勤县区域性沙尘暴年平均次数为 17.9 次。2011～2014 年，民勤区域性沙尘暴次数分别为：1 次、0 次、1 次、1 次，且沙尘暴范围小、时间短，是有气象记录以来历史同期最少，沙尘暴日数显著减少。

5.2 石羊河流域生态补偿机制体系设计

生态文明建设是国家未来“五大建设”重大战略布局之一。新常态下的生态文明建设有别于传统意义上的无破坏、慢发展、少干扰、低水平的原始生态明建设，一方面需要突破原有的概念与理念束缚，另一方面亟待相关理论与方法上的创新。体现生态价值和代际补偿的资源有偿使用制度和生态补偿制度，是生态文明建设的重要任务之一。生态补偿的目的是在维护与保护脆弱的生态系统的同时，寻求生态经济的持续发展，促进生态文明建设。对于生态补偿的参与方来讲，特别是住民，只有在保护生态环境与他们的个体私利不相违的情况下才能实现生态补偿的“双赢”。

5.2.1 生态补偿标准的确定

生态补偿标准是生态补偿研究的关键问题，当前的标准核算方法研究仍处于探索阶段，尚未没有形成完善、系统的核算体系，相关研究的未来创新空间非常大，主要包括下面几个方面。

（1）较为常用的补偿标准核定方法主要有生态服务价值法、生态保护成本法、支付意愿法、水足迹法、能值法、博弈模型法等。由于特定的研究主题，导致每种研究方法都存在着局限性，而同时利用几种核定方法相互验证、比较标准的确定，应是补偿标准核定的重要研究方向，如将生态服务价值法与和意愿调查法相比照，机会成本法与生与水质水量法耦合等。

（2）目前，补偿标准的确定大都是以从静态的角度核定，但事实上生态补偿却是长期的、持续的、变化的过程，单一一个固定不变的补偿标准值，在生态补偿实践应用中会出现问题。所以，未来的生态补偿标准核算中应当充分考虑长期性、持续性的特点。确定补偿标准应采用一个区间值，在不同补偿阶段使用不同的标准更加科学、合理，特别是需根据生态保护与环境建设的实际情况、社会经济发展状况、补偿效果等因素来确定发展阶段系数，以区别的补偿标准动态补偿。

（3）当前，在研究生态补偿标准核算时，特别是对典型、特殊生态系统如流域生态系统中，多数是基于特定的案例分析或者着眼于基本理论方法，忽视与实际补偿实验间的结合，从而导致如依照生态服务价值法、意愿调查法等得到的补偿标准，无法在现实补偿中很好地应用，补偿标准确定上基本主要依据流域内部商议定或政府部门“一刀切”决定，实践应用缺乏必要的理论依据，对流域之外的其他利益相关方考虑较少。未来，应着重提高当前标准核算方法与体系的科学性、合理性和易操作性，关注典型生态系统如流域尺度特征及特定生态系统急需解决的关键性问题，结合研究实际确定补偿标准，为不断提高补偿实践效果不断调整补偿核算方法（石晓丽和王卫，2008）。

（4）从受偿者的角度而言，下游的购买者对上游的提供者没有强制的约束力而实施流域生态补偿或对生态系统服务付费，则成为了效果较好的影响流域水资源资源管理的一种解决方案。而实现流域生态补偿的双赢关系，即生态系统服务提供者与购买者间的双赢关系，需要综合考虑流域居民（特别是农户）的机会成本损失与流域生态补偿的环境收益。参与生态补偿农户对机会成本的损益影响了农户的行为活动，当机会成本损失过大时，会导致农户通过复耕/偷牧行为增加经济收入，而造成生态补偿失效；恢复生态环境获取更多环境收益是生态补偿项目的直接目的，无节制的资金投入会导致生态补偿项目的低效率运行的同时，造成“泛生态补偿”现象，增加经济负担的同时收效甚微。

5.2.2　生态系统服务价值评估的意义

1. 促进对环境无价的观念改变，认识到巨大价值，提高居民环保意识

评估生态系统服务并不是为了使其商品化或者私有化。评估生态系统服务的单位价值意味着可以作为定价的基础。评估出生态系统的货币价值是为了评估生态系统对社会的惠益，如果人类破坏生态系统将会失去这些惠益。由于生态系统服务并没有完全进入市场，人们在开发和利用自然资源时只是片面强调其市场价值和直接使用价值，而忽略了自然资源所具有的其他生态效用或者生态价值，生态系统对人类社会的效用被低估。Costanza（1997）曾指出，考虑到涉及的巨大的不确定，我们可能永远无法对生态系统服务做出精确估价，但是生态系统服务的估值却强调了生态系统服务的相对重要性和继续浪费造成的潜在风险。环境如果被破坏后再恢复代价很大，及时开展生态系统服务价值评价，规避潜在风险有助于环境保护的开展和推动。随着人们收入水平的不断提高和自然资源的日益短缺，环境质量对人类来讲会表现出越来越高的价值。

2. 推动生态系统服务价值进入我国价值核算体系

生态系统服务没有市场价格也不能在市场中交换，则需要用特定的方法来评估服务的价值。在现有的国民经济核算体系中并没有考虑自然资源存量的消耗与折旧，也没有体现环境退化的损失费用。生态系统服务的价值并没有进入我国现有的决策系统，这样就容易造成对生态系统服务的低估以及对环境的过度利用和破坏。这种忽略已经导致自然资源的过度消耗和环境破坏。离开生态环境对人类社会生存的支持服务，全球的经济系统可能停止，对经济系统来说这种生态服务价值是无限大的（谢高地等，2001）。自然资源巨大的价值有助于引起决策者的注意，推动生态系统服务价值进入我国的决策系统。TEEB 也指出，对生态系统服务进行评估可以为社会起到很重要的作用为：在做决策和权衡时必不可少的沟通工具，以做出更好关于土地使用和资源利用的决策。在传统

的政策决策中，环境物品和服务的正外部性、负外部性并没有被充分考虑，因此价值评估可以补充传统的决策框架。

3. 为我国构建环境价值评估数据库提供评估参考案例

效益转移法是非常重要的生态系统服务价值评估方法，方法的开展基于大量的评估案例。案例需要包括不同生态系统类型、不同服务类型、不同社会经济发展水平的评估。价值评估工作的开展有助于我国环境价值评估数据库的建立，同时为效益转移法在我国环境价值评估中的运用奠定良好的基础。将已有的研究成果运用到项目评价中，为生态补偿机制的设计和相关法律条例的制定提供重要的参考依据。

4. 提高环境的管理效率

生态系统服务价值评估的开展能够使得环境的管理者更加有效的管理和分配环境资源。因为，通过生态系统服务价值的评估，将保护环境付出的机会成本和治理成本与保护获得的经济价值进行客观的比较，从而避免了主观决策的偏差。同时如何把无法在市场上开放交易的生态价值转化为现实价值，为管理决策提供依据是生态学家和经济学家共同面临的挑战。生态系统服务的研究能够更好的解决自然资源在不同利用目的之间的分配，采用经济学手段干预人类对自然生态系统的开发和利用，可以有效地保护现有的自然资源，更好的保护生态环境，促进人与自然的和谐相处。

5.2.3 条件价值法

1. 方法定义

条件价值评估法（contingent valuation method，CVM），是利用效用最大化原理，以得到商品或服务的价值为目的，采用问卷调查直接询问人们在模拟市场中对某项生态系统服务功能改善的支付意愿或放弃某项服务功能而愿意接受的意愿，以此揭示被调查者对环境物品和服务的偏好，从而最终得到公共物品的非利用经济价值（徐中民等，2002；陈琳等，2006）。CVM法是一种模拟市场的技术方法，其核心是直接调查人们对生态系统服务功能的支付意愿（WTP）或接受意愿，并以支付意愿或接受意愿来表达生态系统服务功能的经济价值（Loomis et al.，1997）。CVM法是当前用于评价环境物品非利用经济价值最流行的研究方法之一（Hanemann and Kanninen，1996），而且被认为是生态系统服务功能非利用价值评估的唯一方法（Venkatachalam，2004）。虽然方法的准确性和适用性曾受到一些学者的批评，但实践证明该方法仍为非市场价值评估中很有潜力的一种方法（石惠春等，2008）。

条件价值法的经济学原理是（Hanemann and Kanninen，1996；徐中民等，2002）：假设消费者的效用函数受市场商品 x，非市场物品（将被估值）q，个人偏好 s 的影响。其间接效用函数受市场物品的价格 p，个人收入 y，个人偏好 s 和非市场物品 q 的影响外，还受个人偏好误差和测量误差等一些随机成分的影响，如用 ε 来表示这种随机成分，则间接效用函数可用 $V(p, q, y, s, \varepsilon)$ 表示。被调查者个人通常面对一种环境状态变化的可能性（从 q_0 到 q_1），假设状态变化是一种改进，即 $V(p, q_1, y, s, \varepsilon) \geqslant V(p, q_0, y, s, \varepsilon)$，但这种状态的改进需要花费消费者一定的资金。条件价值法就是利用问卷调查的方式，揭示消费者的偏好，推导在不同环境状态下的消费者的等效用点 $V(p, q_1, y, w, s, \varepsilon) = V(p, q_0, y, s, \varepsilon)$，并通过定量测定支付意愿（$w$）的分布规律得到非市场物品的经济价值。

条件价值法的最初形式是投标博弈。根据调查及询问过程中不同的侧重点，可以将条件价值法分为连续型条件价值法和离散型条件价值法两大类（Hanemann and Kanninen，1996）。本次调查采用的是条件价值法中连续型的支付卡方法（payment card）。下面主要介绍连续型条件价值法中的三种类型。

1）重复投标博弈

在重复投标博弈中，调查者不断提高和降低报价水平，直到辨明被调查者的最大WTP 为止。重复投标博弈在电话调查和面对面调查中很有效，但由于考虑到起点价格对最大 WTP 的影响，重复投标博弈技术在现今的研究中已不常用。

2）开放式问题格式

开放式问题格式中，回答者自由说出自己的最大 WTP。由于被调查者被要求直接说出其最大 WTP，因此开放式问题格式提供了最容易分析的数据。开放式问题格式的提问比较容易，但被调查者在回答问题上存在一定难度，特别是在对自己不了解的问题进行估价时，他们或者很难确定自己的最大支付意愿而在问卷上留下空白，或者回答的支付数量并不能代表他们的最大支付意愿。

3）支付卡格式

支付卡格式又分为非锚定型支付卡和锚定型支付卡两种方式。非锚定型支付卡要求被调查者从一系列给定的价值数据中选择他们的最大支付意愿数量，也可以写出他们自己的最大支付意愿数量；锚定型支付卡向调查者提供了一些背景资料，在调查中同时询问他们在其他公共项目中的支付意愿，以便为正在进行的调查提供一些约束性背景数据。支付卡的问卷格式虽然能够克服开放式问卷调查中存在的一些困难，但一些研究人员认为支付卡上提供的报价范围及其中点可能影响被调查者的支付意愿。支付卡上的数值范围及其中点可以在预调查中采用开放式问题格式的调查来确定。

2. 条件价值法的基本步骤

条件价值法的基本步骤可以归纳为以下四步。

（1）创建假想市场。第一步是为一种不存在现金交易的物品和服务提出某种理由，例如，可以假定政府有一项建议，要对某地区进行开发，而这个地区没有多少人参观过，分析人员要对这个地区以及政府建议对环境的积极影响进行描述。

（2）获得个人的支付意愿。从数量、质量、时间和区位等方面详细描述索要评价的环境物品或服务的状况，提供给参与者充足而且现实、精确的信息，这是条件价值法评估中参与者对提出问题做出估价的基础。同时，应选择适当的支付工具（payment vehicle）

或投标工具（bid vehicle）以引导出 WTP。决定适当的支付工具是 CVM 研究的第二步。可能的支付工具包括收入税、财产税、公共事业费、门票费，以及向信托基金支付的费用。CVM 应用中的一个重要的条件是，在引导参与者支付意愿时，必须提醒他们注意自己的收支限制。

（3）估计平均的支付意愿。对投标博弈、支付卡格式、开放式问题格式 3 种引导技术而言，平均 WTP 和 WTP 中间值可以很容易从个人的支付意愿得到。封闭式问题格式的平均 WTP 和 WTP 中间值的计算比较困难，主要使用 Probit、Logit 等模型。

（4）估计支付意愿曲线。完成上述步骤后，就要确定投标曲线（或者需求曲线）（bid/demand curve），从而计算总的 WTP。投标曲线可以通过将 WTP 对相关社会经济变量进行回归获得。物品或服务的总经济价值由样本的平均（或中点）WTP 乘以相关总户数获得（张大鹏，2010）。

5.2.4　石羊河流域生态补偿机制体系设计

本节首先阐述了生态补偿标准的确定、生态系统服务价值评估的意义以及条件价值法（CVM），接下来，本节将结合之前的论述中所整理总结的流域生态补偿研究，并考虑石羊河流域的现状，构建出完整的石羊河流域生态补偿机制体系（图 5-2）。

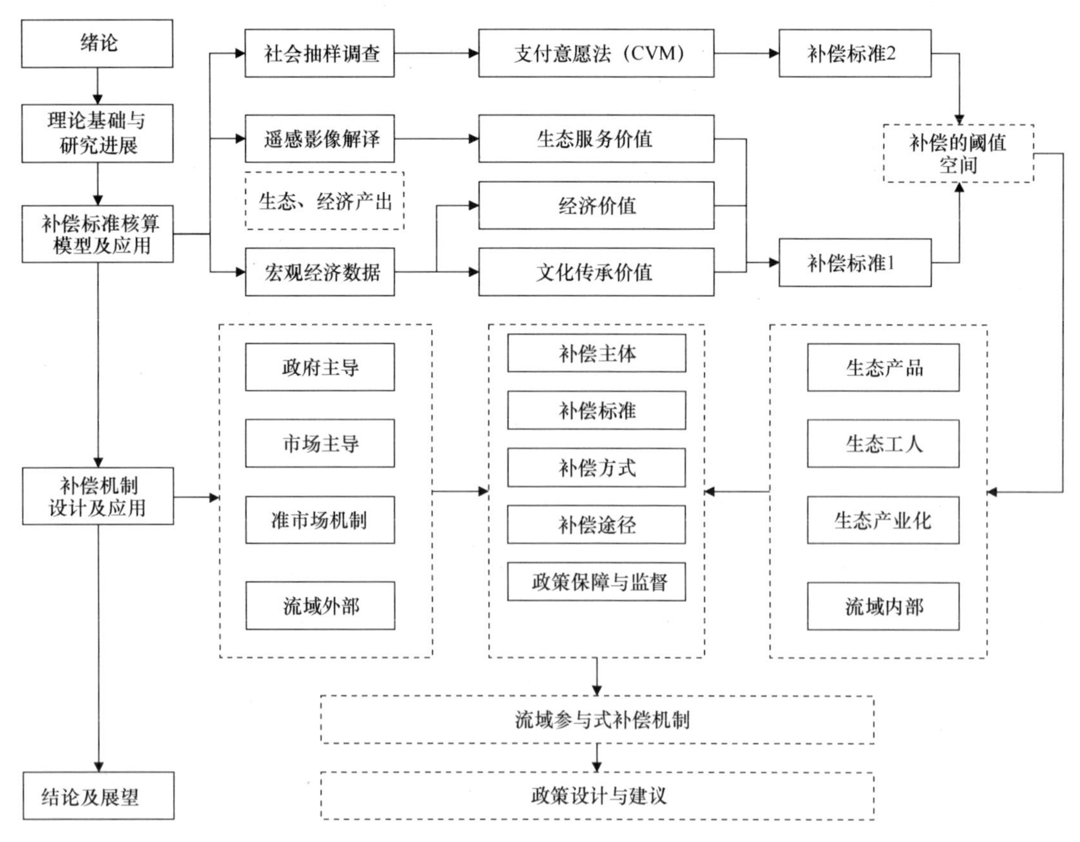

图 5-2　石羊河流域生态补偿机制体系

在接下来的第 6～9 章中分别从以下内容对石羊河流域生态补偿机制进行了详细的阐述：第 6 章主要是通过长时间尺度的遥感影响，对石羊河流域土地利用类型演替与生态服务价值的变化进行评估与分析；第 7 章分析流域居民的受偿意愿，揭示影响流域居民参与生态补偿主动性与积极性的主要因素；第 8 章分析以农业机会成本、环境收益为补偿标准参照下，农户对于生态补偿响应及有预算约束下，优先补偿的确定问题；第 9 章引入绿色职业岗位的、生态工人创新机制，补充完善现有的流域生态补偿机制，分析该机制在石羊河流域实施的可行性与影响该机制实践的主要原因。

第6章　石羊河流域生态系统服务价值评估

6.1　石羊河流域土地利用类型变化分析

6.1.1　流域土地利用类型总体变化

基于中国科学院寒区旱区环境与工程研究所1980年、1990年和2010年三期TM/ETM影像数据通过遥感解译得到土地利用现状图，采用中国科学院资源环境数据库土地利用分类系统，将流域按土地利用类型分为耕地、林地、草地、水域、未利用土地和城乡、居民、工矿用地6个一级类型，除建设用地不参与生态系统服务价值估算外，其他类型分别对应于生态系统服务价值估算模型中的农田、森林、草地、河流/湖泊和荒漠。

利用石羊河流域1980年、1990年、2010年三期土地现状数据进行统计分析，最后得到石羊河流域各县市的土地利用类型的面积变化（图6-1、彩图6-1，表6-1）。从总体上看，1980～2010年，土地类型发生了不同程度的变化，主要集中在耕地、草地、未利用土地的变化。

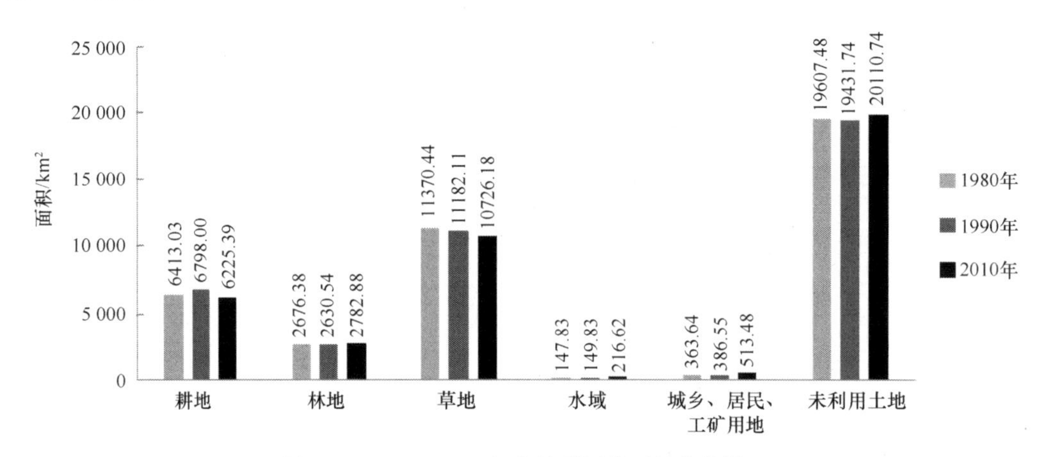

图6-1　1980～2010年土地利用类型的变化情况

耕地变化为先增后减，总面积减少187km^2，减少比例为3%。先增主要是与甘肃省确立了河西商品粮基地，扩大耕地面积相关，以及流域人口的增加和农作物市场价格上涨，促进了开荒高潮的出现，大规模地增加了流域内的耕地面积。后减主要与近年来实施的关井压田政策（压井近8000眼）和国家实施退耕还林还草工程有关，促使耕地面积有所减少；草地面积部分持续减少，总面积减少644km^2，减少比例近6%。分析其原

表 6-1 1980～2010 年石羊河流域土地利用类型的面积变化

区域	年份及变化	耕地面积/km²	林地面积/km²	草地面积/km²	水域面积/km²	城乡、居民、工矿用地面积/km²	未利用土地面积/km²
古浪	1980 年	1769.97	104.09	2250.89	15.62	34.82	857.48
	1990 年	1908.57	99.06	2129.16	16.02	40.02	840.03
	2010 年	1362.28	58.74	2252.41	25.64	66.23	1268.33
	1980～1990 变化	138.60	–5.03	–121.73	0.40	5.19	–17.45
	变化率/%	7.83	–4.84	–5.41	2.55	14.91	–2.03
	1990～2010 变化	–546.29	–40.31	123.25	9.61	26.21	428.30
	变化率/%	–28.62	–40.70	5.79	60.01	65.49	50.99
	1980～2010 变化	0.00	0.00	0.00	0.00	0.00	0.00
	变化率/%	0.00	0.00	0.00	0.00	0.00	0.00
天祝	1980 年	412.80	1166.76	1464.50	5.38	10.58	397.50
	1990 年	421.53	1153.17	1468.57	5.21	11.50	397.54
	2010 年	390.21	1254.33	1551.11	43.70	6.60	211.27
	1980～1990 变化	8.73	–13.59	4.07	–0.17	0.92	0.05
	变化率/%	2.12	–1.16	0.28	–3.18	8.69	0.01
	1990～2010 变化	–31.32	101.16	82.54	38.50	–4.90	–186.27
	变化率/%	–7.43	8.77	5.62	739.01	–42.59	–46.86
	1980～2010 变化	–22.59	87.57	86.61	38.32	–3.98	–186.23
	变化率/%	–5.47	7.51	5.91	712.36	–37.60	–46.85
武威	1980 年	1765.69	118.84	1156.72	21.58	109.03	1748.52
	1990 年	1794.55	113.59	1139.98	22.10	115.80	1734.35
	2010 年	1863.48	100.17	970.58	32.82	167.96	1784.26
	1980～1990 变化	28.86	–5.25	–16.74	0.52	6.78	–14.16
	变化率/%	1.63	–4.42	–1.45	2.40	6.21	–0.81
	1990～2010 变化	68.93	–13.42	–169.40	10.72	52.16	49.91
	变化率/%	3.84	–11.81	–14.86	48.50	45.04	2.88
	1980～2010 变化	97.79	–18.67	–186.14	11.24	58.93	35.74
	变化率/%	5.54	–15.71	–16.09	52.06	54.05	2.04
民勤	1980 年	1240.57	226.53	2230.57	13.39	68.92	12536.04
	1990 年	1389.70	207.55	2193.04	13.38	74.69	12437.67
	2010 年	1195.99	393.48	1480.45	28.68	111.74	13103.73
	1980～1990 变化	149.13	–18.98	–37.54	–0.02	5.76	–98.37
	变化率/%	12.02	–8.38	–1.68	–0.12	8.36	–0.78
	1990～2010 变化	–193.71	185.93	–712.58	15.30	37.05	666.05
	变化率/%	–13.94	89.58	–32.49	114.36	49.61	5.36
	1980～2010 变化	–44.58	166.95	–750.12	15.28	42.82	567.69
	变化率/%	–3.59	73.70	–33.63	114.09	62.13	4.53
永昌	1980 年	931.43	246.87	2215.78	47.48	87.03	2858.23
	1990 年	936.86	245.05	2212.82	48.45	89.64	2854.01
	2010 年	1067.49	234.38	2126.10	33.51	78.54	2846.36
	1980～1990 变化	5.43	–1.82	–2.97	0.97	2.61	–4.22
	变化率/%	0.58	–0.74	–0.13	2.04	3.00	–0.15
	1990～2010 变化	130.63	–10.68	–86.72	–14.93	–11.10	–7.65
	变化率/%	13.94	–4.36	–3.92	–30.83	–12.38	–0.27
	1980～2010 变化	136.06	–12.50	–89.69	–13.97	–8.49	–11.87
	变化率/%	14.61	–5.06	–4.05	–29.42	–9.75	–0.42

续表

区域	年份及变化	耕地面积/km²	林地面积/km²	草地面积/km²	水域面积/km²	城乡、居民、工矿用地面积/km²	未利用土地面积/km²
肃南	1980 年	89.61	805.66	1857.36	43.75	4.68	568.15
	1990 年	95.10	803.84	1852.54	44.05	4.74	568.92
	2010 年	61.35	738.29	2251.61	48.46	1.40	267.65
	1980～1990 变化	5.49	–1.82	–4.82	0.30	0.06	0.77
	变化率/%	6.13	–0.23	–0.26	0.68	1.35	0.14
	1990～2010 变化	–33.76	–65.56	399.07	4.41	–3.34	–301.27
	变化率/%	–35.49	–8.16	21.54	10.01	–70.44	–52.95
	1980～2010 变化	–28.26	–67.37	394.25	4.71	–3.28	–300.50
	变化率/%	–31.54	–8.36	21.23	10.76	–70.04	–52.89
金昌	1980 年	202.95	7.62	194.63	0.63	48.58	641.57
	1990 年	251.68	8.28	186.02	0.63	50.15	599.22
	2010 年	284.58	3.48	93.92	3.81	81.01	629.14
	1980～1990 变化	48.73	0.65	–8.61	0.00	1.58	–42.35
	变化率/%	24.01	8.59	–4.42	0.00	3.24	–6.60
	1990～2010 变化	81.63	–4.14	–100.71	3.19	32.43	–12.42
	变化率/%	32.44	–50.02	–54.14	509.21	64.66	–2.07
	1980～2010 变化	81.63	–4.14	–100.71	3.19	32.43	–12.42
	变化率/%	40.22	–54.32	–51.74	509.21	66.76	–1.94

因主要是由于一部分草地在开荒过程中转为耕地，以及近年来的地下水位的持续下降，导致草场退化现象严重也是草地面积持续减少的原因；未利用土地部分表现的特征是先减后增，总面积增加 503km²，增加比例近 3%，分析其可能的原因是人口增加促使一部分未利用土地转化为城市或乡村建设用地或是开垦为耕地，而之后又有所增加，主要是因为石羊河流域的生态环境不断恶化，迫使一部分农民外迁或外出打工，从而导致土地特别是耕地闲置、弃耕，使得未利用土地面积有一定的增加。

石羊河流域下游的民勤县 1980～1990 年的耕地变化最大，耕地面积增长近 150km²，增长比例达到 12%，这是由于该地区主要以农业种植为主，随着人口的不断增加，迫使农民不得不大量开垦荒地耕作而造成的。这其中面积增长较大的乡镇主要有花儿园乡面积增加达 20km²，双茨科镇面积增加近 16km²，夹河镇面积增加近 13km²，义粮滩林场面积增加近 12km²。1990～2010 年民勤地区的耕地面积减少 193km²，减少比例达 14%，这其中的夹河镇耕地面积减少近 34km²。此外，流域内的永昌市、金昌市、武威市的凉州区耕地面积都呈现不同程度的增加，其中永昌县面积增加 130km²，增长比例达 14%，而其六坝镇面积增加近 30km²；而 1980～1990 年位于石羊河流域中部地势较为平坦的凉州区土地利用变化主要表现在草地面积和未利用土地面积的减少上。1990～2010 年的特征主要表现区内的水域面积增加和区内的城乡居民工矿用地面积的增加（尚海洋，2015）。

地处中游地区的古浪县、金昌市、永昌县三个县的土地利用变化主要集中在耕地、草地、未利用土地的变化上。1980～1990 年耕地面积不断增加，而草地面积与未利用土地面积则持续减少，这其中的古浪县面积变化最大，其耕地面积增加近 139km²，而草地面积减少近 122km²。1990～2010 年古浪县的耕地面积大幅度少，特征较为明显，面积减少 546km²，减少比例为 29%，同时相应地促进了草地和未利用土地面积的增加，未利用土地面积增加 428km²。而永昌县和金昌县耕地面积也略有增加，草地面积与未利用土地面积则呈现出不同程度的减少，两县的共同特征是草地面积减少程度较大。

6.1.2　土地利用类型转移分析

利用土地转移矩阵进一步描述 1980～1990 年、1990～2010 年各类土地类型变化与转移的情况，利用 ARCGIS 分别计算出两个时段内的土地利用类型转移矩阵及转移矩阵（表 6-2、表 6-3），分析各类土地类型的转移与变化。从转移矩阵的结果来看，两个时段内的土地利用类型变化特征主要表现为：第一个时段（1980～1990 年）内，土地利用类型转移变化大，主要是耕地面积与草地面积，以及未利用土地面积；这其中耕地面积转入达 496km²，而转出面积达 111km²，主要的转入类型有草地面积和未利用土地面积，草地面积转入为 106km²，转出面积为 295km²，土地利用转出类型主要为耕地，高达 270km²。而未利用土地转入面积为 63km²，转出面积达 239km²，转出土地类型主要为耕地面积，高达 204km²。草地转入面积为 4608km²，转出面积为 5064km²。

表 6-2　石羊河流域 1980～1990 年土地利用状态转移矩阵

类型	耕地面积/km²	林地面积/km²	草地面积/km²	水域面积/km²	城乡、居民、工矿用地面积/km²	未利用土地面积/km²	1990 年面积/km²	土地利用变化	
								变化面积/km²	年变化率/%
耕地	6301.50	20.06	270.28	1.36	0.82	203.99	6798.01	384.98	6.00
林地	10.06	2609.20	4.79	0.18	0.02	6.30	2630.55	–45.83	–1.711
草地	46.71	33.48	11075.58	0.13	0.04	26.19	11182.13	–188.32	–1.66
水域	2.77	0.33	0.58	146.15	0.00	0.00	149.83	2.00	1.35
城乡、居民工矿用地	18.96	0.67	1.32		362.76	2.83	386.55	22.91	6.30
未利用土地	33.03	12.65	17.89	0.01	0.00	19368.18	19431.75	–175.73	–0.90
1980 年面积/km²	6413.03	2676.38	11370.44	147.83	363.64	19607.48	40578.81		

表 6-3　石羊河流域 1990～2010 年土地利用状态转移矩阵

类型	耕地面积/km²	林地面积/km²	草地面积/km²	水域面积/km²	城乡、居民、工矿用地面积/km²	未利用土地面积/km²	2010 年面积/km²	土地利用变化	
								变化面积/km²	年变化率/%
耕地	4636.97	130.45	801.76	27.86	192.02	439.59	6228.65	–570.09	–8.39
林地	208.61	1412.22	876.92	10.93	5.67	268.62	2782.96	152.59	5.80
草地	1111.49	969.19	6118.58	48.52	24.27	2454.78	10726.82	–455.98	–4.08
水域	39.39	31.56	54.08	47.21	1.49	42.93	216.65	66.84	44.62
城乡、居民、工矿用地面积/km²	288.91	4.13	29.88	0.62	144.12	45.86	513.52	126.97	32.85
未利用土地面积/km²	513.38	82.83	3301.59	14.68	18.99	16179.54	20110.99	679.67	3.50
1990 年面积/km²	6798.74	2630.38	11182.80	149.81	386.55	19431.32	40579.59		

在第二个时段（1990～2010 年）内土地利用类型的转移面积也比较大，其中耕地转入面积为 1592km^2，转出面积达 2161km^2。主要的土地利用类型变化都是草地和未利用土地，而且面积转出幅度要大于面积转入幅度。林地转入面积为 1370km^2，转出面积为 1218km^2，转出土地利用类型的主要是草地与耕地。草地转入面积为 4608km^2，而转出面积为 5064km^2，主要的土地利用类型是未利用土地、耕地、林地。水域转入面积为 169km^2，转出面积为 102km^2，主要的土地转移类型是草地和耕地。城乡、居民、工矿用地土地利用的转入面积为 369km^2，转出面积为 242.43km^2，转入的主要土地利用类型为耕地。未利用土地转入面积为 3931km^2，转出面积为 3251km^2。主要土地利用类型是耕地和草地的转化。

6.2 石羊河流域生态系统服务价值评估

6.2.1 评 估 方 法

近年来土地利用方式以及由此导致的土地覆盖变化影响着生态系统的结构和功能，对区域的气候、水文、生物地球化学循环及生物多样性有重大影响，土地利用方式的改变是全球环境变化的重要组成部分，是造成全球环境变化的重要原因。在全球环境变化中，土地利用、土地覆盖变化可以说是自然与人文过程交叉最为密切的问题，土地利用方式的变化和生态系统服务功能变化有密切的关系。生态系统为人类直接或间接地提供各方面的服务，有些是隐形的，所以不能被全面地核算和反映。生态系统服务功能是指生态系统与生态过程所形成及所维持的人类赖以生存的自然环境条件与效用。Costanza 等（1997）最早在 1997 年就开展了对全球生态系统服务价值的评估工作，引领了生态系统服务价值定量评估的研究热潮，并于 2014 年采用 1997 年相同的方法，评估了全球生态系统服务价值近年变化，指出全球生态系统服务价值上升到了 145 万亿美元/年，而土地利用类型变化引起的生态系统服务价值变化达到 4.3 万亿～20.2 万亿美元/年（Costanza et al.，2014）。众多专家学者对我国一些地区的生态系统服务价值和土地利用结构有大量的研究（张志强，2004）。国内最有代表性的研究工作是谢高地等在 Costanza 提出的评价模型基础上，对一些生态服务价值评估当量进行了适当调整，编制了“中国生态系统服务价值当量因子表”，这更适合于中国的实际情况（谢高地和甄霖，2008）。本分析采用谢高地等（2001）编制的中国陆地生态系统单位面积生态服务价值表（表 6-4）来计算石羊河流域不同土地利用类型的生态服务功能的经济价值。生态系统服务价值的计算公式为

$$\mathrm{ESV}=\sum_{i=1}^{n}\mathrm{VC}_i\times A_i \tag{6-1}$$

式中，ESV 为流域生态系统服务的总价值评估，元；VC_i 为第 i 类土地利用类型单位面积的生态功能总服务价值当量，元/hm^2；A_i 为流域内第 i 类土地利用类型的面积值，hm^2，n 为流域内所有土地利用类型数。

表 6-4　2007 年中国生态系统单位面积生态服务价值　[单位：元/（hm^2·a）]

一级类型	二级类型	森林	草地	农田	湿地	河流/湖泊	荒漠
供给服务	食物生产	148.20	193.11	449.10	161.68	238.02	8.98
	原材料生产	1338.32	161.68	175.15	107.78	157.19	17.96
调节服务	气体调节	1940.11	673.65	323.35	1082.33	229.04	26.95
	气候调节	1827.84	700.60	435.63	6085.31	925.15	58.38
	水文调节	1836.82	682.63	345.81	6035.90	8429.61	31.44
	废物处理	772.45	592.81	624.25	6467.04	6669.14	116.77
支持服务	保持土壤	1805.38	1005.98	660.18	893.71	184.13	76.35
	维持生物多样性	2025.44	839.82	458.08	1657.18	1540.41	179..64
文化服务	提供美学景观	934.13	390.72	76.35	2103.28	1994.00	107.78
合计		12628.69	5241.00	3547.89	24597.21	20366.69	624.25

6.2.2　评估结果与分析

由表 6-5 可以看出，1980～2010 年，石羊河流域生态系统服务总价值呈减少趋势，由 1980 年的 1 313 952.12 万元减少到 2010 年的 1 304 128.28 万元，年均减少率为 0.02%，1980～1990 年的年均减少率为 0.02%、1990～2010 年的年均减少率为 0.03%。各县、市的生态系统服务价值见表 6-5。就单位面积的生态服务价值而言，各县、市差异非常大，依次为天祝＞肃南裕＞古浪＞永昌＞武威＞金昌＞民勤。1980～1990 年，只有民勤和金昌的生态系统服务价值增加，这主要与未利用土地减少转化为服务价值高的耕地有关。其余各县、市生态系统服务价值都降低，主要是草地的大面积减少转化为服务价值低的耕地，以及建设用地的增加导致生态系统服务价值降低。1990～2010 年只有天祝藏族自治县和肃南裕固族自治县增加，天祝藏族自治县的增加主要是林地和草地的增加，未利用土地的减少而引起的。肃南裕固族自治县主要是草地的增加，未利用的土地的减少而产生的。其他县、市都出现不同程度的减少，其中民勤县减少 13464.65 万元，这主要与耕地的减少，草场的退化，以及未利用土地的增加有关，另外，其他县、市的减少也与城市化和新农村的建设中占用耕地有关。

表 6-5　石羊河流域 1980～2010 年各县市生态服务价值

地区	年份	耕地/万元	林地/万元	草地/万元	水域/万元	未利用土地/万元	生态系统服务总价值/万元	单位面积价值/万元·(km^{-2}·a^{-1})
古浪	1980	62796.56	13145.16	117969.01	3181.79	5352.84	202445.36	40.22
	1990	67714.01	12509.38	111589.09	3263.02	5243.91	200319.41	39.80
	2010	48332.18	7418.54	118048.83	5221.02	7917.55	186938.13	37.14
	1980～1990	4917.44	–635.78	–6379.92	81.23	–108.93	–2125.95	–0.42
	1990～2010	–19381.82	–5090.84	6459.74	1958.00	2673.64	–13381.28	–2.66
	1980～2010	–14464.38	–5726.62	79.82	2039.23	2564.71	–15507.23	–3.09

续表

地区	年份	耕地/万元	林地/万元	草地/万元	水域/万元	未利用土地/万元	生态系统服务总价值/万元	单位面积价值/万元·(km^{-2}·a^{-1})
天祝	1980	14645.77	147346.23	76754.33	1095.73	2481.37	242323.43	70.09
	1990	14955.58	145629.82	76967.65	1060.92	2481.66	241095.64	69.73
	2010	13844.39	158405.39	81293.82	8901.23	1318.85	263763.68	76.29
	1980～1990	309.81	−1716.41	213.32	−34.80	0.29	−1227.79	−0.36
	1990～2010	−1111.20	12775.57	4326.17	7840.31	−1162.81	22668.04	6.56
	1980～2010	−801.39	11059.16	4539.49	7805.51	−1162.52	21440.25	6.21
武威	1980	62644.71	15008.05	60623.63	4395.40	10915.11	153586.91	31.21
	1990	63668.62	14345.39	59746.17	4501.01	10826.69	153087.88	31.11
	2010	66114.26	12650.67	50867.93	6683.80	11138.24	147454.90	29.97
	1980～1990	1023.91	−662.66	−877.46	105.60	−88.42	−499.02	−0.10
	1990～2010	2445.64	−1694.72	−8878.24	2182.79	311.55	−5632.99	−1.14
	1980～2010	3469.55	−2357.38	−9755.70	2288.39	223.12	−6132.01	−1.24
民勤	1980	44014.08	28608.39	116904.38	2728.10	78256.20	270511.15	16.58
	1990	49305.02	26210.99	114937.16	2724.70	77642.16	270820.02	16.60
	2010	42432.34	49691.83	77590.61	5840.59	81800.01	257355.38	15.78
	1980～1990	5290.94	−2397.40	−1967.22	−3.40	−614.04	308.87	0.02
	1990～2010	−6872.67	23480.84	−37346.55	3115.89	4157.84	−13464.65	−0.82
	1980～2010	−1581.73	21083.44	−39313.77	3112.49	3543.80	−13155.78	−0.80
永昌	1980	33046.25	31176.97	116129.27	9669.43	17842.53	207864.46	32.55
	1990	33238.80	30947.17	115973.65	9866.68	17816.16	207842.46	32.54
	2010	37873.35	29598.76	111428.82	6825.03	17768.42	203494.38	31.86
	1980～1990	192.54	−229.81	−155.62	197.25	−26.37	−22.00	0.00
	1990～2010	4634.56	−1348.41	−4544.84	−3041.65	−47.73	−4348.08	−0.68
	1980～2010	4827.10	−1578.22	−4700.45	−2844.40	−74.10	−4370.08	−0.68
肃南	1980	3179.38	101744.32	97344.07	8910.81	3546.68	214725.25	63.73
	1990	3374.21	101515.06	97091.65	8971.32	3551.48	214503.71	63.67
	2010	2176.60	93235.91	118006.70	9869.53	1670.80	224959.53	66.78
	1980～1990	194.83	−229.26	−252.42	60.51	4.80	−221.54	−0.07
	1990～2010	−1197.61	−8279.15	20915.05	898.21	−1880.68	10455.82	3.11
	1980～2010	−1002.78	−8508.42	20662.63	958.72	−1875.88	10234.28	3.05
金昌	1980	7200.44	962.41	10200.31	127.43	4004.98	22495.55	20.53
	1990	8929.27	1045.11	9749.13	127.43	3740.60	23591.54	21.53
	2010	10096.75	439.62	4922.20	776.29	3927.44	20162.29	18.40
	1980～1990	1728.83	82.71	−451.17	0.00	−264.37	1095.99	1.00
	1990～2010	1167.48	−605.49	−4826.93	648.87	186.84	−3429.24	−3.13
	1980～2010	2896.31	−522.79	−5278.11	648.87	−77.54	−2333.26	−2.13

6.2.3　生态系统服务价值空间分布变化

基于 GIS 的技术方法分别对石羊河流域 1980～1990 年、1990～2010 年和 1980～2010 年的生态系统服务价值变化做计算，对栅格单元大小做估算，将生态系统服务价值表现在 500m×500m 的栅格图（图 6-2～图 6-4，彩图 6-2～彩图 6-4）上，来反映它的空间分布及其变化，从图中可看出，流域生态系统服务价值在空间上存在一定的变化，1980～1990 年流域上游的生态服务价值是增长的，主要由于人口的增加和开荒引起的耕地增加，从而使生态服务价值增加。下游的生态服务价值呈降低趋势，主要与民勤地区的沙化现象加剧，生态环境更加脆弱。生态服务价值保持不变的地区较多，主要是一些

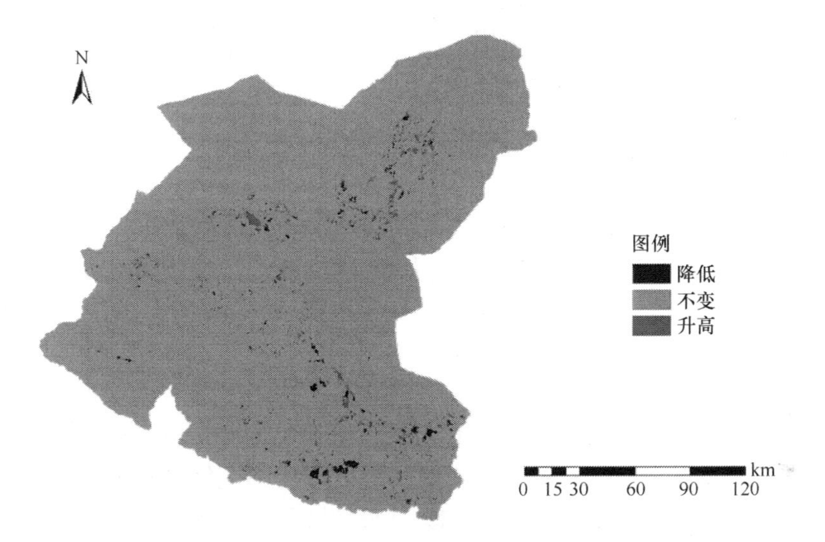

图 6-2　1980～1990 年生态系统服务价值变化

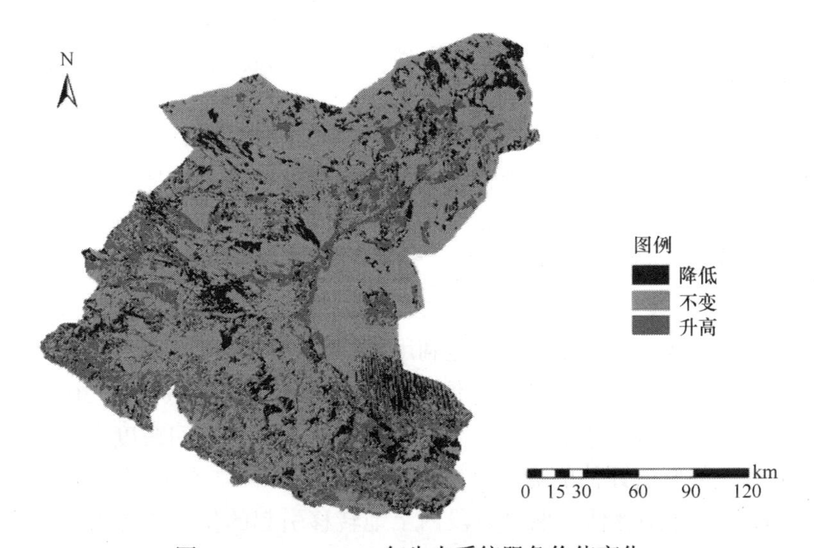

图 6-3　1990～2010 年生态系统服务价值变化

图 6-4　1980～2010 年石羊河流域生态系统服务价值变化

林区和草场的生态服务价值。1990～2010 年流域上游生态服务价值呈降低趋势，这主要与上游的环境破坏严重和林区减少等有关。流域中下游生态服务价值呈增长趋势，生态服务价值的增加与人口增加，加大了开荒力度，使未利用土地转化为耕地。以及由于下游不容乐观的生态安全，加大了对下游生态环境的恢复，退耕还林还草等政策取得一定的成效，影响到生态服务价值。

生态服务价值保持不变的地方已经越来越少，主要是未列入计算的建设用地，分布非常零碎，也与林区的破坏与草场的退化与转化成其他土地类型有关，使林区和草场小区域分布。从总体上看 1980～2010 年和 1990～2010 年的变化是基本一致的，生态服务价值增长主要集中在下游地区，中上游的大部分地区呈减少趋势，生态服务价值不变的地区越来越少，这主要是大部分地区的土地利用类型在不断变化。

6.3　土地利用类型转移的生态服务价值评估

需要注意的是，在以往的长时间尺度生态服务价值评估中，都注意到需要采用当年价格（利用价格指数折算）核算，使得长时间跨度的评估更具可比性，但对空间上的土地利用类型变化与转移这一重要因素对生态服务价值评估结果的影响考虑不够，甚至被忽略。事实上，较长时间跨度（如 10 年、20 年等）土地利用类型的变化与转移，对生态服务价值评估结果的影响非常显著。最直观的例子是城镇建设促进了城市生态系统的不断扩张。结合表 6-4、表 6-5 中的土地利用类型变化与转移数据，采用谢高地等编制的中国陆地生态系统单位面积生态服务价值表，评估石羊河流域在近 30 年内由于土地利用类型变化与转移引起的生态服务价值的变化，展示较长时间跨度上土地利用类型变化与转移对生态服务价值评估的影响。

表 6-6、表 6-7 分别评估了两个时段内土地转移引起的生态服务价值的变化矩阵。表中的数据表征了土地利用类型的变化与转移，引起的生态服务价值变化情况。矩阵对角线上的数字为“0”，表征在这个时间跨度上土地利用类型未发生变化的“部分”，其

保持土地利用类型不变与未转移，认为其生态服务价值不变。通过生态服务价值变化矩阵，可以将表 6-4、表 6-5 中不同的类型的土地利用转变为统一的货币价值单位（Pagiola，2008），以方便定量分析土地利用类型变化与转移对生态服务价值评估结果的影响作用。

表 6-6　1980～1990 年土地转移的生态服务价值变化矩阵　（单位：亿元）

类型	耕地	林地	草地	水域	城乡、居民、工矿用地	未利用土地
耕地	0	1051.34	9589.26	334.48	167.01	1273.41
林地	1270.45	0	169.94	44.27	4.07	39.33
草地	5898.86	1754.69	0	31.97	8.15	163.49
水域	349.81	17.30	20.58	0	0.00	0.00
城乡、居民、工矿用地	2394.40	35.11	46.83	0.00	0	17.67
未利用土地	4171.26	662.99	634.72	2.46	0.00	0

表 6-7　1990～2010 年土地转移的生态服务价值变化矩阵　（单位：亿元）

类型	耕地	林地	草地	水域	城乡、居民、工矿用地	未利用土地
耕地	0	6836.88	28445.64	6851.95	39108.12	2744.14
林地	26344.71	0	31112.24	2688.15	1154.79	1676.86
草地	140366.63	50795.25	0	11933.11	4943.00	15323.96
水域	4974.44	1654.06	1918.70	0	303.46	267.99
城乡、居民、工矿用地	36485.55	216.45	1060.11	152.48	0	286.28
未利用土地	64833.17	4341.12	117137.11	3610.43	3867.63	0

表 6-8、表 6-9 所示为考虑到土地利用类型变化与转移影响下的流域生态服务价值的评估，以及与未考虑该因素作用的评估结果比较。这里只计算了一级生态系统服务类型的生态服务价值。从表 6-8、表 6-9 的结果来看，在不考虑类型变化与转移因素下，石羊河流域生态服务价值评估结果显示，1980～2010 年，流域生态系统服务总价值呈减少趋势，由 1980～1990 年减少了 2.69 亿元，1990～2010 年减少了 0.27 亿元；而在一级生态系统服务类型中，只有供给服务一项数值为正，生态服务价值增加——考虑到该评估结果中，单位面积的生态服务价值是固定值，而变量只考虑面积的变化，可以发现在不考虑土地利用类型的变化与转移情形下，增加生态系统服务供给量是提高流域生态系统服务价值的唯一途径，且由于资源供给量的减少，供给服务的正向作用越来越小，这也符合资源有限的常识。

表 6-8　考虑土地利用类型变化与转移的生态服务价值评估　（单位：亿元）

类型	供给服务		调节服务		支持服务		文化服务		合计	
	80～90	90～2010	80～90	90～2010	80～90	90～2010	80～90	90～2010	80～90	90～2010
耕地	0.18	0.64	0.39	3.41	0.62	3.74	0.05	0.60	1.24	8.40
林地	0.02	0.87	0.06	2.37	0.06	2.73	0.01	0.33	0.15	6.30
草地	0.08	2.08	0.34	9.38	0.31	9.04	0.06	1.83	0.79	22.34
水域	0.00	0.11	0.02	0.36	0.01	0.38	0.00	0.06	0.04	0.91
城乡、居民、工矿用地	0.03	0.45	0.11	1.67	0.09	1.41	0.02	0.28	0.25	3.82
未利用土地	0.06	2.87	0.23	7.07	0.21	8.61	0.04	0.83	0.55	19.38
合计	0.38	7.02	1.15	24.27	1.30	25.92	0.18	3.93	3.02	61.14

表 6-9 土地利用类型变化与转移对生态服务价值评估结果的影响 （单位：亿元）

类型	1980～1990 年		1990～2010 年	
	未考虑变化与转移	考虑变化与转移	未考虑变化与转移	考虑变化与转移
供给服务	1.01	0.38	0.10	7.02
调节服务	–1.34	1.15	–0.13	24.27
支持服务	–1.34	1.30	–0.13	25.92
文化服务	–1.02	0.18	–0.10	3.93
总价值	–2.69	3.02	–0.27	61.14

6.4 生态系统服务价值空间格局和变化分析方法

利用 ArcGIS 软件生成石羊河流域 1km×1km 规则网格，与三期土地利用数据进行叠加运算和分类统计，得到三期 ESV 的空间分布图。空间分布反映地理数据在空间上的宏观表象，为探究流域 ESV 变化的具体区域和空间分异，对栅格单元大小进行估算，将生态系统服务价值显示在 100m×100m 的栅格图上，并通过 GIS 栅格相减运算，对石羊河流域 1980～1990 年、1990～2010 年和 1980～2010 年三个时间段的生态系统服务价值变化进行对比分析，探寻 ESV 变化的具体位置和变化规律。

6.4.1 生态系统服务价值方向变化模型

为反映石羊河流域 ESV 变化的方向性，引入质心迁移法和标准差椭圆分析模型。质心迁移法通常用于对地理空间分布变化的跟踪和量测，运算公式为如下（唐嘉琪，2013）：

$$X_t = \frac{\sum_{i=1}^{n}(W_i \times X_i)}{\sum_{i=1}^{n} W_i} \tag{6-2}$$

$$Y_t = \frac{\sum_{i=1}^{n}(W_i \times Y_i)}{\sum_{i=1}^{n} W_i} \tag{6-3}$$

式（6-2）和（6-3）为反映石羊河流域 ESV 变化的方向问题，引入该式时，通过改进，将代表权重值的 W_i 定义为第 i 个网格第 t 年的生态系统服务价值，X_t、Y_t 分别代表第 t 年石羊河流域生态系统服务价值的质心坐标，X_i、Y_i 分别代表第 i 个网格的地理坐标。通过质心迁移的方向和距离的量测表示生态系统服务价值变化的方向性。

质心迁移一般有以下两种情况：若流域 ESV 的质心不发生迁移，则说明 ESV 呈均衡发展态势；若质心发生明显偏移，则说明流域 ESV 的空间格局发生变化。需要注意的是，当 ESV 在空间上呈反向均匀消长时，其质心也不会发生显著变化，但不能直接说明 ESV 在空间上未发生方向性的变化，在这种情况下，通过构建标准差椭圆以反映流域 ESV 变化空间特征，从而反映生态系统服务价值的空间分布的方向性差异（唐嘉琪和石培基，2013）。

标准差椭圆以地理要素空间分布的平均中心为中心，分别计算其在 X 和 Y 方向上的标准差，以此定义包含要素分布的椭圆的轴。使用该椭圆查看要素的分布是否被拉长，由此而具有特定方向。一般以标准差椭圆的长轴表示 ESV 较高的方向，短轴表示 ESV 较低的方向（赵亮等，2013）。

6.4.2　生态系统服务价值空间计量分析模型

空间自相关分析是衡量地理空间变量的分布是否具有集聚性的空间计量模型，以揭示空间变量的区域结构形态（赵璐和赵作权，2014）。它分为全局空间自相关和局部空间自相关两大类。全局空间自相关分析反映空间邻接或邻近的区域单元属性值的相似程度，常用 Moran's I 指数度量（Anselin，1988）。局部空间自相关分析描述空间单元与其相邻单元的相似程度，表示每个局部单元服从全局总趋势的程度，说明空间依赖是如何随位置变化的（陈彦光，2011）。其常用反映指标是 Local Moran's I（徐建华，2005）。

式（6-4）中，x_i 和 x_j 分别代表变量 x 在第 i 和 j 个区域单元的观测值；$\bar{x}$ 为 x 的均值；W_{ij} 为空间权重矩阵；n 为区域单元的数量。Moran's I 的取值为–1～1，大于 0 时，表示空间正相关，小于 0 时，表示空间负相关，等于 0 时，表示没有空间相关性。取值越大，表示观测值在空间分布上的聚集性越强。一般采用 Z 统计量进行检验。本章使用 OpenGeoDa 软件对三个时段石羊河流域全局和局部自相关性进行计算和分析，并进行检验。

$$\text{Moran's I}=\frac{n\sum_{i=1}^{n}\sum_{j=1}^{n}w_{ij}(x_i-\bar{x})(x_j-\bar{x})}{\sum_{i=1}^{n}\sum_{j=1}^{n}W_{ij}\sum_{i=1}^{n}(xi-\bar{x})^2}$$

$$\text{Local Moran's I}=\frac{n(x_i-\bar{x})\sum_{j}W_{ij}(x_j-\bar{x})}{\sum_{i}(xi-\bar{x})^2} \tag{6-4}$$

6.4.3　结果与分析

1. ESV 空间位置变化

通过 GIS 栅格相减运算，利用栅格重分类将变化分为增加、降低和不变三大类，得到石羊河流域ESV空间变化图，反映流域ESV变化的空间位置及其规律(陈彦光，2009)。将石羊河流域 ESV 划分为：极高值（＞53 万亿元）、高值（40 万亿～53 万亿元）、中值（25 万亿～40 万亿元）、低值（8 万亿～25 万亿元）和极低值（＜8 万亿元）5 段，得到石羊河流域三个时期的 ESV 空间分布格局（图 6-5，彩图 6-5）。

由图 6-5 看出：石羊河流域 ESV 极高值和高值集中分布在流域南部祁连山和中部走

廊区，中值主要分布在中游沿石羊河主河道为主轴的走廊区，低值呈小斑块穿插分布于流域各区域，而极低值则呈大块分布在流域中、下游荒漠区。1980 年和 1990 年相比，除小区域有变动外，基本没有变化。2010 年变化明显，极高值区除在祁连山区大面积分布外，在主河道绿洲区域的分布更为明显，而在下游荒漠区，极低值分布与其他类型的穿插更少，呈大面积均一分布的空间格局。

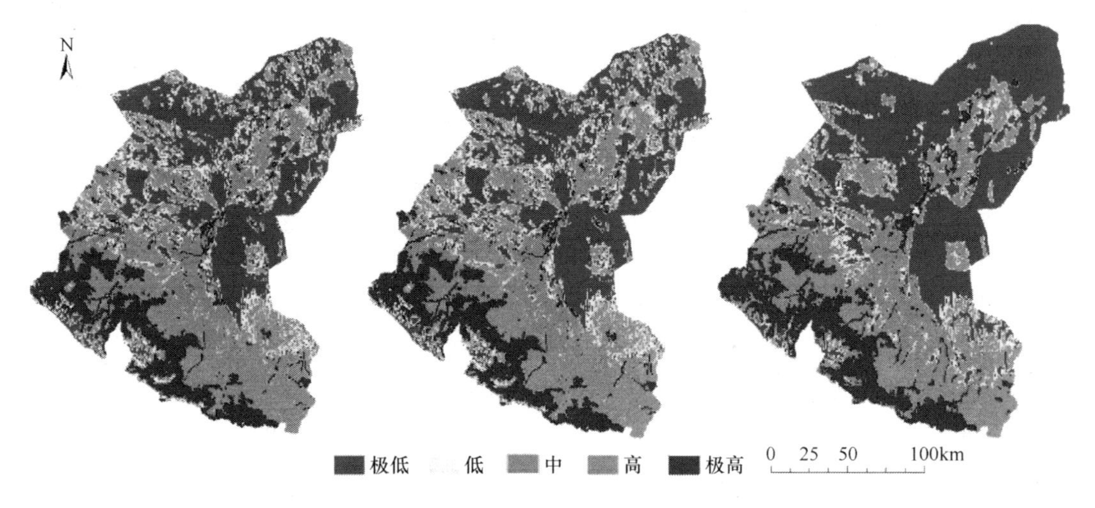

图 6-5 石羊河流域 ESV 空间分布格局

1980～2010 年和 1990～2010 年两个时段价值变化类似，增加和降低的区域大面积穿插分布，不变的区域则主要分布在武威东部和民勤荒漠地区。1990～2010 年流域总体发生变化的区域远大于不变区域，空间上呈现穿插分布的特征，变化的斑块破碎程度也加大，这与该时间段流域人口迅速增加、开垦程度加大导致的土地利用变化和生态环境剧烈变化有直接关系。空间表现上，ESV 增加的情况在全流域都有分布，没有明显的空间分异性。ESV 降低的区域主要分布在古浪县中北部、永昌县东南部和民勤县北部等区域，这主要与城镇化进程中的建设用地面积增加和民勤北部荒漠化加剧等因素有关。生态服务价值保持不变的地方越来越少。分析发现流域大部分地区的土地利用类型在不断转化，呈现出空间上不稳定的态势，这也反映出石羊河流域生态脆弱的严峻形势。

1980～2010 年与 1990～2010 年生态系统服务价值空间变化基本一致，但两期数据动态对比发现仍存在差异，空间差异主要表现在流域主河道，主要表现在局部面积大小的差异。

2. ESV 方向变化

主要通过质心转移分析和标准差椭圆模型分析反映石羊河流域生态系统服务价值变化的方向性。质心转移分析发现，1980 年～1990 年～2010 年石羊河流域 ESV 质心（图 6-6，彩图 6-6）先由南向北移动 0.19km，再向西北移动 2.35km，总体向西北移动 2.41km。表明 30 年来 ESV 的变化在西北部比东南部更为剧烈。

1980～1990 年 ESV 质心移动距离较小，表明这一时段流域生态系统较为稳定，流域开垦程度较小。1990～2010 年生态系统服务价值质心移动距离较大，表明这一时段流域开垦程度增大，人类活动对流域生态系统影响强度增大，导致流域生态系统急剧变化。标准差椭圆分析发现，流域 ESV 标准差椭圆与主河道走向保持一致，长轴为东北-西南方向，ESV 较大；短轴为西北-东南方向，ESV 较低。标准差椭圆明显偏向流域南部，流域北部为荒漠区而南部为祁连山区，荒漠和林地单位面积的 ESV 系数差异是造成这一现象的根本原因。

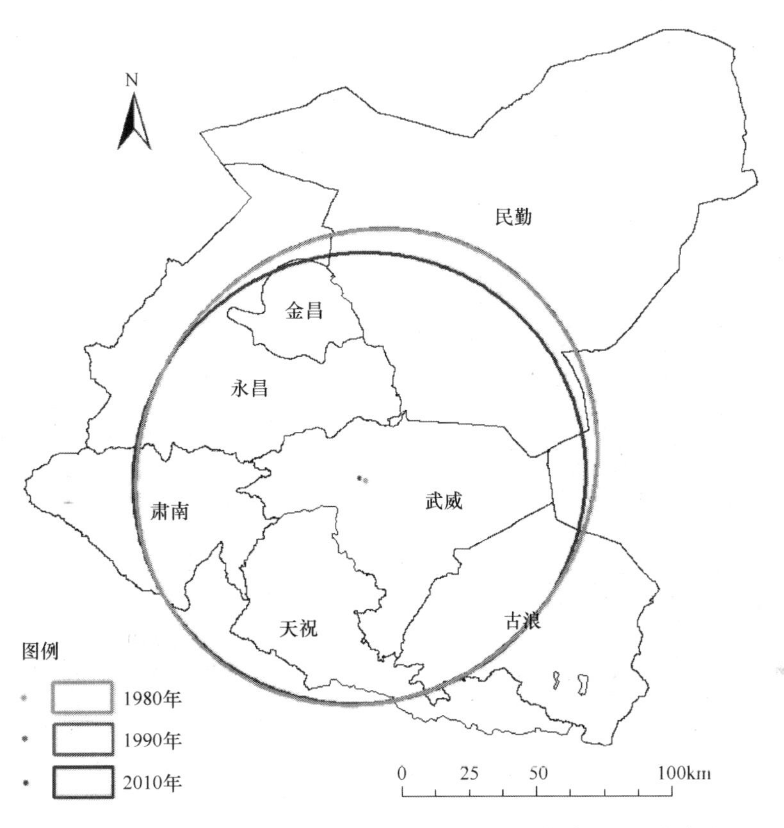

图 6-6　石羊河流域生态系统服务价值质心和标准差椭圆动态变化

1990 年相对 1980 年，流域 ESV 标准差椭圆向东北方向移动但距离很小，表明这一时段人类活动主要沿流域主河道进行，且变化程度不大；2010 年相对 1990 年，流域 ESV 标准差椭圆明显向西南方向移动，变化幅度较大，这与这一时段流域北部荒漠化程度加剧、沙进人退的生态格局相吻合，标准差椭圆长轴减小，短轴变化不大，长轴变化主要分布在民勤中部，表明这一时段流域 ESV 整体呈下降趋势，总体集聚性增强，且降低的主要区域为流域北部民勤荒漠区。

6.4.4　石羊河流域 ESV 空间自相关分析

三个时段石羊河流域 ESV 的全局空间自相关指数 Moran’s I 值均为正（表 6-10），Z 检验结果呈极显著，表明 ESV 在空间分布整体呈正的空间自相关关系，并表现出较强的空间聚集性。

表 6-10　石羊河流域不同时期生态系服务价值全局空间自相关指数

年份	Moran's I 指数	*P* 值
1980	0.8000	0.001
1990	0.8003	0.001
2010	0.8240	0.001

全局空间自相用以判断出流域 ESV 空间整体分布的集聚性，但难以探究聚集具体位置及区域相关程度，局部空间自相关分析则能够表示每个局部单元服从全局总趋势的程度，说明空间依赖随位置的变化情况（Conway，2010）。局部空间自相关分析发现，1980～2010 年石羊河流域 ESV 的空间自相关分布格局总体变化不大，呈稳定格局（图 6-7，彩图 6-7）。

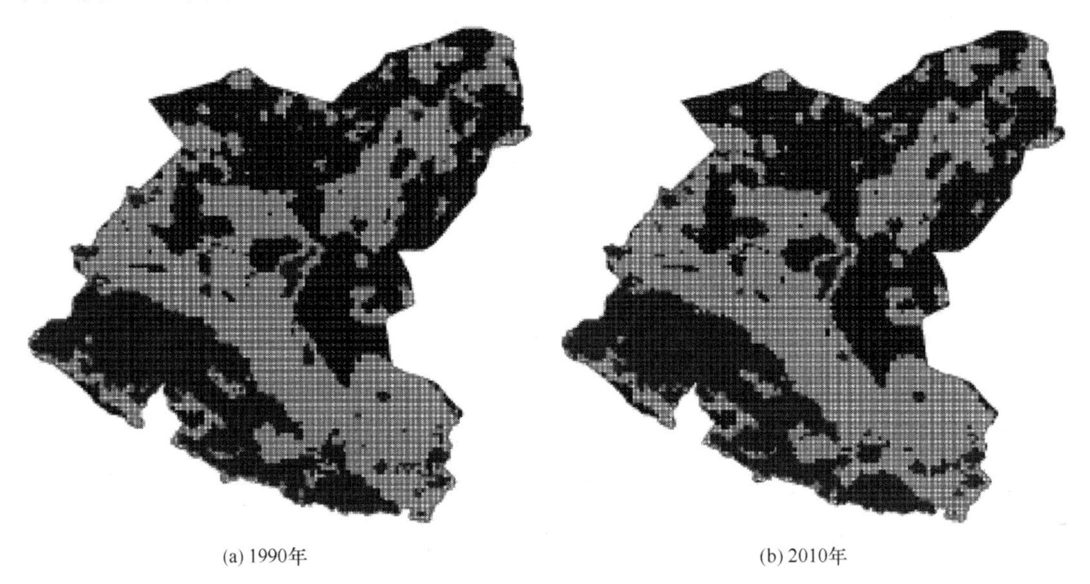

(a) 1990年　　(b) 2010年

图 6-7　石羊河流域生态系统服务价值局部空间自相关格局（1990 年、2010 年）

图 6-7 表明，石羊河流域 ESV 呈现显著空间自相关性，红色区域为高-高相关，表示区域 ESV 高值与高值集聚分布，呈显著正空间自相关性（$P<0.05$），这一类型主要分布在流域西南部祁连山区和石羊河主河道沿线。蓝色区域为低-低相关，即 ESV 低值与低值区域集聚分布，也呈显著正相关（$P<0.05$），主要分布于流域中、北部荒漠地区。以上两种分布格局说明，石羊河流域 ESV 呈显著空间自相关性。从分布面积上看，蓝色区域包围的面积远大于红色区域，说明石羊河流域 ESV 总体呈低值主导的局面。而高-低和低-高自相关类型则表示高值由低值包围或低值由高值包围，存在显著负相关（$P<0.05$），表现出 ESV 分布有明显的异质性，空间上表现出较强的破碎性，但这两种类型数量极少，只在区域边缘零星分布。

6.4.5　石羊河流域 ESV 时空变化的主导因素分析

生态系统服务价值时空的变化受到自然、人文等多种因素影响（周德成，2010）。

石羊河流域地处河西走廊东部，是干旱区生态和环境变化的敏感区（张松林，2007）。在这种特殊的自然地理和社会环境下，不合理的人类活动使得流域干旱和土地沙漠化愈加严重（吴建国，2005），这些都是导致流域生态系统恶化和恢复困难的直接原因。

不同土地利用类型的生态系统服务价值系数存在差异，土地利用类型的变化是近 30 年来石羊河流域生态系统服务价值发生变化的主要原因。对石羊河流域三个时段各土地利用类型面积的统计发现，未利用土地、草地和耕地（图 6-1，表 6-5）构成了各个时期生态系统服务价值的重要基础。

近 30 年来，流域北部荒漠区的未利用土地面积一直占主导地位（47%以上），面积由 1980 年的 19607.48km^2 增加到 2010 年的 20110.996km^2，面积增加 503.51km^2，这也是流域北部严重的荒漠化的直接后果。由于这一土地利用类型单位面积生态系统服务价值较低（表 5-6），直接导致流域总体生态系统服务价值降低。而草地、耕地面积均呈现出下降的趋势（表 5-7），主要由于生态退化和北部严重的荒漠化等原因所致，造成对应的 ESV 大幅下降。由此表明，流域脆弱的生态环境和主导土地利用类型的变化是造成流域生态系统服务价值变化的根本原因。

相比之下，在考虑土地利用类型变化与转移影响的情形时，生态服务价值的评估结果表现出显著的不同：总的生态系统服务价值量有较大幅度的提高；相对于供给服务而言，文化服务、调节服务、支持服务等的价值都有所提高，特别是调节、支持服务的生态服务价值提高幅度较大，特别是在 1990～2010 年较长的第二时段内，对总生态服务价值的提高作用较为明显。从石羊河流域近年来生态环境保护、流域综合治理工程实施的现实效果来看，流域民居切实感受到了生态保护与恢复的环境红利。

6.5　小　　结

本章主要是应用 GIS 技术手段，从长时间尺度比较近 30 年内不同时段流域生态系统服务的变化，并利用较为流行的生态系统服务价值评估方法，量化生态系统演变过程；利用空间计量模型，揭示生态系统服务的空间分布与生态服务价值质心动向。同时，研究工作中发现影响生态服务价值评估结果的关键而又被忽略的重要因素——土地利用类型转移与变化引起的生态服务价值。这一因素在现有有的研究成果中考虑较少，但其对生态服务价值评估的结果有较显著的影响，特别是当土地利用类型转移与变化较大的时候。

第 7 章 基于 CVM 法的流域生态补偿受偿意愿分析

7.1 CVM 问卷设计与分析方法介绍

7.1.1 CVM 问卷设计与抽样调查

问卷设计作为一个过程，必须经过细心准备、反复推敲才能完成。被调查者是问卷调查的核心，因此，问卷设计要从被调查者角度出发，减少回答问卷的困难性和麻烦，并了解不同层次不同价值观人群对调查内容的不同反应，考虑不同调查对象可能出现的困难和障碍（张志强，2003；马爱慧，2011）。为了得到准确而又合理的问卷数据，不断对问卷进行修正，改进问题的提法，完善调查者的提问方式。通过预调查，了解遗漏问题或者比较抽象、含糊、不清楚、不恰当的问题，对问题加以改进与弥补，再进行试调查，不断修改。

抽样调查是从研究对象的总体中随机抽取一部分个体作为样本进行调查，并据以对全部调查研究对象做出估计和推断的一种调查方法。抽样调查方式有多种，可分为报刊式问卷、邮寄式问卷、访问式问卷、电话式问卷等。根据问卷效果和回收率，本调查采用面对面访问式调查，调查员按抽样方案要求及事先设计好的问卷，随机选取辖区内全体流域居民作为被调查对象，面对面直接访问。面对面访谈式调查的优点是受过专业培训的调查者直接与被访者接触，可以观察被调查者回答问题的态度、语言、表情等外在特征，掌握被调查者对非市场生态环境价值态度与偏好。只要抽样样本满足该方法容量要求，且样本具有代表性，就能够得到较高有效回答率。对于不符合要求的答案，可以由调查人员当时予以纠正，对于一些拒绝回答者，调查人员给予耐心解释，让回答者明白该问卷所涉及问题的重要性。

依据美国国家海洋和大气管理局在1992年提出的CVM应用于评估自然资源的非利用价值的指导原则及近年来国内外问卷设计的经验（徐大伟等，2007；Mitchell and Carson，1989；张俊杰等，2003；范里安，1995），并结合石羊河流域生态状况，确定了最初调查问卷的内容和方式，在进行预调查之后及时发现并完善了问卷中的不足，确定了实地调查的最终问卷（张大鹏，2010）。

7.1.2 石羊河流域居民生态补偿调查问卷设计

揭示流域居民的受偿意愿，是本次调查的目的与核心问题之一。在充分了解研究区实际情况与生态补偿项目实施情况之后，确定调查问卷的主要内容与调查方式。调查问卷最终包括五部分内容：

（1）问卷调查的说明。主要是说明问卷调查的缘由、目的、意义，在简要介绍研究工作的同时，引导被调查者关注相关研究问题，消除被调查者对问卷调查的顾虑。

（2）受访者基本信息。主要了解被调查者本人及家庭的基本情况，包括个体特征、家庭成员构成等。

（3）生计状况调查。主要了解受访者家庭生产、生活状况信息，包括土地经营、经济收入主要构成、消费支出等。

（4）生态补偿情况调查。主要了解流域居民的生态环境意识，对生态补偿项目认知与参与，调查生态补偿的受偿意愿、有效补偿方式选择、补偿金支付方式与次数选择、生态补偿金替代使用方式选择等。

（5）生态工人调查。调查流域居民对生态工人、生态补偿创新机制与方法的认同情况，参与或成为生态工人的意愿调查，生态工人工资补偿等情况调查。

问卷设计与调查的重点集中在（4）、（5）两部分，为避免产生调查偏差，采用投标卡与开放式问题相结合方式引导被调查者，问卷设计的核心问题如下：

专栏 7-1

1. 您是否支持石羊河流域实施生态环境恢复和保护计划？

①支持 ②不支持

2. 假设让您放弃农业生产活动（种地、放牧等）参与生态补偿（如石羊河流域生态保护与恢复工程），在参与生态补偿期间，您每年想获得的补偿金额最少是______元/亩（或______元/年）。

您希望这些补偿以何种方式支付 ______

① 领取现金 ②打入专用银行账户 ③作为参与生态恢复、保护短（零）工的工资 ④存入生态保护基金获得长期收益 ⑤购买生态保险获得长期收益

在参与生态补偿工程期间，补偿金分几次支付 ____。

① 一次性支付 ②按年支付 ③分季度支付 ④按月支付

生态工人，是指从事、参与生态恢复、生态保护、节水、环保等相关工作，并获得一定报酬（工资）的人员。包括专职技术工作人员如工程师、规划师等，也包括短（零）工如渠道养护工、设备装卸工、设备安装工等。

3. 您是否愿意成为生态工人，参与石羊河流域生态环境恢复与保护计划？____

①愿意，请继续做答 39～42 题。

②不愿意，请直接做答 43 题。

4. 您愿意成为生态工人的主要原因是什么？ ______

①主要收入来源②家门口务工③农闲打零工，贴补家用④不为挣钱，保护我周围的生态环境⑤造福子孙后代

5. 下面一些生态保护/环保/节水相关的工作，您知道的有哪些？（可多选）

①植被保护工②河道、渠道养护工③生态保护/环保/节水设备销售员④生态保护/环保/节水设备装卸工⑤生态保护/环保/节水设备安装工⑥生态保护/环保/节水管道铺设工⑦设备操作和维护工⑧生态保护/环保/节水工程师⑨水文专家⑩规划师

6. 从上述工种的业务技能要求和您自身的实际情况，您认为您可能胜任的工作是（可多选）：______；其中，您认为您最可能胜任的是（只选填一项）________。

7. 对于您选择的工种，依据当地实际情况，您认为短（零）工作的日工资最低是多少元？（请将具体的数字填写在下面对应的横线上）

①植被保护工_____ ②河道、渠道养护工_____ ③生态保护/环保/节水设备销售员_____ ④生态保护/环保/节水设备安装工_____ ⑤生态保护/环保/节水设备装卸工_____ ⑥生态保护/环保/节水管道铺设工_____ ⑦设备操作和维护工_____ ⑧生态保护/环保/节水工程师_____ ⑨水文专家_____ ⑩施工规划人员_____。

7.2 调查数据分析方法

事实上，条件价值法就是为了获得某商品的效用愿意支付的费用或者希望得到多少费用能放弃该效用，这就是最高支付意愿 WTP 与最低的受偿意愿 WTA。其公式如下：

$$WTP=F（P，Q_1，U_0）-F（P，Q_0，U_0） \tag{7-1}$$

式中，P 为价格向量；Q_1、Q_0 分别为环境改变前后品质；U_0 为环境改变前后的效用水平；F（）函数为个人支出函数；WTP 即为 Hicks 的补偿变量（compensation variation）。

在其他商品价格不变时，消费者为了维持原有的效用水平 U_0 不发生变化，在环境发生变化后，所愿意支付的金额即为补偿量。WTA 为 Hicks 的均等变量（equivalent variation，EV），是在价格改变后，在原价格下，为维持价格改变后的效用，避免环境恶化，所需增加或减少的数额。对于支付卡式，一般 WTP 和 WTA 的计算，Hanemann（1996）认为可以使用平均值或者中位数进行数据加总，个体 WTP 和 WTA 转化为群体总价值。

为避免开放式存在的一些缺陷，1979 年 Bishop 和 Heberlein 设计二元选择诱导支付方式，对于封闭式（close-ended）出价法可以引进最大似然概数（maximum likelihood）进行分析。美国国家海洋和大气管理局在（NOAA）的 CVM 高级委员会将二分式选择问题格式推荐为 CVM 研究的优先问题格式（刘治国等，2008）。二分式选择法可分为单边界二分选择法（single-bounded dichotomous choice method）与双边界二分选择法（double-bounded dichotomous choice method）（张志强，2001）。1979 年 Bishop 和 Heberlein 提出单边界二分选择法，该方法只需受访者回答单一参考价格愿意（Yes）或者不愿意（No），每一位受访者真实意愿不需直接询问出来，而是 WTP 或者 WTA 被间接估计出来。虽然该方法使访问过程较为容易，但调查结果的效率降低，不能较为准确测度受访者偏好与意愿。1984 年 Hanemann 首先提出双边界二元选择法。双边界二分式选择法是询问受访者二次是否愿意支付或接受某一特定金额 B_i。第一次询问为被调查者提供一个投标值，让其回答“愿意”或“不愿意”；第二次是依据第一次回答的意向作为第二次

询问调整时的参考依据。对于支付意愿 WTP 来说，当受访者第一次回答的是“愿意”时，则第二次询问另一较高的投标值 B_i^{H}，否则为其提供另一个较低投标值 B_i^{L}，即 $B_i^{\mathrm{L}} < B_i < B_i^{\mathrm{H}}$；对于受偿意愿（WTA）来说，当受访者第一次回答的是“愿意”时，则第二次询问另一较低投标值，否则为其提供另一个较高投标值。对于 WTP 或者 WTA 来说，被调查者的回答将有四种可能：愿意-愿意，愿意-不愿意，不愿意-愿意，不愿意-不愿意（马爱慧，2011）。

以支付意愿为例，B_i^{L}、B_i、B_i^{H} 是可观察的断续的数列，而受访者真实的支付意愿是无法观察到的数列，假设受访 i 的实际支付函数为线性的，$\mathrm{WTP}_i = X_i^{\beta} + \mu_i$，$\mathrm{WTP}_i$ 为最大的支付意愿（i=1，…，n），X_i 为影响支付意愿的解释变量，β 为影响解释变量的系数，μ_i 为残差项，服从正态分布 $\mu_i \sim N(0, \sigma^2)$。如果用指标 T 表示对给定数额 B_i 后的反应，假设愿意支付表示 T=1，不愿意支付 T=0，调查者回答以上四种情况概率分别为：Pr^{11}，Pr^{00}，Pr^{10}，Pr^{01}。

$$\begin{aligned}\mathrm{Pr}^{11}\left(B_i, B_i^{\mathrm{H}}; \theta\right) &= \mathrm{Pr}\left\{B_i \leqslant \mathrm{WTP} \text{且} \mathrm{B}_i^{\mathrm{H}} \leqslant \mathrm{WTP}\right\} \\ &= \mathrm{Pr}\left\{B_i^{\mathrm{H}} \leqslant \mathrm{WTP}\right\} = 1 - G\left(B_i^{\mathrm{H}}; \theta\right)\end{aligned} \tag{7-2}$$

$$\begin{aligned}\mathrm{Pr}^{00}\left(B_i, B_i^{\mathrm{L}}; \theta\right) &= \mathrm{Pr}\left\{B_i \geqslant \mathrm{WTP} \text{且} B_i^{\mathrm{L}} \geqslant \mathrm{WTP}\right\} \\ &= G\left(B_i^{\mathrm{L}}; \theta\right)\end{aligned} \tag{7-3}$$

$$\begin{aligned}\mathrm{Pr}^{10}\left(B_i, B_i^{\mathrm{H}}; \theta\right) &= \mathrm{Pr}\left\{B_i \leqslant \mathrm{WTP} \leqslant B_i^{\mathrm{H}}\right\} \\ &= G\left(B_i^{\mathrm{H}}; \theta\right) - G\left(B_i; \theta\right)\end{aligned} \tag{7-4}$$

$$\begin{aligned}\mathrm{Pr}^{01}\left(B_i, B_i^{\mathrm{L}}; \theta\right) &= \mathrm{Pr}\left\{B_i^{\mathrm{L}} \leqslant \mathrm{WTP} \leqslant B_i\right\} \\ &= G\left(B_i^{\mathrm{L}}; \theta\right) - G\left(B_i; \theta\right)\end{aligned} \tag{7-5}$$

式中，G 为能数 θ 的累积密度函数，并为 Logit 分布：

$$G(B; \theta) = \frac{\mathrm{e}^{(B - X\beta)}}{1 + \mathrm{e}^{(B - X\beta)}} \tag{7-6}$$

且，X 为解翻变量，$\theta = \beta$，为 X 的系数。

若受访者有 N 个人，B_i^{L}、B_i、B_i^{H} 是受访者面临的选择金额，则对数似然函数可写成：

$$L(\theta) = d_i^{11}\,\mathrm{Pr}^{11}\left(B_i, B_i^{\mathrm{H}}, \theta\right) d_i^{00}\,\mathrm{Pr}^{00}\left(B_i, B_i^{\mathrm{L}}, \theta\right) d_i^{10}\,\mathrm{Pr}^{10}\left(B_i, B_i^{\mathrm{H}}, \theta\right) d_i^{01}\,\mathrm{Pr}^{01}\left(B_i, B_i^{\mathrm{L}}, \theta\right)$$

式中，d_i^{11}，d_i^{00}，d_i^{10}，d_i^{01} 为 0 或者 1 的常数，如果两次都回答愿意，则 d_i^{11}=1，否则 d_i^{11}=0。如果两次回答都不愿意，则 d_i^{00}=0，如果第一次回答是愿意，第二次回答是不愿意，则 d_i^{10}=1，否则 d_i^{10}=0；如果第一次回答不愿意，第二次回答为愿意，则 d_i^{01}=1，否则 d_i^{01}= 0 。

$$\ln L(\theta) = \sum_{i}^{n} \left\{ \begin{array}{l} d_i^{11} \ln \mathrm{Pr}^{11}\left(B_i, B_i^{\mathrm{H}}, \theta\right) + d_i^{00} \ln \mathrm{Pr}^{00}\left(B_i, B_i^{\mathrm{L}}, \theta\right) + \\ d_i^{10} \ln \mathrm{Pr}^{10}\left(B_i, B_i^{\mathrm{H}}, \theta\right) + d_i^{01} \ln \mathrm{Pr}^{01}\left(B_i, B_i^{\mathrm{L}}, \theta\right) \end{array} \right\} \tag{7-7}$$

求待估计参数，则令

$$\frac{\partial \ln\left(L(\theta)\right)}{\partial \theta}=0$$

求出 θ 系数。

因此，综合个体社会经济特征，支付意愿可以表达为

$$\mathrm{WTP}=\frac{\ln\left[1+\mathrm{e}^{\alpha+\sum_{K}\gamma_k X_K}\right]}{-\beta} \tag{7-8}$$

7.3 石羊河流域 CVM 调查与数据分析

7.3.1 问卷调查样本特征分析

2014 年 8 月在石羊河流域居民集中分布的 4 个区县 42 个乡镇开展社会调查，共计发放问题卷 560 份问卷，回收问卷 553 份；其中，无效问卷 3 份，有效问卷 550 份，问卷调查有效率为 98%。从调查样本来看，男性调查者比例为 64.05%，女性调查者为 35.95%（表 7-1）；被调查者中大专及以上人数占 10.8%，受高等教育人数的比例较低，而主要是以高中以下人数为主，占 89.2%，而初中以上为 66.2%。而从年龄分布（图 7-1）情况来看，被调查者主要分布为 40～50，占样本人数的 82.1%，对比受教育的分布情况来看，与被调查的农村地区情况基本一致，多数农户家庭中的主要劳动力在初、高中毕业之后即开始务农，而家庭年总收入的分布为 15000～45000 元。

表 7-1 被调查者性别、受教育与收入情况比较

性别	比例/%	受教育程度	比例/%	年总收入/元	比例/%
男	64.05	小学以下	22.89	12001～15000	11.09
		初中	42.49	15001～20000	18.48
		高中或中专	23.81	20001～30000	18.85
女	35.95	大专	5.86	30001～40000	11.09
		大学及以上	4.95	40001～50000	8.69

考虑到被调查者对于石羊河流域的认知程度，会直接影响到调查结果与数据分析，从调查样本的乡镇分布（表 7-2）情况来看，42 个乡镇主要分布在石羊河流域人口相对集中的古浪县、凉州区、民勤县和永昌县，平均每个乡镇调查样本数为 13 份。从调查情况来看，武威市内县区的各乡镇问卷调查情况较好，而古浪县与永昌县的问卷调查情况相对较差，主要原因是被调查户对于石羊河流域的认知情况较差，有一些被调查者对于所住地是否为石羊河流域知之甚少，对于石羊河流域的相关问题表现出淡漠。为减少无效样本，提高调查效率，更多的调查工作集中于石羊河流域武威市。

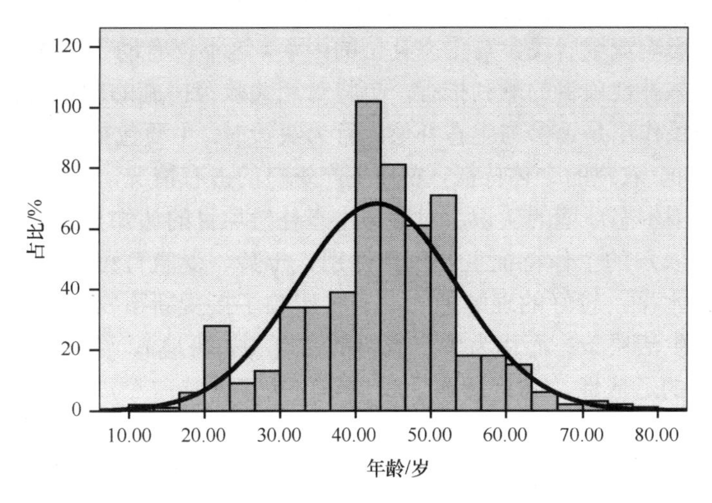

图 7-1　被调查者年龄分布

表 7-2　调查样本的乡镇分布情况

县	乡镇	样本数	县	乡镇	样本数	县	乡镇	样本数
古浪县	定宁镇	6	凉州区	清水	13	民勤	东坝	8
	海子滩镇	8		清源	13		东湖镇	22
	黄花滩	10		十墩	3		红沙梁	28
	裴家营镇	1		松树	12		夹河	12
	土门镇	10		吴家井	14		泉山	21
	西靖	5		武南镇	12		石梁	1
凉州区	大柳	15		西营镇	13		收成	28
	发放	15		下双	11		双茨科	18
	丰乐镇	12		新华	14		苏武	25
	高坝	17		长城	14		西渠	48
	和平	10	民勤	重兴	15		下双	12
	黄羊镇	11		蔡旗	12	永昌	城关镇	5
	金塔	11		大坝	25		红山窑	5
	九墩	12		大滩	12		水源	2

7.3.2　影响受偿意愿因素分析

从研究区问卷调查来看，大多数农户愿意支持石羊河流域生态保护与恢复，愿意参与生态补偿项目。但是，仍然存在一些因素影响着农户参与流域生态保护工程的积极性。例如，流域居民对于生态保护项目的认知，对流域生态补偿相关项目的内容了解程度，对于参与生态补偿项目的期望是否可以实现，担心参加流域生态保护与恢复项目后，由于退耕/禁牧收入下降后，补偿金不能弥补减少生产活动的收益，生态补偿政策不稳定、无法提供稳定的就业机会等，使得一部分流域居民对于参与生态补偿持观望态度，参与的积极性下降或消极参与，势必将影响流域生态保护与恢复项目工程实施的效果。因此，有必要深入了解影响流域居民参与生态补偿的因素，这不仅有助于调动流域居民参与的积极性，确保生态补偿项目的顺利推行，更将对相关政策措施的制定有所启示。

影响流域居民作出是否参与生态补偿的行为决策时，主要包括心理因素和社会因素的双重影响，例如，农户的个体特征，农户生产资料的占有情况，经营方式与收入状况，以及农户对于周围生态环境的认识，对参与生态补偿项目的认知与预期。

一般来说，农户的个体特征主要包括性别、年龄、受教育程度，作为家庭主要的劳动力的受教育水平，较好的理解能力，直接影响了接受新事物、新知识的能力，影响了家庭生产、生活决策；而作为生产资料的占有（如耕地）、经营方式与收入，影响对新的生计方式的适应性，间接影响了农户作出决策调整；农户的环境意识与对生态补偿项目的了解，是农户作出决策判断的意识基础，对参与生态补偿项目的预期，是农户积极参与相关生态保护工程与计划的动因。因此，确定以年龄、性别、受教育程度、对环境的认识、耕地占有量与农业收入、生态补偿期望等，作为影响被调查者受偿主要影响因素。

本书所考察的是流域居民的支持与否，即支持和不支持。传统的回归模型由于因变量的取值范围在正无穷大与负无穷大之间，在此不适用。采用二项 Logistic 回归模型分析，将因变量的取值限定在（0，1）范围内，并通过采用最大似然估计法对其回归参数进行估计。设计模型时，将流域居民是否愿意支持生态补偿项目设为因变量 Y，即 0～1 型因变量，将“支持”定义为 1，将“不支持”定义为 0。运用 SPSS13.0 统计分析软件对 550 个样本进行二项 Logistic 回归处理。

由于自变量所取单位不同，非标准化的 Logistic 回归系数不能用于比较各自变量的相对作用，所以本章将非标准化的回归系数转化为标准化的 Logistic 回归系数。SPSS 的标准化 Logistic 回归系数的计算公式为

$$\beta_i = \frac{b_i \times s_i}{1.8138} \tag{7-9}$$

式中，β 为第 i 个自变量的标准化回归系数；b_i 为非标准化回归系数；s_i 为第 i 个自变量的标准差；1.8138 为标准 Logistic 分布的标准差。

分析结果如表 7-3 所示。

表 7-3 影响流域居民参与生态补偿因素的 Logistic 模型分析

因素	B	标准化 β	Wald	Sig.	Exp（B）
年龄（x_1）	0.00	–0.03	0.13	0.72	1.00
性别（x_2）	0.08	0.02	0.07	0.78	1.08
环境认识（x_3）	0.49	0.21	7.21	0.01	1.64
耕地数（x_4）	0.00	–0.02	0.07	0.79	1.00
农业收入（x_5）	0.00	0.29	4.72	0.03	1.00
补偿期望（x_6）	0.23	0.25	6.19	0.01	1.26
常数	–3.24	0.00	11.07	0.00	0.04
卡方检验	18.72	对数似然值	390.88	估计百分值	81.65

从影响因素分析结果来看，对于环境认识、农业收入、补偿期望，显著性较好，而农户的个体特征、耕地占有数在 5%水平上均不显著。从标准化后的回归系数来看，农业收入最高，补偿期望与环境认识分列其后，表明影响流域居民作出是否参与生态补偿项目决策的主要影响因素是农业收入，这一点对于经济发展相对落后的石羊河流域来说，是符合实际的。从前文样本情况分析中可以发现，流域居民年收入主要分布为15000～45000 元，而农业收入平均为 21342 元，基本上占总收入的一半以下，考虑农业收入的减少，是流域农户作出是否参与生态补偿项目决策的主要因素。

从模型分析结果来看，环境认识、生态补偿的显著性水平要高于农业收入的显著水平，且标准化后的回归系数与农业收入回归系数相接近，表明流域居民对于石羊河流域脆弱的生态环境认识具有普遍性。而对于通过生态保护与恢复工程实施改善所居住的生态环境，积极参与生态补偿的期望很高，即在适度补偿农业收入损失的条件下，流域居民对于通过生态补偿保护与恢复流域生态环境表现出很高的积极性。

7.4　流域居民受偿意愿分析

7.4.1　受偿意愿估算

调查问卷平均受偿意愿可通过离散变量的数学期望公式计算：

$$E(\mathrm{WTA})=\sum_{i=1}^{n}P_i b_i \tag{7-10}$$

式中，E（WTA）为每亩耕地每年最小平均受偿意愿值；P_i 为被调查者频数；b_i 为受偿额。

表 7-4 列出了被调查者主要的受偿额为 500 元/（亩·a）、600 元/（亩·a）、1000 元/（亩·a）、2000 元/（亩·a），所占份额分别为 8.09%、9.44%、18.88%、11.01%，占总样本数的 47.42%，由受偿期望可计算得到石羊河流域农户单位面积最小平均受偿额为 506.07 元。

表 7-4　主要受偿额及概率分布

受偿额/元/（亩·年）	样本数/个	份额/%	受偿期望/元
500	36	8.09	40.45
600	42	9.44	56.63
1000	32	18.88	188.76
2000	84	11.01	220.22
合计	194	47.42	506.07

7.4.2　影响受偿意愿的因素分析

流域居民通过放弃一定的生产活动，为保护流域生态环境，恢复流域生态系统服务而获得生态补偿。从理论上说，流域居民的受偿意愿应受其提供的生态系统服务数量或

品质、收入情况、补偿期望、补偿满意度以及其他社会经济特征的影响，可以表示为

$$\mathrm{WTA} = f\left(Q, \ln, T, S\right) + e_i$$

式中，Q 为资源的数量或品质；ln 为收入；T 为偏好；S 为个体特征；e_i 为随机误差。

同样，对于受偿意愿来说，影响农户受偿愿意的个体特征主要包括性别、年龄、受教育程度；而资源的数量或品质（如耕地或耕地利用方式）、收入状况、对补偿的期望等，仍是影响农户受偿意愿的主要因素。此外，还应关注农户对于生态补偿的满意度，这里我们采用农户生计变化作为衡量指标，即比较受偿前后农户的生计是否得到提高，直接体现了农户对受偿额是否满意。因此，确定以年龄、性别、受教育程度、耕地占有量、农业收入、生态补偿期望和生计变化等，作为影响被调查者受偿意愿的主要影响因素。为了消除耕地量与农业收入的共线性，对农业收入取对数，建立回归模型代入 SPSS13.0 软件进行回归分析。结果如表 7-5 所示。

表 7-5　流域居民受偿意愿回归分析

因素	未标准化系数	标准化系数	t	Sig.
常数项	−7160.31		−1.86	0.06
性别	339.82	0.04	0.62	0.53
年龄	1.71	0.00	0.06	0.95
受教育程度	−279.61	−0.08	−1.05	0.29
农业收入	743.56	0.15	2.14	0.03
耕地数	13.54	0.03	0.49	0.62
补偿期望	381.86	0.19	2.75	0.01
生计变化	555.41	0.14	2.05	0.04

从分析结果来看，农业收入、补偿期望、生计变化三项在 5%水平上通过检验，显著性从高到低分别为补偿期望、农业收入与生计变化。从未标准化的回归系来看，农业收入项的系数最大，表明接受补偿对于农业收入的影响最为明显，农户参与生态补偿最关心的问题正是收入减少，放弃现在的生产方式是否会影响农业收入是阻碍农户参与生态补偿的最重要的因素。而收入的减少，又将造成对农户生计的影响，现有的有关农户生计的研究结果也表明，收入是影响生计的最重要因素。而比较标准化后的回归系数，补偿期望最高，一定程度上也体现了农户对于生态补偿本身及生态补偿造成的直接、间接影响的担心，比如收入下降、生计无着落、补偿额过低、补偿机制不完善、补偿政策不稳定等因素。

从本章的分析来看，影响农户参与生态补偿与否，影响农户受偿愿意的主要因素均为农业收入。农户对生态补偿，特别是身处生态脆弱地区石羊河流域的居民，对流域生态保护与恢复有着较好的认知，而对实施生态补偿有着很好的期望，关键的问题是可以如何在生态补偿项目实施过程中，通过对农户进行适宜的补偿额发放，平衡农户因参加生态补偿项目的收入的损失，维持或提高当前的生计水平不受影响，是实施流域生态补偿的关键。过低的生态补偿标准（以最小平均受偿额估算为参考），将无法激励农户参与生态补偿项目的积极性，或是降低生态补偿项目实施的效果。

7.5　CVM 偏差分析

条件估值法是基于假想存在市场情况下对非市场环境商品的价值进行评估，因现实中并没有发生实际交易行为和交易成本，由此而可能产生评估偏差将会影响到调查结果，特别是在问卷调查中的信息不对称偏差、投标起点偏差、假设情景偏差等都是条件价值评估非市场环境商品价值中无法避免的。

针对被调查者的认知能力有限，特别是在石羊河流域这样经济社会发展相对落后地区开展社会调查，大多数的被调查者对问卷中所列的生态环境问题了解得不够充分、认识不够深刻，存在调查问题与被调查者所获信息上的不对称问题，信息不对称偏差主要是在调查解释过程发生的理解、偏差、误解或者所提供的背景介绍资料不够充分等情况，致使被调查者对从前没有发生过的假设情景、事件持怀疑态度，不易接受较为新鲜事物如所列调查情景。本研究在多次问卷预调查之后，不断对正式调查问卷进行修正，以便减少在正式问卷调查实施时产生不必要的信息不对称偏差问题。

投标起点偏差主要发生在对问卷设计时的意愿支付、受偿标准区间起点值的设定上，过低过高都可能达不到很好揭示消费者偏好的初衷，特别是问卷调查中的竞价设计上，问卷调查员提供的一组支付意愿值的数值后，当被调查者对评估背景环境不熟悉或是整体问卷调查过程缺乏足够的耐心，希望尽快结束时，被调查员的最初的投标定价可能将影响被调查者最终真实的出价标准。

假设情景偏差是在问卷中设计的假设的市场交易环境下被调查者对非市场真实交易的资源环境产品进行估价中产生的偏差。由于现实中环境产品从未在市场上出现或是真实买卖，甚至有些被调查者尚未听说过，无法也不可能做到是在理想下的假想市场交易的情况下做出估值。本研究在问卷调查前，充分说明调查工作的背景与意义，形象描述假想市场交易情景，增加被调查者对调查工作的认识，力争使评估值更接近真实价值。

条件估值法固然可能存在并在实际工作中产生以上的偏差，但研究人员可以通过充分、合理、系统的问卷设计，结合多次预调查不断修正问卷设计，以及对调查员进行必要的培训、向被调查者详细解释问卷调查的背景，是可以将偏差控制在可以接受的一定范围之内，进而提高条件估值结果的可信性、可用性与准确性及分析结果的科学、合理性。

7.6　小　　结

本章主要从微观层面出发，通过对石羊河流域住民（主要是农户）入户调查，揭示流域住民的支付意愿与受偿意愿，采用 CVM 方法对流域生态系统服务价值进行评估，进一步与前一章中的生态系统服务价值评估结果进行对比。由于采用 CVM 方法评生态系统服务价值，主观性较强，同时出于不同的影响范围（人口数放大）需依据具体的研究目标来确定，本章虽未做更深入的探讨，但可以认为采用 CVM 方法得到的生态系统服务价值是生态补偿投资预算的一个阈值。

第 8 章　石羊河流域生态补偿标准的阈值空间

8.1　补偿标准的阈值空间

生态补偿机制是在特定的环境、经济、社会和政治背景中开发出来的，而是否由生态系统服务的购买者、提供者或是第三方首先产生实施生态补偿项目的动机，对于生态补偿项目的设计有着深远的意义。几乎所有的生态补偿项目中，生态补偿都是通过对采用具体土地利用方式的提供者付费发挥效用，产生期望的生态系统服务。然而，转变土地利用方式的同时，还将减少土地的社会经济效用。如将森林保护起来而不是转化为农用地，在增加生态系统服务供给的同时，也将减少劳动力的需求。这也是当前生态补偿项目中考虑不足之一。

8.1.1　生态补偿标准的参照

生态补偿标准及其确定方法一直是生态补偿机制建立中的重点和难点，是生态补偿机制研究的关键科学问题。国外确定生态补偿标准的方法主要基于价值理论、市场理论、半市场理论。依据价值理论确定生态补偿标准的方法有生态系统服务价值法、生态效益等价分析法（HEA）；依据市场理论确定生态补偿标准的方法为市场法；而在实际应用中使用比较广泛的是半市场理论法。基于半市场理论方法确定生态补偿标准的方法有机会成本法、意愿调查法、微观经济学模型法。在补偿实践中，应用最广泛的方法主要有机会成本法、生态系统服务价值法及支付意愿法。机会成本法的优点在于可以直接补偿生态系统服务功能的提供者因保护环境所遭受的经济损失。同时，准确的数据可计量出地区的环境保护成本，根据保护的机会成本确定的生态补偿数据能达到促使补偿者自觉保护环境的目的。而且机会成本法避免了对复杂生态系统服务功能价值的估算，得到简单的保护成本。生态系统服务价值法的优点在于把生态系统服务功能的价值作为生态补偿的上限，在数据量大的前提下，可为有限资源的分配决策提供依据，更好地激励人们保护生态环境。支付意愿法（willingness to pay，WTP），又称条件价值法（contingent valuation method，CVM），利用效用最大化原理，在模拟市场情况下，直接调查和询问人们对某一环境效益改善或资源保护措施的支付意愿，以推导环境效益改善或环境质量损失的经济价值，CVM 充分考虑了受益方的支付意愿。

生态系统服务价值法、支付意愿法和机会成本法体现了生态补偿标准是生态效益、社会接受性与经济可行性的统一。关于流域生态补偿标准的阈值空间的确定，主要的参考是生态系统的环境收益、受偿者的支付意愿、生态系统服务价值。这里以前者为例进行分析。建立生态补偿的两个必要的条件是对象（对谁付费和对什么付费）和付费的标准。从理论上来说，这些需要与给定的预算下最大环境收益一起考虑，因此最优的环境机制取决于接受者的反应。

生态补偿标准的科学确定是建立生态环境补偿机制的关键，但目前在生态补偿的理论研究和实践操作中对“应该补偿多少”和“能够补偿多少”的理解上存在较大的差异，反映了多方利益相关者差别的行为偏好和对成本效益最大化的追求。由于生态系统服务无法“表达”自身的意愿偏好，所以实现各方利益相关者的帕累托最优无法实现，理论上也就无法得到补偿标准的最优标准。但传统“一刀切”的补偿标准在强调了补偿实践的易操作性的同时，部分牺牲了补偿资金使用的效率，而现有的优化方法（如差异系数法等）虽一定程度上提高了补偿资金的使用效率，但其仍是以“一刀切”的补偿标准为指导，缺少了对于补偿标准阈值空间的考虑。

专栏 8-1　德国生态补偿标准的实践

德国巴伐利亚州农业景观项目不仅按照具体的农业措施进行补偿，也重视补偿的区域差异。

表　德国巴伐利亚州农业景观项目的补偿标准

措施	补偿标准
整个农场采用生态农业的耕作方式	255～560 欧元/hm^2
有利于环境保护的耕作措施	25 欧元/hm^2
草场的粗放利用	125 欧元/hm^2
水体与敏感性草带附近禁用化肥和农药	360 欧元/hm^2
稀植物果园（每公顷最多 100 棵果树）	5～340 欧元/棵
退耕还草	500 欧元/hm^2
牲畜粪便的合理处理	1 欧元/m^3

8.1.2　流域生态补偿标准的阈值空间

实现流域生态补偿“双赢”的目的是在维护脆弱的流域生态系统的同时，寻求流域生态经济的持续发展。对于流域居民来说，只有在保护流域生态环境与他们的个体利益不相违背的情况下才能实现流域的“双赢”。一方面，我们很难确定当前流域生态环境是否已经接近最低生态安全标准，但流域生态系统日益退化却显而易见。另一方面，由于缺少必要的技术支持，监控、追踪非法的退耕还地复垦、复牧，流域生态补偿的效果，特别是对于参与项目流域居民生计的改善并不十分理想，这也是当前我国很多生态补偿工程共同面临的问题。由于流域的特性，建立地区尺度上的生态系统交易市场有着成本上的优势。一旦“双赢”各方都发挥优势，区域性的市场被激活，保护环境服务就剩下两个问题：强迫和激励。国家层面的 PES 属于后一类。对于无偿服务的提供者，财政转移可以作为有效的支付机制发挥作用。依据不同的生态补偿目的，会有不同的生态补偿机制设计，补偿机制的差异也将影响到相关的环境服务与可获得的补偿，但从理论上来说，应当存在补偿标准的上、下限。

关于流域生态补偿标准的阈值空间的确定，主要的参考是生态系统的环境收益、受偿者的支付意愿、生态系统服务价值。这里以前者为例进行分析。建立生态补偿的两个必要的条件是对象（对谁付费和对什么付费）和付费的标准。从理论上来说，这些需要与给定的预算下最大环境收益一起考虑，因此最优的环境机制取决于接受者的反应。

假定E居民对土地e(典型生态系统代表)的耕作中$F_e-\Delta F_e$中获得效用为$U(F_e-\Delta F_e, c_e\Delta F_e; z_e)$，耕作土地$\Delta F_e$可以获得一定的收入$c_e\Delta F_e$，其中$c_e$为每亩的机会成本，$z_e$为$E$居民的属性特征。最佳的耕作水平是最初的土地数量，机会成本与E居民特征的联合函数。

$$\Delta\tilde{F}=\Delta F（F_e，c_e，z_e） \tag{8-1}$$

在生态补偿项目中，将向E居民提供P_e转移支付，用来保护土地，防止生态系统遭受破坏，而与E居民达成一致，接受生态补偿需要满足条件为

$$U（F_e，P_e；z_e）\geqslant U（F_e-\Delta\tilde{F}，c_e\Delta\tilde{F}；z_e） \tag{8-2}$$

令$P_{e,\min}$为满足条件的最小支付值。假定E居民每亩土地提供的环境收益为b_e，满足总预算$\bar{P}$条件，最优的转换机制可以通过对下式的求解得到。

$$\overset{\max}{P}{}_{\mathrm{t}}\sum 1[P_e \geqslant P_{e,\min}]\,\Delta F(F_e, c_e, z_e)b_e \tag{8-3}$$

$$\text{s.t.}\sum 1[P_e \geqslant P_{e,\min}]\,P_e \leqslant \bar{P}(e=1,\cdots,e) \tag{8-4}$$

在理想的状态下，项目的实施者想知道E居民从土地耕作中获得效用的经济收益（货币当量）。在无法获得这个价值量时，可以利用$P_{e,\min}=c_e\Delta\tilde{F}$作为E居民接受补偿机制的上限（这样的替代忽略了由于土地耕作引起的生态服务功能的机会成本）。居民E在补偿P_e大于耕地转为耕地/草地的机会成本时，接受补偿机制；而在低于机会成本时，继续耕作拒绝退耕还林/草，不能增加生态补偿。

$$\begin{aligned}&\text{If } P_e \geqslant c_e\Delta F\left(F_e, c_e, z_e\right) \Rightarrow \Delta\tilde{F}_e = 0\\&\text{If } P_e \leqslant c_e\Delta F\left(F_e, c_e, z_e\right) \Rightarrow \Delta\tilde{F}_e = \Delta F\left(F_e, c_e, z_e\right)\end{aligned} \tag{8-5}$$

为保护生态系统的环境收益，个人得到的最低补偿额是机会成本（如土地的机会成本c_e）还是购买生产资料的所有成本（如环境收益b_e）？实际上，对于这两种情况，需要依据土地提供的环境收益是大于或等于土地转作他用的价值来进行判断$b_e \geqslant c_e$。

从上面的分析来看，最佳协议中只向选择保护土地者进行付费$\Delta F（F_e，c_e，z_e）$，这需要取决于土地的退化率。实际上，我们经常是按照当前的土地数量F_e的人均亩数统一支付。在很多情况下，这种支付是依照土地的质量加以区别，但问题是这并没有考虑到土地的退化问题。对于这种统一支付争议最多的是它的易操作与它体现的公平印象，但这其中并没有考虑到耕作行为因素的影响。考虑到很多保护机制都是在有限的预算情况下运行的，这就需要考虑如何更有效地利用这些钱。如果保护计划的目标是在一个给定的预算下保护更多环境收益，在优化补偿机制时有必要考察收益下降/补偿支付的比值进行排序，在有限的预算下优先补偿这个比值高的地区。

在不考虑目标机制选择的情形下，生态补偿机制必须适合整个区域的 E 居民。在忽视这个因素时，可能会引起“侧滑 slippage”，即如果补偿机制不完备，耕作/复耕很可能从参与项目地区（不采伐）转移到未参与项目地区（采伐）。补偿机制中需要对采伐机会成本低于环境收益部分进行补偿（一种补偿是在机会成本高于环境收益时，补偿机会成本损失；另一种补偿是在机会成本低于环境收益时，防止耕作/复耕活动向机会成本高的地区转移）。

我们可以假定几种方案，对几种支付情形进行模拟。从前面的分析中，我们选择三种情形：

（1）向所有土地进行补偿，依照机会成本（Rc）的耕地退化风险，没有预算上限。

（2）统一支付人均补偿标准，在 Rc 风险下得到总预算（F）的约束下，比较两种机制。

（3）利用环境收益与机会成本支付指数，最大化价值环境收益值；在给定的预算下（方案 1 的 2/3），观察预算约束下补偿机制的效果。

在考虑土地退化情形下，假定 E 居民所在地区环境收益是均质性。每亩的土地环境收益为 b_j。理论上，给定土地价格条件下，可以自由确定其提供环境收益的实际货币值，而现实中，这很难得到，因为缺少这样的市场。这里，为了模拟，我们建立一个指数 b_j，依据土地质量相对环境收益的排序。这里无法排除真实环境价值低于机会成本的土地。

令 F_{ej} 为 E 居民所在地区环境收益为 b_j 的土地数，则$\sum F_{ej}=F_e$（j=1，…，j）为该地区所有的土地数。假设，该地区 j 类土地的固定退化率为 τ_{ej}。项目第一年 j 类土地 $\tau_{ej}F_{ej}$ 转换为耕地/牧场。第二年，剩余土地（$1-\tau_{ej}$）F_{ej} 仍以相同的退化率 τ_{ej} 转变为耕地/牧场，同样的，在接下来 t 年后转化为耕地的土地面积为

$$\Delta F_{ej}^t=\left(1-\left(1-\tau_{ej}\right)^t\right)F_{ej} \tag{8-6}$$

如果项目是防止这些年的土地耕作，应当退耕以“补充”土地的转化。依据机会成本进行补偿，假定所有的环境收益均超过机会成本，就有 $P_e^t\ P_e^t,R_c=\sum c_e\Delta F_e^t\ \Delta F_{ej}^t$（$j$=1，…，$j$）。因为我们是严格按照机会成本补偿，E 居民会很容易接受。参与退耕的是那些本来要继续耕作的人。注意，该机制同样适用于本来机会成本就低于环境收益的群体。所以参加补偿的面积为$\sum F_{ej}$（j=1，…，j）。E 居民参与补偿获得的环境收益为：$B_e^t\ B_e^tR_c=\sum b_j\Delta F_e^t\ \Delta F_{ej}^t$（$j$=1，…，$j$）。然后，我们只比较第一年的补偿。省略 t 下标。

假设所有社区均有固定的退化率，或是所有社区的退化率变化均相同，核算项目第一年的产出可以展示给我们在退化风险下支付机制的比较。

对于统一支付补偿标准，我们假定统一支付标准为每亩为 r，最大的补偿面积为 $\bar{F}$: $P_{e,F}=r\min\left[\sum F_{ej},\bar{F}\right]$($j$=1,…,$j$)。向 E 居民所在地所有居民投放补偿合同，但接受合同、参与这种机制的前提是土地的机会成本要低于这个支付：$P_{e,F}\geqslant\sum c_e\tau_{ej}F_{ej}=P_{e,Rc}$（$j$=1，…，$j$）。为了比较这两种机制，设两种机制的预算相同，则 r 依据下式求得

$$\sum_e 1\left[P_{e,F}\geqslant P_{e,R_c}\right]P_{e,F}=\sum_e P_{e,R_c} \tag{8-7}$$

对于预算约束情形来说，如果$\sum P_{e,Rc}$（e=1，…，e）支出超过预算，则需要按照环境收益与机会成本比值下降排序补偿：

$$b_{c_e}=\frac{\sum_j b_j\tau_{ej}F_{ej}}{\sum_j c_e\tau_{ej}F_{ej}} \tag{8-8}$$

按照 $P_{e,C}=P_{e,Rc}=\sum c_e\tau_{ej}F_{ej}$（$j$=1，…，$j$）支付机制成本，直至预算花光。

假设一个 E 居民所在地的土地有统一的退化率（如所有的j类土地为$\hat{\tau}_e$），可以依据土地调查结果进行预测。尽管这样的预测可能会超过x_e人口特征所期望的条件下的预测值$\hat{\tau}(x_e)$，则有$\hat{\hat{\tau}}=\hat{\tau}(x_e)+\mu_e$，其中的$\mu_e$代表地区发展过程中特殊冲击或产业影响，可以从对$N(0,\hat{\sigma}^2)$的估计中得到。对于此处的分析，最有效的机制是以$\hat{\tau}_e$这个预测土地退化率为基础。我们首先利用环境收益与机会成本（独立于土地退化率）的比值对 E 居民所在地土地进行排序。我们可依据预测条件得到的土地退化率进行支付$\hat{\tau}_eF_{ej}$，相应的期望的机会成本为$P_{e,I}=\sum_j c_e(1+\mu)\hat{\tau}_eF_{ej}$，依这个比值由高到低支付，直到$\bar{P}$预测花光。

在这个优化土地退化率下，如果支付高于机会成本，则 E 居民将接受这个机制。即如果$P_{e,I}\geqslant\sum_j c_e(\hat{\tau}_e+u_e)F_{ej}$，也可以写成$\hat{\tau}_e+\mu_e\leqslant(1+\mu)\hat{\tau}_e$。这表明，如果支付设定在期望的机会成本，如$\mu$=0，所有土地退化率高于平均水平的 E 居民将不会接受补偿合同。相反，所有预测土地退化率低于平均水平的，会因为其“良好”的行为得到补偿。为了更高的支付$\mu>0$，项目将面临为了更多地吸引必要的人参与项目而支付更多。接受补偿机制合同的 E 居民所提供的环境收益为$\sum_j b_j\left[\hat{\tau}_e+E\left(u_e|u_e\leqslant\mu\hat{\tau}_e\right)\right]F_{ej}$。在支付水平确定为$\mu$时的优化价值取决于

$$\max\sum_e P_r[u_e\leqslant\mu\hat{\tau}_e]\sum_j b_j\left[\hat{\tau}_e+E\left(u_e|u_e\leqslant\mu\hat{\tau}_e\right)\right]F_{ej}$$

$$\text{s.t.}\ \sum_e P_r[u_e\leqslant\mu\hat{\tau}_e]P_{e,I}\leqslant\bar{P} \tag{8-9}$$

上述方法推导过程的意义，主要是强调了在流域生态补偿机制设计与实施过程中，需要关注农户对于参与项目人行为因素预算约束的考虑：在自由选择参与项目时，通过比较土地机会成本损失与生态补偿标准来决定是否参加项目；而为了公平性与易操作性，制定统一补偿标准时，会引起复耕/偷牧行为的屡禁不止；多数有预算控制的生态补偿项目实施，需要综合考虑土地机会成本与环境收益确定优先补偿区域，才能使得“钱”尽其用。

专栏 8-2　西部山区制定补偿新标准

西部山区是我国重要的生态屏障区，是国家生态保护与建设的重点。开展生态补偿是西部山区落实国家主体功能区制度，转变发展方式，尽快脱贫并实现与全国同步

小康的重要途径。但自然和人文要素高度空间异质性的特点导致在西部山区开展生态补偿相比其他地区更为复杂，其关键问题是如何制定科学合理的生态补偿标准。

针对这一问题，中科院成都山地所山区发展研究中心承担并完成了中科院西部之光项目“基于 GIS 的生态补偿标准研究”。项目以 2013 年四川芦山地震重灾区宝兴县作为研究区，采用分布式生态服务功能评估模型，对宝兴县水源涵养、土壤保持、碳吸收和生物多样性四项关键服务进行定量评价，提出了生态补偿成本的构成应包括保护成本、环境成本和机会成本，并利用地理信息系统，开发了生态补偿成本空间化评估模型，采用宝兴县林业、环保、农业等部门的统计资料，对生态补偿成本进行了空间制图。

在此基础上，它们采用价值-成本理论，提出了基于生态系统服务的四项服务的补偿标准以及流域保护综合补偿标准，最后利用最大熵模型，给出了不同保护目标下的生态补偿优先区，可以指导山区生态补偿的分区实施，能显著提高生态补偿资金的使用效率。

8.2　环境收益与机会成本的阈值空间比较

石羊河流域上游的祁连山自然保护区位于河西走廊东南部，是石羊河流域最重要的水源涵养地。该区的生态环境保护主要以涵养水源、水土保持为目标，根据不同的林地条件、植被类型，应采取有针对性的保护措施和生态恢复技术，防止出现植被退化、雪线上升、蓄水能力减弱等问题，维护内陆河流域的生态安全。石羊河流域下游民勤地区实施生态补偿的目的在于防风固沙、防止土地退化。

因此，根据当地的实际情况，应采取转换土地利用类型，特别是对于已经退化土地需退耕还林、退化的草场需要禁牧。因此，确定主要的补偿区域为石羊河流域上游祁连山区与下游民勤县的典型乡镇（表 8-1、表 8-2）。为了便于分析与比较，我们采用徐中民等研究中确定的石羊河流域生态恢复目标（表 8-3、表 8-4）。

表 8-1　石羊河上游各乡镇不同土地利用面积

乡镇	耕地/km^2	林地/km^2	草地/km^2	其他/km^2	总计/km^2
皇城镇	8.60	153.00	2227.00	1583.40	3972.00
安远镇	10.93	75.90	73.71	45.46	206.00
哈溪镇	14.20	234.70	144.09	116.81	509.80
东大滩乡	3.73	87.88	43.20	18.09	152.90
西大滩乡	10.07	88.19	57.13	31.61	187.00
朵什乡	10.07	169.26	74.72	58.65	312.70
大红沟乡	13.8	81.90	149	53.3	298
毛藏乡	1.93	182.38	276.94	125.15	586.4
祁连乡	15.9	44.2	87.67	37.23	185
旦马乡	11.5	70.26	471.2	186.84	739.8
上游总计	100.73	1187.67	3604.66	2256.54	7149.6

表 8-2 民勤各乡镇不同土地利用面积

乡镇	耕地/km²	林地/km²	草地/km²	其他/km²	总计/km²
昌宁乡	36.06	7.59	32.27	149.39	225.3
蔡旗乡	31.05	9.49	16.03	9.83	66.4
重兴乡	18.78	11.97	27.5	25.04	83.3
薛百乡	35.33	2.8	20.37	32.89	91.4
大坝乡	33.75	1.42	5.76	17.67	58.6
三雷乡	21.07	1.01	3.04	24.38	49.5
苏武乡	54.39	1.09	18.47	160.95	234.9
东坝乡	26.83	7.99	4.48	65.7	105.0
夹河乡	37.21	3.26	11.3	110.63	162.4
大滩乡	34.51	1.39	3.2	39.4	78.5
双茨科乡	46.70	0.23	16.49	47.88	111.3
泉山镇	40.70	0.64	5.44	42.31	89.1
红沙梁乡	27.41	3.36	5.91	33.93	70.6
西渠镇	68.16	14.53	91.87	343.44	518.0
东湖镇	35.40	29.75	919.41	4324.43	5309.0
收成乡	37.00	6.56	23.3	136.24	203.1
南湖乡	28.60	36.06	214.04	2339.69	2618.4
红沙岗镇	2.13	49.74	684.86	5094.57	5831.3
民勤县总计	615.08	188.88	2103.74	12998.37	15906.1

表 8-3 石羊河上游各乡镇生态恢复目标

乡镇	退耕还林		减少放牧		草场禁牧/km²
	面积/亩	比例	数量/万羊单位	比例	
肃南	586	0.0452	10.42	0.2970	20.29
安远镇	889	0.0542	3.69	0.6884	1.53
哈溪镇	1114	0.0523	6.42	0.7544	2.05
东大滩乡	215	0.0384	0.83	0.5253	0.83
西大滩乡	1089	0.0656	5.32	0.7824	0.58
朵什乡	2120	0.1277	7.18	0.7899	0.05
大红沟乡	1726	0.0834	0.00	0.0000	2.87
毛藏乡	722	0.2490	0.00	0.0000	5.55
祁连乡	2041	0.0854	0.48	0.1319	0.41
旦马乡	742	0.0429	0.00	0.0000	4.29

注：1 亩≈666.7m²，下同。

表 8-4 民勤各乡镇生态恢复目标

乡镇	退耕还林		减少放牧		草场禁牧/km²
	面积/亩	比例	数量/万羊单位	比例	
昌宁乡	1417	0.0262	0	0.0000	20.95
蔡旗乡	3008	0.0664	1.69	0.2354	14.08
重兴乡	2062	0.0732	5.41	0.6342	17.96
薛百乡	2968	0.0560	5.98	0.6223	10.82
大坝乡	2546	0.0503	4.7	0.6841	2.17
三雷乡	2540	0.0804	3.93	0.7721	2.1
苏武乡	8028	0.0984	9.33	0.7133	12.19
东坝乡	1843	0.0458	5.24	0.6477	1.91
夹河乡	2193	0.0393	0.34	0.0544	6.78
大滩乡	564	0.0109	4.91	0.6925	0.47
双茨科乡	5345	0.0763	1.19	0.1648	12.74
泉山镇	3791	0.0621	4.87	0.5305	1.9

续表

乡镇	退耕还林		减少放牧		草场禁牧/km^2
	面积/亩	比例	数量/万羊单位	比例	
红沙梁乡	658	0.0160	2.55	0.4894	1.31
西渠镇	1513	0.0148	9.76	0.6371	48.39
东湖镇	2942	0.0554	6.21	0.7384	255.03
收成乡	605	0.0109	4.28	0.4750	11.31
南湖乡	31540	0.7352	0	0.0000	137.32
红沙岗镇	744	0.2325	1.82	0.7778	248.56

2014 年 8 月开展石羊河流域社会调查，确定了民勤县各乡镇农民耕地转换机会成本（图 8-1，彩图 8-1），而上游祁连山地区因农户耕地收益较少，采用民勤县最低标准确定。正如前文的推导过程中所指出，以农民耕作土地购买所有生产资料的机会成本投入作为环境收益值更为贴切，此处的环境收益值直接应用徐中民等研究成果中利用最小数据方法测算的耕地转换土地利用类型的收益损失值。表 8-5 所示为具体的分析结果。

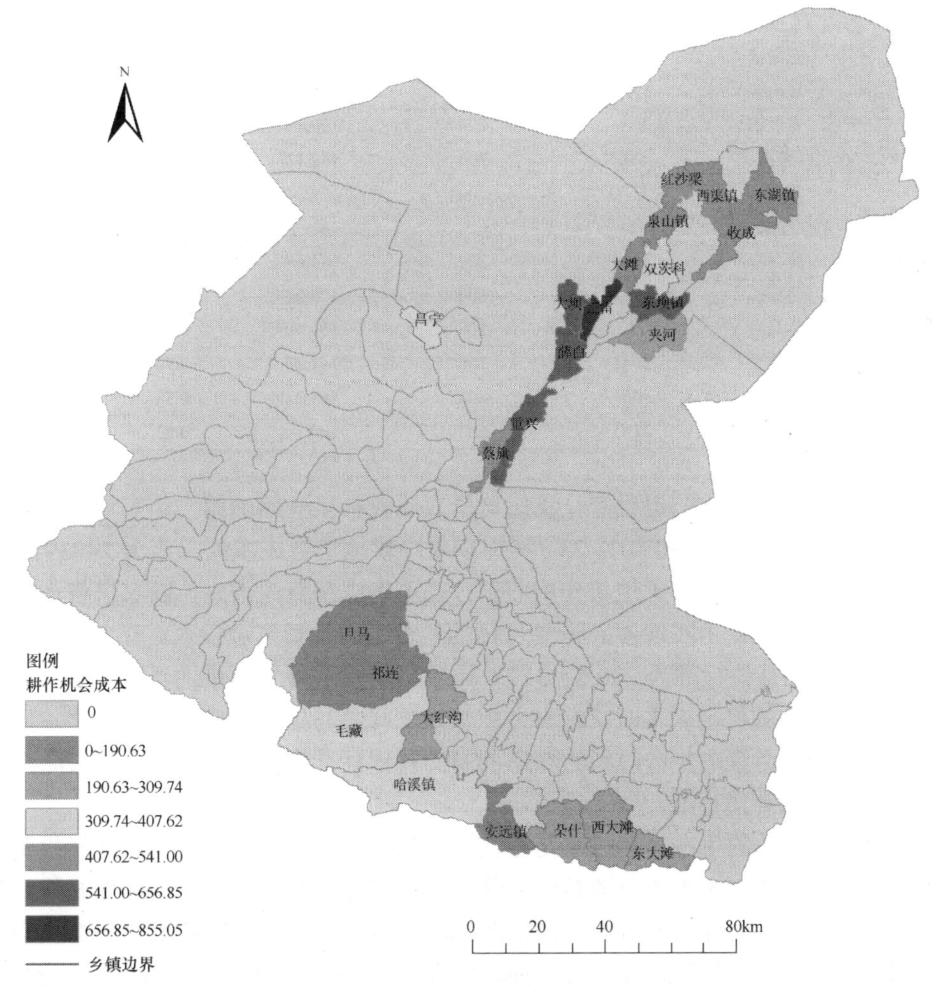

图 8-1　石羊河上游各乡镇耕种机会成本分布

表 8-5 补偿标准参照分析：机会成本与环境收益

	乡镇	恢复目标/亩	机会成本/(元/亩)	环境收益/元	优先性指标	补偿面积/亩
下游	三雷乡	2540	200	855.05	4.28	2540
下游	双茨科乡	5345	100	375.01	3.75	5345
下游	苏武乡	8028	200	741.44	3.71	8028
下游	东坝乡	1843	200	656.85	3.28	1843
下游	大坝乡	2546	200	580.65	2.90	2546
上游	哈溪镇	1114	200	407.62	2.04	1114
上游	毛藏乡	722	200	362.24	1.81	722
上游	昌宁乡	1417	200	335.26	1.68	1417
下游	红沙岗镇	744	200	313.39	1.57	744
上游	东大滩乡	215	200	299.1	1.50	215
上游	西大滩乡	1089	200	288.29	1.44	1089
上游	大红沟乡	1726	200	287.9	1.44	1726
上游	朵什乡	2120	200	251.86	1.26	2120
下游	重兴乡	2062	500	616.62	1.23	2062
下游	大滩乡	564	400	482.06	1.21	564
下游	收成乡	605	500	541.00	1.08	605
下游	东湖镇	2942	500	510.17	1.02	1659
下游	泉山镇	3791	500	500.64	1.00	—
上游	安远镇	889	200	190.63	0.95	889
上游	肃南	586	200	182.12	0.91	586
下游	南湖乡	31540	200	179.34	0.90	31540
下游	红沙梁乡	658	600	487.79	0.81	—
下游	薛百乡	2968	800	644.69	0.81	2968
下游	西渠镇	1513	600	476.02	0.79	—
上游	旦马乡	742	200	154.46	0.77	742
上游	祁连乡	2041	200	148.21	0.74	2041
下游	蔡旗乡	3008	800	465.27	0.58	—
下游	夹河乡	2193	600	309.74	0.52	—

考虑到耕地存在一定的退化率，我们这里只比较补偿开始的第一年。对所列补偿乡镇的环境收益测算值为 32 303 011.23 元，而以农户耕地机会成本测算值为 24839700 元，生态补偿环境收益高于农户土地耕作的收益，在不考虑预算约束时，以农户耕作机会成本测算的结果将是理论上实现生态恢复目标的最少生态补偿资金投入。若为实现生态恢复目标，则平均的补偿标准为 290.5～377.6 元/亩，而随着补偿标准的不断提高，当补偿标准高于农户耕作的机会成本时，农户会积极地选择参与生态补偿项目，反之，则会拒绝参与；而从社会调查中分析得到的农户期望的补偿标准为 506.7 元/亩，该值略高于全面实现恢复目标的补偿标准。

而实际上，多数的生态补偿投入是存在资金投入预算约束的。当生态补偿投资存在预算约束时，则需要进一步考虑的补偿的优先性，通过优先性排序确定优先补偿的区域（图 8-2，彩图 8-2)。本研究中引入的优先性指标是通过单位面积的环境收益与机会成本的比值来确定的。当存在生态补偿投入预算约束时，依照优先性指标进行排序，择“优”先补，直至预算花光。这里假定控制最低生态补偿投入资金的 2/3 来进行说明。综合比较优先指标、耕作的机会成本，要以发现在补偿标准确定为 200 元/亩时，可以作为首次出价，则有 19 个乡镇参加生态补偿项目(机会成本低于 200 元/亩的双茨科乡搭了便车)，而其中优先性指标排名前 10 位的乡镇均参加生态补偿项目，同意转变土地利用方式退耕还林/草；考察预算剩余后，继续提高补偿标准，利用优先性指标进行筛选，直到预算花光。结果当补偿标准提高到 500 元/亩时，下游的东湖乡有 1659 亩进入生态补偿项目，剩余东湖乡 1283 亩、泉山 3791 亩、红沙梁 658 亩、西渠 1513 亩、蔡旗 3008 亩、夹河 2193 亩共计 12096 亩未进入参与生态补偿项目；而如果依据调查得到的农户期望的补偿标准为 506.6 元/亩计算，则将有 53541 亩无法完成恢复目标，可以看到利用优先性指标排序，对于控制生态补偿预算投资约束和完成恢复目标的作用十分显著。

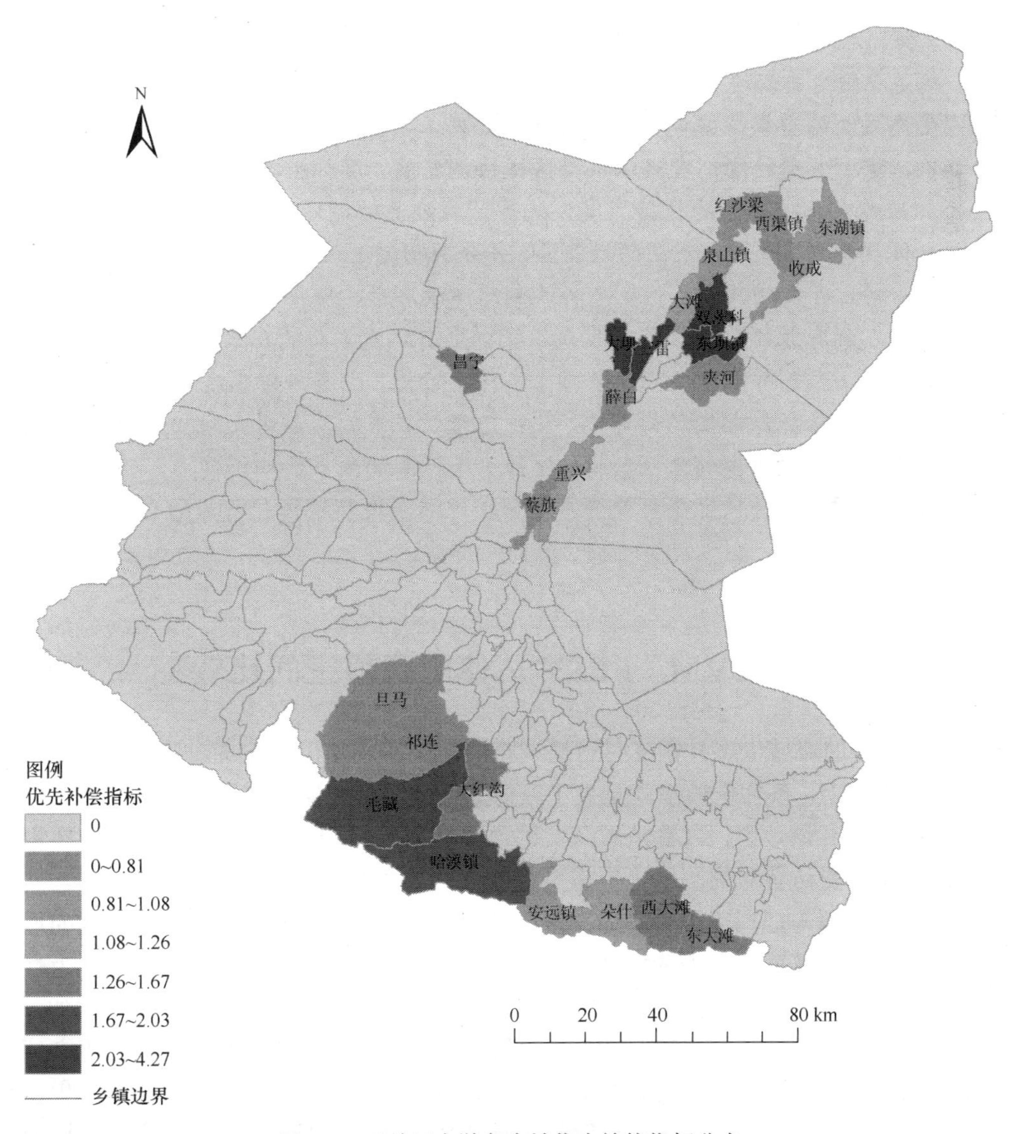

图 8-2　石羊河上游各乡镇优先补偿指标分布

专栏 8-3　建立生态补偿制度的重要意义

党的十八届三中全会提出，实行资源有偿使用制度和生态补偿制度，改革生态环境保护管理体制。近年来，从国家到地方各个层面都制定了一些涉及生态补偿的相关制度和措施，目前已探索建立了中央森林生态效益补偿基金制度、草原生态补偿制度、水资源和水土保持生态补偿机制、矿山环境治理和生态恢复责任制度、重点生态功能区转移支付制度等。但总体来说，生态补偿制度建设还比较薄弱。

建立生态补偿制度，具有十分重要的意义。首先，这是建设美丽中国、实现人与自然和谐发展的要求。大力贯彻落实科学发展观，就是要在大力发展经济的同时，切实保护好自然生态环境，保护好人类生存繁衍的家园，形成经济发展与生态建设的有机统一，促进经济社会又好又快发展，同时保持人与自然的和谐相处。建立生态补偿制度，就是要把生态环境保护提升到国家具体管理的层面上来，确保资源的开发利用建立在生态系统的自我恢复能力可承受范围之内，实现可持续发展。

其次，建立生态补偿制度可以促进区域协调发展。实施生态补偿制度对维护社会公平、加强对生态功能区的扶持力度、统筹区域经济协调发展具有重要的意义。《全国主体功能区规划》规划了不同的功能区，并分别制定了相应的优化开发、重点开发、限制开发、禁止开发的政策。但生态补偿制度建设滞后，使得生态功能区的经济发展问题长期得不到有效解决，挫伤了民众在保护生态环境方面的积极性。

最后，建立生态补偿制度可以激励生态保护行为。生态补偿制度是通过一定的政策手段实现生态保护外部性的内部化，让生态保护成果的受益者支付相应的费用，实现对生态环境保护投资者的合理回报，增强生态产品的生产和供给能力，激励人们从事生态环境保护投资并使生态环境资本增值，逐渐实现环境保护行为的自觉、自愿、自利。

8.3　CVM 与 ESV 估值的阈值空间比较

基于 CVM 的流域生态补偿支付意愿调查的结果，反映了受访者对假想市场商品的支付意愿。事实上，条件价值法就是为了获得某商品的效用愿意支付的费用或者希望得到多少费用能放弃该效用，这就是最高支付意愿 WTP 与最低的受偿意愿 WTA。在实际的调查过程中，受访者对周围的“生态系统服务”及“价值”概念是非常模糊的，并不能十分准确地理解与把握周围各种生态系统分类及其所提供的服务，而更多时候的理解是“我愿意为保护环境出多少钱”。而基于生态系统服务类型的 ESV 评估，则更为准确获得研究区内各种生态系统类型，并通过单价来测算研究区的生态服务价值。比如，在流域生态服务价值评估中，WTP 或 WTA 的值可能更多被理解来保护生活或是生产环境不被破坏所需要个人支付的部分，但受访者生活与生产的环境中能提供什么样的生态系统服务与商品，受访者往往并不十分明晰，而通过事前判断受访者生活与生产环境的生态系统类型，则更为全面和准确。比较 WTP 与 ESV 值，特别是基于两类结果的流域生态补偿标准确定，反映出来的补偿意义大不相同。前者，更多地表现为所关注的“个人偏好”补偿对象，而后者则更多侧重于“宏观政策偏好”。

从三期的 ESV 平均估值（图 8-3，彩图 8-3）可以发现，石羊河流域上游地区的 ESV 平均值（元/亩）整体在减小，上游地区超过 600 元/亩 ESV 值的面积在减少，中游地区 ESV 平均值为 300～600 元/亩的面积在增加，而下游地区超过 200 元/亩 ESV 值的面积有所增加，甚至出现超过 600 元/亩 ESV 值的少数乡镇，这表明从流域整体来看，流域生态系统服务有所改善，特别是通过流域治理工程的实施下游地区的效果较为明显。

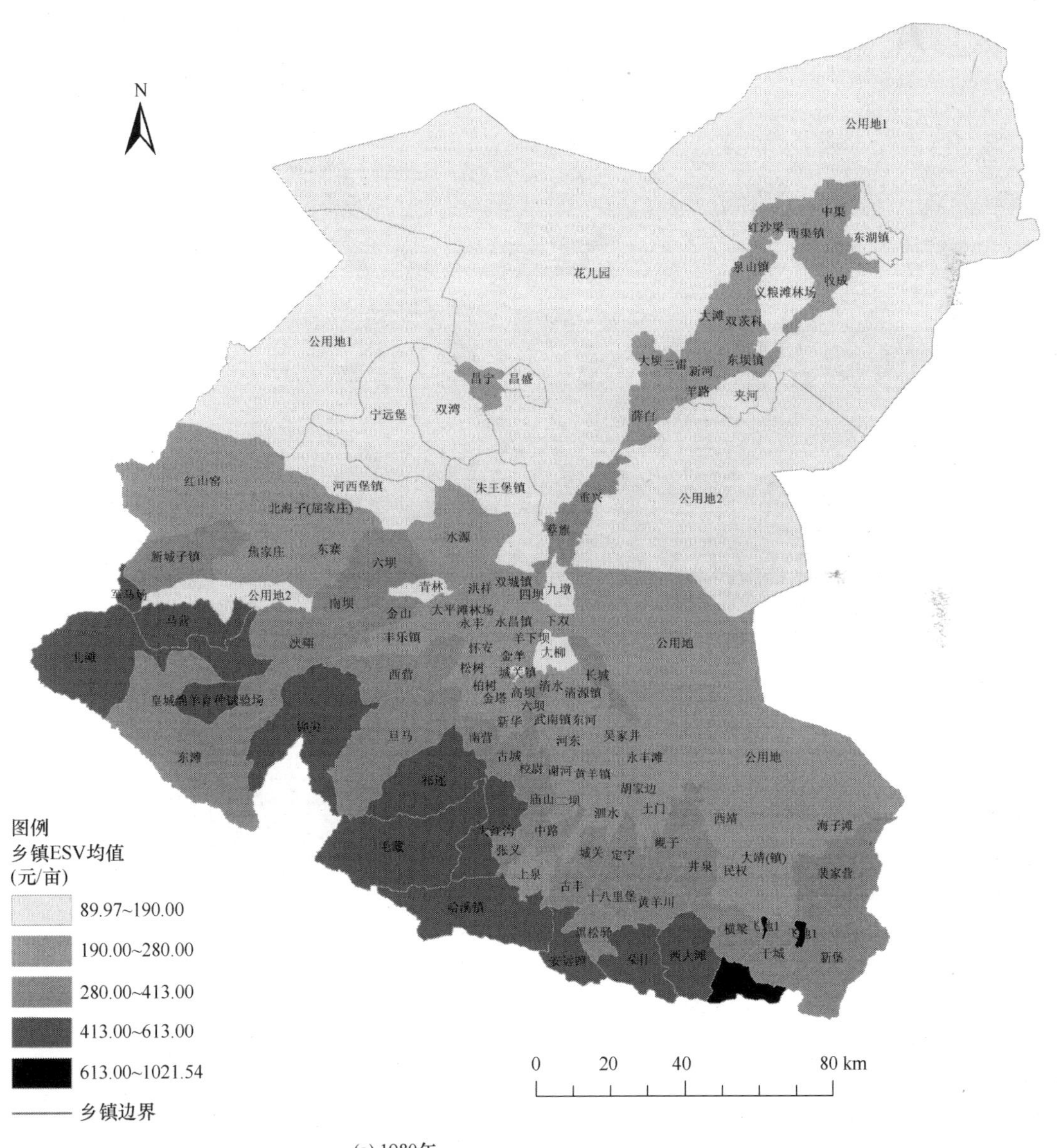

(a) 1980年

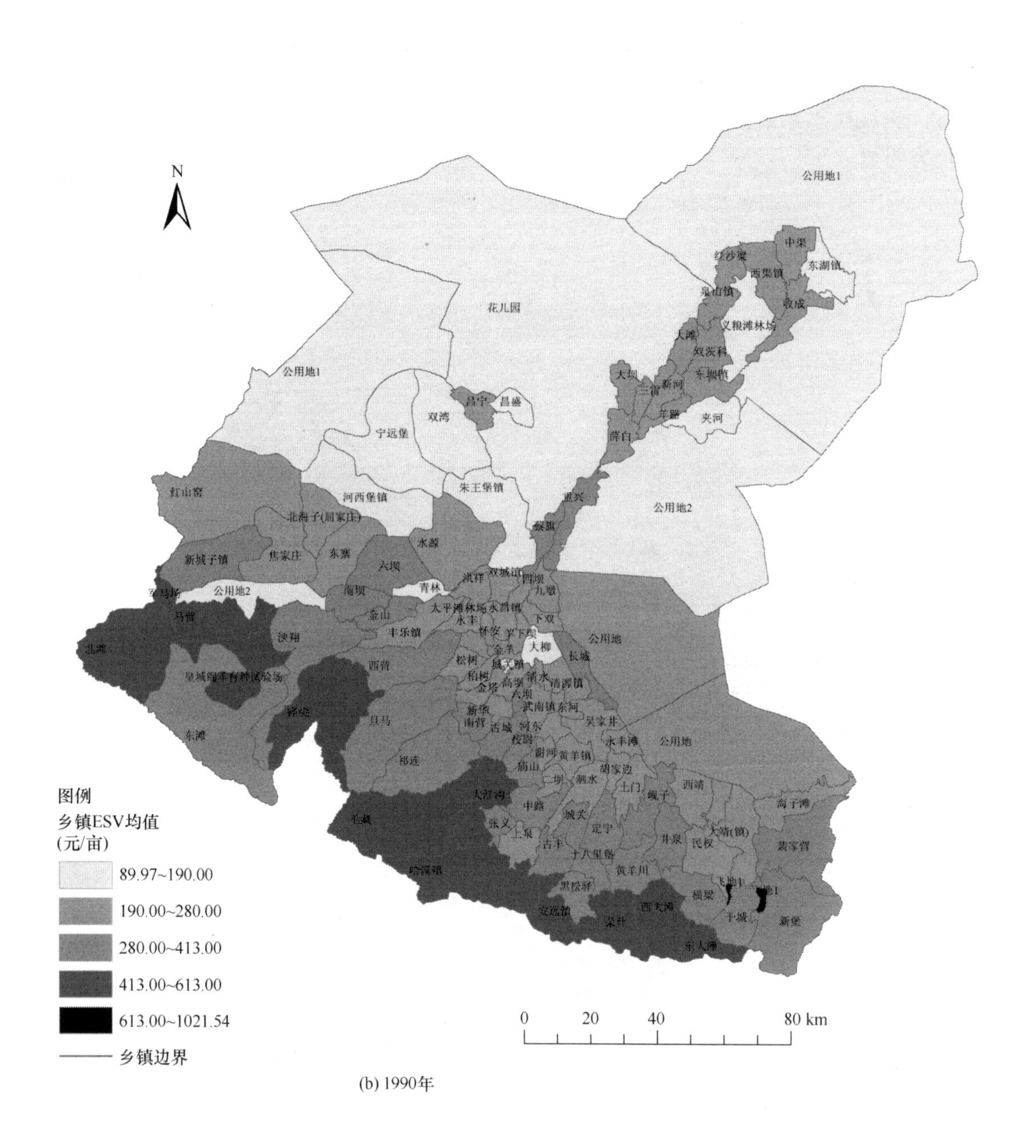
N
图例
乡镇ESV均值
(元/亩)
89.97~190.00
190.00~280.00
280.00~413.00
413.00~613.00
613.00~1021.54
乡镇边界
0
20
40
80 km

(b) 1990年

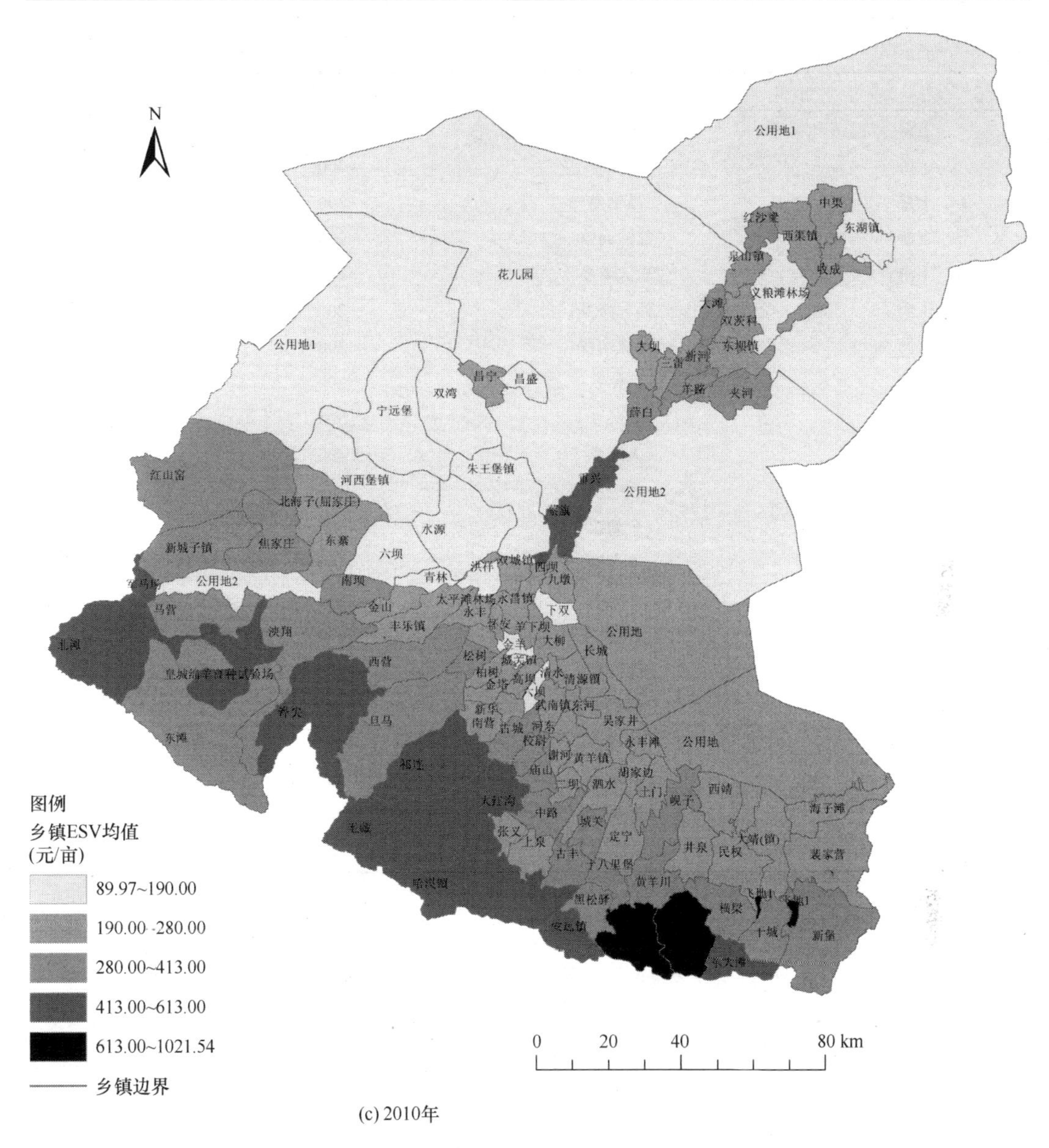

(c) 2010年

图 8-3　1980 年、1990 年、2010 年三期各乡镇 ESV 平均估值

从表 8-6 可看出，多数情况下 WTP 值要小于 ESV 评估的结果，WTP/ESV 值的变化范围为 0.27～0.90。

表 8-6　WTP 与 ESV 标准比较

	乡镇	WTP/（元/亩）	ESV/（元/亩）
下游	三雷乡	200	231
下游	双茨科乡	100	229
下游	苏武乡	200	418
下游	东坝乡	200	267
下游	大坝乡	200	261

续表

	乡镇	WTP/（元/亩）	ESV/（元/亩）
上游	哈溪镇	200	563
上游	毛藏乡	200	465
上游	昌宁乡	200	239
下游	红沙岗镇	200	291
上游	东大滩乡	200	584
上游	西大滩乡	200	618
上游	大红沟乡	200	429
上游	朵什乡	200	736
下游	重兴乡	500	553
下游	大滩乡	400	294
下游	收成乡	500	202
下游	东湖镇	500	158
下游	泉山镇	500	263
上游	安远镇	200	576
下游	红沙梁乡	600	291
下游	薛百乡	800	350
下游	西渠镇	600	254
上游	旦马乡	200	410
上游	祁连乡	200	442
下游	蔡旗乡	800	418
下游	夹河乡	600	309

专栏 8-4　苏州市调整生态补偿政策

建立生态补偿机制，是加快生态文明建设的一项重要举措。2014 年 10 月 1 日，《苏州市生态补偿条例》正式实施，以地方立法的形式明确了生态补偿的重要地位和作用。2015 年 10 月 1 日，苏州市生态补偿条例实施细则开始执行，对生态补偿适用范围、部门职责、补偿范围与标准、资金承担、申报程序、结果公示、整改监督与处罚等方面作出了详细规定。

2016 年 7 月，苏州市政府下发了《关于调整生态补偿政策的意见》，扩展了重要湿地补偿范围，将湿地面积较大、涉及镇村较多的澄湖与太湖、阳澄湖一同纳入重要湿地补偿范围。同时，分类调整生态补偿标准，如水稻田补偿标准方面，对经县级以上农林部门认定的实际种植的水稻田，按 420 元/亩予以生态补偿。

此次调整生态补偿政策，是根据《苏州市生态补偿条例》的相关规定，对现有生态补偿政策的进一步健全和优化。调整主要是两块：一是扩展重要湿地补偿范围，将湿地面积较大、涉及镇村较多的澄湖与太湖、阳澄湖一同纳入重要湿地补偿范围；二是分类调整生态补偿标准。

《意见》还明确了生态补偿资金的分配、承担和使用，按照责、权、利相统一的原则，生态补偿资金每年由市及各市、区按上述标准核定后，拨付镇、村。其中生态公益林和风景名胜区的补偿资金由镇安排使用，其他补偿资金由村安排使用；根据现行财政体制，确定生态补偿资金承担比例，生态补偿区域位于县级市的，资金由县级市人民政府承担，生态补偿范围位于市区的，资金继续按市、区各 50%的比例分担，区人民政府扩大生态补偿范围或者提高补偿标准的，由区人民政府承担。镇人民政府应当拟定生态补偿资金使用预算，报镇人大批准后实施；村（居）民委员会应当拟定生态补偿资金使用方案，经村（居）民会议或者村（居）代表会议通过后实施。

8.4　石羊河流域生态补偿标准的选择与确定

从前面的分析来看，WTP 更多地表现为所关注的“个人偏好”补偿对象，而 ESV 则更多侧重于“宏观政策偏好”，而耕作的机会成本则是最接近于环境收益的“生态补偿偏好”。从表 8-7 中三个不同补偿标准的比较来看，通常采用的“一刀切”补偿标准并不科学，生态补偿实施的效率大打折扣。总体来看，以 WTP 为参照确定补偿标准，实施补偿的投入可能最少，但由于受访者的主观判断有着强烈的对自身生活与生产环境的“个人偏好”，对生态系统服务的整体性与系统性考虑较少，与实施生态补偿的初衷相差甚远。而以 ESV 为参照确定补偿标准，一定程度上改善了住民对于生态系统服务认识，但对于住民切身利益的考虑少，生态补偿的财力投入虽有较大提高，但对于住民生态保护的意识与行动的实际效果作用甚微，住民在生态补偿实践中最为关心的是家庭与个人的利益损失，而 ESV 并没有将家庭或个人的利益与生态环境的利益捆绑，生态补偿的效益而有待分析。机会成本，则将生态补偿实践与家庭或个人的生产实践联系到了一起，住民在接受可以弥补其因生态补偿实践中的实际损失，又“何乐而不为”？尽管基于机会成本确定的生态补偿标准，通常都高于 WTP 与 ESV 确定的值，但通过前文分析中引入的“优先补偿指标”指导以往的“一刀切”式的补偿实践，生态补偿实践的效率可以得到保障。

表 8-7　WTP、ESV 及机会成本比较

乡镇	WTP/（元/亩）	ESV/（元/亩）	机会成本/（元/亩）	补偿标准最小值/（元/亩）	补偿标准最大值/（元/亩）
三雷乡	200	231	855	200	855
双茨科乡	100	229	375	100	375
苏武乡	200	418	741	200	741
东坝乡	200	267	657	200	657
大坝乡	200	261	581	200	581
哈溪镇	200	563	408	200	563
毛藏乡	200	465	362	200	465
昌宁乡	200	239	335	200	335

续表

乡镇	WTP/（元/亩）	ESV/（元/亩）	机会成本/（元/亩）	补偿标准最小值/（元/亩）	补偿标准最大值/（元/亩）
红沙岗镇	200	291	313	200	313
东大滩乡	200	584	299	200	584
西大滩乡	200	618	288	200	618
大红沟乡	200	429	288	200	429
朵什乡	200	736	252	200	736
重兴乡	500	553	617	500	617
大滩乡	400	294	482	294	482
收成乡	500	202	541	202	541
东湖镇	500	158	510	158	510
泉山镇	500	263	501	263	501
安远镇	200	576	191	191	576
红沙梁乡	600	291	488	291	600
薛百乡	800	350	645	350	800
西渠镇	600	254	476	254	600
旦马乡	200	410	154	154	410
祁连乡	200	442	148	148	442
蔡旗乡	800	418	465	418	800
夹河乡	600	309	310	309	600

同时，从前文的分析中也可以发现，当住民得到了放弃耕作活动而通过接受生态补偿保持其家庭或个人收益基本不变的同时，可以有更多的剩余劳动力投入到社会生产实践中，以获得更多“生态补偿溢出”，享受生态补偿红利，实现生态补偿与生产活动的良性循环。问题是如何为剩余的劳动力创造更多获得“生态补偿溢出”的机会。

第 9 章　一种新型的流域生态补偿机制——生态工人

9.1　生态补偿的“利益三方”问题

生态补偿是一种将生态系统服务的非市场的、外部的价值转化为激励人们提供生态系统服务的经济机制。流域生态补偿机制是生态补偿的主要部分和重要领域。从当前流域生态补偿机制研究的整体发展来看，补偿主客体界定问题、补偿原则不一致问题、补偿机制短效性问题、缺少系统理论分析框架等一般性的问题，仍然困扰着学者的理论探讨与流域生态补偿的具体实践。同时，受到困扰的还有流域的居民。学者在不断地完善更理想的流域生态补偿机制，决策者正等待更易操作的流域生态补偿机制，而真正参与流域生态补偿的居民（主要是农户）则希望生态环境的改善与生计水平的提高实现“双赢”。回到生态补偿内涵中的几个关键词“生态系统服务”“价值”“激励”“机制”，所选择的这 4 个关键词，是否可以概括为“你给我钱，我来保护环境！”

回顾现在流行的生态补偿机制中，确实是这样做的。无论政府主导还是市场主导，无论是给予政策、资金还是技术、实物的补偿，都是这样的理念。那么为什么我们还在不断地完善“理想中”、诉求“更易操作”的、期待“双赢”的生态补偿机制？这需要我们认真来检验生态补偿项目、工程、计划的实施效果如何。依据简单的常理，需求产生供给，理想的机制需要完善，实施需要更易操作，参与者需要改善生计。诚然，现有的生态补偿机制已经取得了很好的效果，但也不可否认一些生态补偿项目、工程、计划仍存在一些问题，特别是对于生态环境脆弱、经济基础薄弱、生计策略单一、生计风险大的地区（如石羊河），生态补偿的实施对农户现有的生活水平与生计状况有着或多或少的影响。农户为了维持生活与生计，不得不放弃最初保护家园、保护生态的初衷，复耕/偷牧、毁林/草造田，导致生态补偿项目实施的效果较差。

分析其中的主要原因可能有两个：其一，补偿标准过低，“激励”效果不显著；其二，生态补偿的“参与”意识不强。如果生态补偿标准过低，无法抵消其因参与生态补偿的效益损失。农户为了维持当前的生活水平与生计状况，为了过上“好日子”，而通过对已退耕/还草的土地进行复耕/偷牧来获取收益。多数的生态补偿项目、工程、计划都是有预算约束的，没有预算约束的补偿也就失去了意义。参与意识较差则更为普遍，农户虽然对于保护家园生态环境有热情，但更多的人还是认为保护生态环境是政府的责任，事不关己或“搭便车”的想法根深蒂固。这两方面的因素可以从第 7 章农户支付意愿与受偿意愿分析中和第 8 章土地机会成本与环境收益替代比较的结果中找到支撑的证据。如何在生态补偿机制设计中，提高生态补偿参与者的参与意识与抵消收益损失，提高生态补偿项目、工程、计划效果，则成为当前生态补偿机制的完善与设计中需要重点考虑的问题。

9.2 内陆河流域可持续发展的核心问题——水资源

流域作为一个特殊的区域，是一个复杂的、开放的系统，包括自然环境、人类社会和产业经济等子系统，并与系统外的环境保持着密切的物质和能量交换，但因受边界条件限制，在一定程度上存在水资源问题的流域系统又是一个“封闭系统”，有着一定的独立性。

水资源的可持续利用是前提。水资源缺乏已制约着许多地区经济与社会的发展，水资源的不合理利用与水环境的污染是造成水资源缺乏的主要原因之一。保护水环境、可持续利用水资源已成为当今世界普遍关注的热点问题之一。流域的水环境可持续发展是指根据水资源的时空分异性、流动性和突变性等特点，在水环境容量允许的范围之内，通过采用合理的开发利用方式，持续有效地提高水环境对人类各种生产活动的支持程度。

水资源是连接整个流域系统的纽带，是流域可持续发展的关键，只有协调好水资源与社会、经济发展之间的关系，才能真正实现流域的可持续发展。

9.2.1 流域可持续的未来——水战略

为应对21世纪最具挑战的水资源问题，水战略的概念应运而生。而迄今为止水战略概念与内涵的应用已远超出了传统的水资源部门。越来越多的关注投向了如何解决经济发展带来的水资源问题，以及水资源重复利用、流域恢复、水资源保护与高效利用等的实践。随着国家对于可持续水资源管理的关注，与之相关的服务及交易市场也迅速出现与发展。实现可持续的水战略包括传统水利设施建设，相关的水资源服务与绿色水战略。这里的绿色水战略不完全属于一个部门或是产业，而主要包括城市节水和水资源的高效利用，雨水管理，水环境的恢复和补救，替代水源和农用水的效率和质量等领域。

1. 城市节水和水资源高效利用

对于城市节水和水资源高效利用的技术的提升，应充分考虑增加产品和服务的产出，从而减少现在城市水的过度使用量。实现这一目标，需要采取一些措施，比如水需求管理，水产出效率的提升。城市节水和高效利用的措施包括：安装高效的水装置和设备，对优质水利用度量，提升景观观赏效率，节水园艺，更换或修复管道，以减少在水的运输和分配系统过程中的水流失（表 9-1）。可就地处理的和再使用的水（也可以称为灰水），包含洗衣用水、景观水龙头用水、冲厕所和其他非饮用水用途。

表 9-1　城市水保护和高效利用技术

项目	在居民区、商业区、工业区和政府部门安装水高效利用设施及设备
景观	提升景观使用效率，包括提升灌溉技术、用水控制和覆盖率，栽种低水使用植物
减少水的流失	在输水和分配系统内更换或修复管道以减少水的流失
灰色水	洗衣、淋浴、水龙头的水是可回收的，用于室外灌溉、冲洗厕所和别的非饮用用途

2. 雨水管理

雨水径流是产生水污染的主要因素。1cm 的降雨在 1 km^2 的停车场上可以产生超过 74m^3 的雨水径流，而且会携带土壤、沉淀物、油气、化学制品和其他物品等有污染、有毒物质进入下水道。在一些地区，下水道运输雨水和污水处理系统混合在一起，这将会把高流动和未经处理的废水排入当地河道。

绿色设施的实践和技术包括以下几方面：雨水收集设施、雨水截留沟、透水路面及其他一些雨水截流措施，比如美国俄勒冈州的波特兰市通过断开排布式滴水管，将屋顶雨水排入雨水收集桶、水箱或透水区域来取代直接排入下水道的传统办法（表 9-2）。

表 9-2　雨水收集技术

设施	功能
单独排水管	屋顶排水管将雨水排入雨水收集桶、蓄水池或渗透区而非下水道
雨水收集	雨水收集和储备雨水供以后使用
雨水花园	雨水花园（又称滞留槽）收集屋顶、过道和街边水送入浅的植被盆地
花盆盒	花盆盒是城市的雨水花园垂直在墙壁有打开或关闭装置，用来收集过道、停车场和街道的水
雨水截留沟	雨水截留沟能够通过植被、农地膜、节水园艺来保留和过滤雨水
透水人行道	透水人行道能对就地的雨水渗透、处理和储存
绿色屋顶	绿色屋顶能够覆盖栽培基质和植被，使雨水渗透，防止储存水蒸发
城市林业	城市行道树通过枝和叶拦截沉淀来达到减少和减缓雨水流失
土地保护	保护开放地区或城市里面或与城市毗邻的生态敏感地带

绿色设施带来的环境效益包括：最小化城市的径流对当地河流和海洋环境的影响；减少当地的洪水；提升对当地的地下水补给和提高水供给的可靠性和灵活性。

3. 恢复和补救

生态的恢复是在分化的生态系统里返还生物、物理和化学元素的过程，以达到接近被干扰前的条件。恢复可以提高水的质量和水生植物生态健康。恢复可以通过自然的和人为的技术来实现（表 9-3）。

环境的补救，针对的目标是从土壤或水去除特定有毒物质或污染物的过程。然而，恢复主要是针对返回到生态系统本来的状态，补救主要的目标是排除对人体和环境有害的污染。排除这些污染是非常重要的，特别是在有污染转移的水生物系统内。很多的技术都能用于地下水和地表水的补救，包括植物修复技术，是植物用来吸收有害的污染物和安装可渗透的反应屏障，膜状物被用于捕获或者降解地下水污染羽毛状物。另外，较为重要的方面是采用新技术，以描述和监测污染。

表 9-3 环境补救技术

补救技术名称	补救技术方法
提取或去除技术	多阶段提取
	自然衰减
控制技术	土壤水分蒸发蒸腾覆盖
就地处理技术	热处理
	冲洗空气氧化
	喷射渗透
	反应性障碍
	植物培养技术
	地下水循环井
	纳米技术
	自然衰减

4. 替代水资源

传统水资源包括河流水、湖泊水、地下水和人工水库大坝所存储的水。然而，在过去的几年，替代水源在供水系统中扮演着越来越重要的角色了，因为传统的水资源变得很难获得或者变得越来越贵。替代水资源包括一系列的非传统的供应，比如雨水、暴雨水、灰色水和回收水。该类工程项目是为了使这些替代水资源能为公共用水设施或家庭、商业设施供水。

替代水资源可以获得和储存于地下，供以后使用。所谓“链接使用”是把地下水和地表水协同使用以达到最优的供应和储存的效果。当地表水比较丰富时，它可以用于替代地下水或者补给地下水盆地。这不仅使水资源在最需要的地方使用，而且相对于地表水的存储，减少了蒸发和蒸腾，增强了地下水的可持续性。

5. 农业用水效率和质量

一般来说，农业是最大的消费水主体，农业的水利用效率虽不断提高，但仍有改善空间。提升灌溉技术和时序安排，减少侵蚀，渠道分水，提高灌溉效率，修复河岸堤坝，水渠修缮，回收农田废水等，都有助于提高农业用水效率与质量。农户可以不断采用新技术和管理经验来提高农业的产出。在很多方面，节水实践是一个协同效应，它意味着可以减少投入成本或者提高农作物的质量，特别是精密灌溉能够同时达到这两种效果。农田径流也是对地表水和地下水产生污染的主要来源。因此，加强农田、渠道的保护措施也有利于减少径流，提升水的质量和实现生态健康。

9.2.2 “绿化的”职业

从上面对于水资源可持续战略的分析来看，未来水资源可持续战略的重点之一是如何长期、高效地管理水资源，保证所有人可以公平、安全地获得水资源与利用水资源。而事实上，这些有关水资源的管理工作，都是由当地人来完成的。而当这些水资源可持续利用实践落地之时，可以创造出多少职业、岗位？可以雇用谁来从事相关的工作？可持续水战略不仅能够增加对传统职业（不需要新的技能、如汽车司机）工人的需求，同时也能够增加通过学习获得新技能的工人（某些特定工作任务需通过培训才能上岗，如节水设备安装）需求，不可否认，完全新的从业岗位是可能被创造出来的。这种“绿化”的职业，是对现有职业需求的绿色经济活动的扩展和技术增强，对于从业人员或许有着特定的要求。

城市节水与有效利用相关的工作过程包括一系列的活动。比如，研究、开发、生产新型水高效利用的技术和实践，包括移动终端应用、土壤湿度传感器、气候灌溉控制器、调试与安装传感器。生产这些新的工具和产品，并通过批发和零售业将这些产品配送到企业、公共事业单位和用户。设计和规划阶段也包括其中。

雨水管理项目的主要阶段是规划和设计，安装、操作和维护。规划和设计阶段包含收集选址、土壤和径流信息，并且选择最适合的侵蚀和沉积的控制工程。选址的规划需要对土壤、斜坡、自然特征大量的信息的收集和识别，排水管道由土木工程、建筑和规划公司进行设计、建设。劳动密集的安装过程，比如清理、分级和雨水控制设施的安装。安装阶段的一般性施工服务、铺设道路、屋顶绿化、景观建筑的雨水工程施工服务及其他雨水控制。后续的操作和维护方面，包括杂草和害虫控制、施肥、修剪、排水以及检查和监测污染物。

恢复和补救工程需要研究植物物种、水土流失防治技术、河流生态系统和其他前期工作。之后，协助进行高技术规划和设计。这也伴随着建筑、维护和监督。同时，也会涉及生产重型设备和工具的制造业部门。

恢复和补救规划和设计工作涉及技术评估、协调规划、获取准入权、设计和成本评估。规划和评估活动包括航空照片和地形图审查，土壤测试和钻孔取样以及相关部门的监管。对于恢复工程的设计，是典型的涉及工程应用、景观构建、生态学和地貌学专业知识的“绿化”职业。恢复补救工程的建筑阶段是典型的劳动密集型，并且涉及一些重型机械的应用。溪流和河岸的恢复很大程度上是靠手工劳动和一些重型机械来施工。

有很多活动贯穿于开发替代供水资源的整个开发过程，包括开发新型高恢复率的膜和传感器，以提供实时水质数据。制造和配送是要求产品的生产和交付贯穿整个产品的使用过程，包括膜、化学物质和水泵。这个阶段可以延伸包括对于现存水的工业条件和未来需求的技术分析。后续的操作和维护包括监察安装结合处，阅读仪表，替换膜和系统修复。

农业效率和径流的管理，是通过更高效的灌溉管理技术来提高农业水的生产效率和水质量。比如，设定灌溉时间表、废水回收、滴灌和保护性耕作。安装、操作和维护是整个过程中的两个劳动密集型阶段。安装可能需要挖沟、管道、安装水过滤器、水表、水控制装置和灌溉设备。这些工作主要由建筑工人和农业技术工人来完成。为了使这些科技、设施工作更加有效率，操作和维护必须由维护和修复工人、农业检查员和修理工定期完成。建筑设施经常由建筑工人安装，通常由工头和熟练工人完成。他们通常由经销商/承包商或水供应商来培训，他们拥有非常具体的技能，这样的人才很难找到。劳动密集型部分发生在实施安装和操作阶段。

安装工作是这些职业中至关重要的一环，包括精准农业技术人员、农业技师、采购代理和农产品购买者。精准农业技术应用地理空间技术，包括地理信息系统（GIS）和全球定位系统（GPS），应用于农产品的生产和管理活动。它们可以用来形成和分析地图或者遥远影像，来对比在一定地域范围内的土壤、肥料、害虫和天气状况。

9.3 水资源战略的绿色职业到生态补偿中的生态工人

从上一节对流域水资源可持续战略的 5 个重点领域及相关的“绿化”职业论述中，可以发现水资源可持续战略的实现涉及很多职业、就业岗位。正如前面提及的，有相当多的水资源管理工作，特别是对于像流域这样相对封闭的系统，都可以由当地人来完成，在保障水资源可持续利用的同时，就可以为当地人解决一些就业问题，实现生态保护与收入保障的双赢。

回到本章开头讨论的当前生态补偿机制中存在的农户生态保护主动意识较差，生态补偿工程、项目等实施的效果有待提高的问题，是否可以通过在生态补偿机制中引入“绿化”职业，提供“生态”岗位，参与农户变为“生态工人”，来解决这一问题呢？下面以流域生态补偿为切入点进行探讨。

如何定义“生态工人”呢？从前面的分析中，可以发现从事“绿化”职业的从业人员，都可以泛称为绿色工人。它可能涉及水资源可持续战略中的一个领域或是多个领域，而有些从业人员如审计师、办公室文员等是额外的一般性的绿色工人，代表性较差。结合生态补偿的概念与内涵，本研究所指的生态工人，是指从事、参与生态恢复、生态保护、节水、环保等相关工作，并获得一定报酬（工资）的人员。包括专职技术工作人员如工程师、规划师等，也包括短（零）工如渠道养护工、设备装卸工、设备安装工等。

生态工人的概念更加具体。生态工人是专指直接参与环境保护与维护的专职与兼职从业人员，岗位责任的指定性更加具体，防止了内涵的泛化。

生态工人的内涵更加灵活。不同目的的环境保护与维护工程、项目，对于生态工人的界定可以更加灵活。比如对防治土地沙化，防风固沙的工人可以界定为生态工人，而对水源涵养，护林员也可以界定为生态工人，对防护水质污染，巡查员也可以界定为生态工人。针对不同的工程项目要求，对生态工人的性别、教育程度、技能、经验等，提出具体要求。

生态工人的概念更具操作性。生态工人的概念中既包括专职的从业人员，如环境评价师、环境规划师，也包括也兼职短（零）工如开沟挖渠雇工等，既包括长期从业人员如监测设备数据抄送员，也包括一次性服务人员如环境风险评估专业人员等。

生态工人的概念更高效。“绿化”的职业中，有大量的安装、维护等劳动密集型的工作，并不需要较高技术，可以通过少量、短时间的培训而开展工作，一方面可以利用当地现有劳动力资源，而减少工程、项目成本，另一方面可以更好保证工程项目实施的效果。如管道铺设、数据抄送等，可以通过就地人员培训来胜任工作，节约工程项目实施的成本与后续维护开支。

生态工人机制的引入，一方面有助于提高环境保护与维护工程、项目的实施效果，另一方面也为直接参与生态保护和维护的从业人员提供了一定的经济报酬，特别是对于生态环境脆弱地区因环境保护工程（如实施生态补偿退耕/牧，还林/草）而造成收入、生计下降的居民来说，在提高保护意识、参与保护实践的同时，增强了主动性与参与性。下面将以石羊河流域为例，探讨生态工人在流域生态补偿机制中应用的可行性。

9.4　石羊河流域生态工人机制调查与分析

9.4.1　生态工人机制可行性调查问卷设计

为检验生态工人机制的可行性，有必要了解生态补偿项目实施区内居民对生态工人的认知情况，了解居民对于“绿化”职业熟悉情况，影响居民是否接受成为生态工人的原因及相应职业岗位薪酬情况等。在石羊河流域开展社会调查中，问卷设计主要包括：

（1）生态工人的概念诠释。向受访者介绍生态工人的概念与内涵，引导受访者理解生态补偿中的生态工人机制。

（2）成为生态工人的意愿调查。询问受访者是否愿意作为生态工人参与生态补偿。

（3）绿化职业岗位的认识情况。列举与流域生态补偿相关的职业岗位，了解受访者对于绿化职业岗位的认知情况。

（4）影响成为生态工人的原因。调查受访者接受成为生态工人或拒绝成为生态工人的原因。

（5）生态工人的薪酬调查。针对受访者接受成为生态工人，确定其选择的绿化职业岗位薪酬。

核心问题如下：

专栏 9-1

1. 下面一些生态保护/环保/节水相关的工作，您知道的有哪些？（可多选）

①植被保护工②河道、渠道养护工③生态保护/环保/节水设备销售员④生态保护/环保/节水设备装卸工⑤生态保护/环保/节水设备安装工⑥生态保护/环保/节水管道铺设工⑦设备操作和维护工⑧生态保护/环保/节水工程师⑨水文专家⑩规划师

2. 从上述工种的业务技能要求和您自身的实际情况，您认为自己可能胜任的工作是（可多选）：______；其中，您认为自己最可能胜任的是（只选填一项）________。

3. 对于您选择的工种，依据当地实际情况，您认为短（零）工作的日工资最低是多少元？（请将具体的数字填写在下面对应的横线上）

①植被保护工_____　②河道、渠道养护工_____　③生态保护/环保/节水设备销售员_____　④生态保护/环保/节水设备安装工_____　⑤生态保护/环保/节水设备装卸工_____　⑥生态保护/环保/节水管道铺设工_____　⑦设备操作和维护工_____　⑧生态保护/环保/节水工程师_____　⑨水文专家_____　⑩施工规划人员_____。

4. 您不愿意成为生态工人的原因是什么？_____

①家庭收入高②家里事情多，忙不过来③生态工人工资低④工资收入无法保障⑤没有合适的工种，做不来⑥技术性太强，培训也做不来⑦被熟人笑话⑧生态环境好坏与我无关⑨没有原因，就是不想参与⑩其他_____。

9.4.2 对生态工人机制的整体认识

在所回收的550份有效问卷中，通过调查表达受访者意愿的有效问卷数为535份，拒绝回答的问卷数为15份，占有效问卷的2.73%。从有效表达愿意的调查结果来看，愿意在流域生态补偿项目中成为生态工人，直接参与流域生态保护的人数为260人，占48.6%，而不愿意成为生态工人的人数为275人，比例为51.4%。从调查的总体情况来看，绝大多数的受访者，理解了调查问卷中陈述的生态工人概念，并做出了明确的判断接受与否，并且有近半的受访者愿意从事与保护生态环境直接相关的工作（表9-4）。

表9-4 生态工人机制接受意愿

项目	频次	比例/%	有效比例/%
愿意	260	47.27	48.60
不愿意	275	50.00	51.40
合计	535	97.27	100.00
缺失	15	2.73	—
总计	550	100	—

9.4.3 影响农户成为生态工人的因素分析

一般来说，成年男性是家庭特别是农户家里主要的劳动力，其对于家庭或个人的决策更加明确。而随着年龄增长，中壮年阶段的受访者生活经历与劳动经验愈加丰富，对事物做出的判断更理性。受教育程度则是获取知识的重要渠道，增强被调查者学习新技术、接受新事物的能力。职业性质，影响受访者对“绿色”职业岗位的认识，影响受访者成为生态工人的意愿。流域生态补偿中引入生态工人机制，一方面是为了调动参与者的主动性与积极性，提高生态补偿项目的绩效，另一方面是为了增加直接参与者的经济收入，提高农户家庭生计，实现农户个体层面上的双赢，因此受访者家庭主要的生计方式与家庭收入，势必影响受访者接受生态工人机制，成为生态工人的意愿。综上所述，被调查者的性别、年龄、受教育程度、从事职业、当前的主要生计方式、收入情况等，是影响参与生态补偿农户是否愿意接受生态工人机制，成为生态工人的主要因素。

从石羊河流域的调查结果来看，上述列举的影响因素较为明显。从受访者的性别上来看，男性受访者对于接受成为生态工人的意愿比例较高，而女性的不接受意愿比例有所上升。这一点十分切合农村实际。一般来说，成年男性劳动力是农村主要的剩余劳动力析出，对于直接参与生态保护成为生态工人所需要的多数劳动密集型职业岗位来说，成年男性劳动力更适合。而从表达意愿的受访者年龄分布（图 9-1）来看，接受生态工人的平均年龄为42岁，年龄分布的中位数为45岁，而表达拒绝接受意愿的平均年龄为43岁，年龄分布的中位数为43岁，都属于壮年劳动力，特别是对于以农业为主的农村地区，45～50岁正值最佳的劳动时间，对于从事专职、零（短）工的“绿化”职业来说，都是非常适合的；而接受成为生态工人意愿群体的年龄中位数略高于拒绝意愿群体，也可以从一定程度上说明随着年龄的增长，有富余劳动能力的壮年劳动力，更希望通过直接参与生态保护相关工作获得额外的收入，减轻家庭经济压力，改善生活水平。受教育程度则整体表现出，受教育程度越高，接受生态工人机制的人数越多，而拒绝生态工人机制的人数越少；由于石羊河流域问卷调查主要是针对农户（考虑到直接参与保护生态环境的生态工人也是以农户为主），小学、初中、高中或中专文化程度的受访者占绝大多数，而出现的大专、大学生受访者，则主要是由于调查时间为暑假期间，在家的学生替代家长参与现场的问卷调查，而大学生也表现了较好的环境意识与保护生态环境的主动性、积极性，接受生态工人意愿的人数要多于拒绝的人数（表 9-5）。

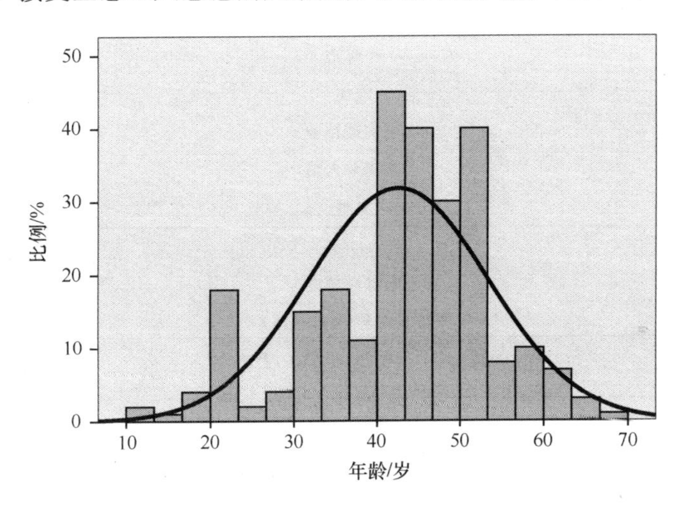

图 9-1　接受生态工人机制受访户年龄分布

就从业状况来看，被调查者主要为农民；职业岗位越是稳定，如政府公务员、事业单位职工、企业员工等有固定工资收入的群体，对于是否接受成为生态工人的意愿表达差异并不大，而相对于不够稳定的职业岗位，如个体户（靠商机）、农户（靠天吃饭）、下岗或待业（靠机会）等，对于是否接受生态工人机制的差异略微明显。从生计状况来看，被调查者的主要生计来源为农业（种植业）、畜牧/养殖业、家庭副业（运输/经商/打工/手艺等）等，而多数的生态补偿区域，特别是对于生态环境脆弱的西部地区，退耕还林/草是主要的生态保护措施，退耕还林则将减少农户的种植面积，还草则将压缩牧民的畜牧养殖规模，这都将减少农户的家庭收入，相应地，将影响到家庭的生计状况；而家庭副业，作为增加家庭经济收入的来源，越来越大地发挥着作用，生态工人机制相应地为从耕地/放牧生产活动中析出闲置劳动力从业的机会和收入来源，对维持家庭生计状况提供了新的渠道。

表 9-5 影响农户成为生态工人意愿的因素分析

类别	内容	同意	不同意
性别	男	172	171
	女	88	104
年龄	中位数	45	43
教育程度	小学以下	55	68
	初中	106	118
	高中或中专	71	56
	大专	9	22
	大学及以上	19	8
职业	政府公务员	3	2
	事业单位职工	9	11
	企业员工	5	6
	教育工业者	3	2
	大学生	19	13
	个体户	10	21
	农民	200	211
	下岗或待业	1	3
	离退休人员	2	1
	其他	5	2
主要生计方式	畜牧/养殖业	119	134
	农业（种植业）	232	243
	采集（藏药/山野珍品）	3	6
	家庭副业（运输/经商/打工/手艺等）	82	99
	其他	28	13

从接受生态工人机制的受访者的收入分布来看(图 9-2),主要分布为年收入 10000～60000 元，占接受该机制受访者的 78%，而调查样本总体的收入分布处于该区间的人数占总样本数的 83%。可以发现，接受生态工人机制的受访者在总样本中有着较好收入代表性。

考虑到生态工人机制主要是针对在退耕还林/草后,能够直接参与生态保护活动的农户，需要进一步考虑受访者的农业收入情况。通过对调查样本分析发现（图 9-2），接受生态工人机制的受访户农业收入主要集中在 5000～30000 元区间，访区内的人数为 197 人，占接受生态工人受访总人数的 82%。由于研究区石羊河流域的农户主要是以农业生产为主，农业收入是多数家庭主要或唯一的经济来源，从接受生态工人机制受访户的家庭总收入与农业收入分布区间、人数分布比例来看，也说明了农业收入对于石羊河流域农户的重要性，而退耕还林/草后，农户的农业收入势必会受到影响。而以农业收入为主要家庭收入来源的农户则非常积极地接受生态工人机制，通过直接参与保护生态而获得额外的“经济补偿”合乎逻辑；而对于家庭收入与农业收入过低或是过高部分的农户，因为农业收入占家庭收入中的比例相对小，对于接受生态工人机制的积极性则较弱。

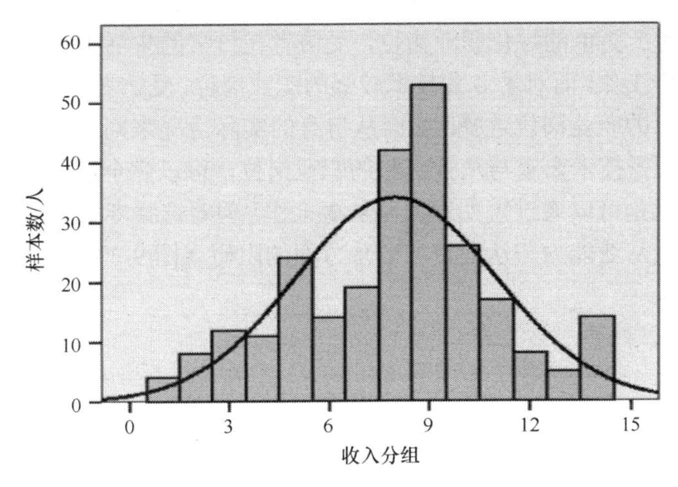

图 9-2　接受生态工人机制受访户年收入分布

横轴中数字 3 对应于 4001～6000 元，6 对应于 10001～12000 元，9 对应于 20001～30000 元，12 对应于 50001～60000 元，15 对应于 100000 元以上

9.4.4　对于绿色职业岗位的认知

为了进一步确定接受生态工人机制的流域受访者对于直接参与保护生态环境的绿色职业岗位的认识情况，研究中列举了 10 项与流域生态环境保护最直接相关的职业岗位，其中包括劳动密集型的职业岗位如设备安装工、管道铺设工等，也包括知识密集型职业岗位如环保/节水工程师、水文专家等，同样包括专职岗位如渠道维护人员，也包括短（零）职业岗位如装卸工等。从受访者对于列举的职业岗位的熟悉情况来看，随着专业性的增强，熟悉该职业岗位的人数迅速减少。受访者最为熟悉的岗位职业为：①植被保护工，②河道、渠道养护工等基本不需要太多从业要求与从业经验的职业岗位；而对于③生态保护/环保/节水设备销售员，④生态保护/环保/节水设备装卸工，⑤生态保护/环保/节水设备安装工，⑥生态保护/环保/节水管道铺设工等需要通过短期、就近的培训达到从业技术要求或是从业经验的职业岗位，受访者表现出相对较差；而对于⑦设备操作和维护工，⑧生态保护/环保/节水工程师，⑨水文专家，⑩规划师等具有较强从业技术要求与从业资格要求的职业岗位，受访者的了解更少。对于绿化职业岗位的熟悉情况，从一定程度也体现了农户保护生态环境意识：对所列举的职业岗位都有所“了解”，无论是对较简单的绿化职业岗位，还是专业性较强的绿化职业岗位，了解这些职业岗位的人数最少的都已超过 20 人，表明石羊河流域居民的生态环境保护意识较好。

通过受访者选择所熟悉的职业岗位与选择可能从事的职业岗位比较，可以发现对职业岗位是否熟悉与其选择可能从事的职业岗位间有着非常相似的关系；而随着劳动密集型向知识密集型职业岗位变化，对于职业岗位与选择可能从事的职业岗位的人数整体呈现下降趋势；较为熟悉的与选择可能从事的职业主要集中在劳动密集型职业岗位，而对于知识密集度较高的专业型从业人员，受访者的熟悉程度较差，而选择这些职业岗位的人数也寥寥无几。事实上，了解岗位与选择可能从事的职业岗位之间存在着这样的差距是非常合理的。对于简单的绿化职业岗位，受访者在日常的生活中可能接触到或是从事着相似的职业岗位工作，而对于专业技术较强的职业岗位，受访者可能仅仅是“听说过”，但在做出可能从事的职业岗位选择时，会从自身的实际情况来判断从事该绿化职业岗位的可行性。对于无需技术要求与从业经验的职业岗位，可以完全胜任，而对于需要简单技术的职业岗位也是可以通过短期培训而从事工作，但对选择专业性较强的职业岗位则存在着较大的个人从业能力与从业资格要求方面的阻碍（图 9-3）。

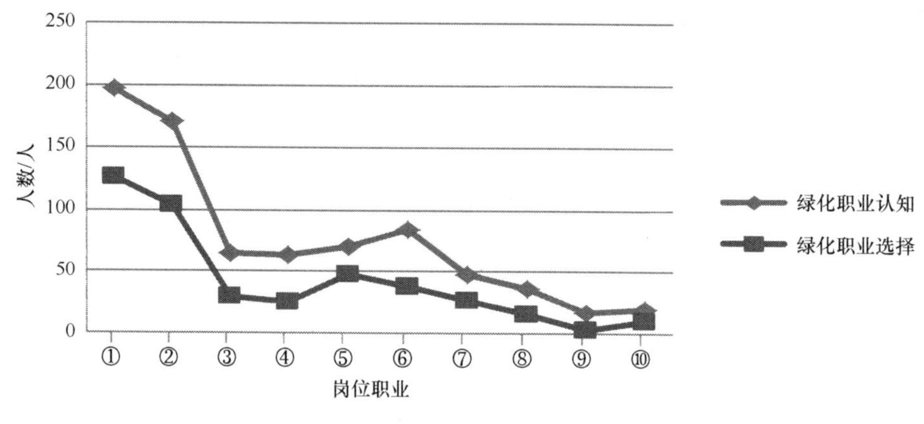

图 9-3 职业认识与选择

在分析了对职业岗位熟悉情况与选择可能从事职业岗位间存在的差异后，进一步分析受访者从自己的实际情况所出发做出的最适合自己从事的绿化职业岗位选择。从调查的结果来看，受访者对列举的 10 项直接参与生态保护的职业岗位中，认为最适合自己从事的职业岗位为集中在劳动密集型、无需技术要求的植被保护人员、渠道维护工，以及劳动密集度稍小、需要短期培训的装卸工、安装工、铺设工，而对于专业技术、从业经验与从业资格要求较高的知识密集型绿化职业岗位选择较少（图 9-4）。

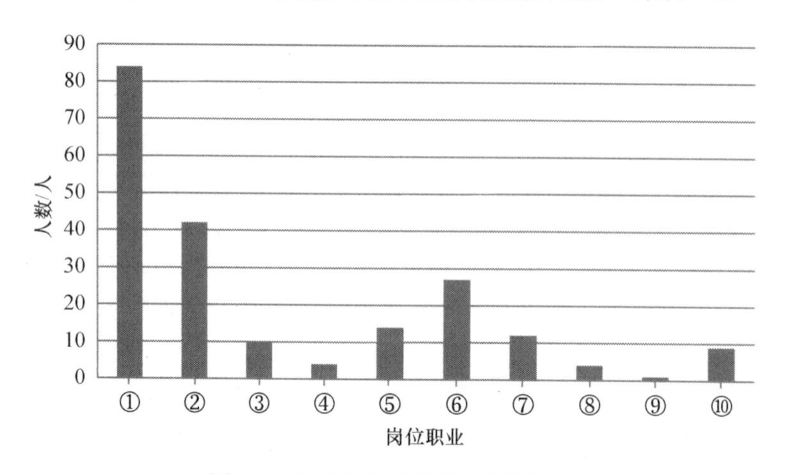

图 9-4 最适合自己的职业岗位选择

而在石羊河流域实地调查的过程中，也发现当前实施生态补偿工程、流域综合治理工程需要大量的生态工人从事相关的植被保护与渠道巡护工，而此类工作并不需要特别的从业技术要求，但需要经常性地对生态补偿区内的退耕地、禁牧区进行巡查，需要对流域综合治理工程的输水渠道进行定期的巡检，及时发现复耕/偷牧行为并进行制止，对破损的输水、灌水渠道进行报查、维护。而由于流域内划入的生态补偿区域面积较大，所修筑铺设的干支斗渠道公里数较长，需要一定量的植被保护员、渠道维护员来保障生态保护与流域治理工程的实施效果，需要一部分的农户以生态工人的身份充实到当前的部门管理与维护队伍中，加强生态保护与流域治理的后续工作。

而在流域节水设施、设备的装卸、安装与铺设过程中，仍需要大量的生态工人参与。此类的职业岗位，虽需要一定的技术要求与工作经验，但相对来讲技术要求不是很强，可以通过对相关的技术人员短期的培训与指导，使就地从业的生态工人胜任此类工作。一方面可以节约人力与财力，也为就地农户学习掌握相关技术，充分利用当地劳动力而提高工程实施的效益。另一方面，相关设备设施的后期使用与维护，也同样需要人力与财力的投入，如灌溉设备的计量与维护，同样可以通过对就地的农户进行业务培训，完成相应的工作，在提高农户保护流域生态环境的积极性的同时，让流域居民参与到流域生态补偿、综合治理与环境保护的实际工作中。

对于从业技术要求与从业资格要求较高的职业岗位，也相应得到了受访者的关注。究其原因，一方面，由于调查样本数较大，涉及了流域内多行业、多层次的受访者，有较好从业技术与从业资格的管理人员、技术人员，也同样对生态工人的机制认可，愿意为流域生态保护继续做出贡献；另一方面，需要考虑在生态补偿、流域工程治理等项目的设计、规划、实施过程中，适当吸收对流域发展有历史责任感的居民进入规划设计的团队，积极、认真地参考实践中的规划师的意见与建议，提高工程与项目的可行性与适应性（表 9-6）。

表 9-6　石羊河流域居民对绿色职业的了解、选择从业与最适从业分析

岗位	最适合职业岗位/人	可能从事职业岗位/人	了解职业岗位/人
①	84	126	197
②	42	104	171
③	10	29	65
④	4	25	63
⑤	14	47	70
⑥	27	38	84
⑦	12	27	48
⑧	4	15	36
⑨	1	3	17
⑩	9	10	20

从对绿化职业岗位的了解、可能从业职业岗位选择与最适合职业岗位选择的受访者情况比较来看，对职业岗位的了解与可能从事的职业岗位一致性较好，而最适合职业岗位与其他两组数据的一致性相对较差。一方面，由于对职业岗位的了解与可能的从事的职业岗位选择在调查中采用的是多选，尽可能让受访者做出选择，揭示受访者对于生态工人的可行性与主动性，而在最适合职业岗位的调查中采用唯一选择，即要求受访者只能对所列举的 10 个职业岗位做出最适合自己的选择，这样降低了最适合职业岗位与其

他两组数据间的一致性；另一方面，从受访者的角度来看，从是否了解到可能的从业选择，再到最适合职业岗位选择，做出选择的条件约束在不断收敛，随意性受到限制，受访者从自由选择到依据宽松条件的作答，再到考虑自身因素的最优的作答，受访者的答案不断接近自己真实的意愿表达（图 9-5）。

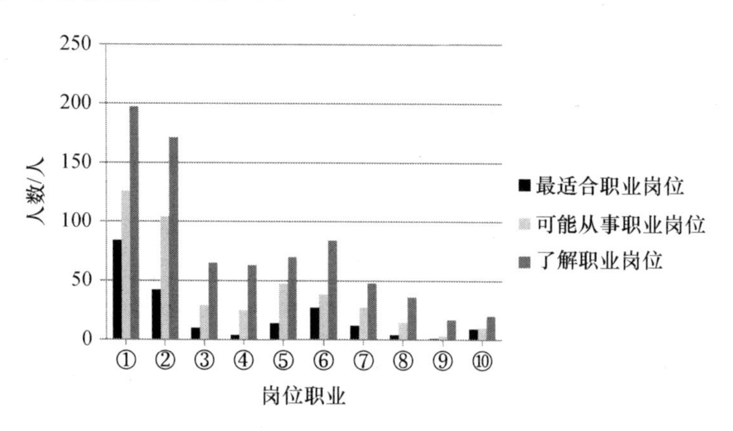

图 9-5 对绿色职业的了解、选择从业与最适从业分析

9.5 绿化职业的工资水平分析

9.5.1 绿化职业工资调查

农户通过接受生态工人机制，直接参与生态环境保护活动并获得一定的经济收入，可以认为是一种工资性收入。由于不同的绿化职业岗位，对于从工作内容、工作强度到工作考量的差别，应给予不同的工资发放。为了更好地验证该机制的适用性与可行性，在了解农户对生态工人的工资诉求时，应考虑全部受访者的工资意愿情况，并与接受生态工人机制受访者的工资意愿进行比较才更全面。从调查结果来看，无论是否接受生态工人机制，工资意愿平均水平均高于受访者工资水平意愿的众数。在不考虑是否接受生态工人机制情况下，从对所列 10 项绿化职业岗位工资支付意愿的调查结果可以发现，各职业岗位的工资平均水平分布为 154.58～348.17 元/天，而工资意愿众数为 100～200 元/天；平均工资水平最低为植被保护员，最高为设备销售员；对于接受生态工人机制的受访者，各职业岗位的工资水平平均分布为 157.17～366.25 元/天，工资意愿的众数分布与上相同，均为工资意愿众数 100～200 元/天，平均工资水平最低仍为植被保护员，最高也仍为设备销售员，但工资平均值要略高（表 9-7，表 9-8）。

从两组对比值的总体情况来看，接受生态工人机制组 10 项职业岗位的工资意愿的平均水平略高于全体样本的工资平均水平。两组对比数据结果的平均值中，销售员的平均工资水平都最高，说明农户对于生态工人中从事销售行业的经济收入期望较高，大体上与专业技术较强的知识密集型职业岗位（如水文专家、规划师等）持平。而对于以劳动密集型为主的植被保护员、渠道维护工等工资诉求意愿较低，需要短期培训的安装工、铺设工等工资诉求意愿略高于无需技术培训的植被保护员等。在两组对比

表 9-7　绿化职业岗位工资水平　（单位：元/天）

岗位	①	②	③	④	⑤	⑥	⑦	⑧	⑨	⑩
人数	221	196	117	113	116	133	111	98	95	99
平均值	154.68	155.13	348.17	178.85	183.08	171.22	211.53	291.63	333.16	291.92
众数	100	100	100	100	100	100	100	150	200	100

注：①植被保护工；②河道、渠道养护工；③生态保护/环保/节水设备销售员；④生态保护/环保/节水设备装卸工；⑤生态保护/环保/节水设备安装工；⑥生态保护/环保/节水管道铺设工；⑦设备操作和维护工；⑧生态保护/环保/节水工程师；⑨水文专家；⑩规划师。

表 9-8　接受生态工人机制受访者绿化职业岗位工资水平　（单位：元/天）

岗位	①	②	③	④	⑤	⑥	⑦	⑧	⑨	⑩
人数	206	183	108	105	107	122	103	90	87	91
平均值	157.17	157.32	366.25	180.95	185.58	173.42	216.12	303.11	349.20	302.64
众数	100	100	100	100	100	100	100	150	200	100

数据中，对 10 项职业岗位的工资意愿众数分析结果完全一致，表明受访者无论支持生态工人机制与否，均对所列的绿化生态职业岗位的工资诉求意愿基本一致。对于无需技术培训与需要短期技术培训的劳动密集型职业岗位，受访者认为是一样的，而对专业性较强、从业要求较高的知识密集型的职业岗位，应给予更高的工资。从对研究区的实地调查来看，石羊河流域居民在日常的农业生产活动中，农忙时节雇工的可接受的价格为 100～150 元/天，因此可以判断本调查中得到的工资意愿水平众数符合当地社会经济发展实际（图 9-6）。

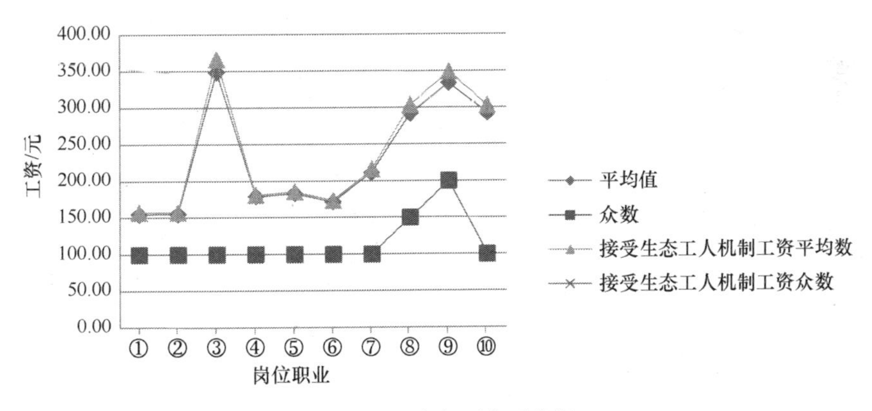

图 9-6　工资意愿水平分析

9.5.2　生态工人机制工资意愿估算与分析

为了得到所列 10 项绿化职业岗位的工资水平，需要进一步分析农户对各项职业岗位的工资的支付意愿分布情况。从调查结果来看，农户接受生态工人机制，对工资的支付意愿最低为 20 元/天，最高为 700 元/天，同时依据不同的职业岗位工资的诉求有所差异。接受生态工人机制，愿意成为生态工人直接参与生态保护活动而获得工资支付的平均工资意愿，可以通过离散变量的数学期望公式计算：

$$E\left(\mathrm{WTA}\right)=\sum_{i=1}^{n}P_i b_i$$

式中，E（WTA）为每项绿化职业岗位日平均工资支付意愿值；P_i 为被调查者频数；b_i 为受访者的工资诉求。

可以估算接受生态工人机制的生态工人平均支付意愿，如表 9-9 所示。依据上面的模型可以估算生态工人的平均支付意愿分布为 72.87～119.44 元/天。比较本研究对于农户家庭年总收入 10000～60000 元与农业生产年收入 5000～30000 元的调查结果，可以粗略估算农户每天的农业生产活动经济收入在 83 元左右，本节中模型估算的结果较为合理（表 9-9）。

表 9-9　生态工人工资水平意愿调查情况　（单位：元/天）

岗位	①	②	③	④	⑤	⑥	⑦	⑧	⑨	⑩
最小值	20	20	20	20	20	20	20	20	20	20
最大值	400	300	500	550	700	600	550	700	600	600
期望估算	90.52	91.94	72.87	92.67	119.44	114.1	84.56	97.2	105.4	91.54

同时，将接受生态工人机制的受访者的工资愿意平均水平、工资意愿众数水平与生态工人工资期望估算的结果进行对比，可以发现生态工人工资期望的估算与接受生态工人机制受访者的众数分布水平相接近，但仍低于平均工资水平。对于愿意接受生态工人机制的受访者，生态工人的工资期望估算基本可以满足他们的工资诉求（图 9-7）。

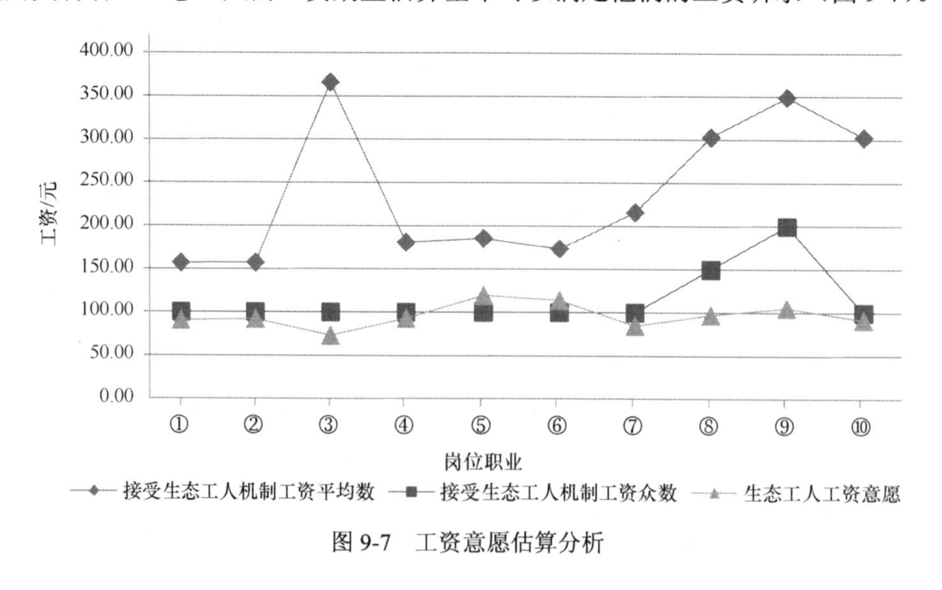

图 9-7　工资意愿估算分析

9.6　影响接受生态工人机制的意愿因素分析

9.6.1　样本社会特征的影响

本章前部分内容分析了有关生态工人机制的受访者的基本特征，包括性别、年龄分布、受教育程度、从事职业、家庭收入及主要的生计方式，对比了接受与不接受生态工人机制的样本特征。由于是否接受生态工人机制成为生态工人只包括支持与不支持两项，仍采用二项 Logistic 回归模型分析，将因变量的取值限定在（0，1）范围内，并通过采用最大似然估计法对其回归参数进行估计。考虑到生态工人机制主要是针对农户，需要将受访者从事职业进行粗略划分：务农户（1）与非务农户（0）；对于主要的生计活动，将畜牧/养殖业、农业（种植业）划分为以农业生产为主（1），采集（药材/山野珍品）、家庭副业划分为以非农业生产为主（0）。分析结果如表 9-10 所示。

表 9-10　影响因素分析

因素	系数	Wald	显著性
性别	0.17	0.78	0.38
职业	0.24	0.82	0.36
年龄	0.00	0.18	0.67
教育	0.21	3.69	0.05
收入	–0.05	2.35	0.12
主要生计活动	–0.19	0.88	0.35
常数	–0.09	0.02	0.88

从二项 Logistic 回归的结果来看，受访者样本特征中只有教育一项对于是否接受生态工人机制，成为生态工人的影响通过显著性检验，而性别、职业、年龄、收入、主要生计活动等影响因素未通过显著性检验，表明教育程度对于受访者是否接受生态工人机制的影响是显著的，而其他因素均不显著；同时，性别、职业、年龄、教育等因素的回归系数为正，表明这些因素对于受访者是否接受生态工人机制的影响是正向的，即男性比女性更愿意接受生态工人机制，从事农业生产活动的受访者比从事其他职业的受访者更愿意接受生态工人机制，而受教育程度越高，也更愿意接受生态工人机制，成为生态工人。

相反，收入与主要生计活动两项因素虽然未通过显著性检验，但其回归系数为负数，表明这两项因素对于受访者是否接受生态工人机制的影响是负向的，即家庭年收入越高，则越不愿意接受生态工人机制，而以非农业生产为主的受访者也不愿意成为生态工人。生态工人是直接参与生态保护活动，并从中获得一定的经济报酬，对于家庭收入较高，并以农业生产以外的生计活动为主的受访者不愿接受生态工人机制也是符合一般逻辑的。

9.6.2　影响生态工人机制的原因调查与分析

在分析受访者社会经济特征因素之后，需要进一步分析是什么因素促使受访者做出接受或是拒绝接受生态工人机制。问卷中设计了 5 项支持生态工人机制的原因与 10 项不支持生态工人机制的原因。相比而言，我们更想得到受访者不接受的原因，这将是生态工人机制后期研究的重点。

1. 受访者接受生态工人机制的原因分析

问卷调查中所列举的支持生态工人机制的原因主要包括：主要收入来源；家门口务工；农闲打零工，贴补家用；不为挣钱，保护自己周围的生态环境；造福子孙后代。从对受访者调查的结果来看，表示接受生态工人机制、愿意成为生态工人的原因中，“农闲打零工，贴补家用”这一原因最多，“造福子孙后代”这一原因居第二位，而出于“不为挣钱，保护自己周围的生态环境”“主要收入来源”原因支持生态工人的受访者较少。生态工人机制的主旨是农户（主要是生态补偿区农户）通过直接参与生态保护活动，获得一定的报酬，“抵消”生态补偿退耕还林/草的机会成本损失，是充分利用补偿区内农户退耕还林/草的剩余劳动力析出，保障和提高生态补偿项目实施的效果。多数受访者选择支持生态工人机制，出于“农闲打零工，贴补家用”，而不是“主要收入来源”的原因是理性的判断，生态工人是“家门口务工”但不能被当作农户主要的生活经济来源，是对现有生计活动的补充与完善。同时，对于“造福子孙后代”的原因要高于“不为挣钱，保护自己周围的生态环境”的原因，表明研究区内的受访者对当前石羊河流域生态环境下降有一定的认识，而对流域未来生态环境危机感认识更为强烈，支持生态工人机制，作为生态工人直接参与石羊河流域生态环境保护活动，确是利在当下，功在千秋，造福子孙后代的举措（表 9-11）。

表 9-11 接受生态工人机制原因分析

接受原因	样本数
主要收入来源	40
家门口务工	55
农闲打零工，贴补家用	125
不为挣钱，保护自己周围的生态环境	60
造福子孙后代	102

2. 受访者不接受生态工人机制的原因分析

与支持生态工人机制相比，更需要分析受访者不愿意成为生态工人的原因，从而找到可能阻碍生态工人机制实施与推广的因素。为了解受访者拒绝接受生态工人机制的原因，在石羊河流域调查问卷中列举了 10 项可能的原因，包括：家庭收入高；家里事情多，忙不过来；生态工人工资低；工资收入无法保障；没有合适的工种，做不来；技术性太强，培训也做不来；被熟人笑话；生态环境好坏与己无关；没有原因，就是不想参与及其他。对于拒绝接受生态工人机制的原因调查，主要是从受访者家庭收入情况、生态工资给付情况、绿化职业岗位的工作适应性、生态保护意识、社会认同等方面的原因，同样也包括了直接抗拒性原因调查。

从调查的结果可以发现，拒绝接受生态工人机制的受访者中，“家里事情多，忙不过来”的单一原因最多，有 142 人次选择，占原因总人次的 32%；“家庭收入高”的原因最少，只有 3 人次选择；而拒绝接受的“工资收入无法保障”“生态工人工资低”“技术性太强，培训也做不来”原因分布较为集中，共计 216 人次，占总原因人次的 48%；

而“生态环境好坏与己无关”“没有原因，就是不想参与”等对生态工人机制表示抗拒性的原因占总原因人次的 10%，而其中的“生态环境好坏与己无关”的生态保护意识淡漠的原因较少，而“没有原因，就是不想参与”的直接抗拒性回答比例较大（表 9-12）。

表 9-12　不接受生态工人机制原因分析

不接受原因	样本数
家庭收入高	3
家里事情多，忙不过来	142
生态工人工资低	68
工资收入无法保障	95
没有合适的工种，做不来	28
技术性太强，培训也做不来	53
被熟人笑话	11
生态环境好坏与己无关	5
没有原因，就是不想参与	39
其他	7

注：“其他”主要包括常年患病、年龄过大、行动不方便、接受培训困难等方面原因。

由于石羊河流域为生态环境脆弱地区，同时社会经济发展速度较缓慢，大多数的受访者并没有由于“家庭收入高”而拒绝接受转变为生态工人获得报酬。本次调查中所列举的 10 项与石羊河流域相关的绿化职业，有一定的局限性，导致有 6%的受访者因“没有合适的工种，做不来”而拒绝接受生态工人机制。这与问卷设计中职业岗位列举有直接关系。事实上，与生态保护相关活动、生态工人机制涉及的职业岗位、农户可以直接从事的绿化职业岗位，远远多于问卷中所列的 10 项，增列更多的生态工人职业岗位，可以减少因“没有合适工种，做不来”原因造成的受访者拒绝接受生态工人机制。对问卷中所列举的 10 职业岗位中，有一部分职业岗位需要短期的培训来满足从业的要求，而受访者因“技术性太强，培训也做不来”原因拒绝接受生态工人机制的比例较高，占总原因人次的 12%。综合考虑上一节中受教育程度对接受生态工人机制的正向影响作用，提高受教育程度，加强技术培训可以提高农户支持生态工人机制的推行与实施。生态工人机制将对直接参与生态保护活动的农户提供一定的工资报酬，因“生态工人工资低”“工资收入无法保障”的原因分别有 68 人次、95 人次，从本章前面对于生态工人工资调查与分析的结论来看，就接受生态工人机制受访者的生态工人工资的平均水平、工资期望众数、工资意愿估算与当地农忙雇用工资比较来看，生态工资水平并不是“低”得无法接受，而从因生态工人工资原因拒绝的接受生态工人机制中，工资发放保障原因要高于工资水平问题，所以在生态工人机制实施中如何保障工资发放是需要重点关注的问题，而适度提高生态工人工资水平同样也可以提高农户接受生态工人机制，直接参与生态保护活动的积极性。对于拒绝生态工人机制 142 人次的因“家里事情多，忙不过来”的受访者，则可以在生态工人机制设计与实施过程中，提供更加灵活的绿化职业岗位，吸引部分农户参与到生态保护活动中来。

3. 小结

生态工人机制区别于现行主流的生态补偿机制，使补偿实践由被动变为主动，由强迫变为激励，在促进生态保护的同时保障了住民的生计，提高了生态补偿（生态工程）实施的效益与效果，也更符合市场经济一般规律。本章分析了石羊河流域内与水资源相关的绿色职业岗位，调查了流域居民对于绿色职业岗位的认识，分析了生态工人机制的可行性，估算了典型绿色职业岗位的工资水平，总结了影响生态工人机制推行的原因与对策。

9.7　生态工人机制的研究方向

生态工人机制的提出，对提高受偿对象参与生态补偿项目有着很好的促进作用，但从当前研究工作来看，对于生态工人机制的研究仍存在一些不足，需要在今后的工作中加以完善：

（1）绿色职业岗位的选择与设置。深入分析生态工人机制的可行性，选择与设置更加完善的职业岗位，增加农户参与生态工人机制的进入机会。

（2）生态工人的遴选。分析绿色职业岗位设置与从业人员的要求，明确生态工人从业的具体要求，制定相关职业岗位的责任要求与从业规范。

（3）制定生态工人考核与绩效评估方法。制定易于操作的考核办法，保障生态工人机制的有效性、科学性。

（4）生态工人机制保障措施研究。生态工人机制是生态补偿机制的创新性研究，有别于当前流行的其他补偿机制。如何保障该创新机制有效运行，是该机制是否可以在现实生态补偿实践中广泛应用的前提，需要制定完善的保障机制，确保实践的有效性，便于推广。

第10章 结 论

10.1 主要结论

本书在介绍生态系统服务、生态补偿等的基本概念内涵、理论基础之后，梳理了国际、国内生态补偿研究的主要研究进展、重点领域与核心问题。从当前生态补偿国内外的研究发展来看，有关流域生态补偿的研究迅速升温，特别是对于补偿机制的研究已经成为近年来生态补偿、流域生态补偿研究的热词；而由于流域地理单元上的独特性，相应的补偿机制研究与探讨又有别于其他。特别是对于西北内陆地区，相对独立而封闭的内陆河流域，生态补偿机制的研究则更具特色。作为我国西北内陆河第二大流域石羊河，生态环境脆弱，经济基础薄弱，流域在发展过程中出现的经济与生态间的矛盾更为突出，选择石羊河流域作为研究区，开展流域生态补偿机制研究的理论与现实意义重大。从本书的研究工作的结果来看：

（1）地处石羊河流域下游的民勤县 1980～1990 年的耕地变化最大，耕地面积增长近 150km^2，增长比例达到 12%，这主要是由于该地区以农业种植为主，随着人口的不断增加，农民不得不大量开垦荒地耕作而造成的。这其中面积增长较大的乡镇主要有花儿园乡面积增加达 20km^2，双茨科镇面积增加近 16km^2，夹河镇面积增加近 13km^2，义粮滩林场面积增加近 12km^2。1990～2010 年民勤地区的耕地面积减少 193km^2，减少比例达 14%，这其中的夹河镇耕地面积减少近 34km^2。此外，流域内的永昌市、金昌市、武威市的凉州区耕地面积都呈现不同程度的增加，其中永昌县面积增加 130km^2，增长比例达 14%，其六坝镇面积增加近 30km^2；而位于石羊河流域中部地势较为平坦的凉州区 1980～1990 年土地利用变化主要表现在草地面积和未利用土地面积的减少上。1990～2010 年的特征主要表现为区内的水域面积增加和区内的城乡居民工矿用地面积的增加。

地处中游地区的古浪县、金昌市、永昌县三个县的土地利用变化主要集中在耕地、草地、未利用土地的变化。1980～1990 年耕地面积不断增加，而草地面积与未利用土地面积则持续减少，其中的古浪县面积变化最大，其耕地面积增加近 139km^2，而草地面积减少近 122km^2。1990～2010 年古浪县的耕地面积大幅度减少，特征较为明显，面积减少达 546km^2，减少比例为 29%，同时相应地促进了草地和未利用土地面积的增加，未利用土地面积增加 428km^2。而永昌县和金昌县耕地面积也略有增加，草地面积与未利用土地面积则呈现出不同程度的减少，两县的共同特征是草地面积减少程度较大。

地处流域上游的天祝藏族自治县与肃南裕固族自治县两县的土地利用变化则表现在草地面积和未利用土地面积的变化上。1980～1990 年，土地利用面积变化非常小，耕地面积均有少量的增加。1990～2010 年，草地面积增加显著，而未利用土地面积的减少也较明显，肃南裕固族自治县草地与未利用地面积变化则更大，草地面积增加 399km^2，未利用土地面积则减少近 301km^2。石羊河流域内的水域面积 1980～1990 年变化较小。而 1990～2010 年的面积变化较大。这主要表现在 1990～2010 年，民勤县的重兴镇增加面积 14km^2。天祝县的毛藏镇增加面积也近 14km^2，哈溪镇面积增加 13km^2。肃南裕固族自治县的东滩镇面积增加近 10km^2，同时县内的北滩镇面积减少近 12km^2。永昌县的红山窑面积减少近 8km^2。水域面积的减少主要与各年份的水库的蓄水量变化有关（尚海洋，2015）。

特别值得关注的是城乡、居民、工矿用地呈持续的增长趋势，1980～1990 年该类土地面积略有增加，但面积变化相对较小，主要是 1990～2010 年的变化较大。武威市凉州区的面积增加近 52km^2，民勤县面积增加 37km^2，金昌市面积增加近 32km^2，分析原因主要是与城市化进程加快，城市兴建新区以及乡村的新农村建设工程有关。

（2）从转移矩阵的结果来看，两个时段内的土地利用类型变化特征主要表现为：第一个时段 1980～1990 年，土地利用类型转移变化大，主要表现在耕地面积与草地面积，以及未利用土地面积；其中耕地面积转入达 496km^2，而转出面积达 111km^2，主要的转入类型有草地面积和未利用土地面积，草地面积转入为 106km^2，转出面积为 295km^2，土地利用转出类型主要为耕地，高达 270km^2。而未利用土地转入面积为 63km^2，转出面积达 239km^2，转出土地类型主要为耕地面积，达 204km^2。草地转入面积为 4608km^2，转出面积为 5064km^2。

第二个时段 1990～2010 年，土地利用类型的转移面积也比较大，其中耕地转入面积为 1592km^2，转出面积达 2161km^2。主要的土地利用类型变化都是草地和未利用土地，而且面积转出幅度要大于面积转入幅度。林地转入面积为 1370km^2，转出面积为 1218km^2，转出土地利用类型主要是草地与耕地。草地转入面积为 4608km^2，而转出面积为 5064km^2，主要的土地利用类型是未利用土地、耕地、林地。水域转入面积为 169km^2，转出面积为 102km^2，主要的土地转移类型是草地和耕地。城乡、居民、工矿用地土地利用的转入面积为 369km^2，转出面积为 242.43km^2，转入的主要土地利用类型为耕地。未利用土地转入面积为 3931km^2，转出面积为 3251km^2。主要土地利用类型是耕地和草地的转化。

（3）1980～2010 年，石羊河流域生态系统服务总价值呈减少趋势，由 1980 年的 1313952.12 万元减少到 2010 年的 1 304 128.28 万元，年均减少率为 0.02%，1980～1990 年的年均减少率为 0.02%，1990～2010 年的年均减少率为 0.03%。流域生态系统服务价值在空间上存在一定的变化，1980～1990 年流域上游的生态服务价值是增长的，主要由于人口增加、开荒引起的耕地增加，从而使生态服务价值增加。下游的生态服务价值呈降低趋势，主要与民勤地区的沙化现象加剧，生态环境更加脆弱有关。生态服务价值保持不变的地区较多，主要是由于一些林区和草场的生态服务价值，1990～2010 年流域上游生态服务价值呈降低趋势，这主要与上游的环境破坏严重和林区减少等有关。流域中下游生态服务价值呈增长趋势，由于生态服务价值增加与人口增加，加大了开荒力度，使未利用土地转化为耕地。以及由于下游不容乐观的生态安全，加大了对下游生态环境的恢复，退耕还林还草等政策有一定的成效，影响到生态服务价值。

考虑到土地利用类型变化与转移影响下的流域生态服务价值的评估，及与未考虑该因素作用的评估结果比较。在不考虑类型变化与转移因素下，石羊河流域生态服务价值评估结果显示，1980～2010年流域生态系统服务总价值呈减少趋势，由1980～1990时段减少2.69亿元到1990～2010时段减少0.27亿元；而在一级生态系统服务类型中，只有供给服务一项数值为正，生态服务价值增加。考虑到本书的评估结果中，单位面积的生态服务价值是固定值，而只考虑面积的变化，可以发现在不考虑土地利用类型的变化与转移情形下，增加生态系统服务供给量是提高流域生态系统服务价值的唯一途径，且由于资源供给量的减少，供给服务的正向作用越来越小，这也符合资源有限的常识。

相比之下，在考虑土地利用类型变化与转移影响的情形下，生态服务价值的评估结果表现出显著的不同：总的生态系统服务价值量有较大幅度的提高；相对于供给服务而言，文化服务、调节服务、支持服务等的价值都有所提高，特别是调节、支持服务的生态服务价值提高幅度较大，特别是1990～2010年的第二时段内，对总生态服务价值的提高作用较为明显。从石羊河流域近年来生态环境保护、流域综合治理工程实施的现实效果来看，这更与实际情况相符：黄沙几近吞噬的青土湖，已是碧波重现，流域居民切实感受到了生态保护与恢复的环境红利。

（4）从分析结果来看，影响农户参与生态补偿与否，农户受偿愿意的主要影响因素均为农业收入。农户对生态补偿，特别是身处生态脆弱地区石羊河流域的居民，对流域生态保护与恢复有着较好的认知，而对实施生态补偿有着很好的期望，关键的问题是如何在生态补偿项目实施过程中，通过对农户进行适宜的补偿额发放，平衡农户因参加生态补偿项目的收入损失，维持或提高当前的生计水平不受影响，是实施流域生态补偿的关键。过低的生态补偿标准（以最小平均受偿额估算为参考），将无法激励农户参与生态补偿项目的积极性，或是降低生态补偿项目实施的效果。

（5）对于流域居民来说，只有在保护流域生态环境与他们的个体利益不相违背的情况下，才能实现流域的“双赢”。一方面，我们很难确定当前流域生态环境是否已经接近最低生态安全标准，但流域生态系统日益退化却显而易见。另一方面，由于缺少必要的技术支持，监控、追踪非法的退耕还地复垦、复牧，流域生态补偿的效果，特别是对于参与项目流域居民生计的改善并不十分理想，这也是当前我国很多生态补偿工程共同面临的问题。对所列补偿乡镇的环境收益测算值为32303011.23元，而以农户耕地机会成本测算值为24839700元，生态补偿环境收益高于农户土地耕作的收益，在不考虑预算约束时，以农户耕作机会成本测算的结果将是理论上实现生态恢复目标的最少生态补偿资金投入。若为实现生态恢复目标，则平均的补偿标准为290.5～377.6元/亩，而随着补偿标准的不断提高，当补偿标准高于农户耕作的机会成本时，农户会积极地选择参与生态补偿项目，反之，则会拒绝参与；而从本研究的社会调查中分析得到的农户期望的补偿标准为465.6元/亩，该值略高于全面实现恢复目标的标准。

而实际上，多数的生态补偿投入是存在资金投入预算约束的。当生态补偿投资存在预算约束时，则需要进一步考虑补偿的优先性，通过优先性排序确定优先补偿的区域。本书中引入的优先性指标是通过单位面积的环境收益与机会成本的比值来确定。当存在生态补偿投入预算约束时，依照优先性指标进行排序，择“优”先补，直至预算花光。

这里假定控制最低生态补偿投入资金的2/3来进行说明，综合比较优先指标、耕作的机会成本，要以发现在补偿标准确定在200元/亩时，可以作为首次出价，则有19个乡镇参加生态补偿项目（机会成本低于200元/亩的双茨科乡搭了便车），而其中优先性指标排名前10位的乡镇均参与生态补偿项目，同意转变土地利用方式退耕还林/草；考察预算剩余后，继续提高补偿标准，利用优先性指标进行筛选，直到预算花光。结果当补偿标准提高到500元/亩时，下游的东湖乡有1659亩进入生态补偿项目，剩余东湖乡1283亩、泉山3791亩、红沙梁658亩、西渠1513亩、蔡旗3008亩、夹河2193亩共计12096亩未进入参与生态补偿项目；而如果依据调查得到的农户期望的补偿标准为506.6元/亩计算，则将有53541亩无法完成恢复目标，可以看出利用优先性指标排序，对于控制生态补偿预算投资约束和完成恢复目标的作用十分显著。

（6）“你给我钱，我来保护环境！”似乎存在这样一种雇佣关系，当从业人员选择某种职业后，他的劳动付出获得一定的工资补偿，这种雇佣关系既让农民参与了环境保护，同时环境和农民都能够从中获益。这种职业就是生态化的职业、从业人员就是生态化的工人、劳动付出的工资补偿就是生态化的工资，这种雇佣关系之下产生的一系列动态变化就是流域生态补偿中的生态工人机制，一方面是为了调动参与者的主动性与积极性，提高生态补偿项目的绩效，另一方面是为了增加直接参与者的经济收入，提高农户家庭生计，实现农户个体层面上的双赢，因此受访者家庭主要的生计方式与家庭收入，势必影响受访者接受生态工人机制，成为生态工人的意愿。综上所述，被调查者的性别、年龄、受教育程度、从事职业、当前的主要生计方式、收入情况等，是影响参与生态补偿农户是否愿意接受生态工人机制，成为生态工人的主要因素。

对本章列举的10项与流域生态环境保护最直接相关的职业岗位，从受访者对于列举的职业岗位的熟悉情况来看，随着专业性的增强，熟悉该职业岗位的人数迅速减少，受访者最为熟悉的岗位职业为：①植被保护工，②河道、渠道养护工等基本不需要太多从业要求与从业经验的职业岗位；而对于③生态保护/环保/节水设备销售员，④生态保护/环保/节水设备装卸工，⑤生态保护/环保/节水设备安装工，⑥生态保护/环保/节水管道铺设工等需要通过短期、就近的培训达到从业技术要求或是从业经验的职业岗位，受访者表现出相对较差；而对于⑦设备操作和维护工，⑧生态保护/环保/节水工程师，⑨水文专家，⑩规划师等具有较强从业技术要求与从资格要求的职业岗位，受访者的了解更少。对于绿化职业岗位的熟悉情况，从一定程度也体现了农户保护生态环境意识：对所列举的职业岗位都有所“了解”，无论是对较简单的绿化职业岗位，还是专业性较强的绿化职业岗位，了解这些职业岗位的人数最少的都已超过20人，表明石羊河流域居民的生态环境保护意识较好。

受访者样本特征中只有教育一项对于是否接受生态工人机制，成为生态工人的影响通过显著性检验，而性别、职业、年龄、收入、主要生计活动等影响因素未通过显著性检验，表明教育程度对于受访者是否接受生态工人机制的影响是显著的，而其他因素均不显著；同时，性别、职业、年龄、教育等因素的回归系数为正，表明这些因素对于受访者是否接受生态工人机制的影响是正向的，即男性比女性更愿意接受生态工人机制，从事农业生产活动的受访者比从事其他职业的受访者也更愿意接受生态工人机制，而受教育程度越高也更愿意接受生态工人机制，成为生态工人。

相反，收入与主要生计活动两项因素虽然未通过显著性检验，但其回归系数为负数，表明这两项因素对于受访者是否接受生态工人机制的影响是负向的，即家庭年收入越高，则越不愿意接受生态工人机制，而以非农业生产为主的受访者也不愿意成为生态工人。生态工人是直接参与生态保护活动，并从中获得一定的经济报酬，对于家庭收入较高，并以农业生产以外的生计活动为主的受访者不愿接受生态工人机制也是符合一般逻辑的。

（7）从调查结果来看，无论是否接受生态工人机制，工资意愿平均水平均高于受访者工资水平意愿的众数。在不考虑是否接受生态工人机制情况下，从所列 10 项绿化职业岗位工资支付意愿的调查结果可以发现，各职业岗位的平均工资水平分布为 154.58～348.17 元/天，而工资意愿众数为 100～200 元/天；平均工资水平最低为植被保护员，最高为设备销售员；对于接受生态工人机制的受访者，各职业岗位的平均工资水平分布为 157.17～366.25 元/天，工资意愿的众数分布与前相同，即工资意愿众数为 100～200 元/天，平均工资水平最低仍为植被保护员，最高也仍为设备销售员，但工资平均值要略高。而从对研究区的实地调查来看，石羊河流域居民在日常的农业生产活动中，农忙时节雇工可接受的价格为 100～150 元/天，因此可以判断本调查中得到的工资意愿水平众数符合当地社会经济发展实际。

依据上面的模型可以估算生态工人的平均支付意愿分布为 72.87～119.44 元/天。比较本研究对于农户家庭年总收入 10000～60000 元与农业生产年收入 5000～30000 元调查结果，可以粗略估算农户的农业生产活动经济收入在 83 元/天左右，可见模型估算的结果较为合理。同时，将接受生态工人机制的受访者的工资愿意平均水平、工资意愿众数水平与生态工人工资期望估算的结果进行对比，可以发现生态工人工资期望的估算与接受生态工人机制受访者的众数分布水平相接近，但仍低于平均工资水平。对于愿意接受生态工人机制的受访者，生态工人的工资期望估算基本可以满足他们的工资给付诉求。

（8）问卷调查中所列举的支持生态工人机制的原因主要包括：主要收入来源；家门口务工；农闲打零工，贴补家用；不为挣钱，保护自己周围的生态环境；造福子孙后代。从对受访者调查的结果来看，表示接受生态工人机制、愿意成为生态工人的原因中，“农闲打零工，贴补家用”这一原因最多，“造福子孙后代”这一原因居第二位，而出于“不为挣钱，保护自己周围的生态环境”“主要收入来源”原因支持生态工人的受访者较少。

拒绝接受生态工人机制的受访者中，“家里事情多，忙不过来”的单一原因最多，有 142 人次选择，占原因总人次的 32%；“家庭收入高”的原因最少，只有 3 人次选择；而拒绝接受的“工资收入无法保障”“生态工人工资低”“技术性太强，培训也做不来”原因分布较为集中，共计 216 人次，占总原因人次的 48%；而“生态环境好坏与己无关”“没有原因，就是不想参与”等对生态工人机制表示抗拒性的原因占总原因人次的 10%，而其中的“生态环境好坏与己无关”的生态保护意识淡漠的原因较少，而“没有原因，就是不想参与”的直接抗拒性回答比例较大。研究发现，可以通过增列更多的生态工人职业岗位、提高受教育程度、加强技术培训、保障工资发放、适度提高生态工人工资水平、提供更加灵活的绿化职业岗位、吸引部分农户参与到生态保护活动中来。

10.2　生态补偿研究展望

10.2.1　生 态 补 偿

1. 创新精准生态补偿的长效机制

当前生态补偿机制，特别是国内实践中大多由政府代理，以短期工程项目的形式投入资金、实物或技术等短效的生态补偿机制，补偿期限结束后，绝大多数参与主体无法通过补偿实践形成稳定的收入来源，生存矛盾将会再次重现，而缺少具有长期性、可操作性的、经济生产性等特征的生态补偿机制设计，没有形成固定的生态补偿制度体系设置，使参与主体对未来收益有一个稳定的预期。

1）建立适合我国国情生态补偿机制的原则

根据我国生态环境问题的特征和国家生态安全的需要，建立生态补偿的机制应遵循以生态系统服务功能为科学基础、保护生态者受益、受益者补偿、政府主导、全社会参与、权利与责任对等的原则。

2）科学确定生态补偿地域范围

生态学理论表明：不同地域的生态系统具有不同生态服务功能，有的地域单元具有极重要的生态服务功能，如对水源涵养、水土保持、沙尘暴控制、生物多样性保护、调蓄洪水等具有很重要的作用，而有的地域生态服务功能较弱，可以用于经济发展和城乡建设。

由于生态保护的目的是保护生态功能，因此确定生态补偿的地域范围时，也必须以生态服务功能为基础，评价不同地域单元的生态服务功能重要性，以明确对国家、区域或特定城市生态安全有重要意义的地域和生态系统，并根据其重要性程度与等级，确定生态补偿的优先次序。

3）明确生态补偿载体与补偿对象

根据生态系统与生态服务功能的关系，分析不同生态系统所提供生态服务功能及其重要性，确定生态补偿的生态系统类型与补偿载体。具有重要生态服务功能的生态系统类型有森林、草地、湿地和海洋等。

以生态补偿为载体的土地所有权属和使用权属特征为基础，确定生态补偿对象，我国土地权属有两种，即国家所有和集体所有，生态补偿的对象应是拥有和使用集体土地的农民、牧民。

4）建立合理的生态补偿经济标准核算方法

生态补偿经济标准（即生态补偿金额）的确定应考虑以下 3 个方面的因素：①生态保护所导致的直接经济损失。在生态保护中，保护生态者直接受到的经济损失得到补偿。如可以对野生动物破坏居民农作物造成的直接经济损失进行估算。②生态保护地区为了保护生态功能而放弃的发展经济的机会成本。由于生态保护的要求，当地必须放弃一些产业发展机会，如水源保护区不能发展某些污染产业，沙尘暴控制区不能放养或需限制牲畜的数量，而造成的间接经济损失，从而影响农牧民的经济收益。因此其生态补偿标准可以参考当地的土地租金确定。③生态保护的投入测算。用于生态保护的直接经济投入，如用于退耕还林、草、湖的补偿，保护天然林的补偿，其他用于生态保护的物质投入、劳动投入、管理费用等的补偿。

2. 建立系统理论分析框架

当前仍然基本上处于理论和方法探讨阶段和案例积累阶段，没有形成有关同类型生态系统服务（如流域生态系统）补偿的系统理论分析框架和制度机制体系，能相应成为国家政策的就更少。生态补偿研究仍处于理论和实践应用探索的阶段，生态补偿的理论创新和实践应用发展仍然任重道远。

3. 以立法形式规范生态补偿行为

目前我国环境破坏、污染严重，环境形势严峻，依靠法律法规来规范、调整、保护生态环境和由此产生的生态补偿行为以及与之相关的各种社会关系已刻不容缓。然而，我国多年的生态补偿实践并未使得生态补偿制度化、法律化，迄今仍无一项成熟而完备的生态补偿法律制度。

生态补偿法律制度必须充分考虑各个地区的实际情况，发挥各个地区的自主性，在不与中央政策和原则相抵触的前提下，结合各地区实际，把实践多年的、较为成熟的生态补偿策略及时上升为法律法规，以建立长效的生态补偿机制。通过局部地区的实践积累去带动整个国家的立法实践活动，全面建立完备的生态补偿法律体系。同时，在建立生态补偿法律制度的过程中，确保公众参与可以使环境问题的解决有坚实的群众基础，同时大众参与生态环境的保护与建设也是实现生态补偿目标的保证。因此在建构生态补偿法律制度时，必须坚持“大众参与”的原则，积极发动社会公众广泛参与，激发群众参与生态维护与建设的热情。

在生态补偿法律制度的建构过程中，必须充分发挥政策等法律辅助手段的作用。法律法规都是刚性的，但其范围与作用总是有限的，这就需要具有灵活性的生态补偿政策予以弥补。生态补偿政策可以因地制宜，结合各个地区的实际情况探索具有地方特色的生态补偿模式，使生态补偿可以满足不同层次以及未来的需求。

4. 完善生态补偿实践效果系统评估环节

由于我国生态补偿实践起步较晚，并偏重于基础理论、补偿机制、补偿方法等方面的探讨，对生态补偿实践效果评价的研究相对较少，特别是对补偿实践过程运行状况和实施效率的监督、对补偿实践前后环境效益的比较、对补偿实践本身成本收益的分析、对补偿实践参与主体满意度的调查、对补偿实践后续问题的应对等缺少系统的评估。生态补偿实践效果的系统评估是生态补偿工作中一个极其重要的环节，可以为进一步促进地区社会经济发展、完善补偿机制提供重要的参考和依据。

5. 建立有利于生态保护的财政转移支付制度

财政转移支付是生态补偿最直接的手段，也是最容易实施的手段。

1）改进财政转移支付结构

改进财政转移支付结构，在目前财政政策的框架基础上，增加对重要生态功能区、生态屏障区、生态保护良好的省（直辖市、自治区）、完成国家生态环境保护目标和生态保护工作进展迅速地区的补助和奖励，形成激励机制。具体对象包括：一是自然保护区面积比例超过全国平均水平的省（直辖市、自治区）；二是涵盖重要水源地、水源涵养区、重要自然保护区、防护林区等重要生态功能区的地区；三是生态环境保护工作力度大、成效显著的区域等。加大对生态省、生态市、生态县、生态示范区、生态工业园区、环境优美城镇、重大生态工程、生态农业、绿色食品、有机食品基地的建设补偿力度等。

2）加大对西部地区的支持力度

中央财政性资金应加大对西部地区的支持力度。中央财政预算内建设资金（包括铁路、交通等专项建设基金）应加大对西部地区的投入力度，至少 1/3 的比例用于西部地区。在国家发行长期建设国债时，保证 1/3 以上用于西部地区。

6. 建立统一管理生态补偿实践的专门机构

目前我国尚缺少对生态补偿实践统一管理的专门机构，造成了管理实践上的混乱，以及补偿行为在横向（区域间）和纵向（部门间）的分割。如涉及水资源的农业部门、公共和市政部门、地质采矿部门、卫生或环保部门、跨行政区流域管理机构的纵向管理体系，与严格的行政区域划分管理权相交错，极大地增加了生态补偿实践的复杂性。

7. 明确市场与政府的分工关系

生态补偿机制、环境服务付费机制的理论基础是新古典经济学，是将环境服务作为常规商品，在假想的市场上进行购买、销售和交易，受到了制度经济学与政治经济学的广泛质疑。我国生态补偿实践主要有政府主导型和市场调节型两种类型。然而，现实中的政府主导型补偿实践已经从“谁污染，谁付费”的基本补偿原则，变成了向“污染者付费”以期实现环境的可持续；市场调节型的补偿实践则由于参与主体的信息不对称性、公众与私人利益不统一等，仍需第三方的介入与组织。市场与政府在补偿实践中的分工，应进一步明确：市场应当在资金筹措、差异补偿、剩余劳动力就业、后续产业发展等方面发挥重要作用；政府应当在落实补偿政策、保障粮食安全、提高生计水平、建立统一管理机构、完善补偿立法等方面加强。

10.2.2 流域生态补偿

1. 建立适合我国国情的流域生态补偿制度

完备的流域生态补偿制度是开展生态补偿实践工作的基础，在结合我国现有国情的基础上，借鉴外国（如美国、德国和日本等）建立生态补偿制度的经验，对流域生态补偿的对象、方法、标准及适用条件等作出明确具体规定，明确流域生态补偿利益相关者的职责和权利，尽快出台适合我国的《生态补偿法》以及相关的环境税法，对流域生态补偿机制的实施作出详细的操作规定，选择有条件的地方先行先试，总结经验之后再向全国逐步推广，建立流域生态补偿工作的长效机制，使流域生态补偿工作走向规范化和法制化。

2. 构建以流域水资源管理机构为平台的生态补偿协商合作机制

建立流域生态补偿机制不仅是一种利益协调机制，更需要一个利益协调平台，让利益相关者平等协商。长江、黄河、淮河、海河等 7 大流域均有流域水资源保护管理机构，可以作为建立流域生态补偿机制的协调机构，在协商机制的指导下召集流域内省（自治区、直辖市）进行协商，就流域水量分配、确定排污限额、水资源补偿、水环境补偿等事宜进行磋商和谈判。在民主协商机制下对用水、水环境保护以及违约惩罚等作出决策，通过长期合作，健全省（自治区、直辖市）间的激励和约束机制，弱化地方保护主义。加强流域上、下游区域经济合作，使上、下游之间形成合理的产业分工，下游地区要增强生态补偿意识，扶持上、中游地区发展资源节约型、环境友好型替代产业，并鼓励受益区企业到上游区发展环保事业等。

3. 积极推进市场化流域生态补偿

西方学者德鲁克（Drucker）和德姆塞塔（Demseter）主张公共物品的供给要引入市场因素，单独依靠政府，容易出现“政府失灵”问题。科斯定理提出可以通过市场交易方式将外部成本内部化。目前许多国家除依靠传统的政府财税手段之外，还特别注重发挥市场机制的作用来获得生态补偿的资金，以提高生态治理的效益。因此，我国的生态补偿机制也应该借鉴国外经验，在完善政府财政转移支付制度的同时，探索市场化的交易方式，在保护方和受益方明确的前提下，可以充分发挥市场机制在流域生态补偿中的重要作用。浙江东阳和义乌的水资源使用权交易、江苏省太湖流域主要水污染物排放指标有偿使用的实践，为流域生态补偿市场化提供了可供借鉴的经验。在水量分配明细、排污权初次分配有偿使用的基础上，探索建立流域水资源使用权转让和主要水污染物排放权交易制度，逐步形成流域上下游间水资源使用权和排污权交易机制，通过市场调节和政府引导使水资源合理配置、水环境有效保护。

一方面，充分发挥政府与市场机制的互补作用，如对生态保护者进行政策优惠、技术培训等方式，弥补其因流域生态环境资源保护而所受的损失，帮助其改善生活环境，综合使用多种方式进行生态补偿，逐步建立政府引导、市场推进和社会参与的生态补偿模式；另一方面，积极探索资源使用权和排污权交易等的市场化生态补偿模式，拓宽资金筹集渠道，尝试采用 BOT 和 TOT 等融资方式，引导和鼓励社会资本参与环境保护和生态建设事业。

4. 进一步完善流域水污染治理的公众参与机制

许多国家取得环境治理成功的关键因素之一就在于：这些国家都十分重视社会公众

参与环保工作，并积极引导、鼓励和通过各种方法为社会公众参与环保治理工作提供各种便利条件。弗里曼在 1984 年提出利益相关者理论，其核心思想是利益相关者的自身利益受到某种决策直接或间接的影响，应该及时有效地参与到决策制定过程中。我国流域水环境污染治理工作要紧紧依靠人民群众，建立全民参与环保的机制。一方面，要广泛开展环境宣传教育，帮助公众了解流域水环境管理的相关知识，提高人民群众的政策参与意识，营造人人关心、处处支持和全民参与流域水环境治理的良好氛围；另一方面，要保障公众权利，强化社会监督。政府部门通过政府网站、宣传栏、网络平台等及时发布流域水质、流域水环境治理规划和流域生态补偿实施进展等信息，增强信息透明度，推行环境信息公开化，健全环境保护的公众举报制度和公众听证制度，畅通公众参与途径，如座谈会、信访、民意调查等，保障公众的环境知情权、参与权和监督检举权。鼓励社会环保组织的建立和发展，并提供资金支持，确定其法律地位和权利，更有效地引导和动员人民群众参与环境治理工作。

10.2.3 石羊河流域生态补偿

实施石羊河流域重点治理不仅关系到武威绿洲的生存和发展，也关系到作为丝绸之路“黄金通道”的河西走廊的生态安全和国家的生态安全。因此，石羊河流域生态补偿的进一步研究方向有以下 6 个方面。

1. 实施水资源统一管理和调度

1）实行流域取水许可分级管理制度

按照总量控制的原则，根据批准的石羊河流域水量分配方案，由石羊河流域管理局会同武威、金昌两市对各地表水取水口引水量和地下水开采量进行核定，按照分级管理的原则，合理划定取水许可管理权限，对用水量较大或有争议地区的地表水和地下水取水量，由石羊河流域管理局登记发放取水许可证，并负责监督管理；其余地表水或地下水取水量由各市水行政主管部门按照石羊河流域管理局核定的水量指标，分级发放取水许可证，负责监督管理。对于无证取水或未按规定取水等违法行为，按有关规定予以处罚。

2）加强石羊河流域水量统一调度和水事协调

以省政府审批的《石羊河流域水利初步规划》为依据，兼顾不同地区和部门的用水要求，按“分步实施、逐步到位”的原则，根据来水情况，由石羊河流域管理局逐年编制石羊河流域水量实时调度方案，按程序报批。

3）严格用水管理

武威和金昌两市用水实行行政首长负责制，负责具体落实石羊河流域水量分配和实时调度方案，并将落实方案情况作为考核当地政府工作的主要内容之一。

2. 以中游灌区为重点，大力开展节水配套改造，积极稳妥地进行产业结构调整

1）调整产业结构

必须充分考虑水资源条件，进行经济社会布局的战略调整，以水定规模，节水促发展。积极稳妥地进行农林牧结构调整，近期结合封井规划，将地下水开采集中、耕地质量不好、或靠近沙漠、戈壁边缘地区的农田灌溉用地100万亩实施退耕自然封育和调整为生态林草用地（上游25万亩，中游50万亩，下游25万亩），同时要调整作物种植结构，限制高耗水作物种植，发展高效农业；必须全面地停止接纳移民和严格执行计划生育政策。

2）封闭机井，压缩地下水开采量

针对流域机井过多，严重超采地下水的问题，近期要有计划地封闭机井。在机井过密地区，地下水开采半径相互交叉的机井进行封闭，逐步压缩中游地区地下水开采量，恢复地下水位，扩大天然植被面积，建立良性的生态环境系统；同时建设项目要严格实行水资源论证制度和环境影响评价制度。

3）灌区节水改造

参照国家实施黑河流域综合治理的模式，把石羊河流域列为节水高效示范区，在全面普及常规节水的基础上，加大高新节水技术的推广力度，严禁开荒，压缩高耗水作物种植面积，逐步转变以增加耗水实现经济增长的发展模式，在全流域建立节水型工业、农业和节水型社会。

3. 搞好下游地区的节水改造和产业结构调整，高效利用有限的水资源

下游的民勤地区和金川昌宁地区要严格限定灌溉规模，同时要搞好现有灌区节水改造。初步考虑民勤地区保留60万～70万亩灌溉面积为宜。

石羊河下游民勤地区水资源十分紧缺，生态环境极为脆弱，为确保有限的水资源能最大限度地用于生态建设，也必须相应调整经济社会发展布局，退耕自然封育，发展特色经济。

4. 积极落实规划确定的水利工程和外流域调水工程

一是抓紧建设杂木河毛藏水库，在改善杂木灌区用水的同时，保证每年向民勤输水3000万m^3；二是建设民调工程61km专用输水渠，使宝贵的外调水得以充分利用；三是在抓紧引硫济金调水工程建设的同时，着手引大济西工程的前期工作，并适时开工建设。

5. 搞好生态环境建设及水源保护

下游要以维护适度的人工绿洲生态与环境为前提，改变传统的用水方式和经济增长的模式，管理和应用好有限的水资源。因地制宜地退耕自然封育和退耕还林还草，有计划地封闭机井，逐步压缩地下水的开采量，遏制地下水水位的下降和水质的恶化，最大限度地恢复植被，控制土地沙漠化。

建议将上游祁连山水源涵养林建设列入“天然林保护工程”，退耕封育保护水源涵养林。制定流域水资源保护规划，实行入河排污许可制度和污染物入河总量控制，防治水污染。

6. 加强和完善水文站网，建立水资源监测信息系统

按照实施石羊河流域水量、水质统一管理调度的要求，补充和完善水文站网，加强各出山口水文站和中、下游蔡旗、金川峡等水文站的建设和管理，建立先进的水文自动测报和水资源管理、调度系统。

1）建立多渠道、多元化的筹资机制

一是以政府投入为主，多渠道、多层次、多方位地吸引社会力量筹措流域治理资金，引导有关单位、企业和个人积极投资、共同治理石羊河流域；二是设立专门的生态基金，由筹资委员会和流域管理局共同监督管理。在生态基金使用的监督方面，对每一笔基金的拨付使用都要聘请第三方专业机构进行审计，重点审计基金的实际用途是否与申请用途相符，资金的使用效率、项目产生的生态效益、社会效益是否达到预期等。三是通过开征生态税，并结合政府纵向财政转移支付和横向转移支付的方式，对石羊河流域进行生态补偿。

2）进一步推动民勤地区的生态治理

对移民搬迁区和其他耕地压减区，在退耕封育、还林还草、关闭机井的同时，应同步实施人工生态林草的水资源保障工程，修建专用输水管道和供水站点，以确保灌溉需求，防止出现新的沙化问题。另外，争取将压减的耕地列入退耕还林项目，在关井压田区域大力进行生态综合治理，探索发展生态经济。

探索生态治理新机制。民勤县外出务工或者直接迁出的人员较多，留守在农村的劳动力普遍年龄大、技能低，这批农民被称为末代农民。充分发挥这部分人员的力量，鼓励和引导其参与到流域的生态治理工程中，使其转变为第一代生态工人，不仅能增加其收入，还能更好地治理和管理生态工程。

3）加快末级渠系配套建设

将红崖山灌区遗留的骨干工程和末级渠系改建项目纳入重点治理项目计划。加快建设整个流域末级渠系及计量设施节水配套工程，建设高标准现代化的末端配套工程体系，高标准衬砌和配套建设末级渠系（井渠）、量水、控水设施，全面提高渠系水的利用率。

4）推进流域水资源管理的信息化进程

实施全流域的水资源信息化管理系统项目，加大水利信息基础设施（如水利信息采集、水利工程监控、水利通信设施、水利信息网络、水利应急管理和水利数据中心等）建设力度；规划实施重点水利信息化建设工程，如防汛抗旱指挥与管理、水资源监测与管理、农村水利综合管理等信息化建设工程，并逐步实现资源共享与业务协同。

参考文献

鲍达明, 谢屹, 温亚利. 2007. 构建中国湿地生态效益补偿制度的思考. 湿地科学, 5(2): 128-132.

蔡邦成. 2008. 生态建设补偿的定量标准——以南水北调东线水源地保护区一期生态建设工程为例. 生态学报, 28(5): 2413-2416.

曹明德. 2005. 森林资源生态效益补偿制度简论. 政法论坛, 23(1): 133-138.

常亮. 2013. 流域生态补偿中的水资源供应链问题研究. 生态经济, (4): 39-42, 47.

常杪, 邬亮. 2005. 流域生态补偿机制研究. 环境保护, 22(12): 60-62.

陈丹红. 2005. 构建生态补偿机制实现可持续发展. 生态经济(中文版), (12): 48-50.

陈发虎, 朱艳, 李吉均, 等. 2001. 民勤盆地湖泊沉积记录的全新世千百年尺度夏季风快速变化. 科学通报, 46(17): 1414-1419.

陈琳, 欧阳志云, 王效科, 等. 2006. 条件价值评估法在非市场价值评估中的应用. 生态学报, 26(2): 611-619.

陈彦光. 2009. 基于 Moran 统计量的空间自相关理论发展和方法改进. 地理研究, 28(6): 1449-1463.

陈彦光. 2011. 地理数学方法: 基础和应用. 北京: 科学出版社: 425-436.

德内拉·梅多斯, 乔根·兰德斯, 丹尼斯·梅多斯. 2013. 增长的极限. 李涛, 王智勇译. 北京: 机械工业出版社.

邓玲, 何卫东, 尹明. 2000. 生态资本经营与环境导向的企业管理. 软科学, 14(1): 25-27.

董捷. 2003. 论自然资本投入与农业可持续发展. 农业技术经济, (1): 28-30.

董利苹, 张志强. 2014. 居民生活碳排放抽样调查方案与设计: 以青海省为例. 教学的实践与认识, 44(6): 81-88.

杜群. 2006. 生态保护及其利益补偿的法理判断——基于生态系统服务价值的法理解析. 法学, (10): 68-75.

范金, 周忠民. 2000. 生态资本研究综述. 预测, 19(5): 30-35.

范里安. 1995. 微观经济学现代观点. 费方域译. 上海: 上海人民出版社.

冯绳武. 1985. 河西荒漠绿洲区的生成与特征. 兰州大学学报, (3): 30-38.

冯绳武. 1986. 论甘肃的交通. 兰州大学学报社会科学版, (2), 78-86.

福雷斯特. 1985. 世界动态. 胡汝鼎译. 北京: 科学出版社.

高鸿业. 2014. 西方经济学. 北京: 中国人民大学出版社.

郭少青. 2013. 论我国跨省流域生态补偿机制建构的困境与突破——以新安江流域生态补偿机制为例. 西部法学评论, (6): 23-29.

郭晓寅. 1998. 三维地形图在石羊河终闾湖泊变化研究中的应用. 兰州: 兰州大学博士学位论文.

韩凌芬, 胡熠, 黎元生. 2009. 基于博弈论视角的闽江流域生态补偿机制分析. 中国水利, (11): 10-12.

何承耕, 谢剑斌, 钟全林. 2008. 生态补偿: 概念框架与应用研究. 亚热带资源与环境学报, 3(2): 65-73.

何国梅. 2005. 构建西部全方位生态补偿机制保证国家生态安全. 贵州财经大学学报, (4): 4-9.

何强, 井文涌, 王翊亭. 2004. 环境学导论(第 3 版). 北京: 清华大学出版社.

洪尚群, 马丕京, 郭慧光. 2001. 生态补偿制度的探索. 环境科学与技术, 24(5): 40-43.

胡家勇. 2002. 一只灵巧的手: 论政府转型. 北京: 社会科学文献出版社.

黄富祥, 康慕谊, 张新时. 2002. 退耕还林还草过程中的经济补偿问题探讨. 生态学报, (4): 471-478.

黄兴文, 陈百明. 1999. 中国生态资产区划的理论与应用. 生态学报, 19(5): 602-606.

霍肯. 2000. 自然资本论. 上海: 上海科学普及出版社.

霍斯特·西伯格. 2002. 环境经济学. 蒋敏元等译. 北京: 中国林业出版社.

江中文. 2008. 南水北调中线工程汉江流域水源保护区生态补偿标准与机制研究. 西安: 西安建筑科技

大学博士学位论文.
蒋小荣, 李丁, 李智勇. 2010. 基于土地利用的石羊河流域生态服务价值. 中国人口·资源与环境, 20(6): 68-73.
金淑婷, 杨永春, 李博, 等. 2014. 内陆河流域生态补偿标准问题研究——以石羊河流域为例. 自然资源学报, 29(4): 610-622.
赖力, 黄贤金, 刘伟良. 2008. 生态补偿理论、方法研究进展. 生态学报, 28(6): 2870-2877.
蕾切尔·卡森. 2007. 寂静的春天. 吕瑞兰, 李长生, 鲍冷艳译. 上海: 上海译文出版社.
黎元生, 胡熠. 2007. 闽江流域区际生态受益补偿标准探析. 农业现代化研究, (03): 327-329.
李爱年, 彭丽娟. 2005. 生态效益补偿机制及其立法思考. 时代法学, 3(3): 65-74.
李并成. 1989. 石羊河下游绿洲明清时期的土地开发及其沙漠化过程. 西北师范大学学报(自然科学版), (4): 56-61.
李并成. 1993. 猪野泽及其历史变迁考. 地理学报, 48(1): 55-60.
李并成. 1998. 河西走廊汉唐古绿洲沙漠化的调查研究. 地理学报, 53(2): 106-115.
李并成. 2001. 今天的绿洲较古代绿洲大大缩小了吗. 资源科学, 23(2): 17-23.
李并成. 2001. 西夏时期河西走廊的开发. 中国经济史研究, (4): 132-139.
李博, 石培基, 金淑婷, 等. 2013. 石羊河流域生态系统服务价值的空间异质性及其计量. 中国沙漠, 33(3), 943-951.
李春芬. 1995. 区际联系——区域地理学的近期前沿. 地理学报, (06): 491-496.
李福兴, 姚建华. 1998. 河西走廊经济发展与环境整治的综合研究. 北京: 中国环境科学出版社.
李怀恩, 尚小英, 王媛. 2009. 流域生态补偿标准计算方法研究进展. 西北大学学报自然科学版, 39(4): 667-672.
李磊, 杨道波. 2006. 流域生态补偿若干问题研究. 山东科技大学学报(社会科学版), (1): 50-53.
李丽娜, 石培基, 董翰蓉, 等. 2012. 干旱区石羊河流域水资源研究进展. 水土保持研究, 19(2), 280-284.
李萍, 张雁. 2001. 论西部开发中的环境资本. 社会科学研究, (3): 55-58.
李文华, 李芬, 李世东, 等. 2006. 森林生态效益补偿的研究现状与展望. 自然资源学报, 21(5): 677-688.
李文华, 李芬, 李世东, 等. 2007. 森林生态效益补偿机制与政策研究. 生态经济(中文版), (11): 151-153.
李文华, 刘某承. 2010. 关于中国生态补偿机制建设的几点思考. 资源科学, (4): 791-796.
李晓光, 苗鸿, 郑华, 等. 2009. 机会成本法在确定生态补偿标准中的应用——以海南中部山区为例. 生态学报, 29(9): 4875-4883.
厉以宁, 章铮. 1993. 第十七讲 环境保护与对受害者的补偿(上). 环境保护, (12): 18-21.
梁国强. 2013. 国内文献计量学综述. 科技文献信息管理, (4): 58-59.
刘蕾. 2012. 石羊河流域生态补偿模式及其标准. 江苏农业科学, 40(7): 342-344.
刘鲁君, 王健民, 叶亚平. 2000. 生态建设理论与实践. 环境导报, (4): 32-34.
刘思华. 1997. 对可持续发展经济的理论思考. 经济研究, (3): 46-54.
刘晓红, 虞锡君. 2007. 基于流域水生态保护的跨界水污染补偿标准研究——关于太湖流域的实证分析. 生态经济, (8): 129-135.
刘亚萍. 2008. 运用 WTP 值与 WTA 值对游憩资源非使用价值的货币估价——以黄果树风景区为例进行实证分析. 资源科学, (3): 431-439.
刘耀彬, 李仁东, 宋学锋. 2005. 中国区域城市化与生态环境耦合的关联分析. 地理学报, 60(2): 237-247.
刘玉龙. 2009. 基于帕累托最优的新安江流域生态补偿标准. 水利学报, 40(6): 703-708.
刘玉龙, 许凤冉, 张春玲. 2006. 流域生态补偿标准计算模型研究. 中国水利, (22): 35-38.
刘治国, 刘宣会, 李国平. 2008. 意愿价值评估法在我国资源环境测度中的应用及其发展. 经济经纬, (1): 67-69.

龙祎锟. 2006. 西部地区生态补偿浅议. 见: 中国环境科学学会. 中国环境科学学会2006年学术年会优秀论文集(上卷). 北京: 北京航空航天大学出版社.
卢世柱. 2007. 涉及自然保护区的建设项目生态补偿机制探讨——以广西林业系统自然保护区为例. 广西林业科学, 36(4): 223-227.
陆新元, 汪冬青, 凌云, 等. 1994. 关于我国生态环境补偿收费政策的构想. 环境科学研究, 7(1): 61-64.
吕晋. 2009. 从减轻经济活动强度的立场设计水源保护区的生态补偿. 上海: 复旦大学博士学位论文.
吕晋. 2009. 国外水源保护区的生态补偿机制研究. 中国环保产业, (1): 64-67.
马爱慧. 2011. 耕地生态补偿及空间效益转移研究. 华中农业大学博士学位论文.
马国军, 林栋. 2009. 石羊河流域生态系统服务功能经济价值评估. 中国沙漠, 29(6), 1173-1177.
马宏伟, 王乃昂, 朱金峰, 等. 2011. 石羊河流域主要生态类型现状耗水分析. 水电能源科学, 29(10): 15-18(84).
马鸿良. 1992. 中国甘肃河西走廊古聚落、文化名城与重镇. 成都: 四川科学技术出版社.
毛显强, 杨岚. 2006. 瑞典环境税——政策效果及其对中国的启示. 环境保护, (2): 90-95.
毛显强, 钟瑜, 张胜. 2002. 生态补偿的理论探讨. 中国人口·资源与环境, 12(4): 38-41.
毛占锋, 王亚平. 2008. 跨流域调水水源地生态补偿定量标准研究. 湖南工程学院学报, 18(2): 15-18.
米锋, 李吉跃, 杨家伟. 2003. 森林生态效益评价的研究进展. 北京林业大学学报, 25(6): 77-83.
米香. 2011. 经济增长的代价. 任保平, 梁炜译. 北京: 机械工业出版社.
宁宝英, 张志强, 何元庆. 2013. 基于文献统计的黑河流域研究重点和热点学科演变分析. 冰川冻土, 35(2): 504-512.
牛叔文. (2007)石羊河流域人口与水资源严重失调生态环境态势严峻——石羊河流域生态环境问题的调研报告. http://www. gsliangzhou. gov. cn/[2007-04-04].
钱水苗, 王怀章. 2005. 论流域生态补偿的制度构建——从社会公正的视角. 中国地质大学学报(社会科学版), (5): 80-84.
秦华, 张洛平. 2010. 流域生态补偿途径研究进展. 浙江万里学院学报, 23(2): 42-47.
秦艳红, 康慕谊. 2007. 国内外生态补偿现状及其完善措施. 自然资源学报, 22(4): 557-567.
任勇. 2008. 我国生态补偿机制建立的七大问题. 环境经济, (8): 28-36.
任勇, 俞海, 冯东方, 等. 2006. 建立生态补偿机制的战略与政策框架. 环境保护, (10a): 18-23.
阮本清, 许凤冉, 张春玲. 2008. 流域生态补偿进展与实践. 水利学报, 10(39): 1220-1225.
尚海洋. 2014. 生态系统服务的经济学诠释与发展. 现代经济探讨, (11): 63-68.
尚海洋, 苏芳, 徐中民, 等. 2011. 生态补偿的研究进展及其启示. 冰川冻土, 33(6): 1435-1443.
尚海洋, 张志强. 2015. 石羊河流域土地利用类型变化与转换效果分析, 资源开发与市场, 31(1), 40-43.
沈大军, 刘昌明. 1998. 水文水资源系统对气候变化的响应. 地理研究, 17(4): 435-443.
沈满洪, 杨天. 2004. 生态补偿机制的三大理论基石. 中国环境报. 2004-03-02, http://www.cenews.com.cn/.
石晓丽, 王卫. 2008. 生态系统功能价值综合评估方法与应用——以河北省康保县为例. 生态学报, 28(8), 3998-4006.
史培军. 王静爱. 陈婧, 等. 2006. 当代地理学之人地相互作用研究的趋向——全球变化人类行为计划(IHDP)第六届开放会议透视. 地理学报, (2): 115-126.
宋红丽, 薛惠锋, 董会忠. 2008. 流域生态补偿支付方式研究. 环境科学与技术, 31(2): 144-147.
宋敏, 耿荣海, 史海军, 等. 2008. 生态补偿机制建立的理论分析. 理论界, 1(5): 6-8.
宋鹏臣. 2007. 我国流域生态补偿研究进展. 资源开发与市场, 23(11): 1021-1024.
粟晓玲, 康绍忠, 佟玲. 2006. 内陆河流域生态系统服务价值的动态估算方法与应用——以甘肃河西走廊石羊河流域为例. 生态学报, 26(6), 2011-2019.
孙冬煜, 王震声. 1999. 自然资本与环境投资的涵义. 环境保护, (5): 38-40.
孙静, 阮本清, 张春玲. 2007. 新安江流域上游地区水资源价值计算与分析. 中国水利水电科学研究院学报, 5(2): 121-124.
孙雪涛. 2005. 水权制度建设的地位、作用、内涵及思路. 中国水利, (22): 55-57.
唐嘉琪, 石培基. 2013. 民勤土地利用格局时空变化研究. 中国沙漠, 33(3): 928-936.
唐增, 黄茄莉, 徐中民. 2010. 生态系统供给量的确定——最小数据法在黑河流域中游的应用. 生态学报, 30(9): 54-60.
唐增, 徐中民, 武翠芳, 等. 2010. 生态补偿标准的确定——最小数据法及其在民勤的应用. 冰川冻土, 32(5), 1044-1048.
陶文娣, 张世秋, 艾春艳, 等. 2007. 退耕还林工程费用有效性的影响因素分析. 中国人口、资源与环境, (4): 66-70.
特德·霍华德, 杰里米·里夫金. 1987. 熵: 一种新的世界观. 吕明, 袁舟译. 上海: 上海译文出版社.
万军, 张惠远, 王金南, 等. 2005. 中国生态补偿政策评估与框架初探. 环境科学研究, 18(2): 1-8.
汪慧玲, 余实. 2009. 石羊河流域生态补偿机制研究. 安徽农业科学, 37(25): 12257-12343.
王根绪, 程国栋, 沈永平. 2002. 干旱区受水资源胁迫的下游绿洲动态变化趋势分析——以黑河流域额济纳绿洲为例. 应用生态学报, 13(5), 564-568.
王贵华, 方秦华, 张珞平. 2010. 流域生态补偿途径研究进展. 浙江万里学院学报, (2): 42-47.
王键民, 王如松. 2002. 中国生态资产概论. 南京: 江苏科学技术出版社.
王金南. 2005. 中国生态补偿政策评估与框架初探. 环境科学研究, 18(2): 1-8.
王金南. 2006. 环境税收政策及其实施战略. 北京: 中国环境科学出版社.
王金南, 万军, 沈渭寿, 等. 2004. 山西省煤炭资源开发生态补偿机制研究. 生态保护与建设的补偿机制与政策国际研讨会. http://xueshu.baidu.com/s?wd=paperuri%3A%285f4cd22dcaf5465c3e95a776be068040%29&filter=sc_long_sign&sc_ks_para=q%3D%E5%B1%B1%E8%A5%BF%E7%9C%81%E7%85%A4%E7%82%AD%E8%B5%84%E6%BA%90%E5%BC%80%E5%8F%91%E7%94%9F%E6%80%81%E8%A1%A5%E5%81%BF%E6%9C%BA%E5%88%B6%E7%A0%94%E7%A9%B6&sc_u. s=9059556555442199068&tn=SE_baiduxueshu_c1gjeupa&ie=utf-8.
王乃昂, 李吉均, 曹继秀, 蔡为民, 等. 1999. 青土湖近 6000 年来沉积气候记录研究——兼论四五世纪气候回暖. 地理科学, 19(2), 119-124.
王培华. 2004. 清代河西走廊的水资源分配制度. 北京师范大学学报: 社科版, 183(3): 91-98.
王培震, 石培基, 魏伟, 等. 2012. 基于空间自相关特征的人口密度格网尺度效应与空间化研究——以石羊河流域为例. 地球科学进展, 27(12): 1363-1372.
王钦敏. 2004. 建立补偿机制保护生态环境. 求是, (13): 55-56.
王瑞雪, 张安录, 颜廷武. 2005. 近年国外农地价值评估方法研究进展述评. 中国土地科学, 19(3): 59-64.
王学军, 李健, 高鹏, 等. 1996. 生态环境补偿费征收的若干问题及实施效果预测研究. 自然资源学报, 11(1): 1-7.
吴大进. 1990. 协同学原理和应用. 武汉: 华中理工大学出版社.
吴建国, 常学向. 2005. 荒漠生态系统健康评价的探索. 中国沙漠, 25(4): 604-611.
吴晓青, 陀正阳, 杨春明, 等. 2002. 我国保护区生态补偿机制的探讨. 国土资源科技管理, 19(2): 18-21.
吴玉鸣, 柏玲. 2011. 广西城市化与环境系统的耦合协调测度与互动分析. 地理科学, 31(12), 1474-1479.
武晓明, 罗剑朝, 邓颖. 2005. 关于生态资本投资的几点思考. 陕西农业科学, (3): 120-121.
谢高地, 鲁春霞, 成升魁. 2001. 全球生态系统服务价值评估研究进展. 资源科学, 23(6), 5-9.
谢高地, 甄霖. 2008. 一个基于专家知识的生态系统服务价值化的方法. 自然资源学报, 23(5): 911-919.
谢剑斌, 何承耕, 钟全林. 2008. 对生态补偿概念及两个研究层次的反思. 亚热带资源与环境学报, (02): 57-64.
邢丽. 2005a. 关于建立中国生态补偿机制的财政对策研究. 财政研究, (1): 20-22.
邢丽. 2005b. 谈我国生态税费框架的构建. 税务研究, 2005(6): 42-44.

熊鹰, 王克林, 蓝万炼, 等. 2004. 洞庭湖区湿地恢复的生态补偿效应评估. 地理学报, 59(5): 772-780.
徐大伟, 刘民权, 李亚伟. 2007. 黄河流域生态系统服务的条件价值评估研究——基于下游地区郑州段的 WTP 测算. 经济科学, (06): 77-89.
徐建华. 2005. 计量地理学. 北京: 高等教育出版社.
徐晋涛, 陶然, 徐志刚. 2004. 退耕还林: 成本有效性、结构调整效应与经济可持续性——基于西部三省农户调查的实证分析. 经济学, 4(4): 139-162.
徐晓进, 黄蕴. 2010. 石羊河流域水资源研究综述. 安徽农业科学, 38(19): 10197-10199, 10352.
徐中民, 张志强, 程国栋, 等. 2002. 额济纳旗生态系统恢复的总经济价值评估. 地理学报, 57(1): 107-116.
许文海, 张永明, 陈刚. 2007. 石羊河流域水资源利用现状及其持续利用对策研究. 冰川冻土, 29(2), 265-271.
杨光梅, 李文华, 闵庆文, 等. 2007. 对我国生态系统服务研究局限性的思考及建议. 中国人口·资源与环境, 17(1): 85-91.
杨光梅, 闵庆文, 李文华, 等. 2006. 基于CVM方法分析牧民对禁牧政策的受偿意愿——以锡林郭勒草原为例. 生态环境学报, 15(4): 747-751.
杨光梅, 闵庆文, 李文华, 等. 2007. 我国生态补偿研究中的科学问题. 生态学报, 27(10): 4289-4300.
杨通进. 2009. 回顾与展望——改革开放以来我国伦理学研究的思考. 社会科学, (7): 108-114.
易福金, 徐晋涛, 徐志刚. 2006. 退耕还林经济影响在分析. 中国农村经济, (10): 28-36.
俞海, 任勇, 冯东方. 2008. 中国生态补偿理论与政策框架设计. 北京: 中国环境科学出版社.
虞锡君. 2007. 建立邻域水生态补偿机制的探讨. 环境保护, (2): 61-62.
袁进琳. 2005. 构建人水和谐宁夏. 宁夏日报. 2005-10-11, http://www.nxnews.net/.
曾凡祥, 陈冰波. 2009. 军队应探索低碳发展之路. 解放军报, (012): 12-17.
张成君, 陈发虎, 施祺, 等. 2000. 西北干旱区全新世气候变化的湖泊有机质碳同位素记录——以石羊河流域三角城为例. 海洋地质与第四纪地质, 20(4): 93-97.
张诚谦. 1987. 论可更新资源的有偿利用. 农业现代化研究, 8(5): 22-24.
张大鹏. 2010. 石羊河流域河流生态系统服务功能及农业节水的生态价值评估. 咸阳: 西北农林科技大学博士学位论文.
张登巧. 2006. 环境正义——一种新的正义观. 吉首大学学报(社会科学版), 27(4): 41-44.
张虎才. 1997. 腾格里沙漠晚更新世以来湖相沉积年代学及高湖面期的初步确定. 兰州大学学报(自科版), (2), 87-91.
张惠远, 王金南. 2006. 生态补偿机制五问. 时事报告, (6): 44-45.
张俊杰, 张悦, 陈吉宁, 等. 2003. 居民对再生水的支付意愿及其影响因素. 中国给水排水, 19: 96-98.
张陆彪. 2006. 甘肃省县域农业资源利用效率综合评价——基于遗传投影寻踪方法. 经济地理, (4): 632-635.
张陆彪, 郑海霞. 2004. 流域生态服务市场的研究进展与形成机制. 环境保护, (12): 38-43.
张松林, 张昆. 2007. 局部空间自相关指标对比研究. 统计研究, 24(7): 65-67.
张涛. 2003. 森林生态效益补偿机制研究. 北京: 中国林业科学研究院博士学位论文.
张学斌, 石培基, 罗君. 2014. 基于生态系统服务价值变化的生态经济协调发展研究——以石羊河流域为例. 中国沙漠, 34(1): 268-274.
张翼飞. 2008. 居民对生态环境改善的支付意愿与受偿意愿差异分析——理论探讨与上海的实验. 西北人口, 29(4): 63-68.
张志强. 2001. 黑河流域生态系统服务的价值. 冰川冻土, 23(4): 360-366.
张志强. 2003. 条件价值评估法的发展与应用. 地球科学进展, 18(3): 454-463.
张志强. 2012. 流域生态系统补偿机制研究进展与趋向. 生态学报, 33(20): 3323-3334.

张志强, 徐中民, 程国栋. 2001. 生态系统服务与自然资本价值评估. 生态学报, 21(11): 1918-1926.
张志强, 徐中民, 龙爱华, 等. 2004. 黑河流域张掖市生态系统服务恢复价值评估研究——连续型和离散型条件价值评估方法的比较应用. 自然资源学报, 19(2): 230-239.
章铮. 1995. 环境经济学. 北京: 中国计划出版社.
章铮. 2008. 环境与自然资源经济学. 北京: 高等教育出版社.
赵春光. 2009. 我国流域生态补偿法律制度研究. 青岛: 中国海洋大学博士学位论文.
赵卉卉, 张永波, 王明旭. 2014. 中国流域生态补偿标准核算方法进展研究. 环境科学与管理, 39(1): 151-154.
赵亮, 刘吉平, 田学智. 2013. 近 60 年挠力河流域生态系统服务价值时空变化. 生态学报, 33(10): 3169-3176.
赵璐, 赵作权. 2014. 基于特征椭圆的中国经济空间分异研究. 地理科学, 34(8): 979-986.
赵同谦. 2003. 中国陆地地表水生态系统服务功能及生态经济价值评价. 自然资源学报, 18(4): 443-452.
赵玉山, 朱桂香. 2008. 国外流域生态补偿的实践模式及对中国的借鉴意义. 世界农业, (4): 14-17.
郑志国. 2008. 基于主体功能区划分的双重生态补偿机制. 见: 汤世华主编. 第四届港澳可持续发展研讨会论文集. 广州: 广东科技出版社, 30-37.
支玲, 李怒云, 王娟, 等. 2004. 西部退耕还林经济补偿机制研究. 林业科学, (2): 2-8.
钟华, 姜志德, 代富强. 2008. 水资源保护生态补偿标准量化研究——以渭源县为例. 安徽农业科学, 36(20): 8752-8754.
周大杰. 2005. 流域水资源管理中的生态补偿问题研究. 北京师范大学学报, (4): 131-135.
周大杰, 董文娟, 孙丽英, 等. 2005. 流域水资源管理中的生态补偿问题研究. 北京师范大学学报(社会科学版), (04): 131-135.
周德成, 罗格平, 许文强, 等. 2010. 1960~2008 年阿克苏河流域生态系统服务价值动态. 应用生态学报, 21(2): 399-408.
朱桂香. 2008. 国外流域生态补偿的实践模式及我国的启示. 中州学刊, (05): 69-71.
朱艳. 巨天珍. 陈发虎. 张家武. 2001. 西北干旱区石羊河流域全新世早期植被与环境演化. 西北植物学报, 21(6): 1059-1069.
庄国泰, 高鹏, 王学军. 1995. 中国生态环境补偿费的理论与实践. 中国环境科学, 15(06): 413-418.
Albrecht J. 2006. The use of consumption taxes to re-launch green tax reforms. International Review of Law & Economics, 2006, 26(1): 88-103.
Alix-Garcia J, Alain de Janvry, Sadoulet E. 2005. The role of risk in targeting payments for environmental services. Environment and Development Economics, 13: 375-394.
Anselin L. 1988. Spatial econometrics: methods and models. Economic Geography, 1989, 65(2): 160.
Antle J M, Heidebrink G. 1995. Environment and development: theory and international evidence. Econ. Der. Cultural Change, 43(3): 603-625.
Armsworth P R, Chan K M A, Daily G C, et al. 2007. Ecosystem-Service Science and the Way Forward for Conservation. Conservation Biology, 21(6): 1383-1384.
Bandara R, Tisdell C. 2005. Changing abundance of elephants and willingness to pay for their conservation. Journal of Environmental Management, 76(1): 47, 59.
Bassam Hamdar. 1999. An efficiency approach to managing Mississippi's marginal land based on the conservation reserve program(CRP). Resource Conservation and Recycling, (26): 15-24.
Bayha K, C Koski. 1974. Anatomy of a River: an Evaluation of Requirements for the Hells Canyon Reach of Snake River. Washington: Island Press.
Bishop R C, T A Heberlein. 1979. Measuring values of extra-market goods: Are indirect measures biased?. American Journal of Agricultural Economics, 61(5): 926-930.
Bork C. 2003. Distributional effects of the ecological tax reform in germany an evaluation with a micro simulation method. The OECD workshop on the Distribution of Benefits and Costs of Environmental Policies. German: Author House.

Carson R L. 1962. Slient Spring. America: Houghton Miffin Harcouet.

Catrina A, Mac Kenzie. 2011. Trenches like fences make good neighbours: Revenue sharing around Kibale National Park. Journal for Nature Conservation, 20(2): 92-100.

Chomitz K M, Da Fonseca G A, Alger K, et al. 2006. Viable reserve networks arise from individual landholder responses to conservation incentives. Ecology and Society, 11(2): 40.

Clay J W. 2002. Community-Based Natural Resource Management Within The New Global Economy: Challenges And Opportunities. A Report Prepared by the Ford Foundation.

Coase R H. 1960. The problem of social costs. Journal of Law and Economics, 3: 1-44.

Constanza R, Daly HE, Bartholomew JA. 1991. Goals, agenda and policy recommendations for ecological economics. Netherlands: Ecological Economics: the Science and Management of Sustainability.

Constanza, Moreira, Fernandez, et al. 1997. Politicas de ajuste en el sistemapublico de salud: una vision desde los actores : informe de investigacion. Sistemas De Saúde.

Conway D, Li C Q, Wolch J, et al. 2010. A spatial autocorrelation approach for examining the effects of urban greenspace on residential property values. The Journal of Real Estate Finance and Economics, 41(2): 150-169.

Cooper, Turner, Kerry, et al. 2003. Valuing nature: lessons learned and future research direction. Ecological Economics, (46): 493-510.

Corbera E, Brown K, Adger W N. 2007. The Equity and Legitimacy of Markets for Ecosystem Services. Development and Change, 38(4): 587, 613.

Costanza R. 1997. The value of the world's ecosystem services and capital. Nature, 387: 253-260.

Costanza R, Groot R D, Sutton P, et al. 2014. Changes in the global value of ecosystem services. Global Environmental Change, 26(1): 152-158.

Costanza R, Rerrings C, Cleveland C J. 1997. The development of ecological economics. E Elgar Public Company.

Da Cunha P, Menzes E, Teixeira Mendes L O. 2001. The mission of protected areas in Brazil.

Daily C. 1997. Nature's services: societal dependence on natural ecosystem. Washington D C: Island Press.

Daily G C. 2000. The Value of Nature and the Nature of Value. Science, (289): 395-396.

De Groot R, Wilson M, Boumans R. 2002. A typology for the classification, description and valuation of ecosystem function, goods and services. Ecological Economics, 41: 393-408.

Delamater P L. 2002. Land tenure and deforestation patterns in the Ecuadorian Amazon: Conflicts in land conservation in frontier settings. Applied Geography, 26(2): 113-128.

Dominic Moran, Alistair McVittie, David J Allcroft, et al. 2006. Quantifying public preferences for agri-environmental policy in Scotland: A comparison of methods. Ecological Economics, 63(1): 42-53.

EI Serafy S. 1989. The proper calculation of income from Depletable Natural Resources. Washington D. C. : Environmental Accounting for Sustainable Development, World Bank.

EI Serafy S. 1991. The Environment as Capital. Netherlands: Ecological Economics: The Science and Management of Sustainability.

Engel S, Pagiola S, Wunder S. 2008. Designing payments for environmental services in theory and practice: An Overview of the Issues. Ecological Economics, 65(4): 834-852.

Erick Gomez, Groot R. 2010. The history of ecosysten services in economic theory and practice: From early notions to makets and payment schemes. Ecolyical Economics, 69(6): 1209-1218.

Erik Gómez-Baggethun, Rudolf de Groot, Pedro L. Lomas et al. 2009. The history of ecosystem services in economic theory and practice: From early notions to markets and payment schemes. Ecological Economics, 69(6): 1209-1218.

Esteve Corbera, Katrina Brown, W Neil Adger. 2007. The equity and legitimacy of markets for ecosystem services. Development and Change, 38(4): 587-613.

Europeha Commission. 2011. Our life insurance, our natural capttal: an EU biodtuersity strategy to 2020. communication from the commission to the European parliament, the council, the economil and social committee and the committee of the reyions. Brussels.

Faucheux S, O'Connor M. 1998. Valuation for sustainable development: methods and policy indicators.

Economic Record, 75(229): 208-210.

Forresters J. 1971. Word in Action. American: Club of Rome.

Frank Hajek. 2011. Regime-building for REDD+: Evidence from a cluster of local initiatives in south-eastern Peru. Environmental Science& Policy.

Georgescu-Roegen, N. 1971. The Entropy Law and the Economic Process. London: Harward University Press.

Georgescu-Roegen, N. 1975. Energy and economic myths. Southern Economic Journal, 41(3): 347-381.

Gómez-Baggethun E, Groot R D. 2010. Chapter 5: Natural Capital and Ecosystem Services: The Ecological Foundation of Human Society. Dokkyo Journal of Medical Sciences, 36(9): 1004-1008.

H Rosa, Susan Kandel. 2003. Compensation for environmental services and rural communities: lessons from the Americas and key issues for strengthening community strategies. International Forestry Review, 6: 187-194.

Hanemann W M, Kallninen B. 1996. The statistical analysis of discrete-response CV data. DePartment of Agricultural and Resource Economics, University of California at Berkeley. Working Paper, 798: 3-15.

Hanemann W M. Welfare evaluations in contingent valuation experiments with discrete responses. 1984. American Journal of Agricultural Economics, 66: 332-341.

Hardin G. 1968. The Tragedy of the Commons. Science, 162(5364): 1243-1248.

Harold A Mooney, Paul R Ehrlich. 1997. Ecosystem services: a fragmentary history. Nature's services: societal dependence on natural ecosystems, 2: 11-19.

Hawken P, Lovins A B, Lovins L H. 2000. A road map for natural capitalism. Harvard Business Review, 77(3): 145-58, 211.

Hegde R, Bull G Q. 2011. Performance of an agro forestry based Payments for Environmental Services project in Mozambique: A household level analysis. Ecological Economics, 71(1): 122, 130.

Heimlich R E. 2002. The U S Experience With Land Retirement for Natural Resource Conservation. Forestry Economics. http://doc88.com/P-692157594249.html.

Imbach P. 2005. Priority areas for payment for environmental services(PES) in Costa Rica. Conservation biology, 21(5): 1165-1173.

J. M Antle, R. O Valdivia. 2010. Modeling the supply of ecosystem services from agriculture: A minimum-data approach. The Australian of Agricultural and Resource Economics, 50(1): 1-15.

Jack B K, Kouskya C, Simsa K R E. 2008. Designing payments for ecosystem services: Lessons from pervious experience with incentive-based mechanisms. Proceedings of the National Academy of Sciences of the United States of America, (105): 9465-9470.

Jenkins M. 2004. Markets for Biodiversity Services: Potential Roles and Challenges. Environment: Science and Policy for Sustain able Development, 46(6): 32-42.

John Greedy, Catherine Sleeman. 2005. Carbon taxation, prices and welfare in New Zealand. Ecological Economics, 57(3): 333-345.

John Podesta, Todd Stern, Kit Batten. 2006. Capturing the energy opportunity, creating a low-carbon economy part of progressive growth. CAP's Economic Plan for the Next Administration. Washington: U. S, Center for American Progress.

Johst K, Drecheler M, Wjtzold F. 2002. An ecological-economic modeling procedure to design compensation payments for the efficient spatio-temporal allocation of species protection measures. Ecological Economics, 41(1): 37-49.

Junjie Wu, Bruce A. 1999. The relative efficiency of voluntary vs mandatory environmental regulations. Journal of Environmental Economics and Management, 38(2): 158-175.

Just R E. 1990. Interaction between agricultural and environmental policies: a conceptual framework. The American Economist, 80(2): 197-202.

Kachele H, Dabbert S. 2002. An economic approach for a bet-ter understanding of conflicts between farmers and nature conservationists—an application of the decision support system MODAM to the Lower Odra Valley National Park. Agricultural Systems, 74(2): 241-255.

Karin Johst, Martin Drechsler, Frank W tzold. An ecological-economic modeling procedure to design compensation payments for the efficient spatio-temporal allocation of species protection measures. Ecological Economics, (41): 37-49.

Kosoy N, Corbera E. 2010. Payments for ecosystem services as commodity fetishism. Ecological Economics, 69(6): 1228-1236.

Landell-Mills N, Porras I T. 2002. Silver bullet or foolsgold? A global review of markets for forest environmental services and their impacts on the poor. International Institute for Environment and Development(IIED).

Larson J S, Mazzarese D B. 1994. Rapid Assessment of Wetlands: history and application to management. Global Wetlands: Old World and New, 625-636.

Loomis J. 1997. The effect of distance on willingness to pay values: a case study of wetlands and salmon in California. Ecological Economics, 20(3), 199-207.

Loreau M, Naeem S, Inchausti P. 2002. Biodiversity and ecosystem functioning: synthesis and perspectives. Oxford: Oxford University Press.

Millennium Ecosystem Assessment. 2003. Ecosystem and Human Well-being: A Framework for Assessment. Washington D. C: Island Press.

Mishan E J. 1967. The Costs of Economic Growth. Britain: Praeger Publishers.

Mitchell D C, Carson R T. 1989. Using Surveys to Value Public Goods: The Contingent Valuation Method. Washington D C: Resources for the Future.

Montgomery C A, Helvoigt T L. 2006. Changes in attitudes about importance of and willingness to pay for salmon recovery in Oregon. Journal of Environmental Management, 78(78): 330, 40.

N W Sitati, M J Walpole, R J Smith, et al. 2003. Predicting spatial aspects of human—elephant conflict. Journal of Applied Ecology, 40(4): 667-677.

Nigel M Asquith, Maria Teresa Vargas, Sven Wunder. 2007. Selling two environmental services: In-kind payments for bird habitat and watershed protection in Los Negros, Bolivia. Ecological Economics, 65(4): 675-684.

Pachur H J, Wünnemann B, Zhang H. 1995. Lake evolution in the tengger desert, northwestern china, during the last 40, 000 years. Quaternary Research, 44(2): 171-180.

Pagiola S. 2008. Payments for environmental services in Costa Rica. Ecological Economic, 65(4): 712-724.

Perrot-Maitre D. 2001. Devoloping markets for water services from forests. http://bibliotecavirtual.minam.gob.pe/biam/handle/minam/1547. 2008-10-1.

Petheram L, Campbell B M. 2010. Listening to locals on payments for environmental services. Journal of Environmental Management, 91(5): 1139-1149.

Prigogine L. 1969. Dissipative structure theory. France: Science Press.

Ricardo D. 2001. On the Principles of Political Economy and Taxation. Ontario: Batoche Books.

Rifkin J, Howard T. 1981. Entropy, a new kind of world view. New York: Bantam Books Inc.

Robert Johansson, Roger Claassen, Andrea Cattaneo. 2008. Cost-effective design of agri-environmental payment program: U. S. experience in theory and practice. Ecological Economics, 65(4): 737-752.

Rodrigues A S L , Andelman S J, Barkarr M I, et al. 2003. Global Gap Analysis: toward a representative network of protected areas. Ecology and Society, 173: 17-23.

Scherr S. 2004. For services rendered: the current status and future potential of markets for the ecosystem services provided by tropical forests. http://www.forest-trends. org/documents/files/doc_123.pdf.

Scherr S, White A, Khare A. 2004. Current Status and Future Potential of Markets for Ecosystem Services of Tropical Forests: an Overview. the International Tropical Timber Council.

Schroeder R. 2008. Environmental Justice and the Market: The Politics of Wildlife Revenues in Tanzania. Society Natural Resources, 21(7): 583-596.

Serafy S E . 1989. The proper calculation of income from depletable natural resources. http://xueshu.baidu.com/s?wd=The+proper+calculation+of+income+from+depletable+natural+resources.&rsv_bp=0&tn=SE_baiduxueshu_c1gjeupa&rsv_spt=3&ie=utf-8&f=8&rsv_sug2=1&sc_f_para=sc_tasktype%3D%7BfirstSimpleSearch%7D.2016-11-10.

Shyamsundar P, Kramer R A. 1996. Tropical Forest Protection: An Empirical Analysis of the Costs Borne by

Local People. Journal of Environmental Economics and Management, 31(2): 129-144.

Stefan H Gairns, Kenneth L, Dickson, et al. 1997. An Examination of Measuring Selected Water Quality Trophic Indicators with Spot Satellite. Photogrammetric Engineering and Remote Sensing, 63(3): 263-265.

Stefano Pagiola, Stefanie Engel, Sven Wunder. 2008. Taking stock: A comparative analysis of payments for environmental services programs in developed and developing countries. Ecological Economics, 65(4): 834-852.

Stuart Bond. 2008. On the bio-productivity and land-disturbance metrics of the Ecological Footprint. Ecological Economics, 61: 6-10.

Sven Wunder, Enrique Ibarra, Bui Dung T. 2005. Payment is good, control is better: Why payments for environmental services in Vietnam have so far remained incipient. Brusse: The Center for International Forestry Research.

Sven Wunder, Montserrat Albán. 2008. Decentralized payments for environmental services: The cases of Pimampiro and FROFAFOR in Ecuador. Ecological Economics, 65(4): 685-698.

Thomas L Dobbs, Jules N Pretty. 2008. Case study of agri- environmental payments: The United Kingdom. Ecological Economics, 65(4): 765-775.

Tobias Wünscher, Stefanie Engel, Sven Wunder. 2008. Spatial targeting of payments for environmental services: A tool for boosting conservation benefits. Ecological Economics, 65(4): 822-833.

Trakolis D. 2001. Local people's perceptions of planning and management issues in Prespes Lakes National Park, Greece. Journal of Environmental Management, 61(3): 227, 41.

Van Hecken G, Bastiaensen J. 2010. Payments for ecosystem services: justified or not? A political view. Environmental Science & Policy, 13(8): 785-792.

Venkatachalam L. 2004. The contingent valuation method: a review. Environmental Impact Assessment Review, 24(1), 89-124.

Young R A, Gary S L. 1972. Economic value of water: concepts and empiricial estimates. Virginia: National Technical Information Services.

附图　石羊河流域野外调研景观

图 1. 石羊河流域上游西营河水库（张志强摄，2014 年 8 月）

图 2. 石羊河流域上游凉州区黄羊水库（张志强摄，2015 年 8 月）

图 3. 石羊河流域中上游西营河灌区（张志强摄，2014 年 8 月）

图 4. 石羊河流域下游民勤县蔡旗水文断面（张志强摄，2015 年 8 月）

图 5. 石羊河流域下游民勤县蔡旗水文断面（张志强摄，2015 年 8 月）

图 6. 石羊河流域下游民勤县红崖山水库（张志强摄，2015 年 8 月）

图 7. 石羊河流域下游民勤县红崖山水库罐区（张志强摄，2015 年 8 月）

图 8. 石羊河流域下游民勤县红崖山水库北部荒漠（张志强摄，2014 年 8 月）

图 9. 石羊河流域下游民勤县关闭抽水机井（张志强摄，2014 年 8 月）

图 10. 石羊河下游民勤县草地荒漠生态系统（图中左边为观测站）（张志强摄，2014 年 8 月）

图 11. 石羊河流域下游民勤县北部青土湖湿地恢复（张志强摄，2015 年 8 月）

图 12. 石羊河流域下游民勤县青土湖荒漠区（张志强摄，2015 年 8 月）

彩　　图

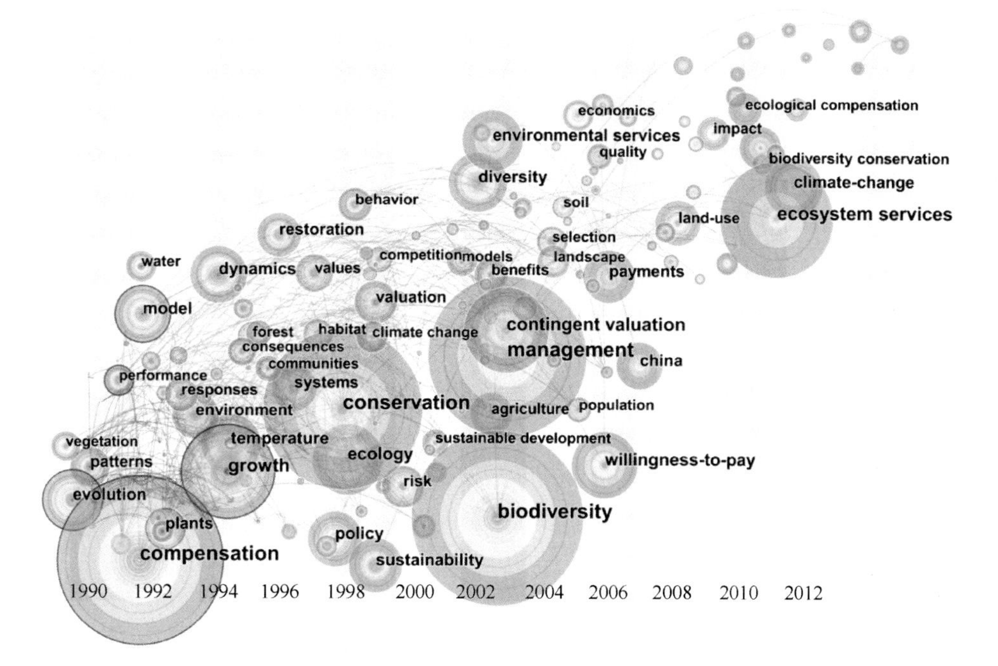

图 1-2　1990～2013 年生态补偿研究主题演化时区图（基于 SCI-E 数据库）

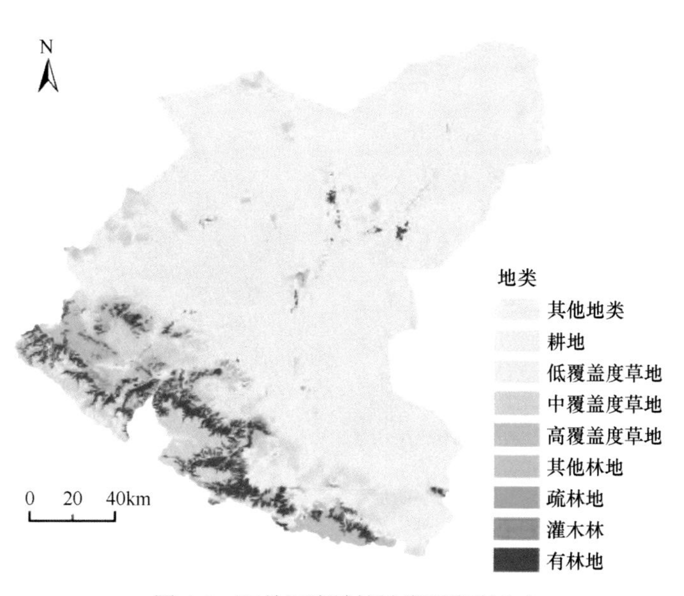

图 4-3　石羊河流域植被类型空间分布

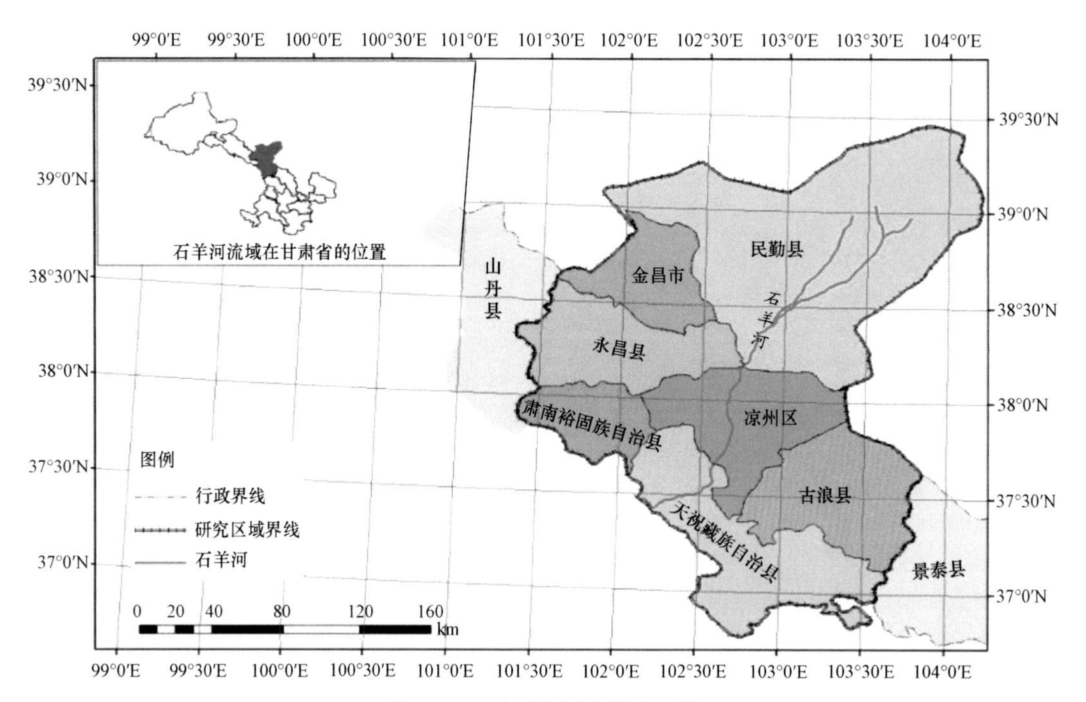

图 5-1　石羊河流域位置示意图

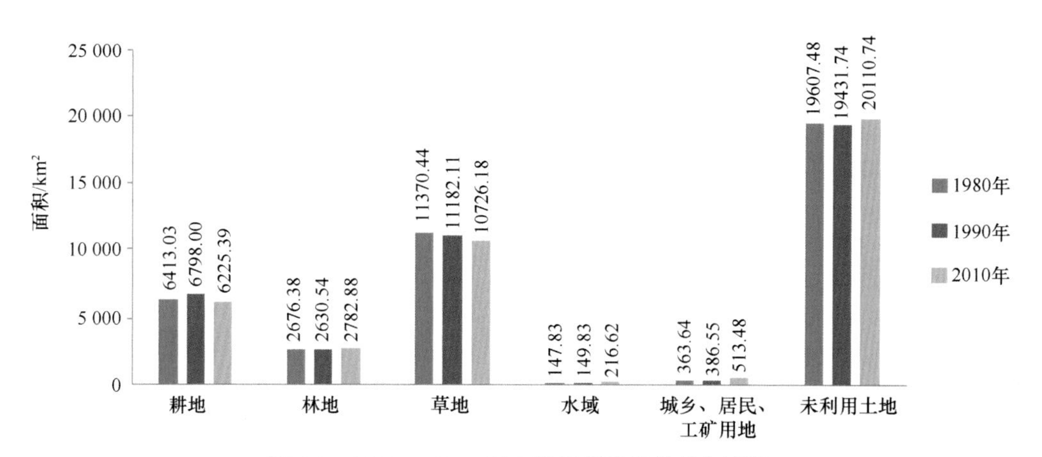

图 6-1　1980 ～ 2010 年土地利用类型的变化情况

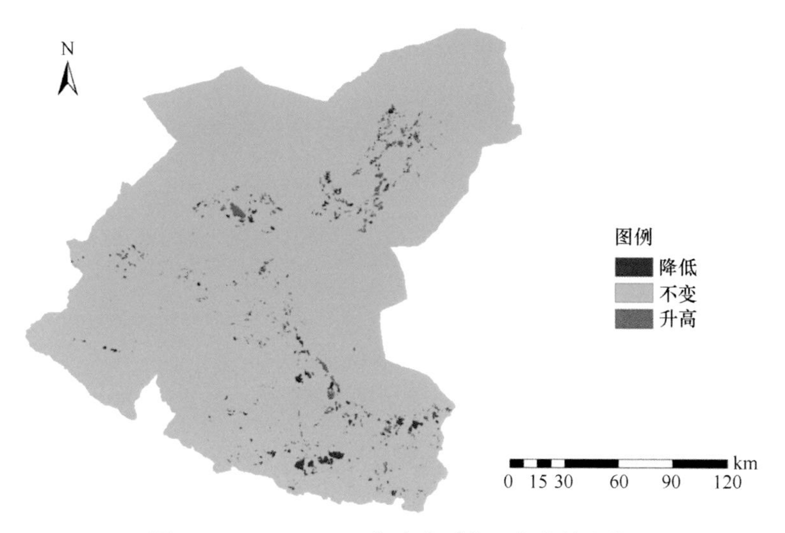

图 6-2 1980 ～ 1990 年生态系统服务价值变化

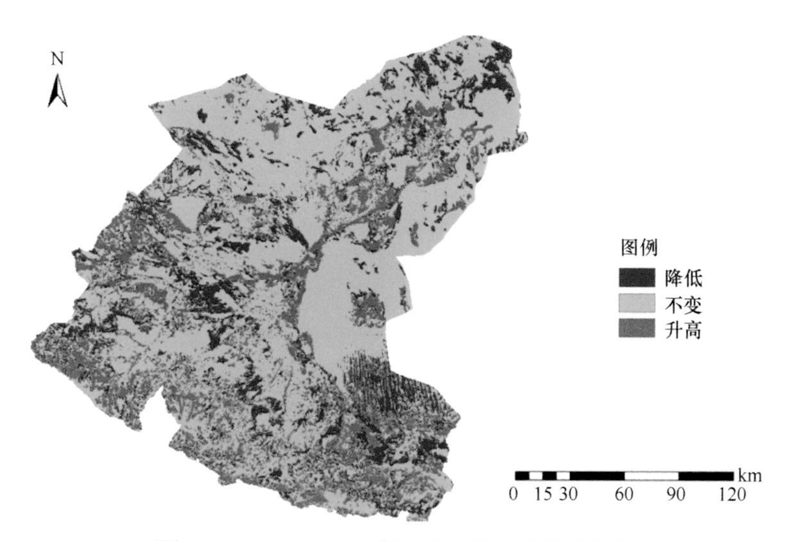

图 6-3 1990 ～ 2010 年生态系统服务价值变化

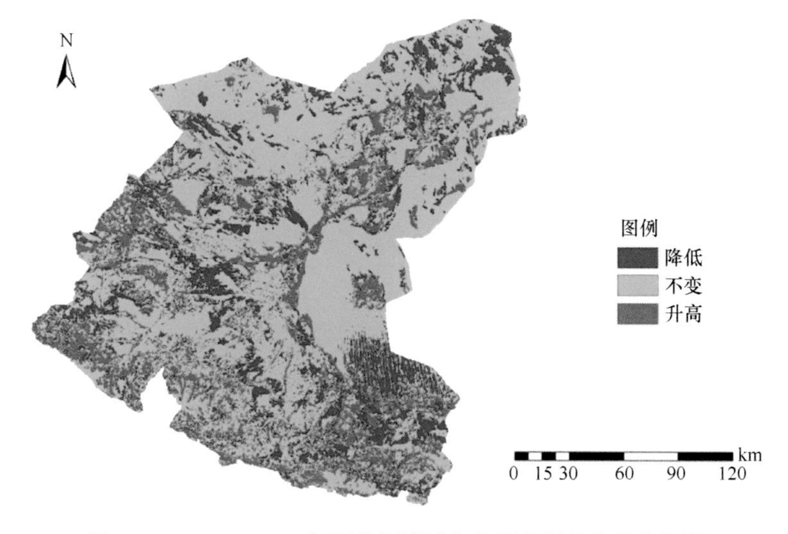

图 6-4 1980 ～ 2010 年石羊河流域生态系统服务价值变化图

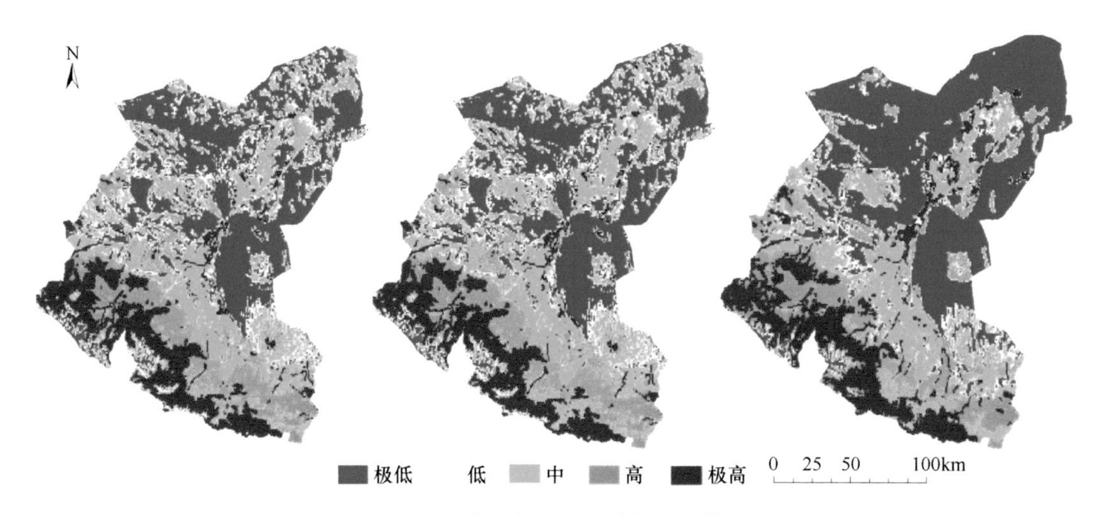

图 6-5　石羊河流域 ESV 空间分布格局

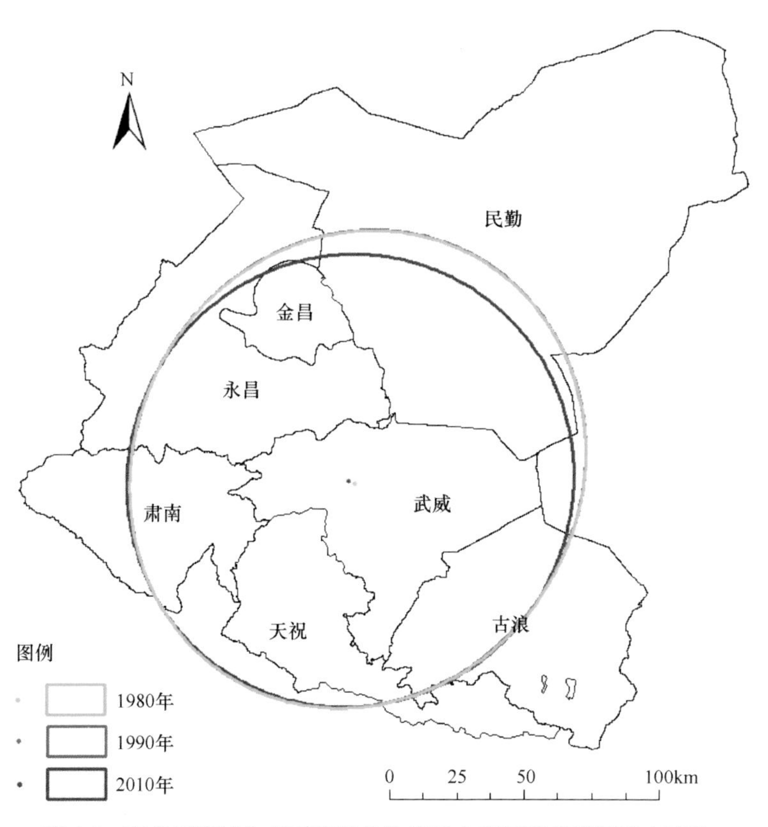

图 6-6　石羊河流域生态系统服务价值质心和标准差椭圆动态变化

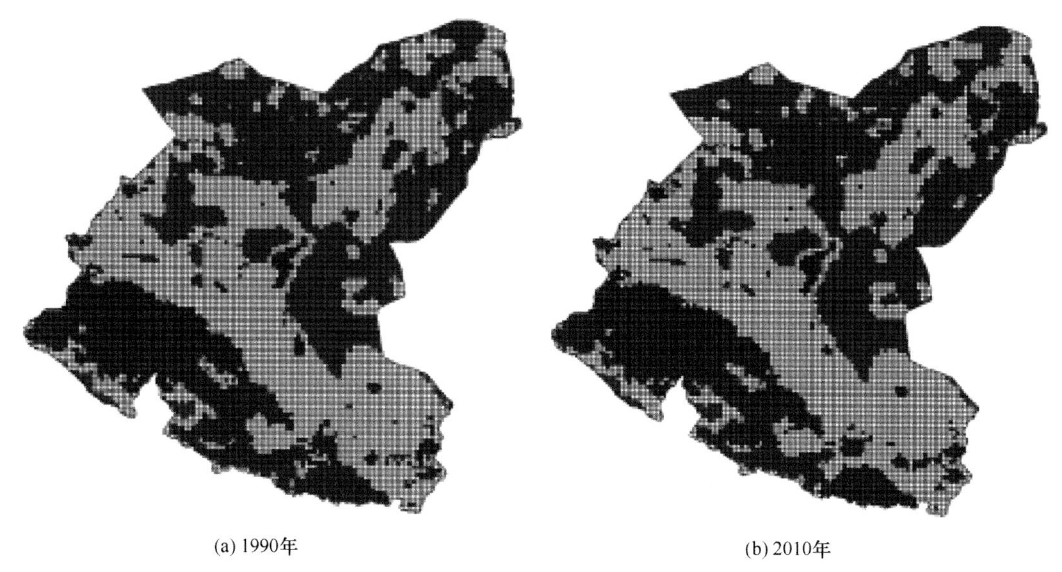

图 6-7 石羊河流域生态系统服务价值局部空间自相关格局（1990 年、2010 年）

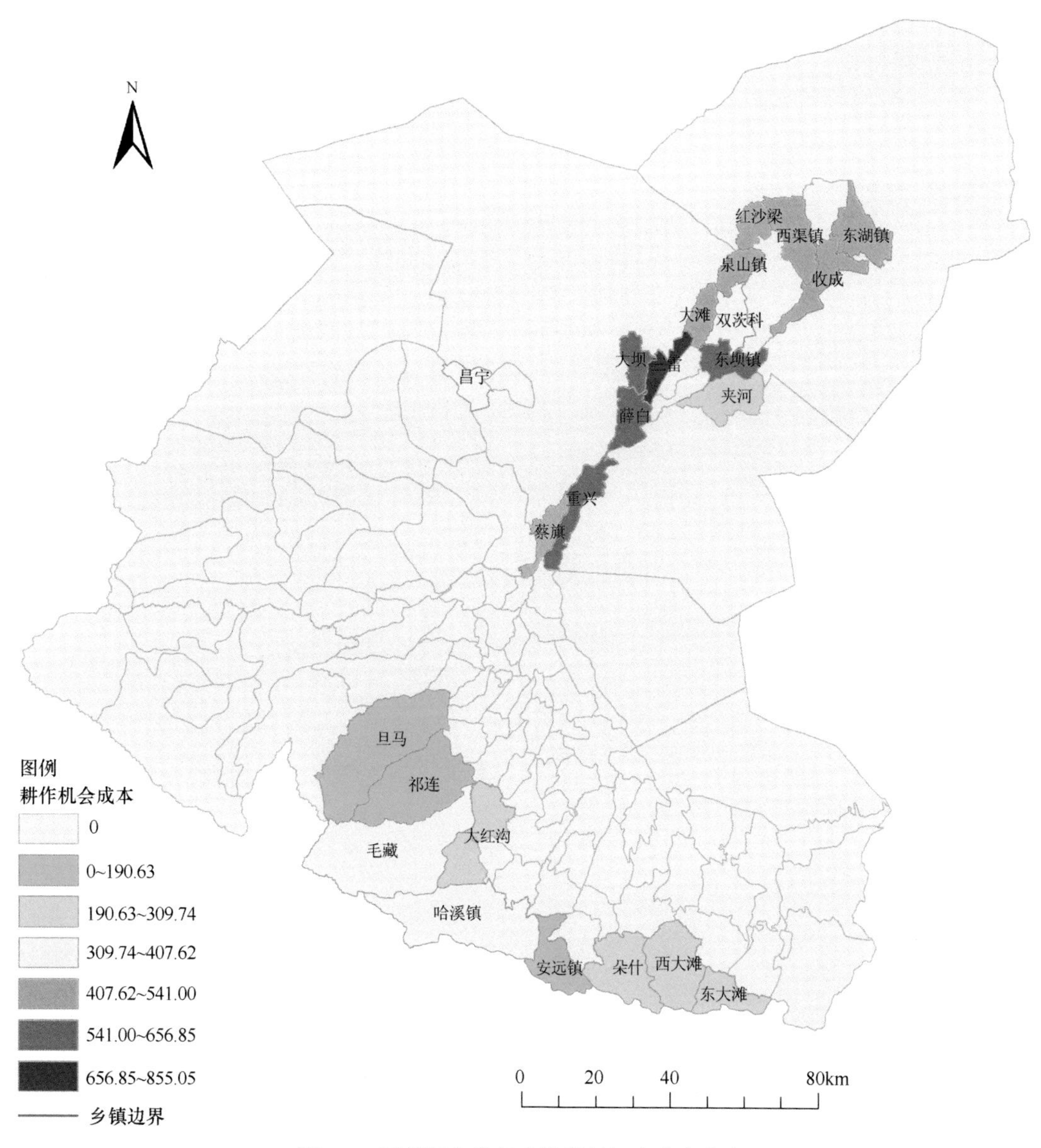

图 8-1 石羊河上游各乡镇耕种机会成本分布

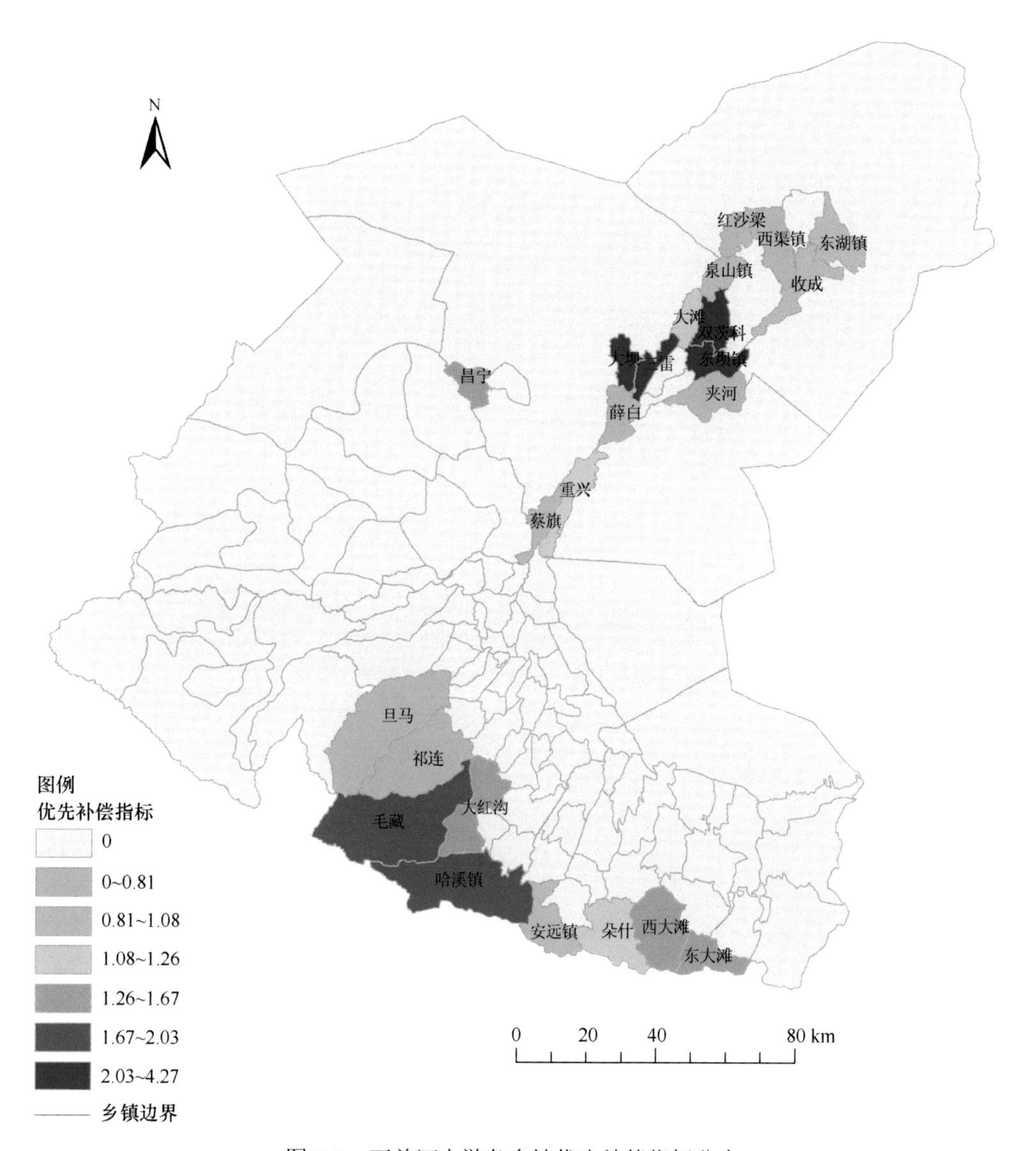

图 8-2 石羊河上游各乡镇优先补偿指标分布

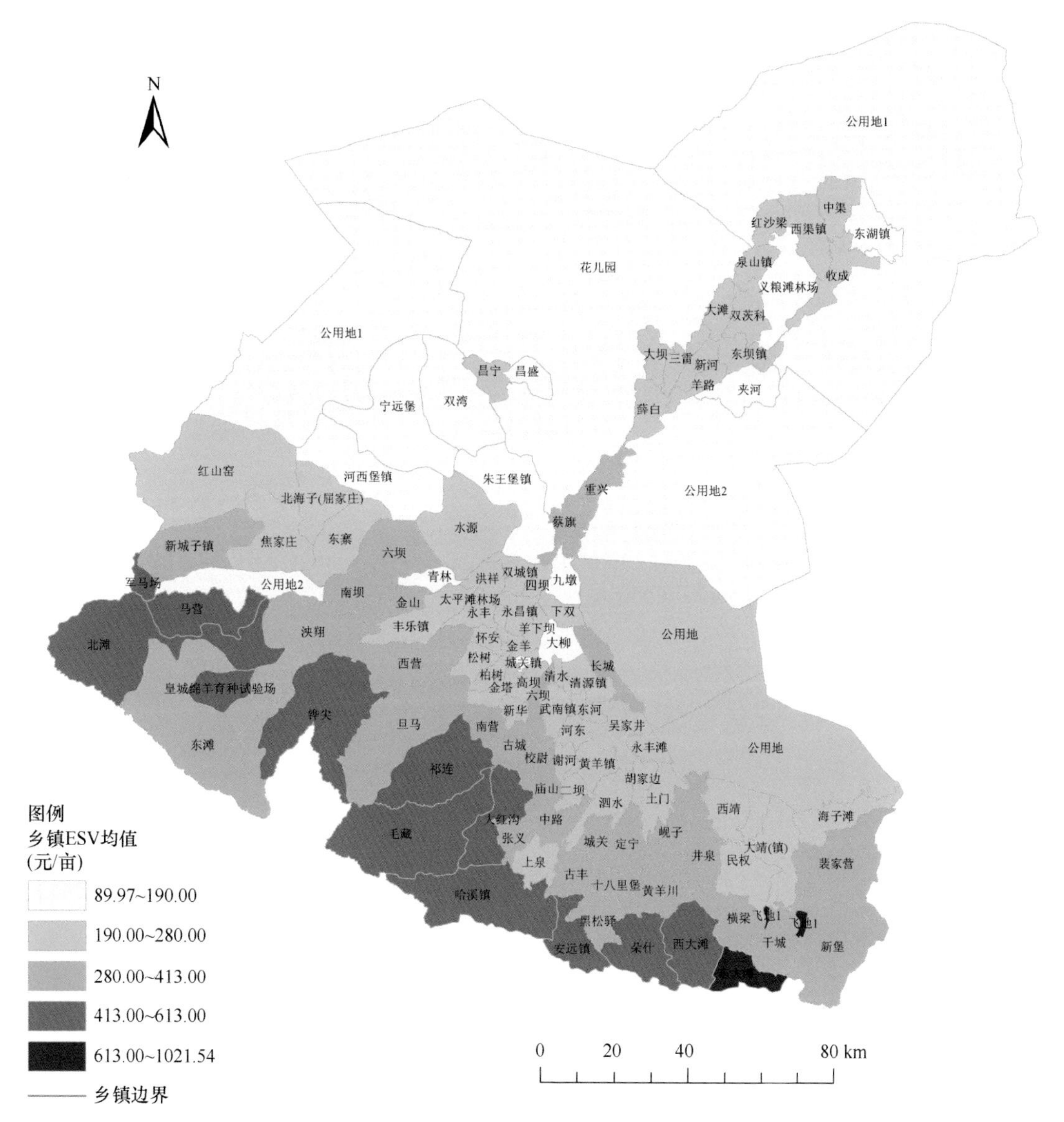
N
公用地1
中集
红沙梁
西渠镇
东湖镇
泉山镇
收成
义粮滩林场
花儿园
大滩
双茨科
公用地1
大坝
三雷
新河
东坝镇
昌宁
昌盛
羊路
夹河
宁远堡
双湾
薛百
红山窑
河西堡镇
朱王堡镇
重兴
公用地2
北海子(屈家庄)
蔡旗
新城子镇
焦家庄
东寨
水源
六坝
青林
洪祥
双城镇
九墩
公用地2
四坝
南坝
金山
太平滩林场
永丰
永昌镇
下双
丰乐镇
羊下坝
泱翔
大柳
公用地
北滩
马营
怀安
金羊
西营
城关镇
长城
松树
柏树
清水
清源镇
金塔
高坝
六坝
皇城绵羊育种试验场
新华
武南镇
东河
旦马
南营
吴家井
东滩
河东
永丰滩
古城
公用地
祁连
校尉
谢河
黄羊镇
胡家边
庙山二坝
泗水
土门
西靖
海子滩
大红沟
中路
峡子
毛藏
张义
城关
定宁
井泉
大靖(镇)
民权
裴家营
上泉
古丰
十八里堡
黄羊川
哈溪镇
黑松驿
横梁
干城
新堡
安远镇
朵什
西大滩
图例
乡镇ESV均值
(元/亩)
89.97~190.00
190.00~280.00
280.00~413.00
413.00~613.00
613.00~1021.54
乡镇边界
0
20
40
80 km
(a) 1980年

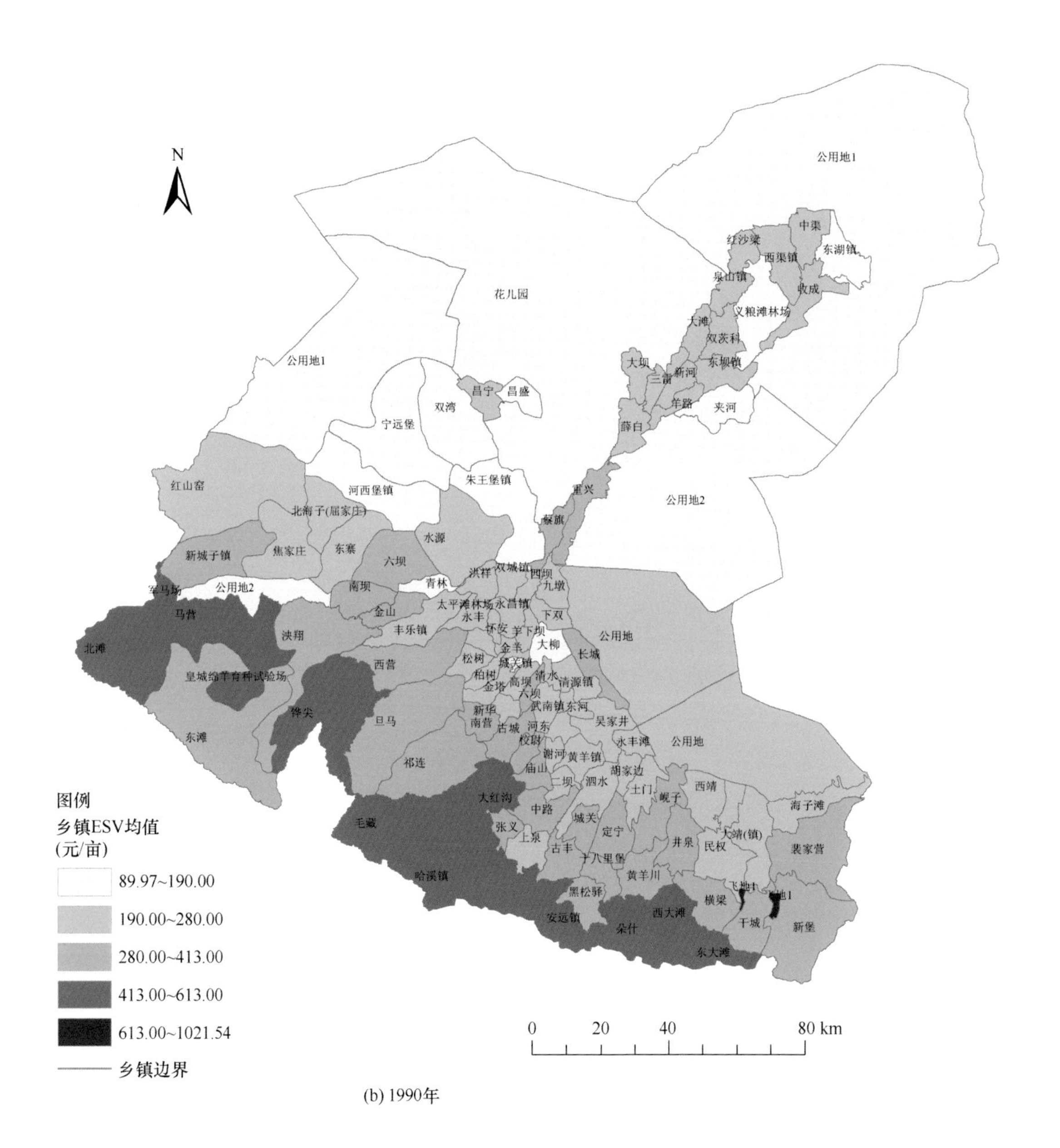
N
公用地1
中渠
红沙梁
东湖镇
西渠镇
泉山镇
收成
花儿园
义粮滩林场
大滩
双茨科
公用地1
大坝
东坝镇
三雷
新河
昌宁
昌盛
双湾
羊路
夹河
宁远堡
薛白
朱王堡镇
红山窑
河西堡镇
重兴
公用地2
北海子(屈家庄)
蔡旗
新城子镇
焦家庄
东寨
水源
六坝
双城镇
洪祥
四坝
军马场
公用地2
南坝
青林
九墩
马营
金山
太平滩林场
永昌镇
下双
水丰
丰乐镇
怀安
羊下坝
大柳
公用地
北滩
泱翔
金羊
长城
西营
松树
城关镇
皇城绵羊育种试验场
柏树
清水
清源镇
金塔
高坝
六坝
铧尖
新华
武南镇
东河
吴家井
旦马
南营
古城
河东
东滩
水丰滩
公用地
校尉
谢河
黄羊镇
祁连
庙山
胡家边
二坝
大红沟
土门
西靖
泗水
岘子
海子滩
中路
毛藏
张义
城关
大靖(镇)
上泉
定宁
井泉
民权
古丰
十八里堡
裴家营
哈溪镇
黄羊川
黑松驿
横梁
西大滩
安远镇
干城
新堡
朵什
东大滩
图例
乡镇ESV均值
(元/亩)
89.97~190.00
190.00~280.00
280.00~413.00
413.00~613.00
613.00~1021.54
乡镇边界
0
20
40
80 km

(b) 1990年

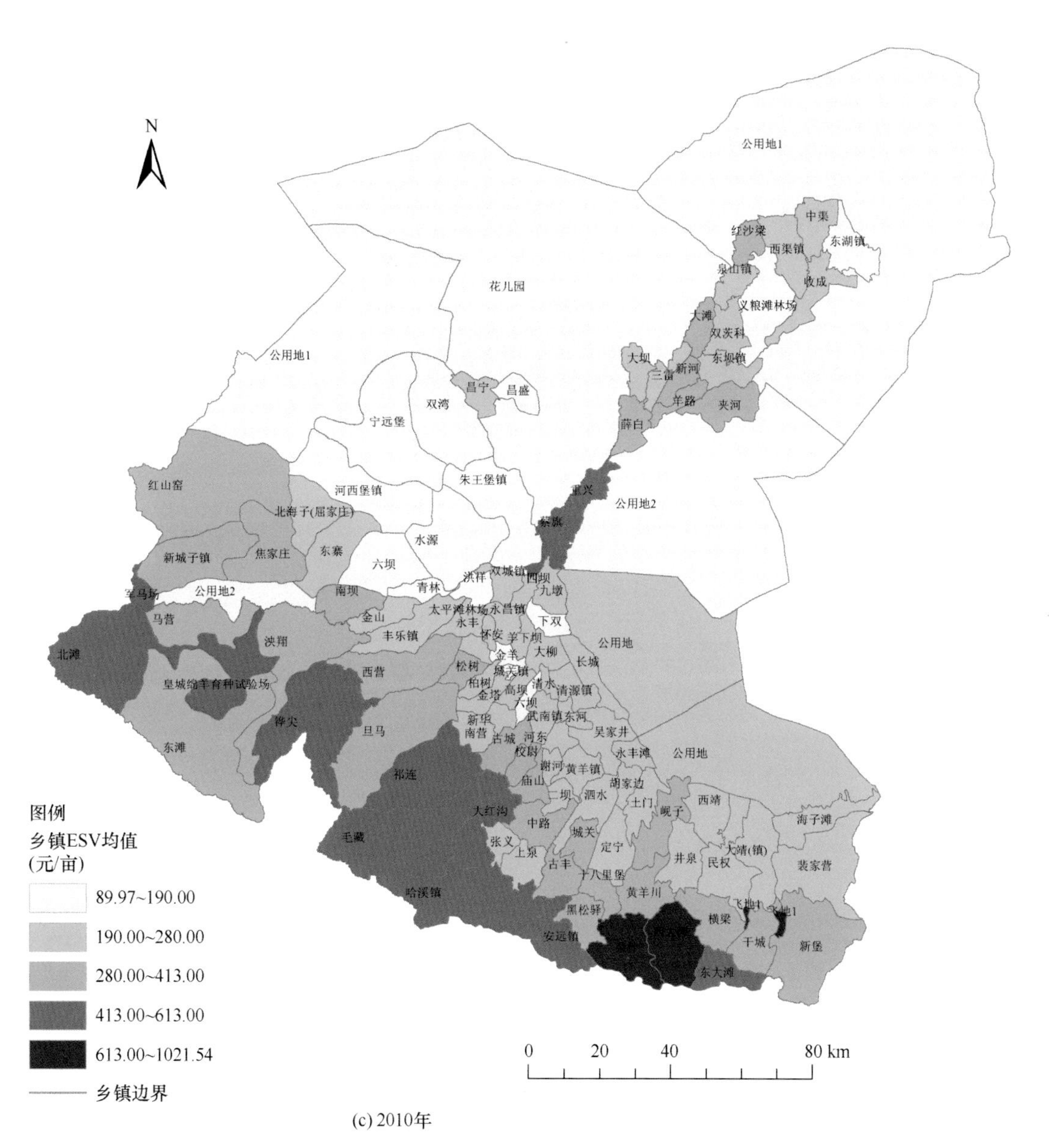

(c) 2010年

图 8-3　1980 年、1990 年、2010 年三期各乡镇 ESV 平均估值